鄂尔多斯盆地坪北特低渗油田效益开发技术与实践

甘振维　著

中国石化出版社
HTTP://WWW.SINOPEC-PRESS.COM

图书在版编目（CIP）数据

鄂尔多斯盆地坪北特低渗油田效益开发技术与实践/甘振维著.
—北京：中国石化出版社，2022.6
ISBN 978 - 7 - 5114 - 6760 - 7

Ⅰ.①鄂…　Ⅱ.①甘…　Ⅲ.①鄂尔多斯盆地 - 低渗透油层 - 油田开发 - 研究　Ⅳ.①TE348

中国版本图书馆 CIP 数据核字（2022）第 113420 号

中国石化出版社出版发行

地址：北京市东城区安定门外大街 58 号
邮编：100011　电话：(010)57512500
发行部电话：(010)57512575
http://www.sinopec-press.com
E-mail:press@sinopec.com
北京柏力行彩印有限公司印刷
全国各地新华书店经销

*

787 × 1092 毫米 16 开本 19.5 印张 420 千字
2022 年 10 月第 1 版　2022 年 10 月第 1 次印刷
定价：168.00 元

编委会

前言 PREFACE

截至2022年，我国已发现致密油资源量约128×10^8t，控制资源量、预测资源量合计约13×10^8t，累计探明致密油储量约2×10^8t。其中，鄂尔多斯盆地已发现致密油资源量约30×10^8t。如何有效开发致密油是目前我国油气增长所面临的重要问题。致密油有效开发过程中主要面临地质、油藏、工艺和经济有效性4个方面的关键问题。

坪北油田位于鄂尔多斯盆地中部，平均渗透率约$1.3\times10^{-3}\mu m^2$，且原始含油饱和度低，属于典型的“边际”致密油田。该油田作为首个中国石化与中国石油长庆油田合作开发的区块，在国内外尚无可参考的成功案例。

由于坪北油田具有特殊的地质背景及效益开发需求，因此，其开发过程中的每一项技术成果都对我国同类油田今后的勘探开发具有十分重要的借鉴意义。中国石化江汉油田分公司针对坪北油田低渗透率、低压力系数、低丰度、裂缝发育、单井产量低等一系列问题，通过多年的开发实践，探索出了一条具有坪北特色的技术创新和管理创新新思路、新模式，开创了“三低”油田效益开发的典范。

坪北油田于1998年投入开发，经历了快速上产、高效稳产、效益稳产3个开发阶段，连续15年原油产量稳定在17×10^4t以上。2019年，在陕西延安召开的中国石化致密油效益开发现场推进会中，与会专家充分肯定了坪北油田的开发效果和行业价值，给予“巧干致密油，活学坪北”的评价。目前，已创建了致密油渗流机理、油藏精细描述、精细注采调控等七大技术系列、二十六项关键技术，尤其在合作开发管理方面，形成了独具特色的“‘油公司’管理、创新性经营”的“坪北模式”。为对坪北油田开发过程及取得的一系列成就进行系统梳理、全面呈现，故组织编撰了本书。

本书总结、提炼了坪北油田效益开发过程中积累的宝贵经验，对其他同类油藏的开发具有一定的参考价值。

全书撰写工作具体分工是：第一章由甘振维、胡德高、李新文、胡心玲等执笔，第二章由包汉勇、吴华、许发年等执笔，第三章由甘振维、李新文、索绪昌等执笔，第四章由胡心玲、叶文波、莫云亮、金峪等执笔，第五章由邓江洪、吴华、彭小明等执笔，第六章由胡心玲、张鹏飞、罗炳学等执笔，第七章由李新文、吴华等执笔，第八章由莫云亮、王建等执笔，全书由甘振维统稿并审核。

坪北油田的开发及本书的编撰出版过程得到了中国石化总部领导的关心和指导，得到了中国石油长庆油田分公司的关心和帮助，在此表示衷心的感谢！

由于笔者水平有限，书中难免存在不足之处，敬请读者批评指正。

目录

CONTENTS

第一章　油田概况及开发历程

第一节　油田地理位置与自然环境

一、自然地理特征

坪北油田位于陕西省延安市安塞县和子长县境内（图1－1），地处我国黄土高原中部，地面海拔1250～1651m，巨厚的黄土经地表径流长期侵蚀，形成塬、梁、峁、沟等黄土塬地貌，地表高差100～300m，覆盖在地表的黄土层被树枝状河系侵蚀切割，支离破碎、梁峁交错、沟壑纵横、土质松干、植被稀少，湿陷性黄土极易被雨水冲刷。周边以延安为中心的县级公路四通八达，交通较便利。

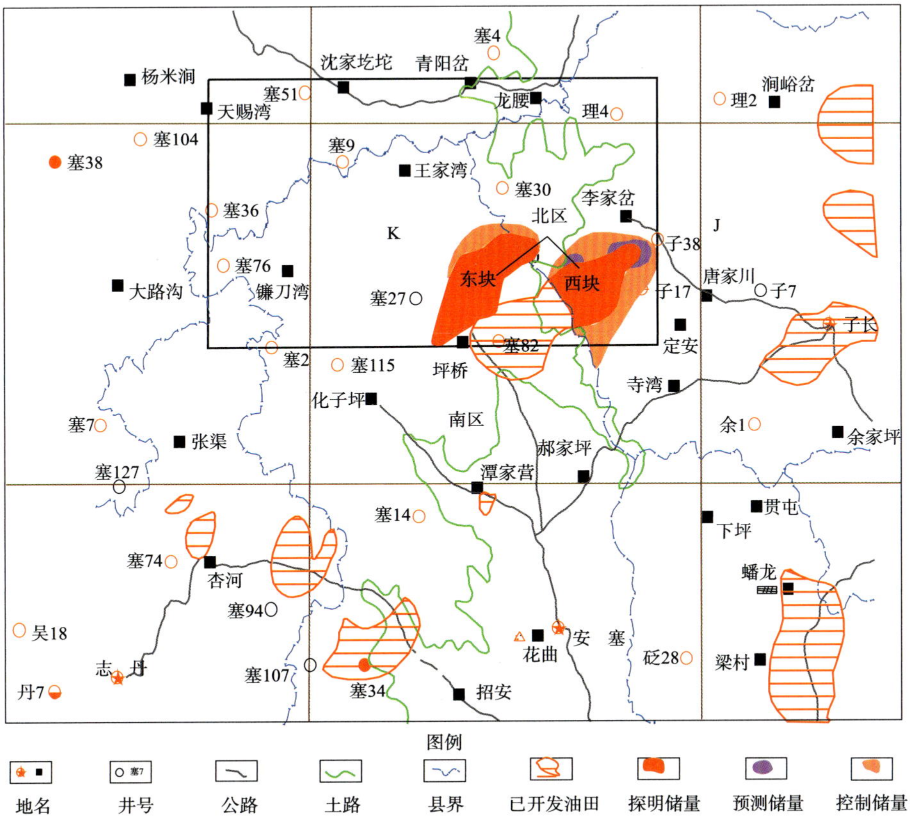

图1－1　坪北油田地理位置图

当地经济主要以农业和畜牧业为主，农作物以杂粮居多，尤以抗旱耐寒的小麦、玉米、小米为主。近年来，依靠境内的石油、天然气资源建成了一定规模的石油生产能力，形成了新兴的石油天然气工业基地，成为当地经济的支柱产业。

二、气象特征

坪北油田所在区域属于暖温带干旱大陆性气候，冬季长而严寒，夏季短而酷热；四季分明，昼夜温差较大；冬、春两季风沙多，降雨少，蒸发量大。年平均气温 9℃，1 月平均气温范围为 -10 ~ -3℃，极端最低气温可达 -23℃，7 月平均气温范围为 22 ~ 24℃，极端最高气温可达 37.6℃，最大风速达 19m/s，最大冻土深度为 1.2m。全年无霜期为 5 个月左右，年均降雨量 300 ~ 600mm。

三、水文特征

坪北油田区内地表水系属于延河上游支流，多为细小分支，水量甚小，不足为农业灌溉之用。地下水资源较为丰富，白垩系志丹组洛河层砂岩厚度为 50 ~ 200m，孔隙度为 30% ~ 35%，储集性能良好，属于富含地下水的区域，水质好，日产水量为 50 ~ 240m^3，可作为工业和民用水源。

第二节　油田地质特征

一、鄂尔多斯盆地区域地质特征

（一）盆地构造及演化特征

鄂尔多斯盆地是华北板块西部典型的克拉通边缘叠合盆地，是我国陆上第二大沉积盆地和重要的能源基地，也称陕甘宁盆地，行政区域横跨陕、甘、宁、内蒙古、晋五省（自治区）。地处阴山以南、秦岭以北、贺兰山以东、吕梁山以西的广大沙漠草原和黄土高原地区，分布面积 $37\times10^4km^2$，除外围的河套盆地、渭河盆地、银川盆地、六盘山断陷盆地外，本部盆地面积约 $25\times10^4km^2$。现今的鄂尔多斯盆地构造形态总体显示为一东翼宽缓、西翼陡窄的不对称的南北向矩形盆地。盆地边缘构造断裂褶皱较发育，盆地内部构造相对简单，地层平缓，是一块呈南北向矩形的倾角不足 0.5°的刚性西倾斜坡（即陕北斜坡）。盆地内尚无二级构造划分，三级构造以鼻状褶曲为主，很少见幅度较大、圈闭较好的背斜构造，历次造山运动都未能使它隆褶变形，只产生了轻微的隆升和下降，形成了东北抬升、西南沉降的不对称升降，从而影响了地层沉积，对油气生成、运移、聚集和成藏都起着决定性作用。鄂尔多斯盆地主要形成于晚三叠世，此前属于华北陆台伸向秦祁海域台地的边缘区，早古生代为华北陆表海沉积范畴，寒武系 - 奥陶系属于浅海碳酸盐岩相，晚古生代沉积了海陆交互相的石炭系 - 二叠系。到晚三叠世早期，陕甘宁地区开始下拗，沉积了一套上千米的湖相－三角洲相碎屑岩沉积。在西倾单斜的基础上，中、下侏罗统油藏受古河道控制，上三叠统油藏和上古生界油藏主要受河流三角洲控制，下古生界气藏受古风化壳岩溶控制。在成藏分类上，背斜只占少数，仅分布在西缘断褶带；在西倾大单斜范围内，大多数属于岩性和构造双重控制的隐蔽性油气藏。

根据板块构造的观点，鄂尔多斯地块是华北板块的一部分，是华北陆块西端的次级构造单元，它的演化过程主要受北侧的古中亚洋盆、南缘和西南缘的秦祁海槽及其派生的贺兰拗拉槽的扩张、俯冲、消减作用的控制。鄂尔多斯晚古生代沉积盆地就是受这些区域构造格局的转变以及南北构造在时间和空间上的差异的直接影响和控制，从而造成了沉积体系丰富、旋回结构清晰、层序类型多样的盆地充填与演化特征（杨华等，2009）。鄂尔多斯盆地以整体上升、持续沉降、坡度宽而平缓为特点，其构造演化过程可分为 6 个构造演化阶段（表 1－1）。

1. 基底形成阶段（太古代－早元古代）

鄂尔多斯盆地的基底属于华北地台的组成部分，是元古代末期固结的。盆地偏北部分基底更为古老，从其北侧的阴山地区及其西侧的贺兰山地区露出的片麻岩类的年龄值推断，盆地最老的基底形成于约 20 亿～25 亿年前。王鸿祯（1981）将此区域划分为华北地台基底中最古老的陆核区之一。

2. 拗拉谷阶段（中晚元古代）

中晚元古代（即长城－蓟县期）是拗拉谷发育期，经历了初始裂开、主体断陷和后期拗陷 3 个发育阶段，发育陆相火山岩－碎屑岩建造、巨厚的河流－浅海碎屑岩建造及后期广覆的碳酸盐岩建造。经过晋宁运动，形成了统一的中国地台，也是鄂尔多斯盆地的基础。

3. 浅海台地阶段（早古生代）

晋宁运动后，鄂尔多斯盆地表现为稳定的整体升降运动，在陆块内部形成典型的克拉通坳陷。在此阶段内，鄂尔多斯地区形成了北高南低、中间高东西两侧低的古地貌背景。早古生代构造格局基本继承了中、晚元古代的构造格局。

4. 滨海平原阶段（晚古生代－中三叠世）

晚古生代，鄂尔多斯地区进一步与华北地块统一发展，仅其西南隅濒临古特提斯海域。在此阶段内，鄂尔多斯地区在阴山火山弧向南俯冲、秦岭火山弧向北俯冲的作用下，其北缘及南缘相对仰冲而隆升；而贺兰拗拉谷于晚石炭世再度拉开，较早地接受沉积，形成了上古生界区域性沉降带。早二叠世晚期盆地上升为陆，揭开了陆相沉积的序幕。

5. 内陆盆地阶段（晚三叠世－早白垩世）

秦岭海槽于晚三叠世消减，只残存着西秦岭海槽。三叠纪晚期，大华北盆地开始向西萎缩成晋陕盆地，范围包括太原以南及郑州以西地区，东邻华北高地，南接古秦岭，西隔古六盘山、古贺兰山，北望银山高地；盆地内沉积以河湖相为主，而六盘山东侧则发育厚达 2000m 的洪积砂砾岩。鄂尔多斯地区虽然貌似晋陕盆地的主体，但本质上只是其中一个坳陷而已。

表1－1　鄂尔多斯盆地构造演化过程简表

地质时代			年龄/Ma	剖面	沉积相	构造旋回			海(湖)进退	沉积建造	盆地阶段	超大陆旋回
代	纪	世										
新生代	第四纪	Q	2.6		黄土	阿尔卑斯	喜山				盆地抬升周边断陷	现代陆洋体制
	第三纪	N_2	5.3		河流相			~3				
		N_1	23.3					~2				
		E_3	32	沉积间断								
		E_2	56.5					~1				
		E_1	65									
中生代	白垩纪	K_2	96				燕山	~3				
		K_1	145.5		河流湖泊相			~2b ~2a		陆相碎屑岩	鄂尔多斯内陆盆地	
	侏罗纪	J_3	161.2					~1				
		J_2	175.6		河流湖沼相					陆相含煤碎屑岩		
		J_1	199.6				印支	~2				
	三叠纪	T_3	228		河流湖泊相			~1		陆相碎屑岩	大华北内陆坳陷	
		T_2	245									
		T_1	251									
古生代	二叠纪	P_3	260.4		河流相	海西						
		P_{1-2}	299		滨海沼泽 海湾潟湖			~2		滨浅海相含煤碎屑岩	大华北残余滨浅海	潘吉亚大陆
	石炭纪	C_2	318.1									
		C_1	359.2					~1				
	泥盆纪	D_3	385.3	沉积间断								
		D_2	397.5									
		D_1	416									
	志留纪	S_3	422.9			加里东		~2				
		S_2	428.2									
		S_1	443.7									
	奥陶纪	O_3	460.9		浅海相			~1				
		O_2	471.8		半深海相					海相碳酸盐岩	大华北滨浅海台地	
		O_1	488.3									
	寒武纪	$\in_3$	501		浅海相			~S				
		$\in_2$	513									
		$\in_1$	542					~				
新元古代	震旦纪	Z	800		边缘相	兴凯				海相碎屑岩	台裂缘陷	冈瓦纳大陆
	青白口纪	Q_b	1000	沉积间断		晋宁		~2 ~1		海相碎屑岩–碳酸盐岩	拗拉谷	罗丁尼亚大陆
中元古代	蓟县纪	Pt_2^2	1400		浅海相							
	长城纪	Pt_2^1	1800		滨海相			~L				
古元古代	滹沱纪	Pt_1^2	2300			吕梁		~W		变质结晶基底岩系	大陆增生	古元古大陆
	五台纪	Pt_1^1	2500					~F				
新太古代	阜平纪	Ar_3				阜平					陆核	新太古大陆

从晚三叠世以来，盆地演化进入了大型内陆差异沉降盆地的形成和发展时期。三叠纪末期印支运动和随后的早期燕山运动使盆地一度整体抬升，并遭受剥蚀及变形。到早侏罗

世早期转为沉降，早侏罗世中期继续沉降，中侏罗世后期的燕山运动又使盆地开始抬升，仅盆地西南部具有晚侏罗世沉积，直至早白垩世初期盆地东缘上升为山，南缘及西缘也再度上升，形成四周升起、封闭的统一盆地。在此期间，盆地地层变形基本定型，内部6个主要构造单元形成，形成了现今盆地东浅西深、北高南低的格局。

6. 断陷阶段（新生代）

燕山后期和喜马拉雅期运动使盆地抬升，渐新世在盆地西部天环坳陷北部有一些盐湖、河流沉积；渐新世以后，受喜山Ⅰ幕的影响，盆地全面上升，局部沉积有上新世三趾马红土，于第四纪形成黄土沉积。在此期间，盆地内部地层变形，主要的6个一级单元及次级构造得到加强并定型。

综合上述分析可知，鄂尔多斯盆地主要经历了多次的整体抬升和沉降，造就了现今地层平缓、构造不发育的地质特征，油气藏多以大型岩性油气藏和地层油气藏为主。其中，晚古生代主要经历了盆地的整体沉降，沉积环境从早期的陆表海过渡为海陆交互相、海陆过渡相；至晚期以陆相、河湖相为主，沉积了广覆式煤系地层和厚层的砂砾岩、泥岩，分别构成上古生界主要的油气源岩、储层和盖层，是坪北特低渗油藏基本地质要素的关键发育期。

（二）盆地构造单元划分

鄂尔多斯盆地可划分为6个一级构造单元，即北部伊盟隆起、西缘逆冲带、西部天环坳陷、中部伊陕斜坡、南部渭北隆起和东部晋西挠褶带（图1－2）。这种构造格局奠基于燕山运动，发展完善于喜马拉雅运动。因此，鄂尔多斯盆地地质构造的发展深化必然与上述区域及构造单元，尤其是与古阴山褶皱造山带及秦祁造山带的形成、演化具有密切的关系，且经历了复杂的大陆内多期次造山及成盆作用。

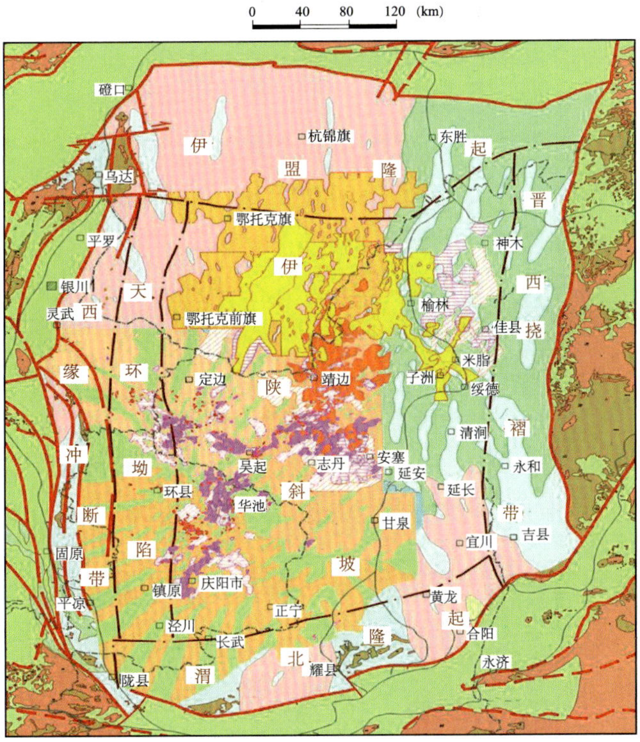

图1－2　鄂尔多斯盆地构造单元划分图

1. 伊盟隆起

伊盟隆起包括伊金霍洛以北、河套地堑以南地区，面积4.3×10^4km^2。全区基底隆起高，沉积盖层薄，一般小于1km，局部地区盖层缺失出露基底变质岩系。伊盟隆起自古生代以来一直处于相对隆起状态，各时代地层均向隆起方向变薄或尖灭，隆起顶部是东西向的乌兰格尔凸起，新生代河套盆地断陷下沉，形成了现今构造面貌。伊盟隆起和庆阳古陆、吕梁古陆、阿拉善古陆一起影响着鄂尔多斯盆地的发展和演化。

2. 渭北隆起

渭北隆起系老龙山断裂以北、建庄－马栏以南，由陇县至铜川、韩城的弧形地区，南北长320km，东西宽80km，面积约$2.2\times10^4km^2$。中新元古代到早古生代是一向南倾斜的斜坡，至中石炭世东西两侧下沉，至中生代形成隆起，是盆地的南部边缘；新生代渭河地区断陷下沉，渭北隆起翘倾抬升，形成现今面貌。隆起区内断层发育，逆断层居多，局部构造成排成带性强，地面构造多为长轴背斜。

3. 晋西挠褶带

晋西挠褶带东隔离石断裂与吕梁断隆相接，西越黄河与伊陕斜坡为邻，北抵偏关，南达吉县，南北长450km，东西宽50km，面积约$2.3\times10^4km^2$。该带在中新元古代－古生代处于相对隆起状态，仅在中晚寒武世、早奥陶世、中晚石炭世及早二叠世各沉积约100～200m地层，中生代侏罗纪末升起，成为盆地的东部边缘。因此，该区沉积盖层较薄，断层走向和背斜走向变化较大。

4. 天环坳陷

天环坳陷西临冲断构造带，东接伊陕斜坡，北达内蒙古千里山东麓，南抵渭北小秦岭构造带北侧，南北长600km，东西宽50～60km，面积约$3.2\times10^4km^2$。天环坳陷可视为西缘掩冲构造带推覆、东迁过程中隆升与坳陷的对立统一体，在不同时期，天环坳陷的轴部位置也具有一定的迁移性。古生代表现为西倾斜坡，晚三叠世才开始坳陷，侏罗纪和白垩纪坳陷继续发展，沉降中心向东偏移，沉降带具有西翼陡东翼缓的不对称向斜结构。地面发育不对称短轴背斜，方向性明显，南部为北西向，北部为北北西向。高角度正断层发育，倾角为60°～85°，断距为5～10m。

5. 伊陕斜坡

伊陕斜坡北起乌审旗、鄂托克前旗、伊金霍洛旗，南至正宁、黄陵，西达环县、宁县，东到黄河，面积约$10\times10^4km^2$，是构成中生界鄂尔多斯盆地主体的西倾平缓单斜，倾角小，在中生界一般小于1°。新元古代及早古生代没有接受沉积，仅在中寒武世、早奥陶世沉积了厚500～1000m的海相地层，晚古生代以后接受陆相沉积。伊陕斜坡形成于早白垩世，呈向西倾斜的平缓单斜，以发育鼻状构造为主，形态不规则，方向性差，断层也不发育。

6. 西缘逆冲带

西缘逆冲带系银川地堑、六盘山以东，天环坳陷以西，北起桌子山，南达平凉的狭长地带，南北长600km，东西宽20～50km，面积约$2.5\times10^4km^2$。早古生代北段为贺兰裂谷，中段和南部为鄂尔多斯台边缘坳陷，晚古生代为前缘坳陷，三叠纪中晚期及侏罗纪为不连续的深坳陷带，早白垩世仍继续坳陷。总体呈南北向延伸，具有东西分带、南北分块的特征。主断层延伸长、断距大、断面上陡下缓，兼有挤压扭动性质。

二、坪北油田地质概况

坪北油田位于鄂尔多斯盆地伊陕斜坡中部坪桥鼻褶带，地处陕西省延安市安塞县境内的安塞三角洲之中（图1－3），是以内陆淡水湖泊河控三角洲为主的沉积体系，主要含油层位是三叠系延长组。安塞三角洲砂体规模宏大，具有厚度稳定、分布广泛、连片性好的特点。同时，三角洲发育于生油岩系中，形成了良好的生、储、盖配置。河道砂体为北东－南西向或近南北向展布，与区域西倾单斜成最佳配置，储层上倾方向为洼地沼泽或分流间湾泥质岩沉积，形成了良好的上倾遮挡，成藏条件较优越。

（一）构造特征

坪北油田位于鄂尔多斯盆地伊陕斜坡中部坪桥鼻褶带（图1－4），为近于南北走向、倾角坡度不足1°的西倾大单斜，局部因差异压实作用发育有一些低缓的鼻状隆起，构造具有较好的继承性，断层不发育。

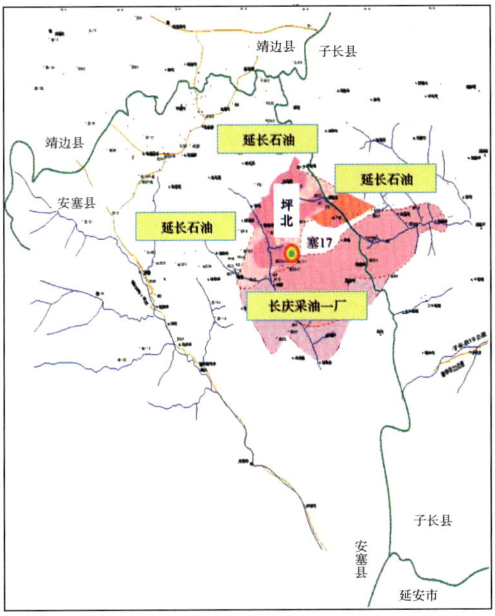

图1－3 坪北油田位置示意图

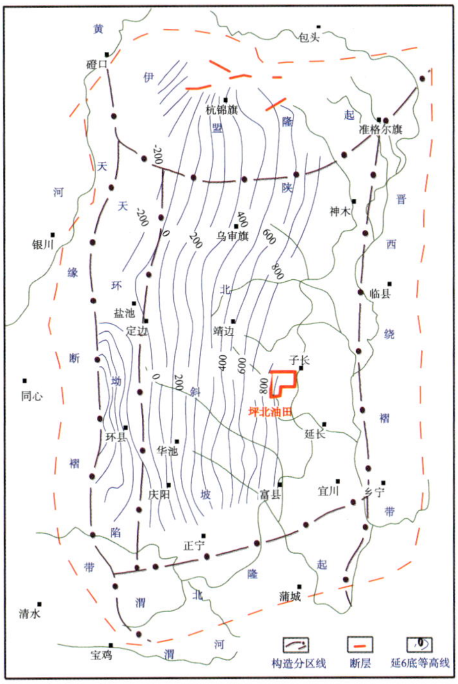

图1－4 坪北油田构造位置图

（二）地层层序及含油气层系

坪北油田地层层序自下而上依次为三叠系、侏罗系、白垩系和第四系（表1－2），属于陆源碎屑岩沉积，缺失三叠系顶部、下侏罗统顶部、侏罗系上部、白垩系上部和第三系，存在5个区域性不整合面。其中，第四系与白垩系呈角度不整合接触，其余4个为平行不整合。三叠系延长组是坪北油田的目的层系，为一套砂泥岩地层，厚约800～1400m。根据层序划分，将坪北油田延长组纵向上自上而下分为长1～长10共10个油层组。其中，延长组长2油层组、长4＋5油层组、长6油层组、长7油层组、长8油层组、长9油层组均有油气显示，且主要含油层可细分为长2_1小层、长2_2小层、长2_3小层、长4＋5_1小层、长6_1小层、长6_2小层、长6_3小层等，长4＋5_2小层、长6_1小层、长6_2小层为主要含油砂层组，长6_3小层次之，长2_1小层、长7_1小层、长8_2小层、长9_1小层含油性较差。

表 1－2　坪北油田地层层序简表

界	系	统	地层组	油层组	砂层组	地层厚度/m	含油气性	备注
新生界	第四系					4～230		
中生界	白垩系	下统	志丹组			0～195		
	侏罗系	中统	安定组			0～90		
			直罗组			150～210		
		下统	延安组			145～260		
			富县组			40～110		
	三叠系	上统	延长组	长 1		125～195		
				长 2	长 2_1	105～160	含油	难动用
					长 2_2			
					长 2_3			
				长 3		85～145		
				长 4＋5	长 4＋5_1	80～100	含油	难动用
					长 4＋5_2		含油	主要开发层
							含油	
				长 6	长 6_1	105～135	含油	
							含油	
					长 6_2		含油	
							含油	
							含油	难动用
					长 6_3		含油	局部动用
							含油	难动用
				长 7	长 7_1	90～120		
							含油	难动用
					长 7_2			
				长 8	长 8_1	70～85		
					长 8_2			
							含油	难动用
				长 9	长 9_1	90～120	含油	难动用
							含油	难动用
					长 9_2			
					长 9_3			
				长 10		280		
			纸坊组					

（三）储层特征

1. 岩矿组合特征

1）岩石学特征

坪北油田长 4+5_2 小层、长 6_1 小层、长 6_2 小层和长 6_3 小层岩石学面貌表现为矿物成熟度低、结构成熟度高。碎屑成分主要为长石、石英和岩屑（表 1-3、图 1-5）。其中，长石溶蚀现象比较普遍，形成粒内溶孔；石英主要为单晶石英，燧石含量少；岩屑主要为火成岩岩屑、变质岩岩屑和沉积岩岩屑。岩性主要为细粒岩屑长石砂岩，其次为长石砂岩，平均粒径 0.1mm，分选性良好，标准偏差为 0.41～0.46。

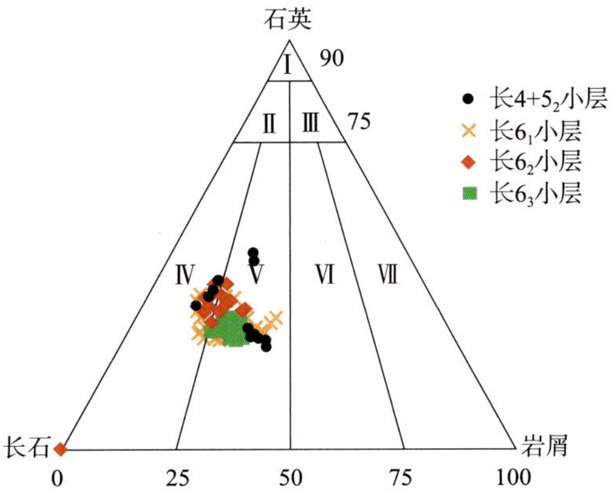

图 1-5　坪北地区储层砂岩碎屑组分三角图

表 1-3　坪北油田储层碎屑岩组分含量统计表

层位	石英含量/%		长石含量/%		岩屑含量/%			云母含量/%
	石英	燧石	钾长石	斜长石	火成岩	变质岩	沉积岩	
长 4+5_2 小层	34.3	0.4	37.6	8.1	7.0	4.6	0.3	7.7
长 6_1 小层	31.9	0.3	39.4	9.3	8.2	4.7	0.4	5.7
长 6_2 小层	32.3	0.4	38.5	9.4	8.9	4.8	0.3	5.4
长 6_3 小层	29.7	0.9	39.4	8.8	9.5	6.6		5.1
平均值	32.5		47.6		13.9			6.0

坪北油田长 4+5_2 小层、长 6_1 小层、长 6_2 小层和长 6_3 小层储层岩石中胶结物成分主要为方解石、自生黏土、泥质、浊沸石和少量硅质等（表 1-4），胶结类型主要为孔隙-薄膜型。自生黏土矿物主要为绿泥石，其次为伊蒙混层和伊利石（图 1-6）。

表 1-4　坪北油田储层填隙物组分含量统计表

层位	杂基含量/%		胶结物含量/%							
	长英质	泥质	方解石	白云石	铁方解石	黄铁矿	浊沸石	菱铁矿	石英加大	自生黏土
长 4+5_2 小层	0.1	1.0	3.7		0.3	0.1		0.1		1.7
长 6_1 小层		1.1	5.2		0.4			0.1		2.4
长 6_2 小层	0.1	1.2	2.6	0.2	0.2	0.1	0.7	0.3	0.1	1.7
长 6_3 小层		2.0	3.9			0.3	3.5		0.1	2.2
平均值	0.04	1.3	3.8	0.0	0.2	0.1	1.0	0.1	0.1	2.0

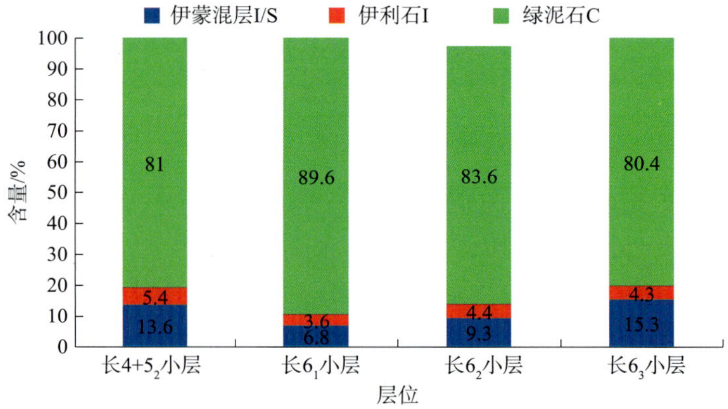

图 1-6　坪北油田储层黏土矿物相对含量直方图

2）岩石结构特征

（1）粒度组成。

坪北油田储层砂岩以细粒长石砂岩为主，分选性中等，其细砂平均含量高达 58%（表 1-5）。

表 1-5　坪北油田储层粒度组成特征统计表

层位	中砂含量/%	细砂含量/%	极细砂含量/%	粉砂含量/%
长 4+5_2 小层	14	61	18	7
长 6 油层组	24	55	15	6
平均值	19	58	15.5	6.5

（2）磨圆度。

坪北油田储层砂岩碎屑颗粒以次棱-次圆为主。其中，长 4+5_2 小层颗粒磨圆度次棱-次圆状占比为 70%；长 6 油层组颗粒磨圆度均为次棱-次圆状（表 1-6）。

表 1-6　坪北地区碎屑颗粒结构特征统计表

层位		长 4+5_2 小层	长 6_1 小层	长 6_2 小层	长 6_3 小层
磨圆度占比/%	次棱-次圆	70	100	100	100
	次棱	30	0	0	0
接触方式占比/%	线	90	70	65	95
	凹凸-线	0	0	20	0
	线-凹凸	0	0	10	0
	凹凸	0	0	5	0
	点-线	0	5	0	0
	线-点	4	0	0	0
	点	6	25	0	5

续表

层位		长 4 +5_2 小层	长 6_1 小层	长 6_2 小层	长 6_3 小层
胶结类型占比/%	薄膜	25	50	15	0
	孔隙 – 薄膜	60	35	50	10
	压嵌 – 薄膜	0	0	10	0
	孔隙	20	15	15	90
	薄膜 – 压嵌	0	0	0	0
	孔隙 – 压嵌	0	0	5	0
	压嵌	0	0	5	0

(3) 接触关系。

坪北油田储层颗粒接触方式以线接触为主，说明储层压实作用较强（表 1 –6）。

(4) 胶结类型。

坪北油田储层岩石胶结类型主要为孔隙 – 薄膜型、孔隙型和薄膜型 3 种。其中，长 4 +5层以孔隙 – 薄膜型为主，占比为 60%；长 6_1 小层主要为薄膜型，占比为 50%；长 6_2 小层主要为孔隙 – 薄膜型，占比为 50%；长 6_3 小层主要为孔隙型，占比为 90%（表 1 –6）。

2. 油层物性特征

坪北油田储层平均孔隙度为 11.3%，平均空气渗透率为 $1.3\times10^{-3}\mu m^2$，平均原始含油饱和度为 46.3%，具有典型的低孔、特低渗特征，且长 4 +5_2 小层、长 6_1 小层、长 6_2 小层物性十分接近，长 6_3 小层物性比其他 3 个小层差（表 1 –7）。

表 1 –7 坪北油田储层物性统计表

层位	孔隙度/%			渗透率/$10^{-3}\mu m^2$			原始含油饱和度/%		
	最小	最大	平均值	最小	最大	平均值	最小	最大	平均值
长 4 +5_2 小层	10.0	15.6	12.2	0.7	6.1	1.7	38.2	65.1	49.6
长 6_1 小层	9.1	14.6	12.1	0.5	4.1	1.7	38.1	65.0	49.0
长 6_2 小层	9.2	13.6	11.2	0.5	3.1	1.2	39.3	67.0	46.3
长 6_3 小层	8.0	12.6	9.8	0.5	1.3	0.9	38.3	50.0	40.3
平均值	8.0	15.6	11.3	0.5	6.1	1.3	38.1	67.0	46.3

3. 储层宏观非均质特征

1) 层内非均质特征

坪北油田延长组长 4 +5_2 小层、长 6_1 小层、长 6_2 小层属于三角洲前缘水下分流河道或河口坝沉积，其主力油层长 4 +5_2 小层、长 6_1 小层、长 6_2 小层属于中等非均质储层。

2) 层间非均质特征

坪北油田延长组长 4 +5_2 小层、长 6_1 小层、长 6_2 小层的夹层频数均为 0.2 层/m，有效厚度系数分别为0.8、0.7和0.7，说明坪北油田各油层层间非均质程度较弱（表1-8）。

表1-8　坪北油田储层非均质特征统计表

层位	平面非均质参数		层内垂向非均质参数				
	渗透性砂岩钻遇率/%	油层分布系数	夹层频数/(层/m)	有效厚度系数	渗透率变异系数(V_K)	渗透率突进系数(S_K)	渗透率级差(J_K)
长4+5_2小层	93.8	0.886	0.2	0.8	0.04~0.57	1.1~2.4	1.1~4.7
					0.21	1.3	1.9
长6_1小层	96.4	0.923	0.2	0.7	0.10~0.42	1.1~1.5	1.2~2.4
					0.20	1.2	1.6
长6_2小层	76.8	0.702	0.2	0.7	0.06~0.27	1.0~1.4	1.1~2.2
					0.10	1.0	1.5
平均值	89.0	0.837	0.2	0.73	0.04~0.57	1.0~2.4	1.1~4.7
					0.17	1.2	1.7

3）平面非均质特征

坪北油田延长组长4+5_2小层、长6_1小层、长6_2小层的渗透性砂岩钻遇率分别为93.8%、96.4%、76.8%，表明坪北油田砂体规模大，侧向连通性较好，虽然长6_2小层砂体宽度较小，且在厚度、夹层等方向分布有所变化，但在1000~2000m范围内也能连续分布；3个小层的油层分布系数分别为0.886、0.923、0.702，说明油层分布与砂体的分布具有较好的相关性，沉积砂体的中心部位也是油层的富集部位（表1-8）。

4. 孔隙结构特征

坪北油田长4+5_2小层、长6_1小层、长6_2小层和长6_3小层储层岩心孔隙结构特征表现如下：

（1）孔喉特征表现主要为小孔细喉型。平均孔隙大小为0.038mm，平均喉道大小为9.4μm，平均喉道长度为0.06mm（表1-9）。

表1-9　坪北油田储层岩石铸体孔隙、喉道特征统计表

层位	孔隙大小/mm			喉道大小/μm			喉道长度/mm		
	最小	最大	平均	最小	最大	平均	最小	最大	平均值
长4+5_2小层	0.034	0.049	0.043	8.1	12.1	10.4	0.05	0.08	0.06
长6_1小层	0.035	0.083	0.043	6.9	27.1	10.4	0.05	0.21	0.08
长6_2小层	0.028	0.065	0.036	6.4	17.8	8.8	0.05	0.08	0.06
长6_3小层	0.027	0.055	0.031	5.7	16.8	7.8	0.05	0.07	0.05
平均值	0.031	0.063	0.038	6.8	18.5	9.4	0.05	0.11	0.06

（2）平均孔隙配位数分布为1.27，平均连通系数为1.51。其中，长6_1小层配位数最大，储层性质最好（表1-10）。

表 1－10 坪北油田储层岩石铸体孔隙配位数和连通系数统计表

层位	孔隙配位数			连通系数		
	最小	最大	平均	最小	最大	平均
长 4＋5_2 小层	1.18	1.36	1.26	1.35	1.72	1.52
长 6_1 小层	1.05	2.17	1.50	1.10	3.33	1.99
长 6_2 小层	1.06	1.40	1.18	1.12	1.80	1.36
长 6_3 小层	1.04	1.35	1.12	1.00	1.60	1.16
平均值	1.08	1.57	1.27	1.14	2.11	1.51

（3）渗透率贡献值与喉道分布不一致，反映出油层主要由少数粗喉道层提供，渗透率贡献值趋近于 0 时所提供的渗流体积仅 53.4%（表 1－11）。

（4）孔喉分选差，微观非均质系数仅为 0.19（表 1－11）。

表 1－11 坪北油田油层压汞孔隙结构统计表

层位	孔隙度/%	渗透率/$10^{-3}\mu m^2$	排驱压力/MPa	中值压力/MPa	最大孔喉半径/μm	中值孔喉半径/μm	平均孔喉半径/μm	最小非饱和孔隙体积/%	微观非均质系数	流动孔喉半径下限/μm	主要流动孔喉体积/%	分选系数	退汞效率/%
长 4＋5_2 小层	11.7	2.3	0.27	1.65	2.78	0.45	0.77	17.3	0.18	0.49	54	2.7	30
长 6_1 小层	11.5	1.5	0.36	2.01	2.08	0.37	0.54	14.9	0.19	0.33	53.2	2.5	36
油田平均值	11.5	1.7	0.34	1.93	2.21	0.39	0.59	15.4	0.19	0.37	53.4	2.5	34

（5）坪北油田储层粒度由中砂到细砂到粉砂的储层性质依次变差，孔隙结构的好差受沉积环境所控制。

根据上述孔隙结构特征可将坪北油田储油层孔隙结构划分成 5 类，其主要储油层属于小孔细喉型，即Ⅲ类（表 1－12）。

表 1－12 延长组低渗砂岩孔隙结构特征统计表

类别		Ⅰ	Ⅱ	Ⅲ	Ⅳ	Ⅴ
孔隙组合		中小孔 中细喉型	小孔 中细喉型	小孔 细喉型	细小孔 微细喉型	微孔 微喉型
孔隙结构参数	孔隙度/%	＞15.0	12.5～17.5	11.0～15.0	10.0～14.0	＜10.0
	渗透率/$10^{-3}\mu m^2$	＞10.0	3.0～10.0	1.0～3.0	0.2～1.0	＜0.2
	p_d/MPa	＜0.15	0.15～0.25	0.25～0.50	0.50～1.50	＞1.50
	p_{50}/MPa	＜1.5	1.0～2.5	2.0～5.0	3.0～7.5	＞7.5
	r_{50}/μm	＞0.5	0.3～0.75	0.15～0.35	0.1～0.25	＜0.1
	$\bar{x}$	＜1.0	0.7～1.4	0.3～0.7	0.2～0.3	＜0.2
	W_e	＞30.0	25～35	20～30	15～25	＜15

5. 储层敏感性特征

坪北油田储层黏土矿物平均绝对含量为 2.0%，以绿泥石为主，相对含量为 89.3%；

其次为伊利石，相对含量为10.7%。绿泥石是水合氯硅酸，属于铝硅酸盐矿物，含有大量的铁离子（Fe^{3+}）和镁离子（Mg^{2+}），多呈针叶片状、玫瑰花朵状、绒球状和竹叶状，是较强的酸敏矿物；伊利石（水云母）亦属于铝硅酸盐矿物，多呈片状、丝状、鳞片状充填于粒间或分布在粒表，在储层中常以“搭桥”状架接于两颗粒之间，当流体高速流过喉道时，冲刷作用导致颗粒间胶结物剥离，容易产生微粒运移，是较强的水敏性和速敏性矿物。

敏感性评价结果主要表现为弱速敏，其临界流速为3m/d；弱－中等水敏；以无盐敏－轻度盐敏为主，注入水临界矿化度为3000mg/L；中等－强酸敏；弱－中等碱敏（表1－13）。

表1－13　储层敏感性评价

评价内容	速敏	水敏	碱敏	酸敏
评价结果	弱	弱－中等	弱－中等	中等－强

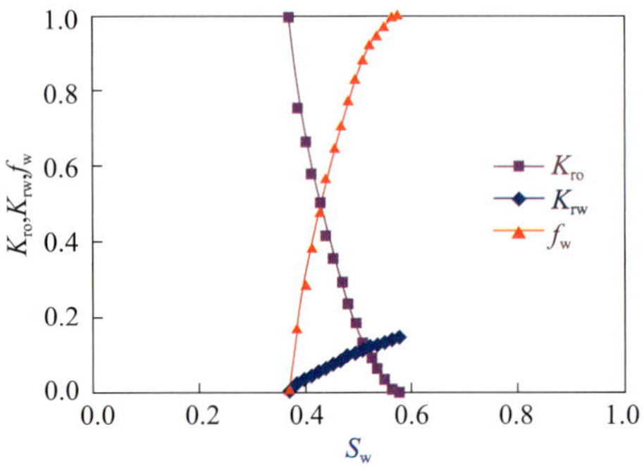

图1－7　坪北油田典型的油水两相相对渗透率曲线

6. 油水两相渗流特征

坪北油田储层束缚水饱和度平均为0.37，残余油饱和度为0.43，交点处含水饱和度平均为0.57，两相共渗区饱和度仅有0.2～0.3，最终驱油效率平均为32.2%（图1－7）。

7. 储油层平面分布

坪北油田属于储层较发育区，发育的长4＋5_2小层、长6_1小层和长6_2小层这3个砂层组不但是良好的储集层，而且也是主力含油层，分布范围、砂体规模和产量大小都比较接近。

1）长4＋5_2小层储油层平面分布特征

油层发育在3个区域：第一个区域分布在东北西南一带，油层厚度一般大于6m，平均约10m，最厚20m；第二个区域分布在北部P21－103井区，油层厚度平均约18m，但油层发育区大部分在工区以外；第三个区域分布在南部的P78－88井区，油层较发育，油层厚度一般为6～15m，平均约10m。

2）长6_1小层储油层平面分布特征

油层在工区西北、东北和中东部变薄或尖灭，油层主要分布于北部和南部。北部发育区油层厚度平均约10m，厚者达30m；南部发育区平均约10m，厚者达20m。

3）长6_2小层储油层平面分布特征

油层由北至南呈不规则带状分布，在工区西北、西部、东北和东部油层尖灭或变薄，油层厚度平均约11m，最厚约20m。

4）长4＋5_2～长6_2小层叠合油层平面分布特征

油层在工区内较发育，油层厚度平均约为24m，在其工区西北、东南部油层变薄或尖灭。油层主要发育区在工区东北部、中部和南部，东北部油层主要为长4＋5_2小层和长6_1小层，中部主要为长4＋5_2小层、长6_1小层和长6_2小层，南部以长6_1小层和长6_2小层为主。

8. 裂缝特征

坪北油田延长组储层中裂缝具有明显的规律性，最大主应力方向即人工裂缝平面延伸方向为NE70°~80°；天然裂缝主要有NE25°~45°和NW20°~45°两组，在原始地应力条件下呈闭合状态，属于隐性裂缝（图1-8）。

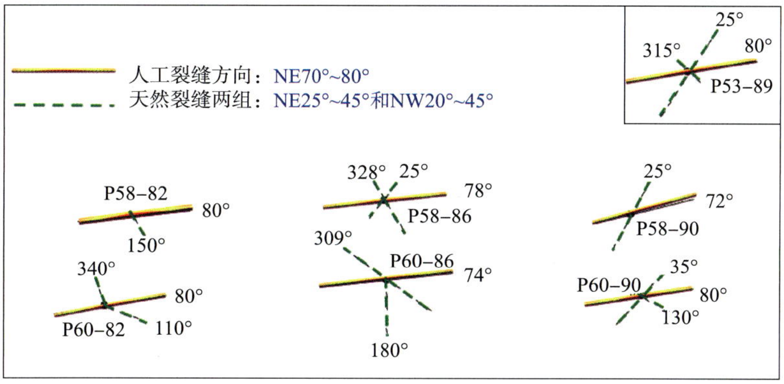

图1-8　微地震储层裂缝监测成果图

9. 储层分类和评价

根据岩性、孔隙结构、物性、电性、含油性和试油结果将坪北油田三叠系延长组低渗透砂岩储层主要分为四大类（表1-14）。

表1-14　延长组低渗砂岩储层分类表

类别	岩性	孔隙结构		物性		电性		含油性	试油结果/(t/d)
		r_{50}/μm	σ	孔隙度/%	渗透率/10^{-3}μm^2	声波时差/(μs/m)	自然电位比值		
Ⅰ	中-细砂岩	>0.5	>2	>15	>3	>255	0.75~1.0	油浸	>15
Ⅱ	细砂岩	0.15~0.5	2.0~2.5	10~15	1~3	225~255	0.5~0.75	油斑-油浸	>10
Ⅲ	粉细砂岩	0.1~0.15	1.5~2.0	8~12	0.2~1.0	205~225	0.35~0.5	油斑-油迹	1~10
Ⅳ	粉砂岩	<0.1	<1.5	<8	<0.2	<205	<0.35	油迹	<1.0

1）Ⅰ类储层

Ⅰ类储层主要分布在延长组的长2油层组，属于三角洲平原分流河道砂体，岩性为中-细砂岩，平均孔隙半径大于0.5μm，平均孔隙度大于15%，平均渗透率大于3×10^{-3}μm^2，声波时差大于255μs/m，自然电位比值分布为0.75~1.0，具有较好的孔隙结构，油层物性、电性参数和油层的含油性好，油井初期试油日产油多在15t以上。

2）Ⅱ类储层

Ⅱ类储层主要分布在长$4+5_2$小层和长6油层组，纵向上通常分布在三角洲前缘河口坝砂体的中上部和水下分流河道砂体的中下部，平面上在该区分布较为广泛，岩性为细砂岩，孔隙半径分布为0.15~0.5μm，孔隙度分布为10%~15%，渗透率分布为1×10^{-3}~3×10^{-3}μm^2，声波时差分布为225~255μs/m，自然电位比值分布为0.5~0.75，具有较好的孔隙结构，油层物性、电性参数和油层的含油性较好，油井初期平均试油日产油在10t以上，是坪北油田主要的储油层。

3）Ⅲ类储层

Ⅲ类储层在坪北油田中分布相对广泛，岩性为粉细砂岩，孔隙半径分布为0.1～0.15μm，孔隙度分布为8%～12%，渗透率分布为0.2×10^{-3}～$1.0\times10^{-3}\mu m^2$，声波时差分布为205～225μs/m，自然电位比值分布为0.35～0.5，储层物性较差，压裂后试油日产油量为1～10t，可作为今后挖潜的主要储层。

4）Ⅳ类储层

Ⅳ类储层为非有效储层，坪北油田的该类储层分布广泛，岩性为粉砂岩，平均孔隙半径小于0.1μm，平均孔隙度小于8%，平均渗透率小于$0.2\times10^{-3}\mu m^2$，声波时差小于205μs/m，自然电位比值小于0.35，通常属于有效储层的隔层。

（四）油藏流体性质

1. 地面原油性质

坪北油田地面原油密度平均为$0.8652g/cm^3$，地面原油黏度平均为11mPa·s，具有低密度、低黏度、较低凝固点、高含蜡等特点，且不同小层产出原油的性质差别很小（表1-15）。

表1-15　坪北油田原油性质统计表

层位	地面原油黏度/(mPa·s)	地面原油密度/(g/cm^3)	凝固点/℃	含蜡量/%
长$4+5_2$小层	10.6	0.8649	19.8	10.9
长6_1小层	12.3	0.8669	20.5	11.1
长6_2小层	10.2	0.8651	20.7	12.0
长6_3小层	10.9	0.8638	21.7	10.2
合计	11	0.8652	20.7	11.1

2. 地层原油高压物性

坪北油田储层原油饱和压力平均为4.83MPa，地层原油密度平均为$0.782g/cm^3$，原油黏度平均为2.7mPa·s，表现为饱和压力较低、密度和黏度较低等特征（表1-16）。

表1-16　坪北油田长6油层组储层地层原油高压物性统计表

井名	饱和压力/MPa	压缩系数/$10^{-4}MPa^{-1}$	黏度/(mPa·s)	溶解气油比/(m^3/t)	体积系数	收缩率/%	密度/(g/cm^3)	平均溶解系数/($m^3/m^3/t$)	脱气油相对密度
塞5井	6.07	12.1	2.0	68.0	1.173	14.7	0.776	9.37	0.8374
塞18井	2.74	8.8	3.1	39.2	1.123	11.0	0.792		0.8425
塞19井	5.23	11.7	2.3	58.3	1.163	14.0	0.775	9.35	0.8385
塞81井	4.72	9.1	2.8	55.2	1.150	13.0	0.786	9.87	0.8434
坪41-20井	5.40	9.2	3.2	60.2	1.163	14.4	0.780	9.43	
平均值	4.83	8.4	2.7	56.2	1.155	13.4	0.782	9.51	0.8405

3. 地层水性质

坪北油田地层水总矿化度分布范围为31423～94910mg/L，平均为84143mg/L，矿化度较高，水型均为$CaCl_2$型（表1－17）。其中，坪北油田水样中钙离子（Ca^{2+}）、镁离子（Mg^{2+}）含量高，平均达到15826mg/L，易发生沉淀，堵塞地层，对储层造成伤害。

表1－17 坪北油田水分析统计表

井名	层位	地层水离子含量/(mg/L)						总矿化度/(mg/L)	水型
		Cl^-	SO_4^{2-}	HCO_3^-	$K^+ + Na^+$	Ca^{2+}	Mg^{2+}		
S27井	长6油层组	44587	106	0	10308	8182	4965	68440	$CaCl_2$型
S143井	长4+5油层组	55619	3874	0	18882	16004	392	94910	$CaCl_2$型
S43井	长6油层组	50384	1984	0	9979	4480	9840	76910	$CaCl_2$型
P59－89井	长4+5油层组	59407	983	0	12409	22509	426	95830	$CaCl_2$型
P142井	长4+5油层组、长6油层组	43189	149	89	12694	11231	264	73694	$CaCl_2$型
合计		53504	1259	89	12586	9921	5905	84143	$CaCl_2$型

（五）油藏温度压力系统

根据坪南区地温梯度和地压梯度资料（图1－9、图1－10）推算出坪北油田油层平均地温梯度为2.6℃/100m，地层温度为50.0℃，各油层具有相同的压力系统，压力系数分别为0.63、0.65，平均为0.64，地层压力为8.3MPa，属于低压油藏（表1－18）。

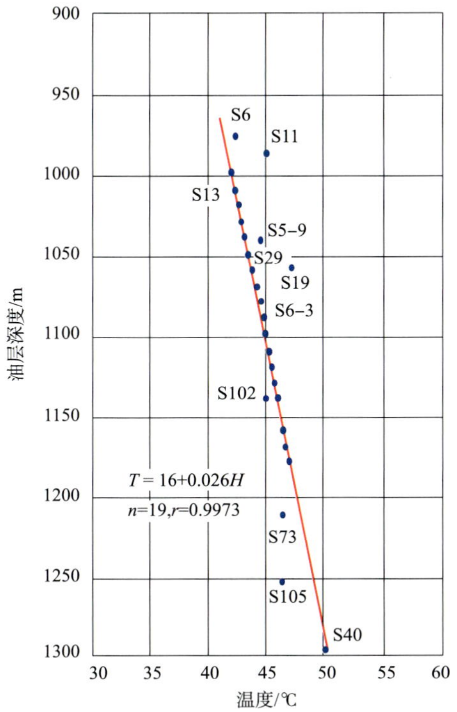

图1－9 油层深度与温度关系图

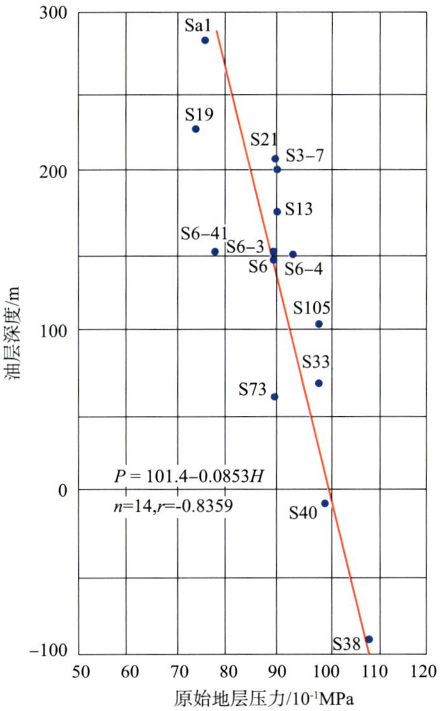

图1－10 油层深度与压力关系图

表 1－18　坪北油田油层温度及油层压力分布

层位	油层中部深度/m	油层中部温度/℃	油层中部压力/MPa
长 4＋5_2 小层	1309.1	50.0	8.3
长 6_1 小层	1313.5	50.2	8.4
长 6_2 小层	1351.0	51.1	8.6
长 6_3 小层	1371.0	51.6	8.8

（六）油藏类型

坪北油田 P20－102 井～P78－121 井长 4＋5_2 小层、长 6 油层组油藏储层纵向含油分布与构造无明显关系，构造对油层分布不起主要作用，属于岩性油藏类型（图 1－11）。

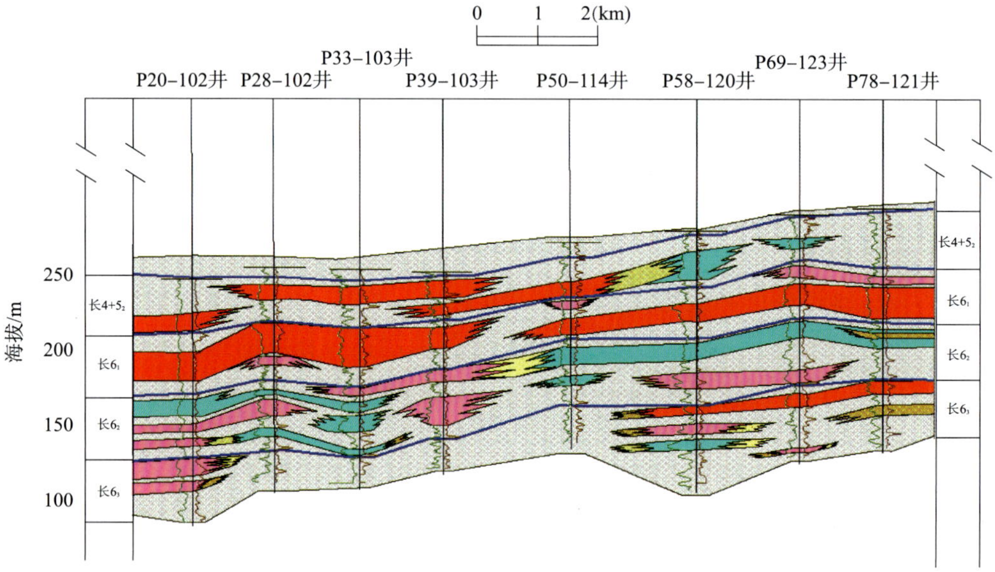

图 1－11　坪北油田 P20－102 井～P78－121 井长 4＋5_2 小层、长 6 油层组油藏剖面示意图

第三节　油田储量现状

一、油藏储量概况

坪北油田地质储量为 3745×10^4t，各年上报储量信息统计情况如表 1－19 所示，坪北油田实际开发区域如图 1－12 所示。

表 1－19　坪北油田各年上报储量信息统计表

时间（年）	井区	层位	含油面积/km^2	地质储量/10^4t
1997	西区	长 4＋5_2 小层	64.0	2062
1998	西区	长 6_2 小层	6.2	228

续表

时间（年）	井区	层位	含油面积/km²	地质储量/10^4t
1999	SP199 井区	长 4+5_2 小层	13.2	693
2000	P36-88 井区	长 6_2 小层	9.1	455
2001	P70-86 井区	长 6_2 小层	5.6	307
合计				3745

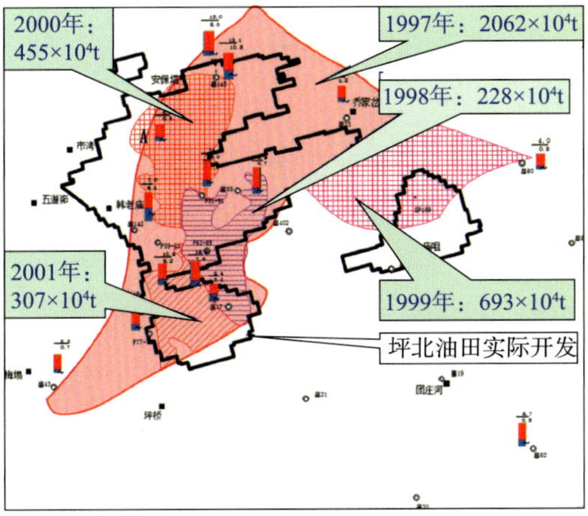

图 1-12 坪北油田实际开发区域示意图

二、采收率标定

1. 类比法

通过类比法对安塞油田王窑区块、侯市区块、杏河区块、坪南区块、坪北区块、坪北南区等与坪北油田各区块类似的“三低”区块进行统计，长庆坪南区块油藏特征与坪北南区相近，采收率也接近（表 1-20），因此，按类比法确定的采收率为 19.89%。

表 1-20 坪北油田采收率标定统计表

区块	层位	孔隙度/%	渗透率/$10^{-3}\mu m^2$	压力系数	储量丰度/(10^4t/km²)	采收率/%
王窑区块	长 6 油层组	13.9	2.3	0.82	69	
侯市区块	长 6 油层组	12.4	2.6	0.8	50	
杏河区块	长 6 油层组	12.4	2.2	0.75	55	
坪南区块	长 6 油层组	12	1.8	0.77	57	18.90
坪北区块	长 4+5 油层组、长 6 油层组	11	1.3	0.64	40	14.72
坪北南区	长 6 油层组	12.1	1.7	0.64	50	19.89

2. 经验公式法

根据坪北油田油藏类型、油藏性质和开发条件等，选用以下 3 种经验公式确定技术采收率。

（1）经验公式1（根据行业标准 SY/T 5367—1989《石油可采储量计算方法》）：

$$E_R = 21.4289 \times 10^{-2} \left(\frac{K}{\mu_o}\right)^{0.1316} \quad (1-1)$$

（2）经验公式2（长庆油田经验公式）：

$$E_R = 0.1464 + 0.1226 \left(\frac{K}{\mu_o}\right)^{0.1316} \quad (1-2)$$

（3）经验公式3（低渗透砂岩油藏）：

$$E_R = 0.2014 + 0.086\lg K - 0.053 \times \lg\mu_o - 1.55\phi + 0.0001S + 0.3355W_f \quad (1-3)$$

式中，K 为渗透率，$10^{-3}\mu m^2$；ϕ 为孔隙度；μ_o 为地层原油黏度，mPa·s；S 为井网密度，口/km^2；W_f 为水驱控制程度。

按照上述经验公式计算得采收率分别为16.4%、24.0%和15.1%（表1－21）。

表1－21　坪北油田经验公式法采收率计算表

地层油黏度/(mPa·s)	渗透率/$10^{-3}\mu m^2$	孔隙度/%	井网密度/(口/km^2)	水驱控制程度/%	计算采收率/%		
					经验公式1	经验公式2	经验公式3
7.2	0.93	10	13.6	0.45	16.4	24.0	15.1

3. 动态分析法

1）递减法

根据坪北油田采收率标定拟合（图1－13、图1－14）及采收率标定统计结果（表1－22），确定递减法采收率为14.72%。

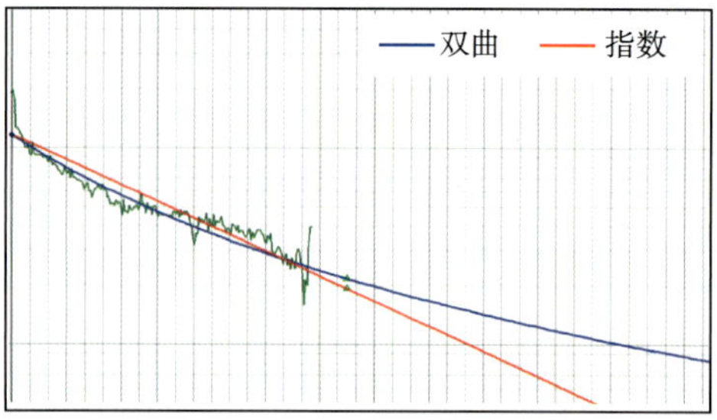

图1－13　坪北油田北区归一化产量全阶段拟合效果图

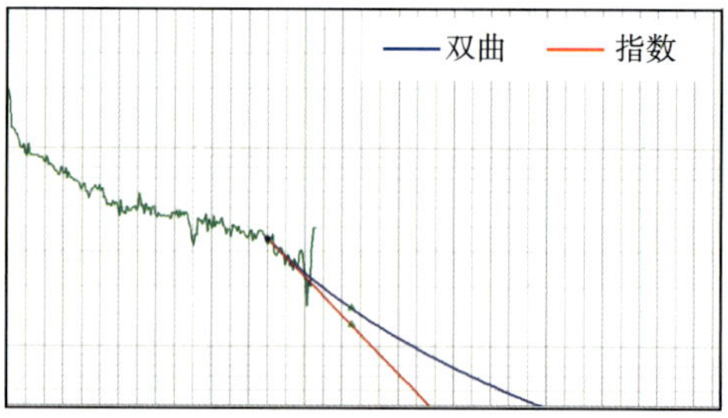

图1－14　坪北油田北区归一化产量近阶段拟合效果图

表1－22　坪北油田采收率标定统计表

开发单元	递减指数(n)	预测段初始递减率/%	技术可采储量/10^4t	采收率/%	单井剩余技术可采储量/10^4t	可采储量采出程度/%	剩余可采储量采油速率/%
北区	0.4783	0.0802	374.4	14.48	164.8	56.0	5.07
南区	0.2350	0.0615	104.8	17.05	34.4	67.1	8.24
SP199	0.5365	0.0700	72.1	13.23	37.2	48.4	5.85
合计			551.3	14.72	236.3	57.1	5.67

2）童氏图版法

根据章宪章图版标定的采收率可达到20%以上（图1－15）。

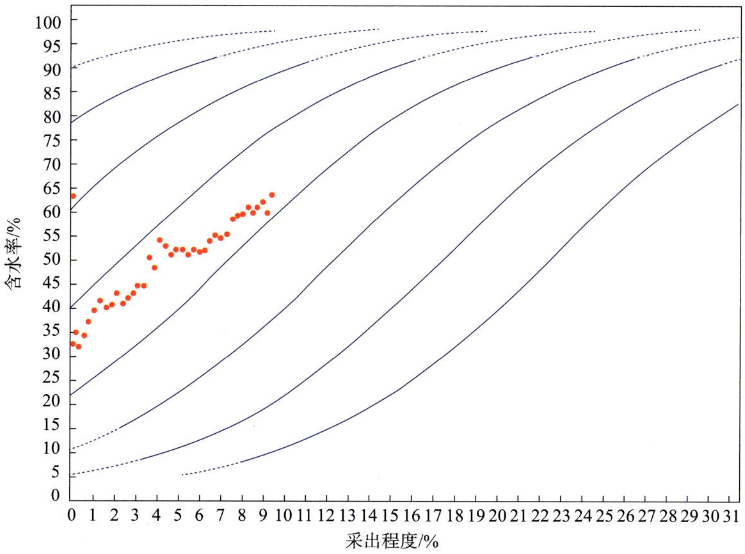

图1－15　童氏图版法含水与采出程度关系曲线图

综上所述，由于坪北油田储层物性较差，受公式适用性的限制，计算所得采收率值差别较大，考虑到油田已具备一定的生产数据，因此，采用递减法进行采收率标定较为合理，采收率标定为14.72%。

三、综合评价

坪北油田石油地质储量为3745×10^4t，储量丰度为83×10^4t/km^2，油藏平均埋深为1350m，千米井深日产油量为1.7t，平均渗透率为$1.3\times10^{-3}\mu m^2$，综合评价为低产、低孔、特低渗、低丰度、浅层、小型轻质油藏（表1－23）。

表1－23　坪北油田地质综合评价表

项目	平均埋深/m	产量/[t/(km·d)]	储量丰度/(10^4t/km^2)	石油地质储量/10^4t	孔隙度/%	渗透率/$10^{-3}\mu m^2$	地下原油黏度/(mPa·s)
参数	1350	1.7	83	3745	11	1.3	2.7
评价结果	浅层	低产	低丰度	小型	低孔	特低渗	轻质油

第四节　油田开发历程

1998～2015年，在坪北油田经历了快速上产、高效稳产和效益稳产3个阶段（图1－16）后，通过局部加密调整、开发SP199井区、边部及内部扩边、井网细分重组试验等举措，实现了坪北油田连续多年稳产17×10^4t以上。

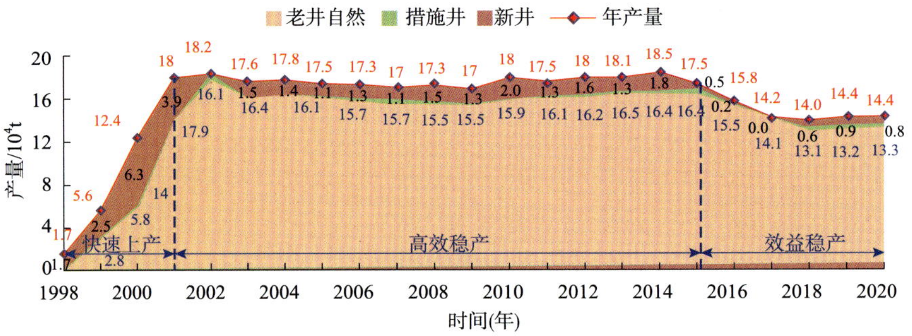

图 1－16　坪北油田历年产量构成图

一、快速上产阶段

1998～2001 年，油田属于快速上产阶段，该阶段共钻探井 80 口，其中，探井 11 口，开发井 69 口。在上产期共钻井 491 口，并完成了基础井网（图 1－17），累计建产能 25×10^4t。

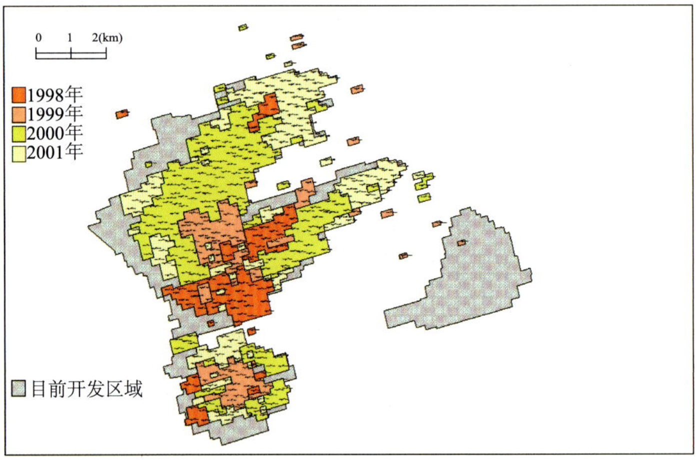

图 1－17　坪北油田分年完钻井分布图（快带上产阶段）

开发井网采用行列式注采井网，井排与最大主应力方向一致，井距 450m，排距 150m（图 1－18）。部署油井直接投产，一注井直接投注，二注井先期采油后期适时转注，1998 年 10 月～1999 年 12 月，开展注水先导试验，1998 年 8～11 月投产 13 口油井，当年 10 月 6 口注水井投注，1999 年 5 月 3 口油井投产（图 1－19）。

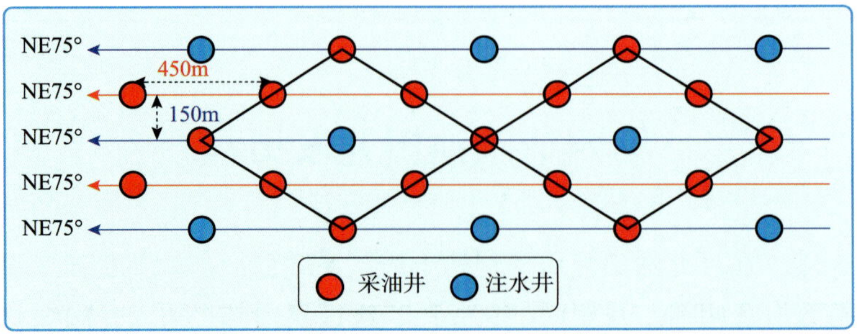

图 1－18　坪北油田井网部署方案示意图（菱形反九点注采井网）

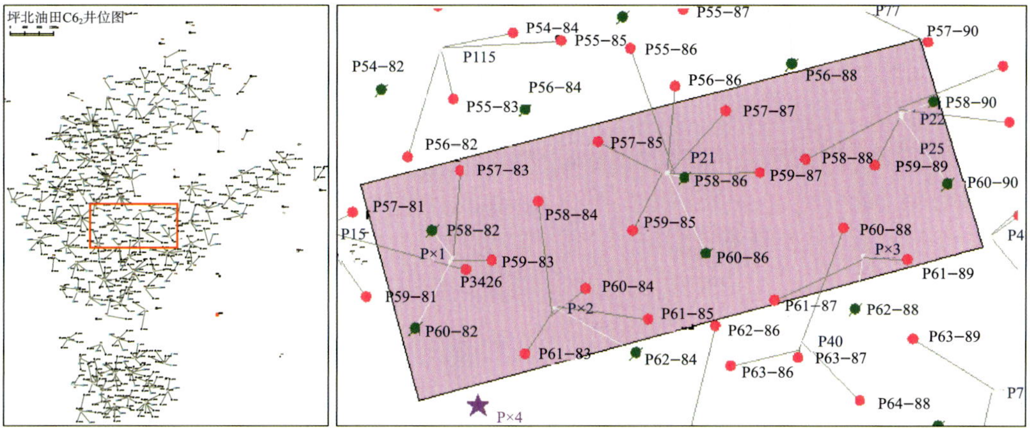

图 1-19 坪北油田上产阶段的井位图

坪北油田试验区采用天然能量开发区域共有 7 口井，而注水试验开发区分为同步注水区和超前注水区两个试验区，其中，同步注水区有井 13 口，超前注水试验区有井 3 口。分析不同生产类型结果发现，采用注水方式开采都比天然能量开发效果好，在 2~3 个月后产量仍保持较高，且效果显著（表 1-24）。因此，采用注水开发有利于保持油井稳产。

表 1-24 天然能量开发区和注水试验开发区开发效果对比

类型	井数/口	第 1 个月	第 2 个月	第 3 个月	递减率/%
		日产油量/t	日产油量/t	日产油量/t	
天然能量开发	7	4.5	2.5	1.7	62.2
同步注水	13	4	3.4	2.7	32.5
超前注水	3	5.5	5.1	4.2	23.6
注水平均		4.5	4	3.2	28.9

二、高效稳产阶段

2002~2014 年，油田为高效稳产阶段，该阶段油田实施了加密调整、SP199 新区动用和滚动扩边，钻井 554 口（图 1-20），建产能 20.4×10^4t，确保了稳产。因原井网局部存在平面矛盾，主向井水淹快，侧向井见效差，因此，对原井网进行了调整，根据极限渗流半径和压裂缝长计算，在新、老区开展井网调整试验并获得成功，确定合理井距为 160~240m，合理排距为 80~120m，调井网如图 1-21 和图 1-22 所示。对于老区的井网调整，采用小井距、小排距的加密井网进行布井，二次井转注，缩小井距和排距，加密效果好。对于新区及扩边井区，取消二次井部署，同步超前注水，缩小井距、排距，油井见效好、见水慢。

根据坪北油田 2014 年 10 月统计的主要开发数据，坪北油田存在多井低产、多点少注现象，其采油速率为 0.48%，采出程度为 7.27%，属于中等采油速率、中等采出程度（表 1-25）。

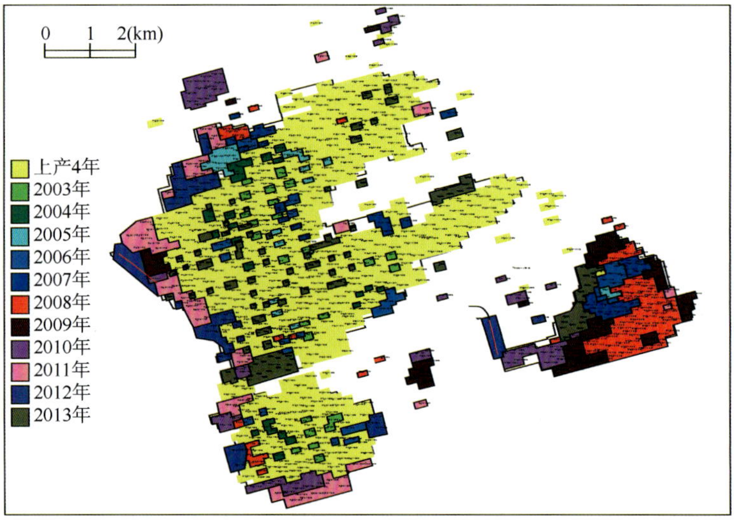

图1－20　坪北油田分年完钻井分布图（高效稳产阶段）

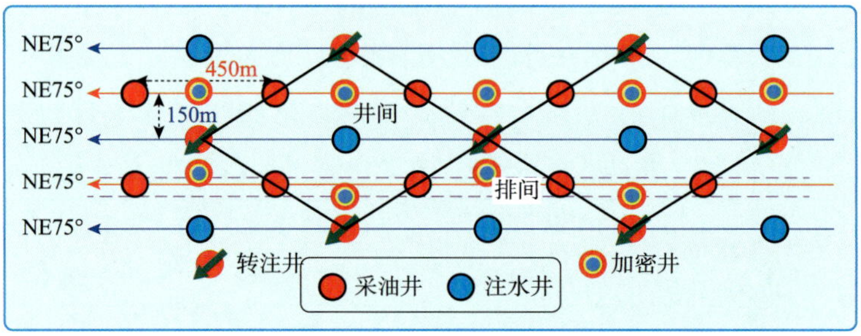

图1－21　2003～2008年坪北油田加密调整井网部署示意图

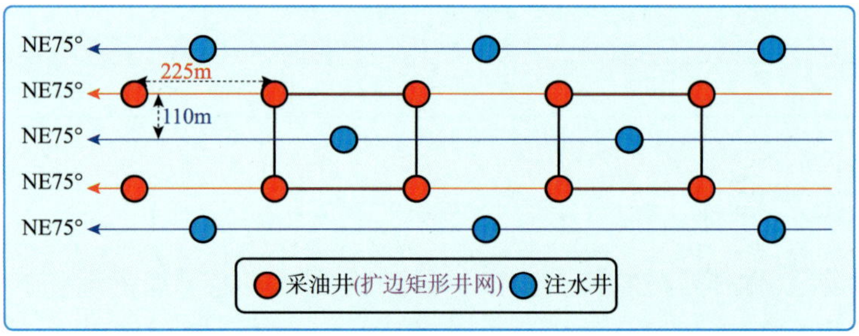

图1－22　2006～2010年坪北油田SP199区整体开发一次性井网部署示意图（同步注水）

表1－25　2014年10月主要开发数据

油井/口		水井/口		产液/(t/d)	产油/(t/d)	单井产液/(t/d)	综合含水/(t/d)	累计产油/t
总井	开井	总井	开井					
732	699	275	250	1141	495.8	0.71	56.55	272.4
采油速率/%	采出程度/%	日注水量/m^3	累计注水量/10^4m^3	月注采比	累计注采比	累计地下亏空/10^4m^3	自然递减率/%	综合递减率/%
0.48	7.27	2784	894.2	2.12	1.46	－281.6	6.86	6.13

三、效益稳产阶段

2015 年至今，油田进入效益稳产阶段。2015 ~ 2017 年开展井网细分重组试验并获得成功，于 2018 年进行推广，完钻井分布情况如图 1 – 23 所示，推广后新井单井产油能力可达到 1.5t/d，单井新增经济可采储量为 5407t（表 1 – 26）。

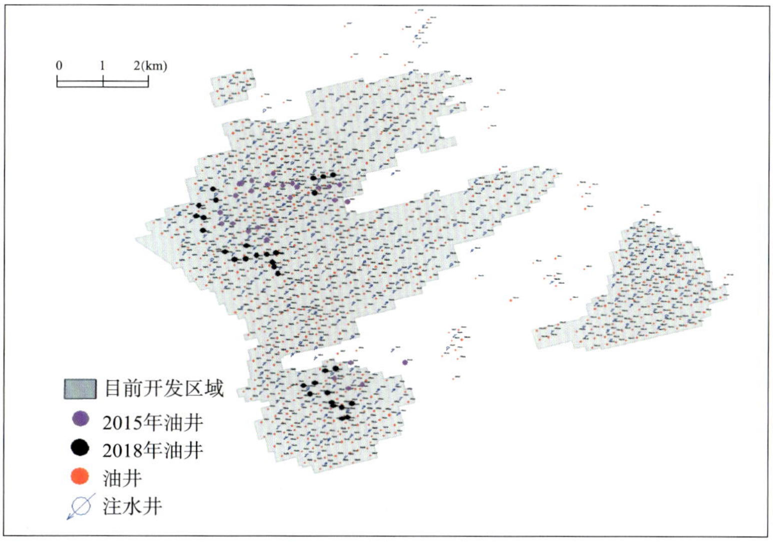

图 1 – 23　坪北油田分年完钻井分布图（效益稳产阶段）

表 1 – 26　试验推广期间开发效果分析表

项目	投产时间（年）	投产油井井数/口	单井产油水平/(t/d)		单井新增经济可采储量/t
			初期产量	标定产能	
试验	2015	13	2.6	1.4	5342
	2016	11			
推广	2018	30	2.8	1.5	5460
合计		54	2.7	1.5	5407

第二章　地层划分与精细描述

第一节　地层对比及层序划分

一、地层对比标志

（一）地层对比标志层

区域地层对比的目的是建立标准剖面，找出地层的区域变化规律，确定生、储、盖的组合。最常用的方法有岩性标准层对比、岩性组合对比和特殊标志层对比，其中，标准层就是具有区域性对比标志的岩层，应具有以下特点：

（1）岩石的特征突出，在岩性、电性、古生物等方面具有明显的特征，易于识别。

（2）横向上具有一定的稳定性，在区域内广泛分布，便于在全区内追踪对比。

（3）纵向上在正常剖面中有固定层位，厚度不大，距离层位分界线和目的层（或油层）较近，便于划层和录井时控制目的层深度。

在实际工作中，各地区根据标准层特征的明显程度和分布范围的不同，往往把标准层分为标准层和辅助标准层（即标志层，也叫岩性层）。

鄂尔多斯盆地石油勘探开发历程里，长庆油田在延长组识别出 K1～K9 共 9 个标志层（不含 K0），这 9 个标志层可归纳为两种类型：一类是与火山喷发物有关的凝灰岩层；另一类是黑色泥页岩层及油页岩层（表 2－1）。每个标志层都有其特定的电性组合特征（图 2－1）。

9 个标志层具体特征如下：

（1）K1 标志层。K1 标志层显示在长 7 油层段中部，厚 3m 左右，电性特征比较突出，以箱状高自然伽马（GR）、高声波时差（AC）曲线形态及大井径、中低电阻率（RT）为特征；岩性以灰黑色泥页岩和油页岩为主，是延长组长 7 油层组在湖泊兴盛时期的产物，属于半深水－深水湖相沉积，浮游生物与软体动物发育丰富，微体动物（介形虫）多密集成层，是盆地比较重要的优质油源岩；在鄂尔多斯盆地的中南部分布相当稳定，可作为剖面对比的基准面和构造制图的标准层，是地层对比主要的依据和标志层，是划分延长组长 6～长 8 油层组的区域性标志。

（2）K2 标志层。K2 标志层显示在长 6 油层组底部，位于 K1 之上 49m 左右，岩性是浅绿色凝灰质泥岩，是长 6 油层组与长 7 油层组的分界线；在区域内分布较稳定，厚度约为 0.5～1.5m，具有高 GR、高 AC、低感应、中低 RT 的特征，俗称“肥皂片”。

表2－1　鄂尔多斯盆地坪北油田延长组地层对比标志层划分表

系	统	组	段	油层组	亚组	小层	层厚/m	区域标志层及位置
侏罗系	下统	富县组						
三叠系	上统	延长组	第五段 T3y5	长1			0～90	K9－底（碳质泥岩或含凝灰质泥岩）
			第四段 T3y4	长2			110～130	K8－中（凝灰质泥岩）
				长3			90～110	K7－上（凝灰质泥岩）
			第三段 T3y3	长4+5	长$4+5_1$		40～50	K6－顶（凝灰质泥岩） K5－底（凝灰质泥岩）
					长$4+5_2$		40～50	K4－底（凝灰质泥岩）
				长6	长6_1	长$6_1^{\ 1}$	约30	
						长$6_1^{\ 2}$	约20	
					长6_2		25～30	K3－底（凝灰质泥岩）
					长6_3		14～31	
					长6_4		14～23	K2－底（凝灰质泥岩）
				长7			90～110	K1－中上（张家滩黑页岩）
			第二段 T3y2	长8			75～85	
				长9			90～120	K0－顶（李家畔黑页岩）
			第一段 T3y1	长10			280	
	中统	T2z	纸坊组					

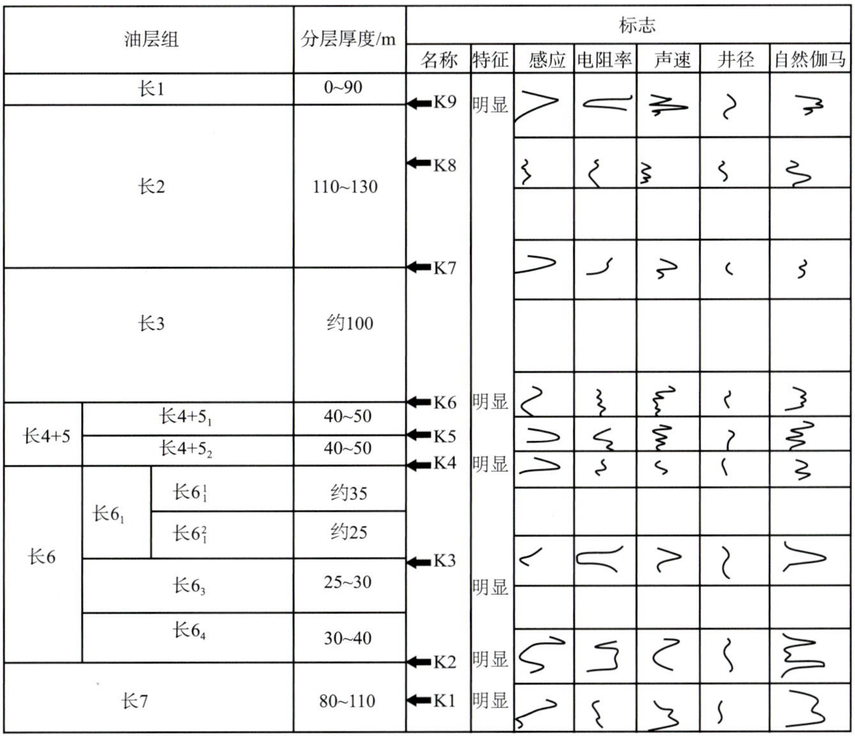

图2－1　延长组每个标志层的电性组合特征

（3）K3 标志层。K3 标志层显示在长 6 油层组中、下部，距离长 7 油层组顶部（K2）29 ~ 39m，岩性为浅绿色凝灰质泥岩，是控制长 6 油层组下部的较为重要的标志层，其顶是长 6_3 小层和长 6_2 小层的分界线。该地层厚度一般约为 1m，电性特征为低 RT、低感应、尖刀状高 AC、大井径、高 GR。

（4）K4 标志层。K4 标志层显示在长 4 + 5 油层组底，上距 K5 标志层约 45m，下距 K3 标志层约 80m，由黑灰色的凝灰质泥岩组成，是长 4 + 5 油层组和长 6 油层组的分界线，也是判断长 6_1 小层的重要标志层。厚度约为 1m，AC 与 GR 高、大井径，曲线有时具有双峰，呈燕尾状；上部是反旋回的长 4 + 5 油层组复合砂体，下部是长 6 油层组厚层砂体。区域内测井响应比较明显。

（5）K5 标志层。K5 标志层显示在长 4 + 5 油层组的地层中部，岩性是薄层黑色凝灰质泥岩，是长 4 + 5_1 小层和长 4 + 5_2 小层的分界线，厚度为 1m 左右。K5 标志层一般高于 K4 标志层 42 ~ 46m，电性特征为尖刀状低 RT、高 AC、低感应、高 GR、大 CAL。

（6）K6 标志层。K6 标志层显示在长 4 + 5 油层组顶部，比 K4 标志层高约 90 ~ 100m，为长 3 油层组与长 4 + 5 油层组的分界线；电性及岩性和 K5 标志层相似，由 4 个薄层凝灰质泥岩组成，具有锯齿状的 AC 和 GR 曲线形态。

（7）K7 标志层。K7 标志层显示在长 3 油层组上部，离长 2 油层组底约 35 ~ 40m，岩性为暗色凝灰质泥岩，是控制长 2 油层组底部的辅助标志层；层厚约 1m，AC 高，曲线呈尖刀状，GR 值也高，感应与 CAL 曲线特征不明显。

（8）K8 标志层。K8 标志层显示在长 2 油层组中部，层厚为 0. 6 ~ 0. 8m；岩性为暗色凝灰质泥岩；电性特征为低 RT、高 AC、低感应和 CAL、高 GR。

（9）K9 标志层。K9 标志层显示位于长 1 油层组底部，为长 1 油层组、长 2 油层组的地层分界，特征明显，分布稳定，是整个延长组地层对比的重要且明显的标志层之一；其厚度为 1m 左右，电性特征为特低感应、低 RT、尖刀状高 AC、大 CAL、高 GR；岩性为碳质泥岩或凝灰质泥岩。

自下而上的 9 个标志层中，K1、K3、K9 为主要对比标志，K2、K4、K5、K6、K7、K8 为辅助标志（表 2 – 2）。上三叠系延长组地层对比分析及划分原则为：

（1）以沉积序列为基础、以旋回对比为手段。三角洲平原亚相分流河道砂体和三角洲前缘水下分流河道砂体具有正旋回沉积特征，顶、底均以砂岩底为界；三角洲前缘河口坝砂体具有反旋回沉积特征，顶、底均按砂岩顶界划分。

（2）以区域标志层（K1、K3、K9）为控制依据，结合辅助标志（K2、K4、K5、K6、K7、K8）并适当考虑地层厚度进行地层对比划分。

（3）主要含油层系按沉积序列细分小层，非含油层系不再细分。

根据上述原则，上三叠系延长组为内陆坳陷型盆地演化的第一阶段沉积，厚 800 ~ 1400m，为一个完整的水进水退旋回，自下而上包括长一段（长 10 油层组）、长二段（长 9 油层组、长 8 油层组）、长三段（长 7 油层组、长 6 油层组、长 4 + 5 油层组）、长四段（长 3 油层组、长 2 油层组）和长五段（长 1 油层组）共 5 个层段 10 个油组。其中：

表 2－2　安塞油田坪桥北区地层岩性特征及标志层简表

地层					地层厚度/m	岩性特征	标志层
	组	段	油层组及以下				
三叠系	延长组 T_3y	第五段 T_3y_5	长 1		120～150	暗色泥岩、泥质粉砂岩、粉细砂岩不等厚互层，夹碳质泥岩及煤线	
		第四段 T_3y_4	长 2	2_1	40～60	灰绿色块状细砂岩夹暗色泥岩	K9
				2_2	20～40	浅灰色细砂岩夹暗色泥岩	K8
				2_3	30～50	浅灰色细砂岩夹暗色泥岩	K7
			长 3		90～120	浅灰、灰褐色细砂岩夹暗色泥岩	
		第三段 T_3y_3	长 4＋5	$4+5_1$	35～50	浅灰色粉砂岩与暗色泥质岩互层	K6
				$4+5_2$	25～35	浅灰色细砂岩与暗色泥质岩互层	K5
			长 6	6_1	30～45	褐灰色块状细砂岩夹暗色泥岩	
				6_2	40～45	浅灰色细砂岩夹暗色泥岩	K4
				6_3	约 40	灰黑色泥岩、泥质粉砂岩、粉细砂岩互层，夹薄层凝灰岩	K3
			长 7	7_1	约 45	暗色泥岩，碳质泥岩、油页岩夹薄层粉细砂岩	K2
				7_2	35～45		K1
		第二段 T_3y_2	长 8	8_1	35～45	暗色泥岩、砂质泥质夹灰色粉细砂岩	
				8_2	35～45		
			长 9	9_1	15～25	暗色泥岩、页岩夹灰色粉细砂岩	
				9_2	25～35		
				9_3	25～35		
		第一段 T_3y_1	长 10		280	灰色厚层块状中细砂岩，底为粗砂岩，麻斑结构	
	纸坊组					灰紫色泥岩、砂质泥岩与紫红色中细砂岩互层	

（1）长一段代表内陆坳陷型湖盆发育的开始，以河流相和滨浅湖相为主，广泛分布具有大型交错层理的块状砂岩。

（2）长二段湖盆扩张，沉积范围增大，出现浅水和局部半深水沉积。

（3）长三段湖盆继续扩大而后转为收缩。其中，长 7 油层组代表湖盆最大扩张期，沉积范围最广，水体最深，发育半深水－深水的深灰色、灰黑色泥岩及油页岩，富含有机质，为良好生油岩；长 6 油层组及长 4＋5 油层组为湖退早期，在湖盆周边广泛分布三角洲复合体，是盆地最主要的储集岩发育期，沿湖盆东北分布一系列河控型浅水湖泊三角洲（陕北三角洲群），蕴藏着丰富的石油资源。坪北油田即属于陕北三角洲群之一的安塞三角洲沉积体系。

（4）长四段湖盆进一步收缩，岸线向湖心推进，原来的三角洲已不断平原沼泽化，岸内主要分布滨浅湖相。

（5）长五段代表湖盆的枯竭期，大面积沼泽化，主要岩性为泥岩夹煤层与砂岩的互层。

（二）坪北油田主要含油层对比

1. 区域标志层

坪北油田主要含油层为长4+5油层组和长6油层组，存在K2~K6等标志层，其中，仅K2、K3标志层分布较稳定，以K2标志层底为界划分长6油层组与长7油层组，K3为长6_2小层与长6_3小层之间的标志层，两个标志层均表现为高AC、高GR、高自然电位（SP）、低感应等电性特征。K3标志层的声波跳跃常由两个波峰组成，以其底为界划分长6_3小层和长6_2小层，由于所属砂组砂岩较发育，标志层表现为CR中低背景上的尖峰状高值，及中－低SP背景上的高值，常伴有声波时差的明显跳跃和低感应值，易于识别。

K4、K5标志层电性特征与K2、K3标志层相似，位于长4+5油层组的中部及底部，在区内分布不稳定，且由于长4+5油层组由浅灰色粉砂岩与灰色泥岩互层或浅灰色细砂岩与灰色泥质岩互层组成，尖峰状GR、高SP、高声波泥岩层较发育，与K4、K5标志层电性特征相似，因此，这两个标志层不易从油层组中区分出来。但位于长4+5油层组中部的K5标志层常伴有一组3~4个声波跳跃，以该电性标志层顶为界将长4+5油层组划分成两个小层。

K6标志层位于长3油层组和长4+5油层组之间，长3油层组底部一般发育一套较厚的砂岩，而长4+5油层组顶部则以砂、泥岩的薄互层为主，形成一组尖峰状波形，因此，以K6标志层底为界将长4+5油层组与长3油层组分开。

因此，根据区域标志层可初步将长4+5油层组、长6油层组划分为小层，长4+5油层组分为2个小层，长6油层组由3个小层组成，共5个小层，而长$4+5_2$~长6_3小层是坪北油田的主要产油层段，纵向上发育多个油层，各小层一般可出现2~4个油层，区域标志层无法进一步细分。

2. 小层对比标志层

坪北油田有4个小层对比标志层，分别位于长6_2^2小层、长6_3^1小层、长6_1^1小层和长6_1^2小层的底部，小层对比标志层的岩性与电性特征与区域标志层相似，主要为泥岩层或泥质岩层，电性特征表现为相对较高的GR和SP、低感应值，并且常伴有一组明显的声波跳跃，其中的长6_2^2小层和长6_3^1小层底部还具有4m电阻率（R4）较高的特征，且多数井4m电阻率曲线形态相似，可能反映地层中流体性质相近。长6_1^1小层和长6_1^2小层的4m电阻率特征不稳定，一般以较低的4m电阻率为主，且曲线形态变化幅度不大。根据测井曲线与岩性及岩性组合间的响应关系（图2－2）、区域标志层及小层对比标志层的研究，确定了坪北油田的小层划分原则及方法。

1）小层划分原则

（1）以K2、K3、K4、K5、K6等5个标志层为控制依据。

（2）长4+5、长6油层组共分为5个小层并进一步划分出10个小层，其中长$4+5_2$小层和长6_1小层各细分2个小层，长6_2小层和长6_3小层各细分3个小层。

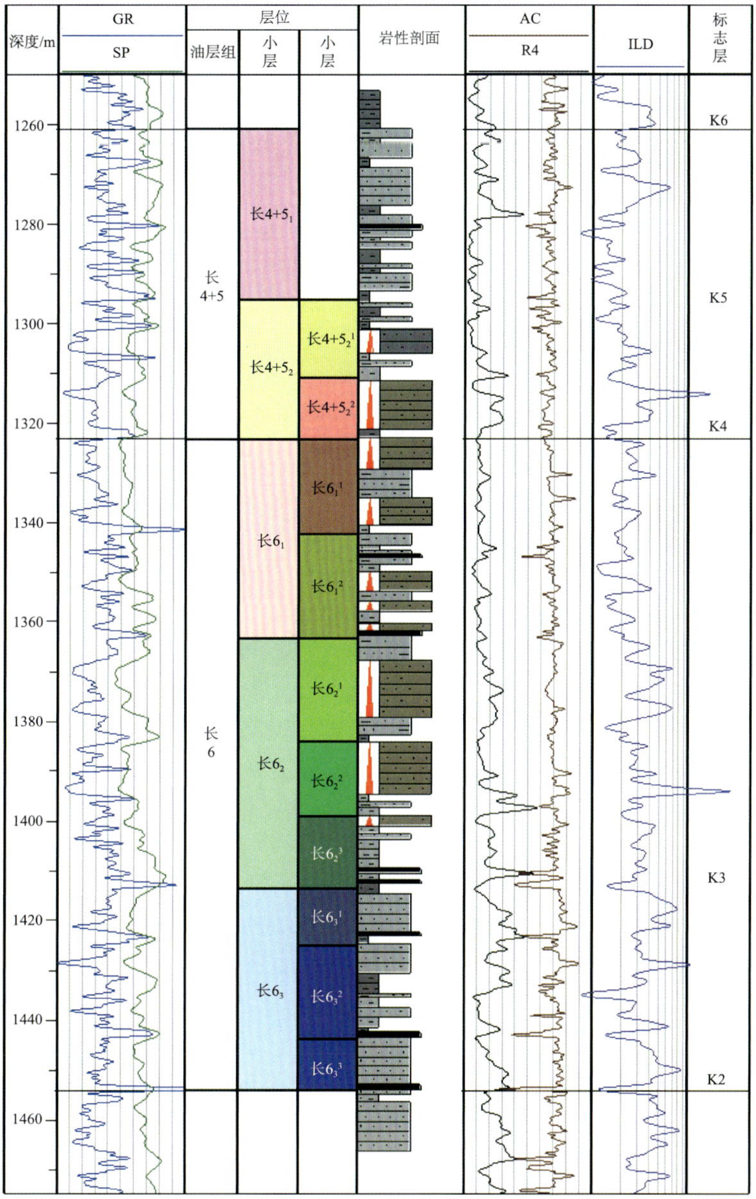

图 2－2　P42－89 井长 4＋5、长 6 油层组区域标志层分布图

（3）各小层主要以砂岩等渗透层为顶，以泥岩、砂质泥岩等非渗透层为底界。

（4）以测井资料为基础，开展小层对比划分，结合岩性组合特征，以 GR 和 SP 为主，以 R4、AC 为辅，并参考深感应的特征，各小层底界取 GR 半幅点，尽量不劈分同一岩性层段。

（5）根据开发生产需要，各小层厚度一般控制在 20m 以内。

2）小层划分方法

长 4＋5、长 6 油层组为一套进积－加积沉积，发育水下分流河道微相沉积的砂岩层。河道砂岩垂向叠加、平面摆动，横向变化较快，各井之间测井曲线特征也变化较快，一般

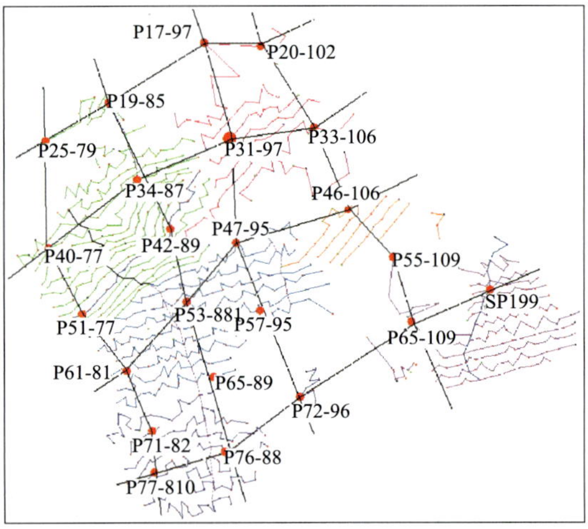

图 2-3　坪北油田综合井位图

情况下，相隔较远的两口井之间小层对比的可比性较差，因此，在各单井垂深校正的基础上，采用由相邻井连井对比、向周围辐射外扩的小层对比方法，可以大大降低对比窜层的可能性。

坪北油田水下分流河道以北东－南西向展布为主，从覆盖全区的 8 条骨干剖面出发，在区域标志层识别、砂组对比的基础上，采用相邻井连井对比的方法，进行长 4+5、长 6 油层组的小层对比划分，连井剖面走向顺着河道方向，选取北东－南西方向，并抽取北西－南东向剖面进行各对比剖面间的校正和控制。按照由北而南、由东而西的顺序进行全区的小层对比划分（图 2-3）。

3. 地层划分及小层特征

坪北油田长 4+5、长 6 油层组岩石主要由砂岩、泥岩及泥质砂岩、砂质泥岩等组成，夹薄煤层，各砂组岩石组合略有不同。砂岩与泥岩和煤层的 GR 分区明显，SP 分区较明显，而 RT、AC 和感应不易区分（图 2-4）。

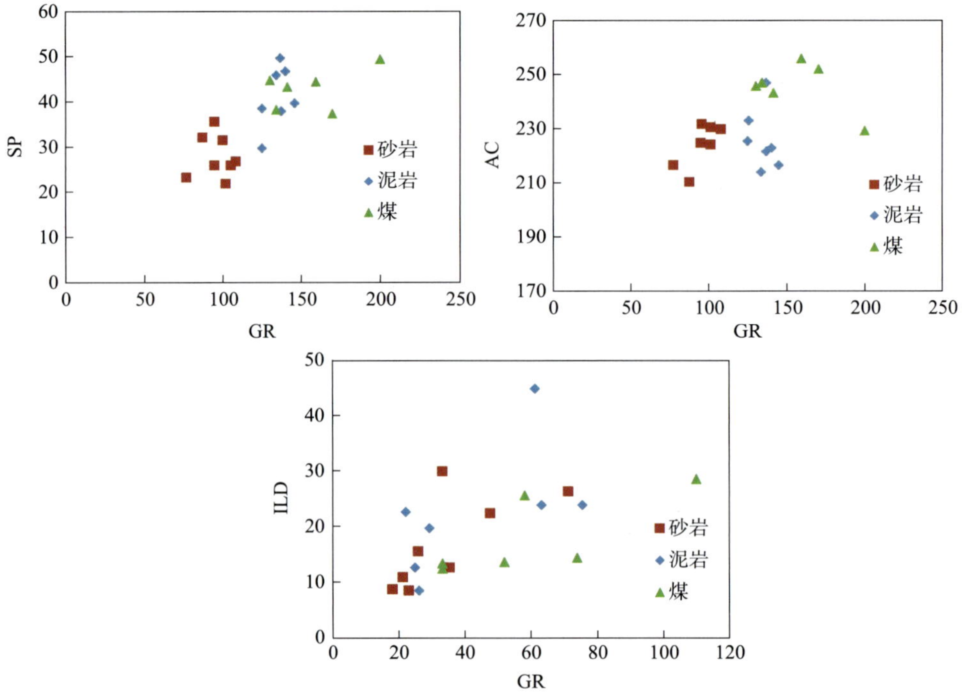

图 2-4　坪北油田 P77-810 井主要岩性电性特征图

砂岩的主要电性特征是低 GR、SP；泥岩主要是高 GR、较高 SP；煤层表现为高 GR、高 SP，AC 明显高值。根据不同岩石的电性特征，利用坪北油田 7 口井的录井资料编制了长 4 +5、长 6 油层组岩性剖面（图 2 -5），其中，长 4 +5 油层组以砂岩、泥岩互层为主，长 6 油层组的长 6_1 小层、长 6_2 小层以砂岩夹暗色泥岩为主，长 6_3 小层则以砂岩、泥岩互层为主，故长 4 +5、长 6 油层组 GR 以中值为主，且泥岩层总体较薄，单层厚度一般小于 5m，因此，泥岩层尤其是薄煤层的 GR 曲线常呈现中值背景下突兀的尖峰状。

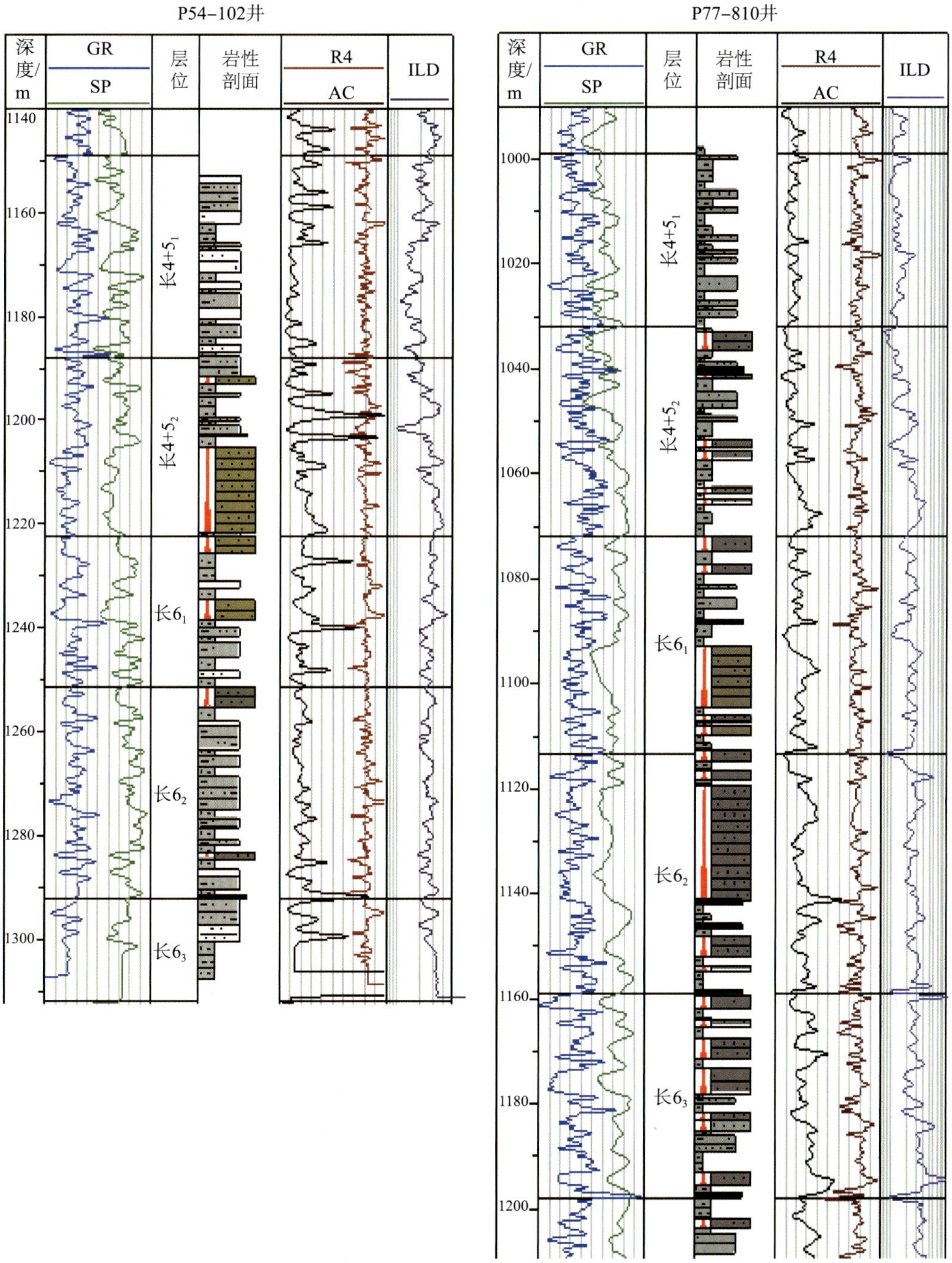

图 2 -5　坪北油田长 4 +5、长 6 油层组测井曲线与岩性及岩性组合响应对比图

SP曲线能够较好地反映大套砂岩层的渗透性，通常与自然伽马曲线总趋势一致，长6_1小层和长6_2小层发育水下分流河道砂体，SP曲线常见中－高幅、箱形－钟形，长4+5油层组和长6_3小层SP曲线低幅或中－低幅不等。

RT曲线通常用于判别地层中流体的性质，而AC曲线可以反映储层的孔隙度变化，RT曲线结合AC曲线对识别砂泥岩有较好的指导作用，但声波测井响应值会随着储层泥质的增多而变大。长4+5油层组中部为砂泥岩薄互层，反映GR曲线为中值背景下的尖峰状，且伴有声波跳跃。

因此，主要利用测井资料开展坪北油田长4+5、长6油层组的小层划分，并以其中的GR为主，以SP曲线为辅，以AC、RT和深感应曲线为参考。

1）长4+5_2小层

长4+5油层组以K5标志层划分出两个小层，其中，长4+5_1小层以中高GR、高SP为特征，长4+5_2小层顶部常夹薄煤层或泥岩，呈现3~5个尖峰状波形，具有高AC、高GR、低RT等电性特征（K5标志层）。

长4+5_2小层可划分两个小层，上部长4+5_2^1小层为灰色细砂岩与泥质细砂岩互层，夹薄煤或薄层泥岩，长4+5_2^2小层主要为灰色、黑色细砂岩，底部为泥质细砂岩，长4+5_2^1小层的泥质含量较长4+5_2^2小层高，长4+5_2^1小层顶部出现声波跳跃（K5标志层），整体表现为GR中高值、呈齿状－梳状，且具有高AC、低RT等电性特征，SP高于长4+5_2^2小层，长4+5_2^2小层以中低GR、低AC、高RT为特征，SP低值、曲线为光滑－微齿形。

2）长6_1小层

长6_1小层主要发育大套厚层细砂岩，中部夹砂质泥岩，底部一般发育泥质细砂岩或砂质泥岩。该砂组GR一般为中值，仅长6_1小层的中部及底部GR值略高，且曲线以齿形为主，SP较长4+5_2小层明显降低，曲线以箱形－钟形为主，曲线呈光滑－微齿形。长6_1小层以中部砂质泥岩为界，划分为两个小层（长6_1^1小层和长6_1^2小层）。该标志层具有中高GR、较高SP、低深感应值等特点，一般可出现声波跳跃。

3）长6_2小层

长6_2小层主要由细砂岩、泥质细砂岩组成，底部发育薄层泥岩（K3标志层）。K3标志层区内分布较稳定，其上部一般可出现电性特征与K3标志层相似的小层，因此在AC和RT曲线上可见一对较明显的尖峰。

长6_2小层主要为水下分流河道砂体垂向加积，在纵向上划分为3个小层。

长6_2^1小层和长6_2^2小层砂岩均较发育，厚度为15~20m，小层上部均表现为低GR、低SP，SP呈现为光滑的箱形，下部以高GR、高SP为底。

长6_2^3小层泥岩相对发育，厚度约为15m，主要为砂岩与泥岩互层，GR明显高于长6_2^1小层和长6_2^2小层，曲线形态以梳状为主。

4）长6_3小层

长6_3小层主要为细砂岩、泥质细砂岩、砂质泥岩互层，夹薄煤层及薄层泥岩，底部一般发育薄煤层（K2 标志层）。K2 是全区稳定分布的一套标志层。长 6_3 小层的泥岩较上覆长 6_2 小层更发育，大致可划分为 3 个小层。

长 6_3^1 小层厚度一般约为 10m，GR 为中－高值，SP 曲线呈光滑－微齿状，以钟形－箱形为主，在工区南部则为指状。

长 6_3^2 小层厚度一般为 10～15m，GR 为中－高值，SP 为中高值，曲线光滑、以中幅指状为主。

长 6_3^3 小层厚度一般约为 15m，以泥岩、砂岩互层为主，且泥岩、砂岩单层厚度一般较薄，GR 为中－高值，SP 为中高值，SP 曲线呈低幅指形（图 2－6）。

4. 各小层平面分布特征

坪北油田长 4＋5、长 6 油层组构造平缓，同井区的相邻井之间，各小层顶面或底面的埋深变化幅度较小，一般不大于 5m；通过已完成的 8 条骨干剖面可知，沿河道展布方向（北东－南西方向）的剖面上，在近物源端的各小层顶面或底面的埋深均高于远物源端，即北东部埋深高于西南部埋深；在横切河道的剖面上（北西－南东方向），总体上南东端各小层顶面或底面埋深略高于北西端。

同井区同一水下分流河道砂体的横向变化较快，相邻井砂岩厚度可以迅速减薄，乃至尖灭。由于河道砂体的摆动，砂岩的厚度在坪北油田储层内有明显变化，相应的各小层的厚度也发生着变化，直接的反映是不同井区主要产油层存在差异（图 2－7～图 2－11）。

1）长 4＋5 油层组

长 4＋5 油层组以砂岩、泥岩互层为主，整区内各小层厚度变化不大，其主要层段为长 $4+5_2^1$ 小层和长 $4+5_2^2$ 小层，由北而南长 $4+5_2^1$ 小层的单砂层厚度逐渐减小，长 $4+5_2^2$ 小层单砂层厚度不断增大，因此，北部地区长 $4+5_2$ 小层的油层主要发育于长 $4+5_2^1$ 小层，南部地区则以长 $4+5_2^2$ 小层为主。

2）长 6_1 小层

长 6_1^1 小层和长 6_1^2 小层厚度明显受砂岩发育程度的影响，砂岩发育则小层厚度较大，反之，小层厚度变薄，横向变化较明显。SP199 井区长 6_1 小层的砂岩主要发育于中下部，因此，长 6_1^2 小层较长 6_1^1 小层厚度更大，长 6_1^2 小层一般厚 20m 左右，长 6_1^1 小层一般厚 15m 左右，油层主要发育于长 6_1^2 小层。自南而北至北部井区，长 6_1^2 小层厚度明显减薄，一般为 15m 左右，砂岩主要发育于长 6_1 小层上部，油层也主要发育于长 6_1^1 小层。

3）长 6_2 小层

长 6_2^3 小层在区内厚度和岩性组合较稳定，小层厚度变化不大。但长 6_2^2 小层和长 6_2^1 小层厚度在平面上有一定差异，总体上表现为北部地区较东部 SP199 井区地层厚度更大，砂岩更发育。北二区长 6_2^2 小层厚度大，一般为 22m 左右，是砂岩的主要发育层段，砂岩分布较稳定，长 6_2^1 小层厚度为 13m 左右，以砂岩、泥岩互层为主，局部砂岩发育（如 P44－78～P43－79～P45－79 井区），分布不稳定、横向变化快。

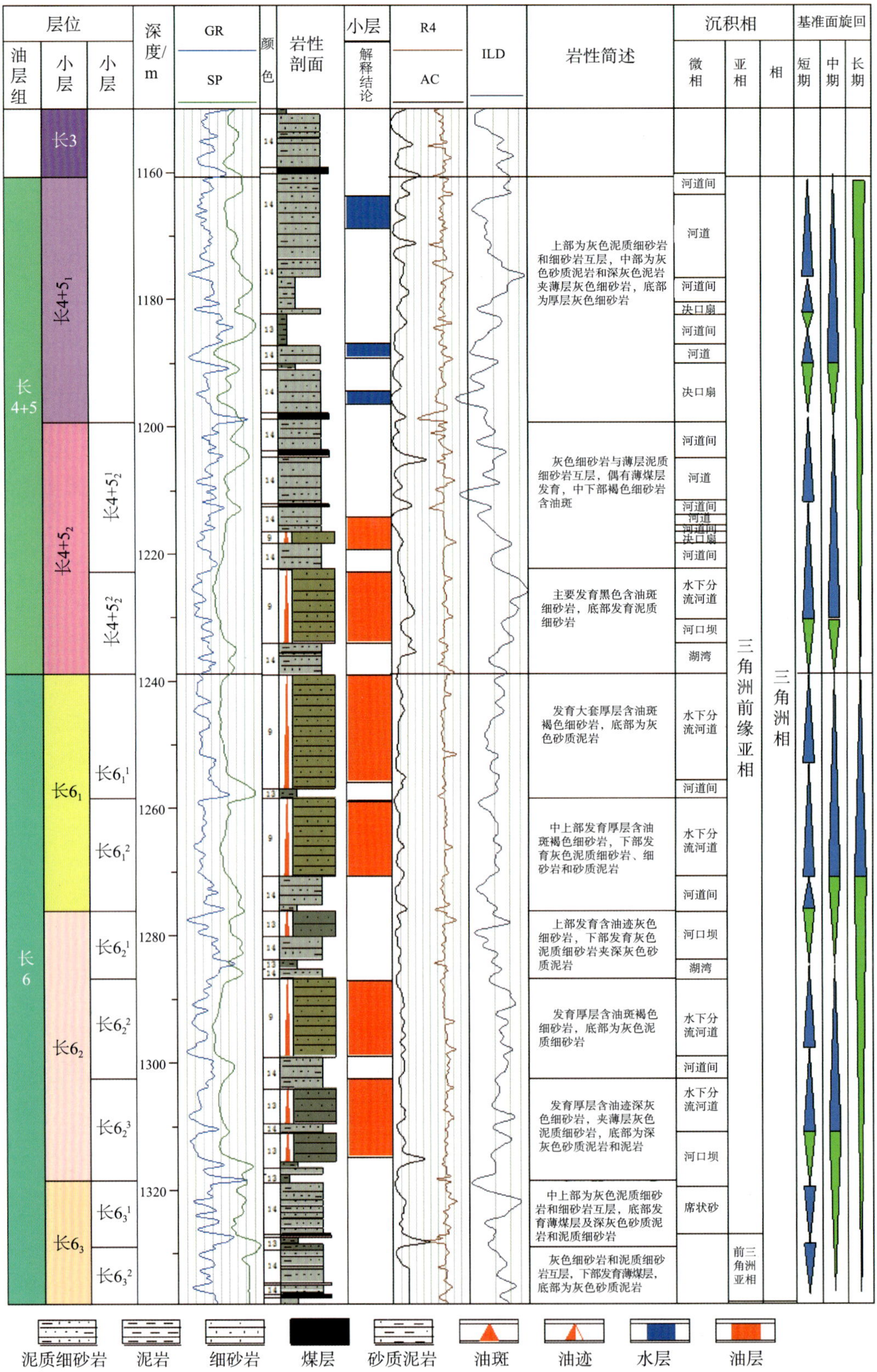

图2-6　坪北油田P61-86井长4+5、长6油层组综合柱状图

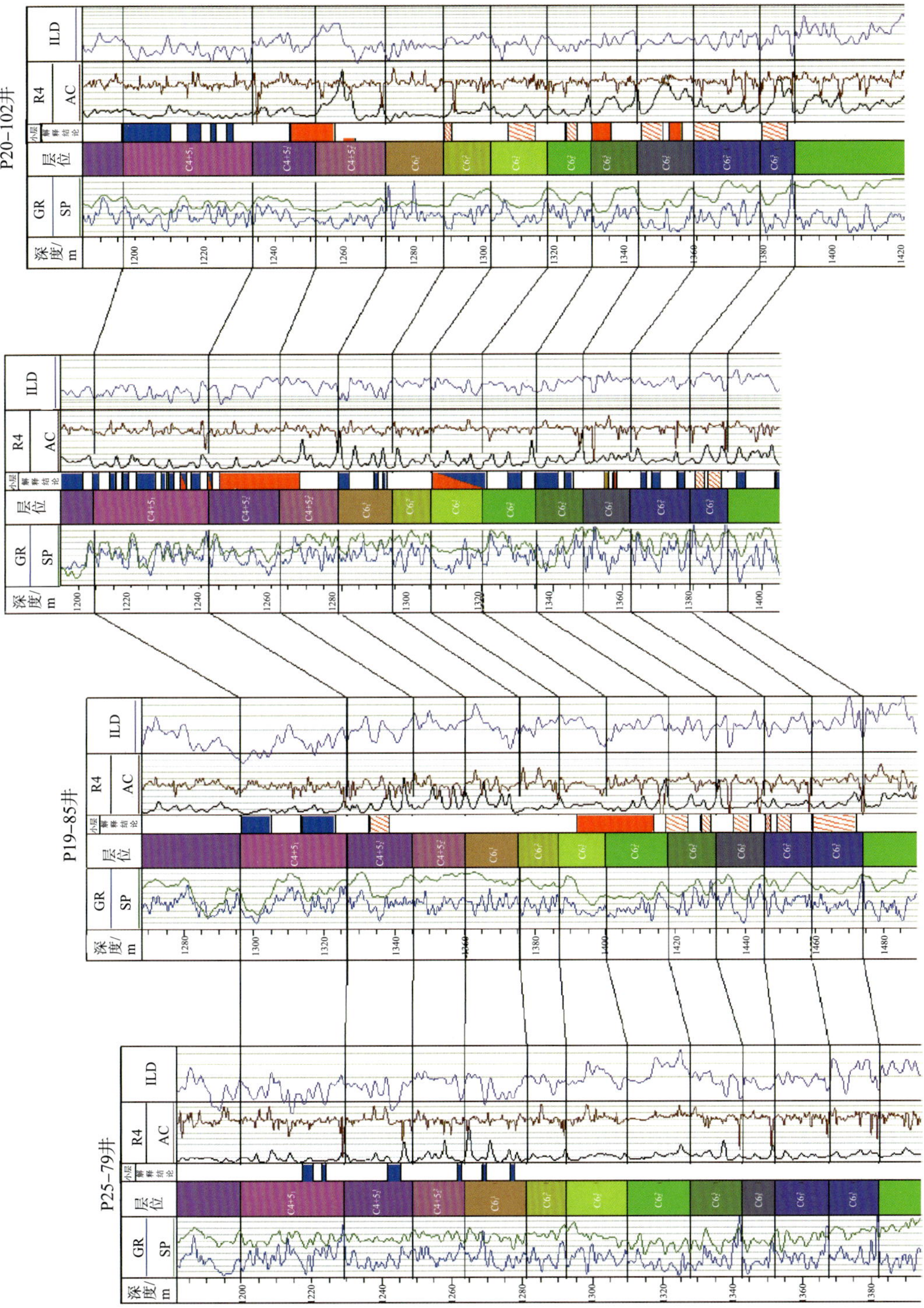

图 2-7　坪北油田 P25-79～P20-102 井长 4+5、长 6 油层组小层对比剖面（层位-列中，"C"代表"长"）

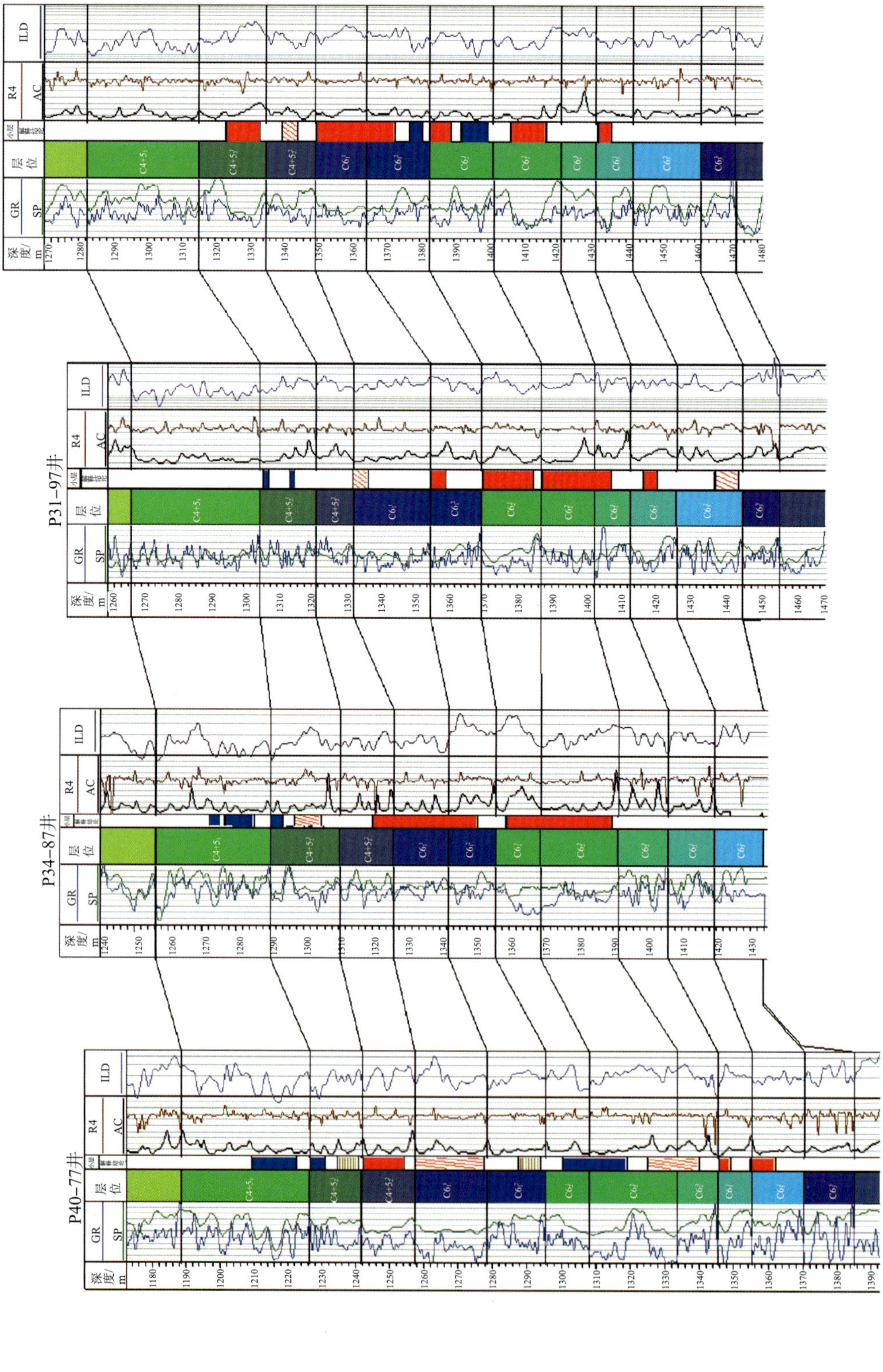

图 2-8　坪北油田 P40-77～P33-106 井长 4+5、长 6 油层组小层对比剖面(层位-列中,"C"代表"长")

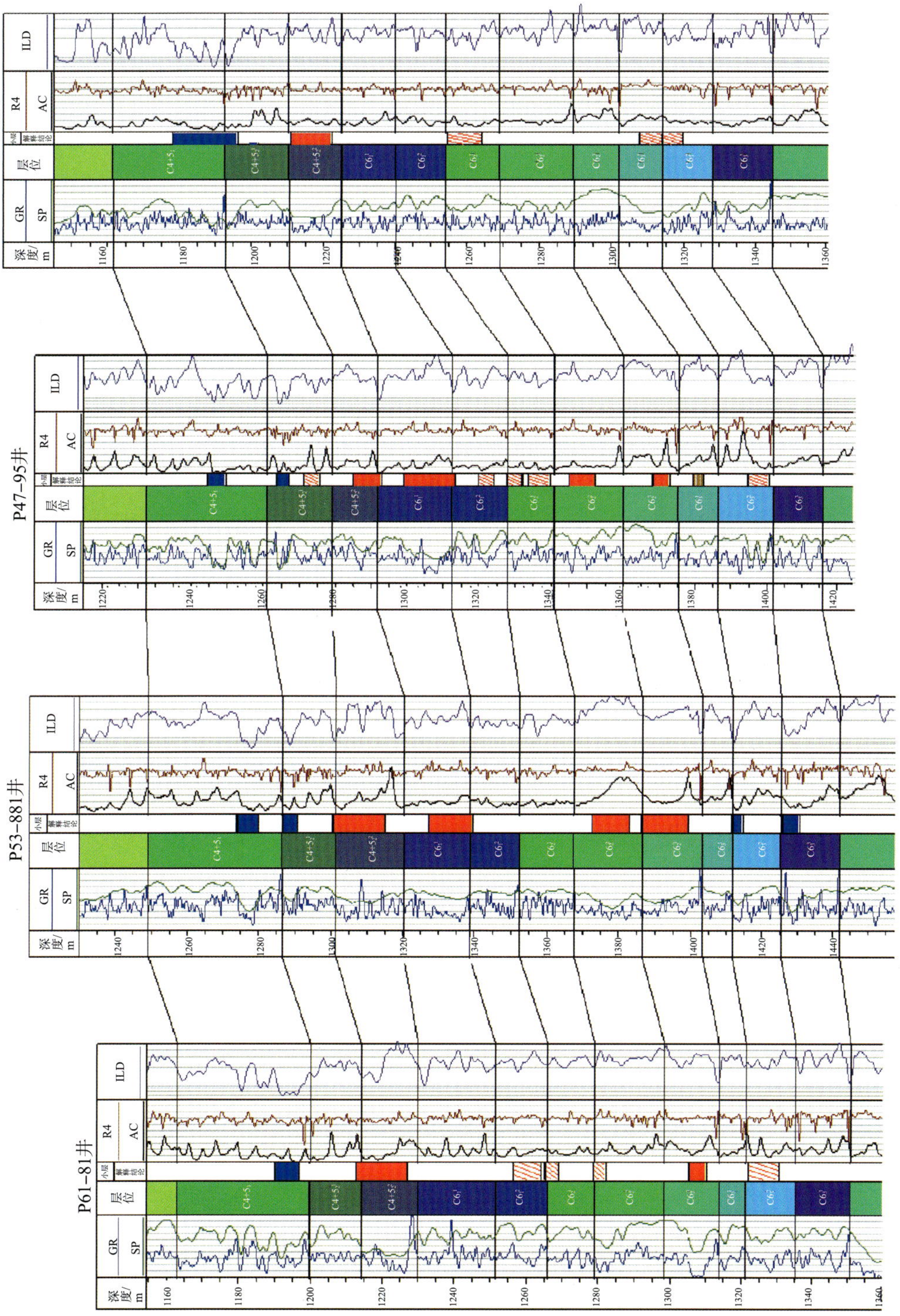

图 2－9　坪北油田 P61－81 ~ P46－106 井长 4＋5、长 6 油层组小层对比剖面（层位一列中，"C"代表"长"）

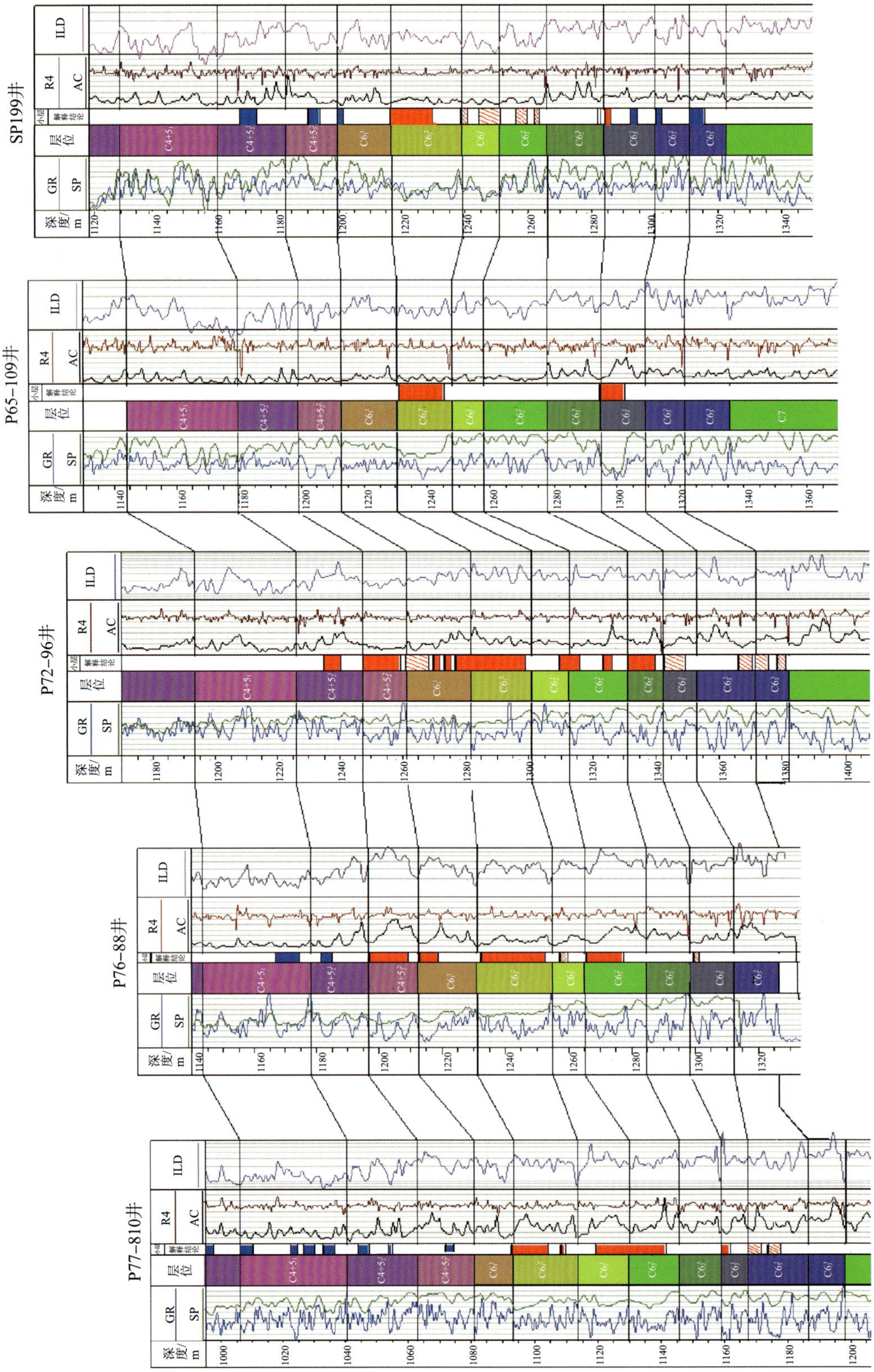

图2-10 坪北油田P77-810~SP199井长4+5、长6油层组小层对比剖面（层位-列中，“C”代表“长”）

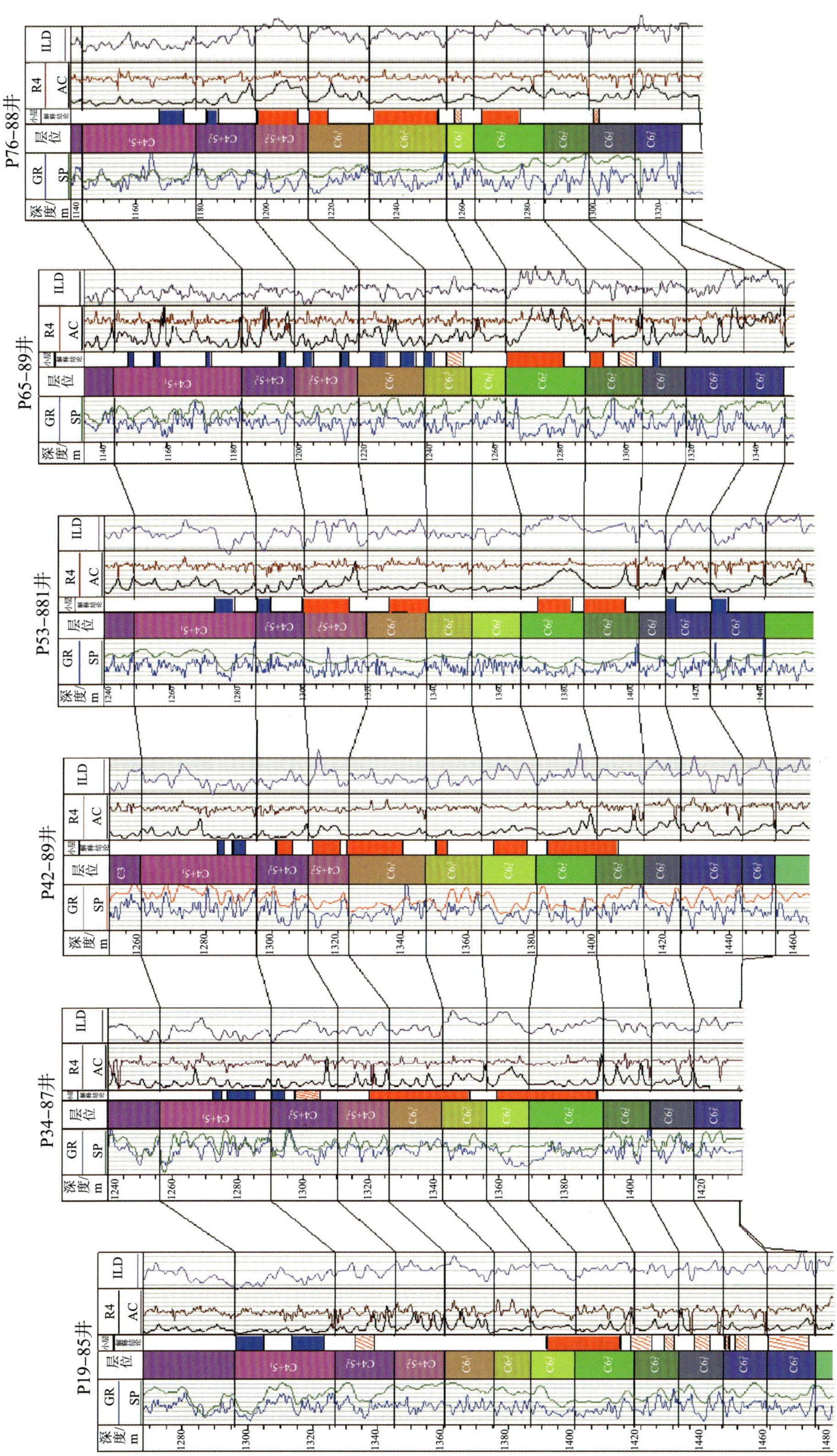

图2-11　坪北油田P19-85~P76-88井长4+5、长6油层组小层对比剖面(层位-列中,“C”代表“长”)

4）长 6_3 小层

长 6_3^1 小层厚度和岩性组合在区内较稳定，一般为 10m 左右，长 6_3^2 小层厚度在区内一般为 15～20m，自北东部向南西方向呈减小趋势；长 6_3^3 小层一般厚 10～15m，在工区北东部和南部小层厚度略小，一般厚 10m 左右，在中部地区一般厚 15m 左右。

二、层序划分

（一）多级次层序界面识别

高分辨率层序地层学方法是一项以露头、钻井、测井和高分辨率三维地震资料为基础，以多级次的基准面旋回为参照面，建立高精度时间－地层格架的层序地层划分与对比技术。高分辨率层序地层学的核心内容是在基准面变化过程中，由于可容纳空间和沉积物补给通量比值的变化，相同沉积体系域或相域中发生沉积物的体积分配作用，导致沉积物的保存程度、地层堆积样式、相序、相类型及岩石结构和相组合类型发生变化。

应用高分辨率层序地层学全新的理论方法，对坪北油田长 $4+5_2$～长 6_2 小层储层进行划分和等时对比，建立等时地层对比格架，并讨论等时地层格架内砂体时空演化规律，其研究思路如下：

（1）根据沉积微相的类型及组合关系识别，确定不同层次的层序界面和地层堆积样式。

（2）根据地层层序界面和地层的堆积样式识别，划分不同层次的地层基准面旋回。

（3）根据不同相域地层基准面旋回发育特点和分布模式进行不同层次地层基准面旋回对比，建立研究区等时地层对比格架。

（4）对等时地层对比格架内砂体发育分布及时空演化规律进行研究。

根据坪北油田长 4＋5、长 6 油层组高分辨率层序地层对比原则与方法，即按每个基准面转换位置均记录了相应层次的基准面旋回内可容纳空间增大到最大值，或减小到最小值的单向变化极限位置，以及基准面旋回层序分界面和相转换面二分时间单元分界线均为时间、地层对比的优选位置的原则进行地层等时对比。等时地层对比的步骤如下：

（1）在单井剖面中识别可供区域性等时对比的中期基准面旋回相转换面和层序边界面。前者易于识别，它在剖面中位于水体逐渐加深后又趋于变浅的相序或相组合转换处，并以出现代表中期基准面上升达最高点位置的前三角洲或湖湾的湖泛泥质沉积为标志；后者因界面上、下均以发育进积砂体为主而在单井剖面中识别难度较大，一般以砂、泥岩厚度和粒度的旋回性变化为综合判别标志。该界面之下主要表现为向上砂岩粒度变粗和砂、泥岩比值加大的河口砂坝进积作用，之上主要表现为向上砂岩粒度变细和砂、泥岩比值下降的进积－垂向加积－退积作用。与之相对应的短期基准面旋回叠加样式，界面之下为向上变浅的非对称性旋回叠加样式，或由以发育下降半旋回沉积为主的不完全对称性向非对称性旋回过渡的叠加样式；而界面之上为一系列向上变深的非对称性旋回叠加，或由非对称性旋回向以发育上升半旋回沉积为主的不完全对称旋回过渡的叠加样式。

（2）将已识别出中期基准面旋回相换转面和层序边界面的单井剖面进行等时对比，建立以中期基准面旋回二分时间单元界线为框架的时间－地层格架。在此时间－地层格架中，相转换面是基本等时的，而层序分界面因受槽谷状负地形中优先沉积作用影响，或因受侵蚀冲刷作用部分地层缺失的影响，具有一定的穿时性。

（3）以中期基准面旋回的相转换面为基点，对两侧地层进行逐个短期基准面旋回层序的等时对比（图2－12），对比过程中必须了解同一短期基准面旋回的结构类型侧向变化规律和其所处的沉积环境，以便能更好地掌握层序与层序对比、层序与界面或界面与界面的对比。如果逐层对比结果同时到达中期基准面旋回的底界面或顶界面，说明这些短期基准面旋回层序是同时发育的，且作为中期基准面旋回层序边界发育要素的侵蚀冲刷作用较弱；如果逐层对比结果趋近层序底界面，个别井多出一个或数个短期基准面旋回层序，则这些层序可视为槽谷状负地形区的优先沉积物；如果逐层对比结果趋近层序顶界面，有些井少了一个或数个短期基准面旋回层序，则这些层序可视为地表侵蚀冲刷造成的地层缺失所致。

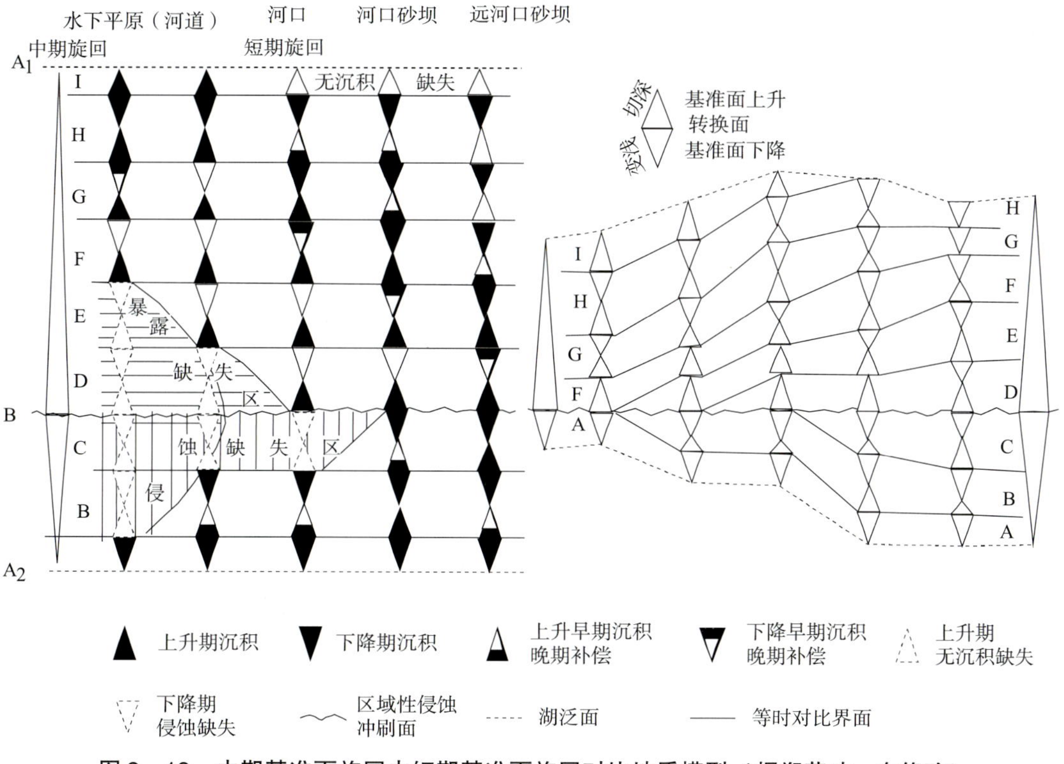

图2－12　中期基准面旋回内短期基准面旋回对比地质模型（据郑荣才，有修改）

以单井剖面的各层次基准面旋回划分为基础，运用上述等时地层对比法则，选取以中期基准面旋回层序为单位，选择平行及垂直于安塞三角洲长轴方向的测线，对长4＋5、长6油层组进行高分辨率层序地层对比，确定对比测线9条（图2－13），通过不同层次的地层基准面旋回对比，建立了长4＋5、长6油层组等时地层对比格架。

层序界面的识别是地层基准面旋回层序识别与划分的基础。长4＋5、长6层油组中主要发育冲刷侵蚀面及湖泛面两类层序界面。

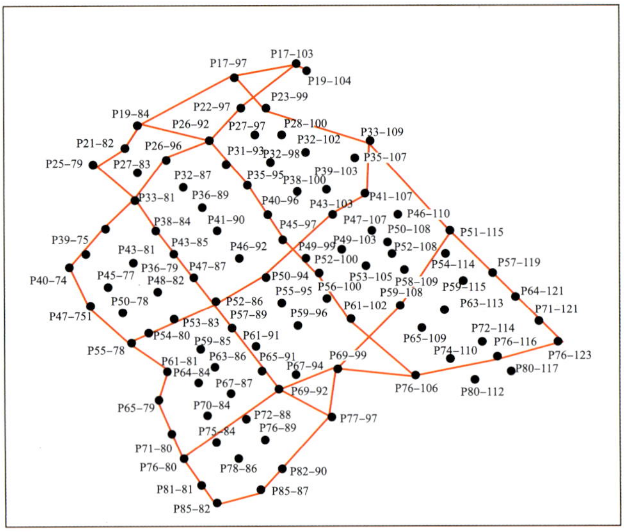

图 2－13　坪北地区地层对比测线图

1. 冲刷侵蚀面（不整合面）

按照冲刷侵蚀面（不整合面）的性质和规模，以及对地层层序的控制作用，可进一步将其划分为与中长期基准面旋回有关的冲刷面侵蚀面（不整合面）、与短期基准面旋回有关的冲刷侵蚀面两种基本类型。对于不整合面的界面类型，又可细分为 4 个级别。

1）Ⅰ级不整合面

由区域构造隆升或构造应力场转换等构造作用方式引起沉积基准面抬升所形成的侵蚀不整合面为Ⅰ级不整合面。此类界面对应于盆地基底面或盆地突发性扩张面，抑或是收缩时发育的古风化暴露面，常与区域构造事件或构造的幕式阶段性演化相拟合，是划分构造旋回或构造充填层序的标志，具有区域性稳定分布和一定的穿时性特点。

2）Ⅱ级不整合面

由较强地区性构造运动或湖平面较大幅度下降形成的不整合面为Ⅱ级不整合面。此类界面在盆地的不同部位表现为不同的性质，特点为从盆地边缘向洼陷方向侵蚀或沉积间断的时间逐渐缩短，并由盆地边缘的侵蚀不整合、沉积间断向洼陷方向逐渐演变为整一界面。

3）Ⅲ级不整合面

由湖平面低幅度下降或气候及沉积物供给速率变化等因素造成基准面下降而产生的不整合面为Ⅲ级不整合面。在测井剖面中易于识别，其标志为在测井曲线形态上由一系列进积叠加样式过渡为一系列退积叠加样式的重要相转换面，对应的岩性变化为界面之下的单砂层向上增多变粗，泥质含量减少；界面之上则出现反向的变化序列。该界面或以冲刷面的形式出现在两套进积砂体之间，或以整一界面位于加积的砂、泥岩互层组合中，位于界面两侧的地层中砂含量一般较高。

4）最小成因层序界面

基准面韵律性小幅度升降引起的沉积物间歇暴露或由局部冲刷作用、过路沉积作用、沉积物突然减少或供给中止等作用形成的非沉积作用小间断面为最小成因层序界面。此类界面所围限的地层厚度以米级单位为主，在常规地震剖面中不能识别，但在测井或地表露头中识别标志清晰，表现为测井曲线单向移动的底、顶突变面或加速渐变面，如叠置的钟形或漏斗形曲线的底或顶，有时也表现为钟形－漏斗形或齿形－指形曲线的组合。当在以沉积大套泥岩为主的岩相剖面中很难对平滑或微齿化测井曲线进行此类界面的识别时，一般以欠补偿沉积作用条件下形成的油页岩、泥晶灰岩或白云岩、钙质页岩作为划分依据。

与中长期基准面旋回有关的冲刷面侵蚀面，是由于较强的区域构造运动或湖平面较大幅度下降形成的冲刷侵蚀面。从盆地边缘向洼陷方向，侵蚀或沉积间断时间逐渐缩短，由边缘的侵蚀冲刷不整合沉积间断逐渐变为整一界面，由于中长期基准面迁移变化基本上是在全盆地或盆地大范围内同时进行，所以与中长期基准面旋回有关的侵蚀冲刷面可分布于整个盆地或盆地内广大地区，识别标志为露头上大型区域冲刷作用界面。由于冲刷作用的存在，可能造成地层缺失，冲刷面上可见底砾岩，而且冲刷面上、下地层的沉积特征、沉积微相的类型和发育规律及地层的叠加样式存在明显差异。冲刷面以下可见湖湾（前三角洲）泥岩向上过渡为河口砂坝沉积微相的砂岩沉积，反映出强进积作用的沉积序列，冲刷面一般位于该组合序列的顶部；冲刷面以上可见一系列水下分流河道、水下分流河道－水下天然堤及水下分流河道－水下天然堤－分流河道间洼地等反映进积－垂向加积－退积的沉积组合序列（图2－14）。

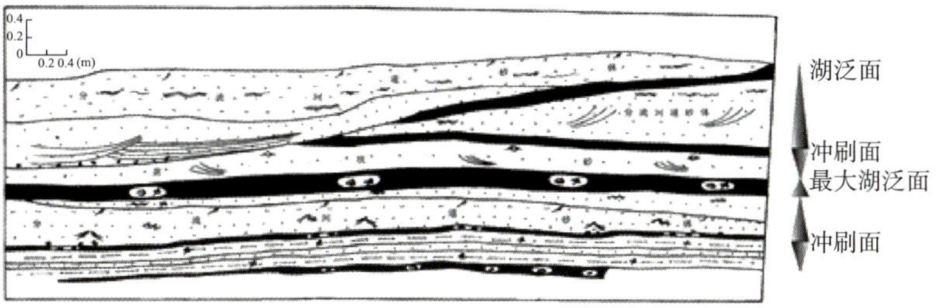

图2－14　不同类型层序界面发育分布图（据张昌民等，延长露头剖面资料，有修改）

侵蚀冲刷面在测井曲线上一般出现于漏斗形、漏斗形－箱形－钟形曲线或复合曲线的中下部或下部，界面两侧曲线形态及组合差异明显，反映出不同的叠加样式，界面处曲线异常跳跃明显（图2－15）。长4＋5、长6油层组中该类冲刷侵蚀面较为多见。

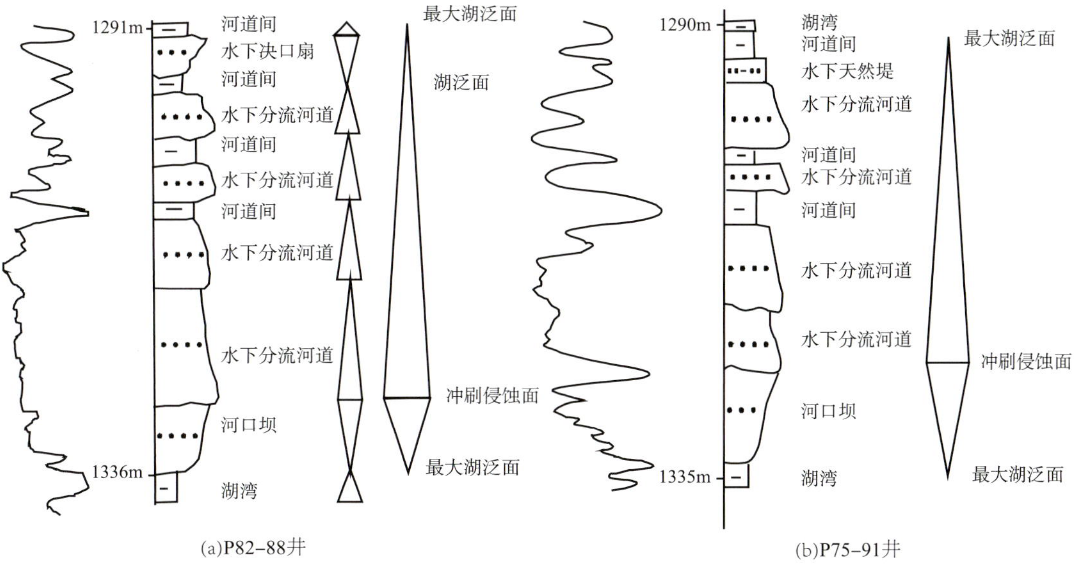

图2－15　层序界面发育分布图

加薄层湖相暗色泥岩，属于基准面上升中晚期的退积作用下的一种欠补偿沉积（图 2－17④）。

（5）前三角洲（或湖湾）－河口坝叠加的堆积样式，情况与（4）正好相反，反映出强进积沉积作用，剖面上，河口坝叠置于前三角洲（或湖湾）沉积之上（图 2－17⑤）。

（6）水下分流河道－湖湾微相叠加的堆积样式，剖面上水下分流河道叠置在湖湾泥岩之上，反映出中－低可容纳空间条件下的进积作用堆积样式（图 2－17⑥）。

（7）湖湾－水下分流河道微相叠加的堆积样式，情况与（6）相反，剖面上湖湾泥岩叠加于水下天然堤或水下分流河道沉积之上，反映出以强烈退积作用为主的特征（图 2－17⑦）。

总之，长 4＋5、长 6 油层组中 7 种地层堆积样式受不同层次基准面升降规律所控制，通过对长 4＋5、长 6 油层组内地层堆积样式及发育规律的分析，结合地层层序界面的类型和性质，可以对其进行不同层次的地层基准面旋回识别、划分。

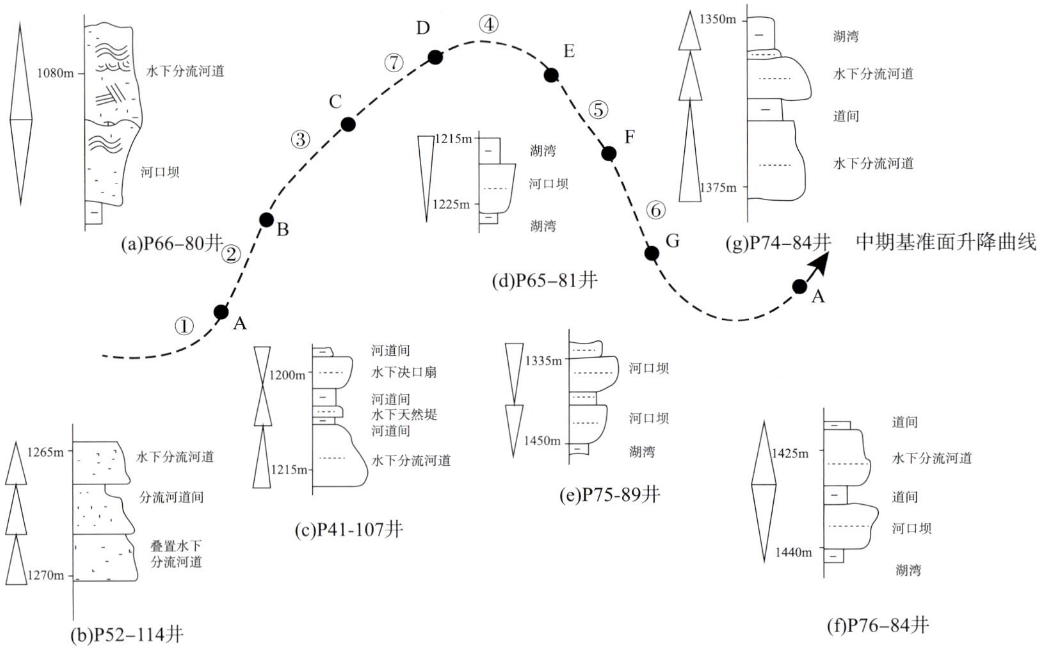

图 2－17　地层堆积关系类型图

2. 基准面旋回层序划分

运用多层次基准面旋回和可容空间变化原理，由基准面变化导致的沉积地层记录，依据层序界面类型、规模及地层的堆叠样式的差异，在长 4＋5、长 6 油层组中共划分出 16 个短期、4 个中期及 2 个长期基准面旋回层序（图 2－18）。长 4＋5_2、长 6_1、长 6_2 小层为目的层段，长 4＋5_1 小层不属于坪北油田目的层，考虑到旋回地层划分的完整性，进行旋回划分时仅划分出长 4＋5_1 小层所对应的旋回层序。

1）短期基准面旋回层序

短期基准面旋回层序是根据实际资料（如岩心、测井等资料）所划分的最小成因层

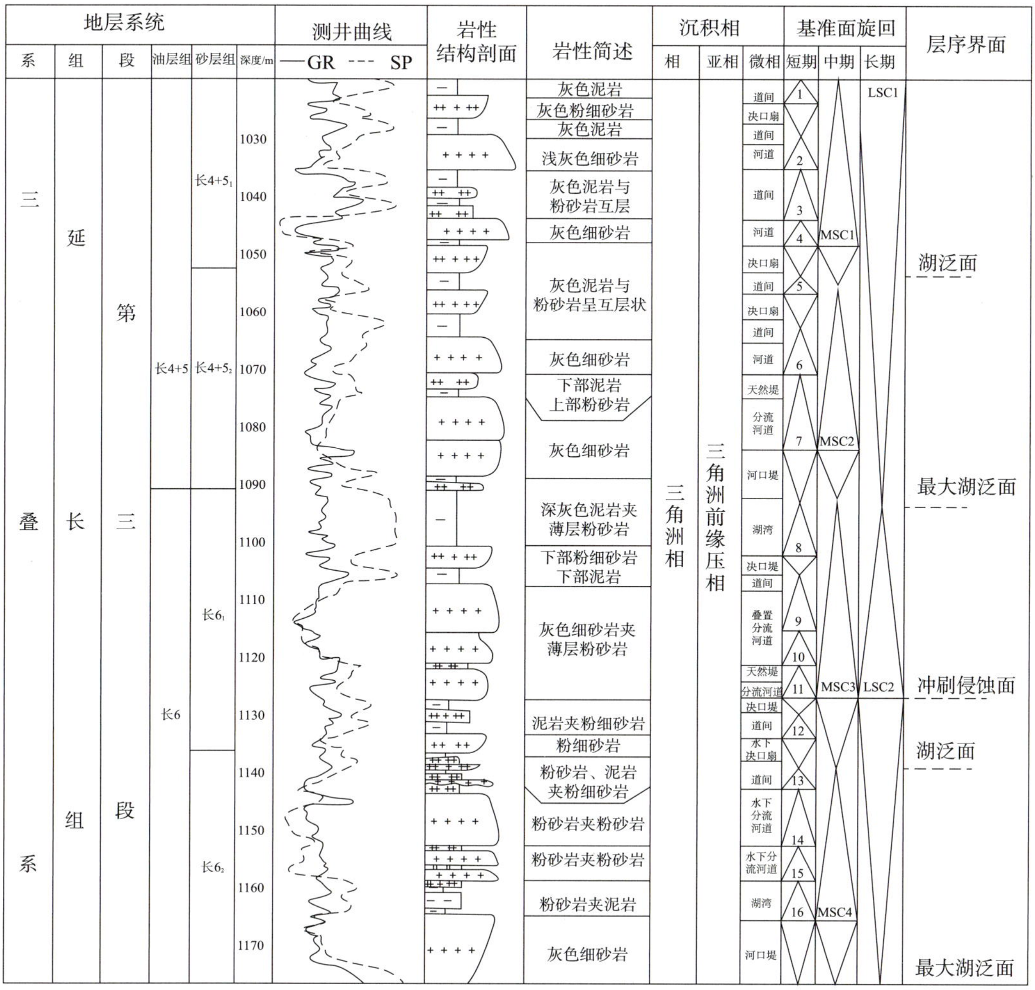

图 2-18 基准面旋回综合柱状图（P66-80 井）

序，它记录了短期基准面旋回内可容纳空间由增大到减小的地层响应过程，为成因上有联系的岩相组合。层序边界或为短期基准面下降期发育的小型冲刷面，或为短期基准面上升期欠补偿沉积或无沉积作用面，因而具有不同的堆积样式和旋回结构。在长 4+5、长 6 油层组中，可识别出 3 种短期基准面旋回层序的基本类型，即向上“变深”的非对称旋回（A）、向上变浅的非对称旋回（B）和向上“变深”复变浅的对称旋回（C）。

（1）向上“变深”的非对称旋回（A）。

向上“变深”的非对称旋回（A）发育于三角洲前缘水下分流河道沉积区，是长 4+5、长 6 油层组中最常见的基本层序类型。层序中仅保存上升半旋回沉积记录，下降半旋回因地表遭受河道下切的侵蚀作用而无沉积记录，具有向上“变深”的非对称旋回性质。根据基准面上升半旋回保存的沉积厚度和岩相组合特征，以及下降期对沉积物的侵蚀冲刷强度，又可将该旋回分为高可容纳空间和低可容纳空间两种短期旋回亚类型。其中，完整的高可容纳空间短期旋回结构，自下而上依次为冲刷面（或砂、泥岩性突变面）、水下分

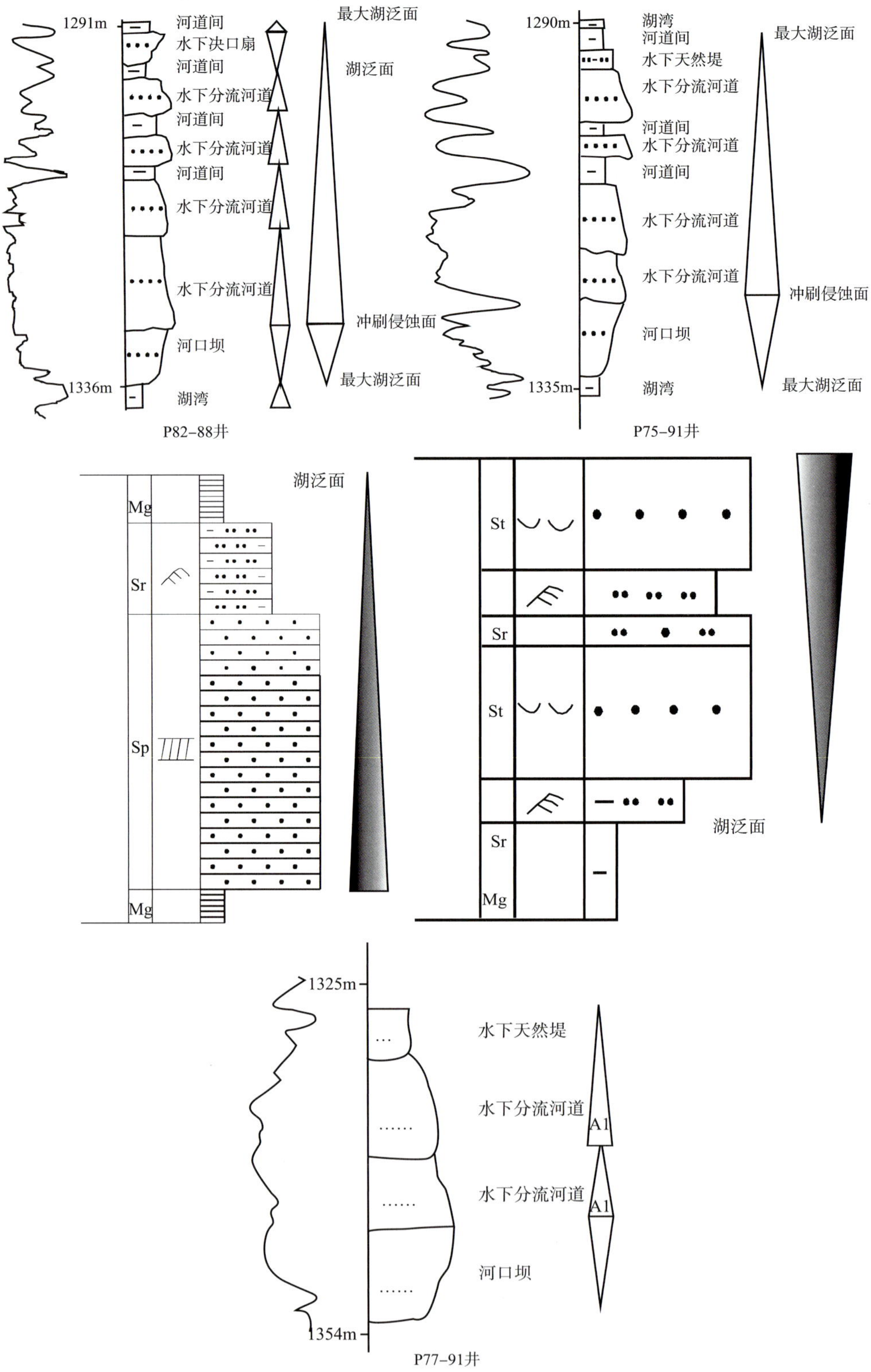

图2-19　短期基准面旋回类型

流河道、水下天然堤、分流河道间洼地、冲刷面所组成的序列（图2－19），显示出伴随着基准面上升和可容纳空间增大，沉积具有向上变细变薄和沉积方式由进积向垂向加积转化的特征。其成因一方面与沉积速率接近基准面上升速率，而基准面下降时对沉积物的冲刷侵蚀作用较弱有关；另一方面是水下分流河道横向迁移作用较弱，因而使由粗变细的上升半旋回沉积记录能得到较完整的保存。低可容纳空间的短期旋回结构，主要由一系列叠置河道砂体组成，单个砂体发育向上变细的韵律性，叠置砂体整体具有向上变细变薄的趋势（图2－19）。其成因或与沉积速率大于基准面上升速率引起的强烈进积作用有关，或与沉积速率虽小于基准面上升速率，但因基准面下降幅度大，对上升半旋回上部细粒的水下天然堤沉积有强烈的侵蚀作用，或为水下分流河道横向迁移活跃所造成的较强冲刷侵蚀作用，因而只保存下部的砂体有关。无论哪一种因素，只要在低可容纳空间的垂向演化过程中连续出现，都可导致多个水下分流河道砂体的连续叠置作用。除上述两种可容纳空间短期基准面旋回的极端类型外，长4＋5、长6油层组中最多见的是介于此两种极端类型之间的过渡类型，特点为上升半旋回上部的细颗粒水下天然堤或河道间洼地沉积遭受部分侵蚀，短期基准面旋回由较厚的水下分流河道砂体（8～15m）和较薄的水下天然堤砂体（0.3～1.0m）及冲刷面组成。水下分流河道沉积的最大厚度可达20m以上。

（2）向上变浅的非对称旋回（B）。

向上变浅的非对称旋回（B）发育于距河口较远的河口砂坝沉积区，多发育于长4＋5_2小层、长6_1小层及长6_2小层下部。层序中以出现下降半旋回的沉积记录为主，上升半旋回表现为欠补偿沉积的饥饿面或无沉积作用的间断面，具有向上变浅的非对称旋回性质。垂向上由河口砂坝砂体组成，单个砂体具有粒度向上变粗的反韵律性，或由泥岩与粉砂岩的韵律薄互层逐渐过渡为块状粉砂岩或细砂岩（图2－19），显示出随着基准面下降和可容纳空间减小，沉积物增多变粗，沉积速率加快、水深变浅和能量趋于增高的进积特征。在河口坝砂体沉积后，自基准面上升初期至上升幅度达最高点期间，河口砂坝沉积区的沉积作用始终在连续进行，只是此时的沉积物粒度极细（以泥岩为主），沉积速率极低，沉积厚度极薄，难以与下降半旋回的早期沉积相区分，因而在进行岩心观察或测井解释时将其归并到下降半旋回的早期沉积中，并将其与下部砂岩的岩性突变面确定为“无沉积”作用的层序分界面。

（3）向上“变深”复变浅的对称旋回（C）。

向上“变深”复变浅的对称旋回（C）在距河口近的水下分流河道和河口砂坝沉积区都有发育，为长4＋5、长6油层组中较发育的基本层序类型之一。层序中同时发育基准面上升半旋回和下降半旋回，具有向上“变深”后复变浅的对称性旋回特征。但在不同的沉积区具有一定的不完全对称性，如在水下分流河道沉积区，上升半旋回由水下分流河道、水下天然堤、分流河道间洼地组成，下降半旋回由水下决口扇组成（图2－19）。在近河口的河口砂坝沉积区，上升半旋回由薄的水下分流河道、水下天然堤、分流间洼地、湖湾（或前三角洲）的退积序列组成，下降半旋回由河口坝组成。两者的不完全对称性表现为分别发育以上升半旋回或以下降半旋回为主的沉积（图2－19）。在垂向剖面上，这些不完全或完全对称的层序具有伴随着基准面上升和下降，可容纳空间从增大到减小的过程中，由进积向垂向加积，退积转化后重新回到进积状态的完整旋回性。顶部层序分界面为弱侵蚀冲刷面或相关整合面，成因与基准面上升幅度大而下降幅度小，侵蚀弱，以及沉积速率中等或偏低有关。

上述几种短期基准面旋回基本层序类型及其变化，在平面分布上具有极强的规律性，由多个水下分流河道砂体连续叠置组成，也可能为夹薄层水下天然堤的韵律沉积，主要出现于中上游不同级次的水下分流河道区，以发育向上“变深”的非对称旋回为主，在分流河道横向迁移汇合作用强烈的部位最为发育。而由水下分流河道、水下天然堤、分流间洼地、水下决口扇的沉积共同组成的地层堆积样式发育于中下游的主水下分流河道沉积区，主要发育向上“变深”复变浅的对称旋回；河口坝向前三角洲、半深湖、深湖沉积区则以发育向上变浅的非对称旋回为主。

从长4+5、长6油层组不同岩相组合及结构特征的短期基准面旋回层序分布模式（图2-20）可以看出，当基准面处于上升状态时，沉积作用主要发生在水下分流河道沉积区，沉积速率自水下分流河道的上游经下游至河口砂坝方向减小，厚度明显减薄；至远离河口砂坝沉积区，开始进入非补偿沉积状态，在距离河口更远的前三角洲、半深湖、深湖沉积区，则出现欠补偿沉积形成的饥饿面，更远处甚至发育无沉积作用的间断面。当基准面处于下降状态时，沉积作用主要发生在仍处于水下的近河口水下分流河道至远离河口的河口砂坝沉积区，并可延伸到前三角洲和浅湖沉积区，沉积速率以近河口的河口砂坝沉积区为最大。而受基准面大幅度下降影响的水下分流河道沉积区，此时因主体处于侵蚀冲刷状态而无沉积记录。上述短期基准面旋回层序对称性变化及分布模式，与邓宏文（1995）建立的美国中西部尤英塔盆地南部始新统绿河组河流三角洲-湖泊相域体积划分及旋回对称性变化的模式完全一致。

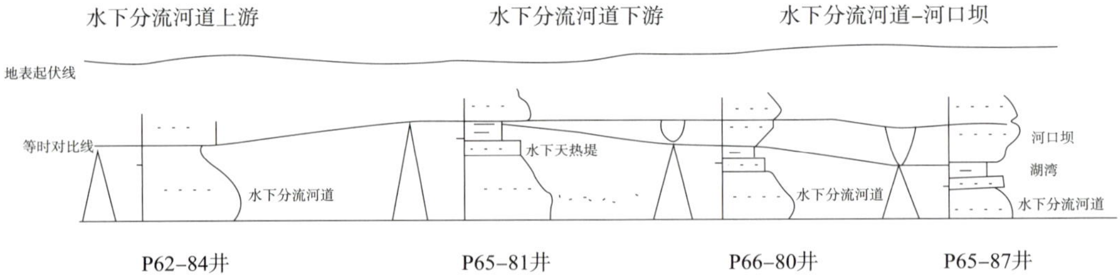

图2-20　不同岩相组合及结构特征的短期基准面旋回分布样式

2）中期基准面旋回层序

通过对短期基准面旋回层序的叠加样式和中期基准面旋回界面的确定，可在长4+5、长6油层组识别出4个中期基准面旋回层序，自下而上分别命名为MSC1、MSC2、MSC3和MSC4，其中，MSC2、MSC3及MSC4这3个中期基准面旋回层序分别对应于长$4+5_2$、长6_1及长6_2这3个小层，MSC1与长$4+5_1$小层相对应。中期基准面旋回层序界面分别位于长4+5~长6油层组中，主要为区域性冲刷侵蚀面和湖泛面（相转换面），区域性冲刷侵蚀面代表中期基准面下降到最低点位置时发育的具有一定规模的冲刷面；湖泛面（相转换面）位于代表中期基准面上升达最高点位置时发生的湖泛前三角洲（或湖湾）沉积的顶面。由于湖泛面在全区广泛发育，分布稳定，所以是重要的区域等时面，具有极好的等时地层对比意义，因而在坪北油田将其作为划分和对比油层组、小层的标志。在由此两界面所限定的中期基准面旋回内，上升半旋回由一系列代表水体逐渐加深的短期基准面旋回层序叠加而成，下降半旋回则由代表水体渐趋变浅的短期基准面旋回层序组成，构成具有二分时间单元分界线的对称型中期基准面旋回。在长4+5、长6油层组中，中期基准面旋回MSC1由4个具有进积、垂向加积和退积的短期基准面旋回叠加组成，MSC2由3个短期基准面旋回叠加组成，MSC3由5个短期基准面旋回叠加组成，MSC4由4个短期基准面旋回叠加组成，每个中期基准面旋回的顶、底均为湖泛泥岩组成的层序界面，其SP曲线接近泥岩基线，GR曲线表现出异常高值，AC曲线在该段发生跳跃。在长4+5、长6油组中发育的4个中期基准面旋回，在单井剖面中都显示了相似的岩相组合和由深变浅后复“变深”的完整旋回，以及以发育上升半旋回沉积为主的不完全对称性旋回，即下降半旋回厚度远小于上升半旋回厚度，且不同区域中期基准面旋回层序的相似性显著。说明长4+5、长6油层组各中期基准面旋回发育在沉积坡度非常平缓、水动力条件变化较为一致、垂向演化基本同步进行的背景中，与长4+5、长6油层组沉积作用主体发育于安塞三角洲前缘的以水下分流河道为主的相域息息相关。因此，中期基准面旋回层序的叠加样式和结构变化非常一致，上升半旋回的中下部，向上“变深”的非对称旋回由低可容纳空间向高可容纳空间转化，并逐渐过渡为中上部的不完全对称旋回或对称旋回。相对应的沉积演化序列自下而上为：代表湖泛面的区域湖泛沉积（相转换面－层序界面）、河口砂坝沉积、区域性侵蚀冲刷面（层序分界面）、叠置的水下分流河道（局部为间夹薄层水下天然堤的叠置水下分流河道）、完整的水下分流河道、水下天然堤、分流间洼地（局部出现水下决口扇）、前三角洲（或湖湾，代表最大湖泛面——相转换面，油田目前使用的分层标志层）。显然，长4+5、长6油层组的中期基准面旋回层序具有进积－垂向加积－退积的短期基准面旋回层序叠加样式（图2－21），并以中期基准面上升半旋回沉积厚度较大，相类型发育较齐全，而下降半旋回沉积因受上覆水下分流河道的下切侵蚀冲刷影响而厚度较薄、相类型单一为总体特征。

3）长期基准面旋回层序

根据长4+5、长6油层组中发育的层序界面类型及中期基准面旋回的叠加样式，可在长4+5、长6油层组中划分出两个长期基准面旋回层序，即LSC1和LSC2。其中，LSC2属于由上升半旋回和下降半旋回叠加而成的对称旋回：下降半旋回由MSC4和MSC3的下降半旋回叠加组成，MSC4底部相转换面为该长期基准面旋回层序底部的层序界面；而上升半旋回由MSC3的上升半旋回组成，旋回层序顶界面为相转换面，其位置与MSC3内的最大湖泛面一致。上升半旋回与下降半旋回之间为冲刷侵蚀界面。LSC1属于以下降为主的非对称旋回，由MSC2和MSC1叠加组成，长期旋回层序底界面为最大湖泛面，顶界面为侵蚀冲刷不整合面。两个长期基准面旋回分别由两个进积－垂向加积的中期基准面旋回层序叠加组成。测井曲线上，LSC2整体表现为漏斗形、箱形及钟形组成的大型复合，层序界面处自然电位与泥岩基线重合，自然伽马为异常高值，声波时差曲线跳跃明显；LSC1

（1）地表大气淡水环境下，因 CO_2 脱气或孔隙水的蒸发形成的酸性水与泥岩层中的 Ca^{2+} 发生作用而产生沉淀。在潮湿气候环境下，孔隙水垂直下渗，有利于在下部地层发生沉淀和胶结；而在较干燥环境下，孔隙水由于强蒸发作用而上升，因此，易在地表形成钙质夹层。

（2）沉积成岩过程中，随着埋深的增加，温度升高，压力增大，有机质热演化并释放大量的 CO_2，与地层水中 Ca^{2+}、Mg^{2+} 等结合形成碳酸盐岩并交代成致密碎屑岩。

（3）地层水性质的演化过程中，它和岩石之间的相互作用，以及它顺断层的活动等所形成的酸性地层水与泥岩层中的 Ca^{2+} 作用而产生沉淀。

（二）隔夹层岩电特征

依据岩心标定测井技术建立的不同类型夹层的测井识别划分标准是目前识别、划分储层内夹层最好和应用效率最高的方法。根据坪北油田 P23－86 井测井曲线及岩心柱状图（图 2－22）可以描述坪北油田延长组长 4＋5_2 小层、长 6 油层组三角洲前缘亚相储层内 3 类隔夹层的岩性物性特征及测井响应特征。

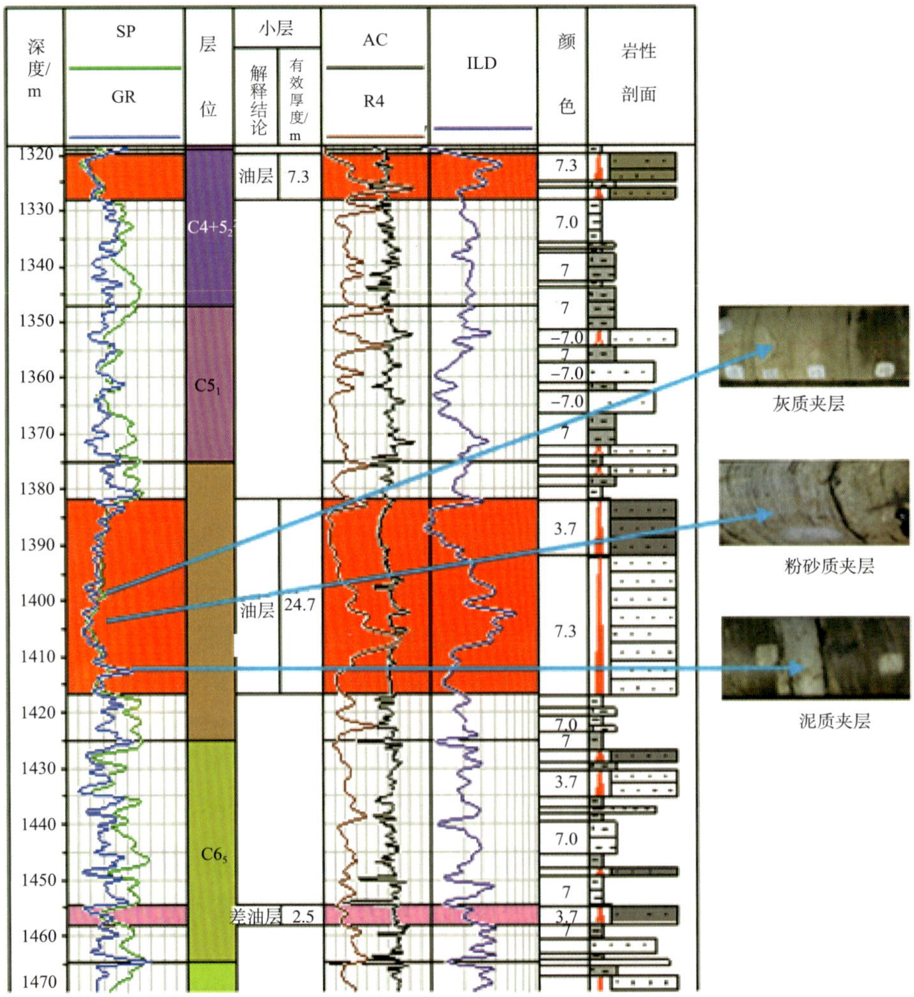

图 2－22　P23－86 井测井曲线及岩心柱状图

1. 泥质隔夹层

泥质隔夹层是由于水动力减弱、较细的悬移质沉积而形成，其主要岩石类型是泥岩、泥页岩、粉砂质泥岩、泥质粉砂岩等，测井曲线上主要反映出泥岩特征，具体表现为自然电位靠近基线，中子伽马平稳高值，深侧向电阻率低（下降为邻层的55%以上），声波时差高值，井径明显扩径。

2. 钙质隔夹层

钙质隔夹层包括含灰质细砂岩、含灰质粉砂岩。填隙物中黏土杂基含量非常少，钙质胶结物含量较高，一般都超过10%。胶结方式随钙质胶结物含量的不同而不同，当钙质胶结物含量为10%～15%时，以孔隙式胶结为主，而钙质胶结物含量超过15%时，则多以基底式或嵌晶式胶结为主，胶结物多具晶粒结构或放射状结构。钙质隔夹层分布随机性较强，纵向和横向上出现的频率都比较低。钙质隔夹层导电性差，渗透率低，密度大，在测井曲线上表现为深测向电阻率高于或接近油层电阻率，声波时差明显低值，井径曲线无扩径。

3. 物性隔夹层

物性隔夹层是指因岩性、成因作用等的变化而造成储集体物性变差的地层，有一定的孔隙度和渗透率，但未达到有效厚度的物性下限，未对流体的渗流产生影响。物性隔夹层包括杂基支撑的细粉岩、泥岩，属于滞留沉积物，如在河道底部，由于水流与河道底部的剪切作用，由泥质、粉砂物质混杂堆积而形成。物性隔夹层泥质含量较高，受含砂量影响，性质较复杂，测井曲线特征为自然电位幅度低，深测向电阻率较低，声波时差为中值，中子伽马值升高。

泥质隔夹层、物性隔夹层和钙质隔夹层3类隔夹层具有不同的测井曲线响应模式，这些特征和模式可以作为隔夹层类型的划分依据。

（三）隔夹层识别标准

结合坪北油田储层岩心信息和试油试采等资料，按隔夹层岩电特征建立了隔夹层测井解释识别标准（表2－3、表2－4）。具体情况如下：

（1）隔层：以泥岩为主，测井响应特征表现为GR＞110API，其泥质含量＞50%。

（2）夹层：包括灰质夹层、粉砂质夹层和泥质夹层，其测井响应特征表现为当声波时差为218～223μs/m，感应电阻率≤20Ω·m，泥质含量为20%～50%时，夹层岩性为粉砂质夹层；当声波时差＜218μs/m，泥质含量≤20%时，夹层岩性主要为灰质夹层和泥质夹层。

表2－3　隔层解释标准

类别标准	砂岩	泥岩
GR/API	≤110	＞110
泥质含量/%	≤50	＞50

表 2－4　夹层解释标准

类别标准	粉砂质夹层（干层）	灰质夹层、泥质夹层
声波时差/(μs/m)	218～223	<218
感应电阻率/(Ω·m)	≤20	—
泥质含量/%	20～50	≤20

二、隔夹层分布特征

隔夹层分布最重要的控制因素为沉积微相的展布。坪北油田延长组长 4＋5_2 小层、长 6 油层组是三角洲前缘亚相沉积环境，储层以水下分流河道微相为主，河口坝、远砂坝只在局部区域发育，分布范围小。

（一）隔层分布特征

通过综合运用单井识别、多井对比及确定性和不确定性建模方法从坪北油田开发层系长 4＋5_2 小层至长 6 油层组中的隔层中识别出长 4＋5_2^2～长 6_1^1 小层、长 6_1^1～6_1^2 小层、长6_1^2～长 6_2^1 小层、长 6_2^1～长 6_2^3 小层的共 4 层隔层，其中，长 6_1^2～6_2^1 小层的隔层最为发育，分布广，连片性好，厚度大且较均一，具有层系细分开发的地质基础。

各隔层分布特征如下：

（1）长 4＋5_2^2～长 6_1^1 小层的隔层厚度大部分区域在 10m 以下，在东部局部区域达 10～20m（图 2－23）。

（2）长 6_1^1～6_1^2 小层的隔层发育较差，在 1/3 区域内该隔层没有发育，有隔层的区域内该隔层厚度大部分在 10m 以下，仅少数井区在 10m 以上（图 2－24）。

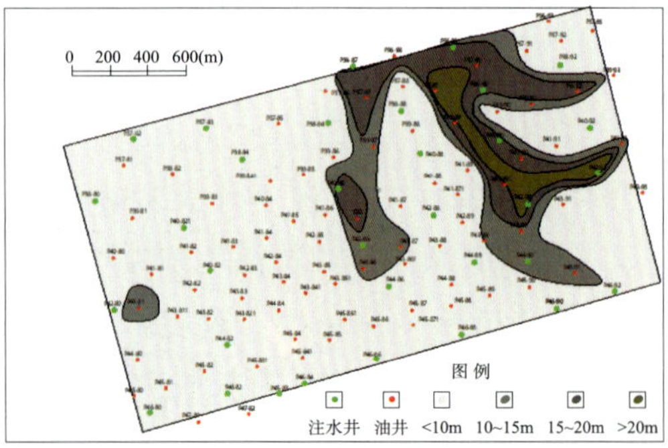

图 2－23　长 4＋5_2^2～长 6_1^1 小层隔层等厚图

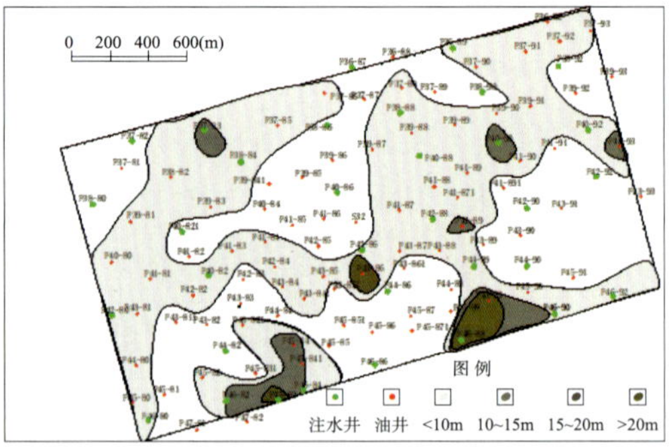

图 2－24　长 6_1^1～长 6_1^2 小层隔层等厚图

（3）长 6_1^2～长 6_2^1 小层的隔层发育最好，厚度都在 10m 以上，近半区域内的该隔层在 20m 以上（图 2－25）。

（4）长 6_2^1～长 6_2^3 小层的隔层发育较好，其厚度在大部分区域达 10m 以上，仅在少数区域为 10m 以下（图 2－26）。

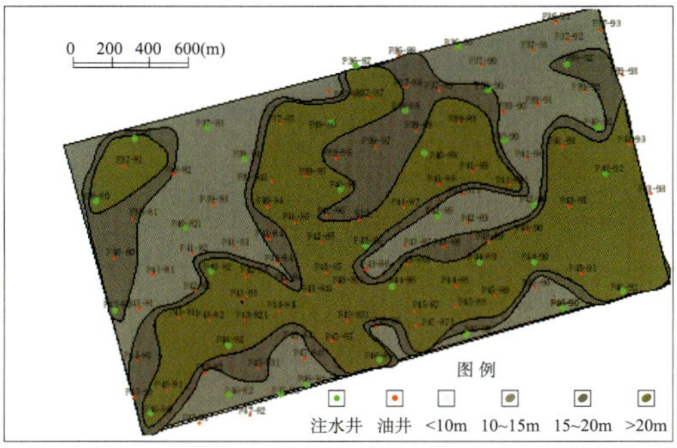

图2-25 长6_1^2~长6_2^1小层隔层等厚图

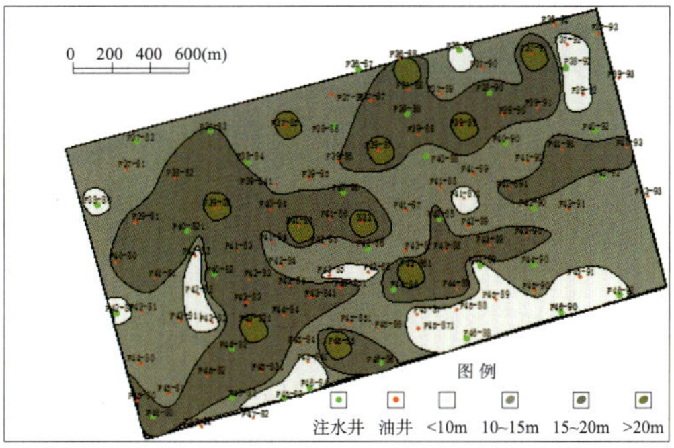

图2-26 长6_2^1~长6_2^3小层隔层等厚图

(二) 夹层分布特征

三角洲前缘储层内平层的分布受控于沉积微相的展布。河口坝砂体沉积末期，顶部水下分流河道废弃处及水下分流河道间水动力较弱处会形成夹层，其分布受到水下分流河道切叠的控制，一般在侧向上不超过半个水下分流河道的宽度，连续性较差，但是纵向上夹层频率及夹层密度都较高。

远砂坝沉积过程中，由于洪水能量的衰减，在远砂坝顶部可垂向加积细粒的悬浮物质，即落淤层，其岩性较细，以粉砂、粉砂质泥沉积为主。这种落淤层是伴随着远砂坝的沉积而发育的，因此，分布面积较广，但厚度稳定性差，连片程度高。

由于水下分流河道侧缘水动力弱，夹层较为发育，相对于河口坝、远砂坝来说，夹层频率高且夹层密度大，夹层较薄，横向稳定性差。

夹层受成因因素影响，分布无明显规律性，密度大、频率高的区域反映储层破坏性的沉积和成岩作用较强烈，为砂体内部物性较差、非均质性较强的区域。夹层形态及规模具有较大的不可确定性，一般以不规则状和长条状为主，是由成因差异性所导致的。泥质夹层主要是沉积作用形成的，是由河道侧向迁移、叠置导致的；而灰质夹层主要受后期成岩作用影响，由碳酸盐胶结而成。夹层的定量描述采用了夹层分布频率、夹层分布密度两个参数。

夹层分布频率（PK）是指每米储层内夹层的个数，而夹层分布密度（DK）是指每米储层内夹层的厚度：

$$PK = N/H \tag{2-1}$$

$$DK = HSH/H \tag{2-2}$$

式中，PK 为夹层分布频率，个/m；N 为层内夹层个数；DK 为夹层分布密度，m/m；HSH 为层内夹层的总厚度，m；H 为储层厚度，m。

坪北油田各单元的夹层分布频率、密度特征如下：

(1) 长$4+5_2^2$单元。

大部分区域夹层分布密度在10%以上，全区一半以上区域夹层分布频率为10%～20%，夹层分布频率为20%～40%的区域与没有夹层的区域所占的分布面积相当，占该单元总面积的10%左右（图2-27）。

夹层分布密度为0~20%的区域与分布密度为20%~60%的区域面积大致相当，夹层分布密度为40%~60%的区域面积占该单元总面积的1/3（图2-28）。

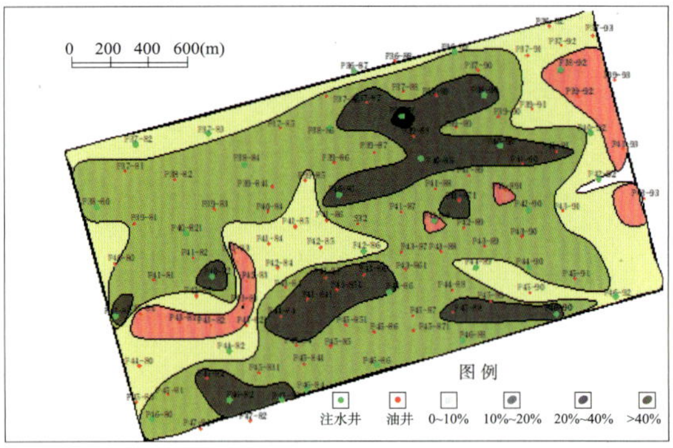

图2-27 长$4+5_2^2$单元砂体夹层分布频率分布图

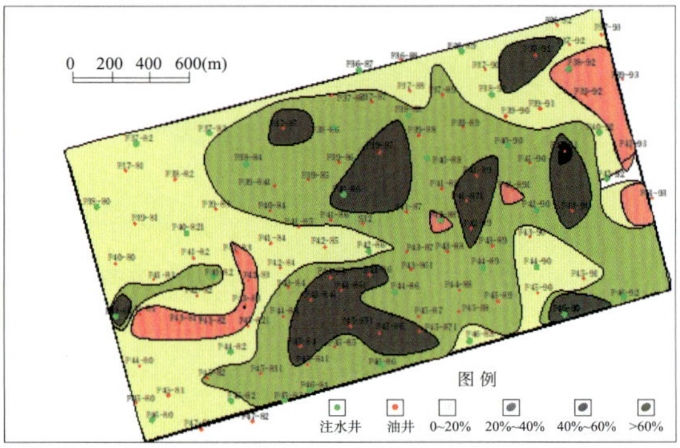

图2-28 长$4+5_2^2$单元砂体夹层分布密度分布图

（2）长6_1^1单元。

夹层分布频率在10%以下的区域面积占总区域面积的20%，夹层分布频率为10%~20%的区域面积占总区域面积的60%左右，夹层分布频率大于20%的区域面积占总区域面积的20%左右（图2-29）。

夹层分布密度为0~20%的区域面积占总区域面积的30%左右，夹层分布密度为20%~40%的区域面积占总区域面积的50%左右，夹层分布密度为40%以上的区域面积占总区域面积的20%左右（图2-30）。

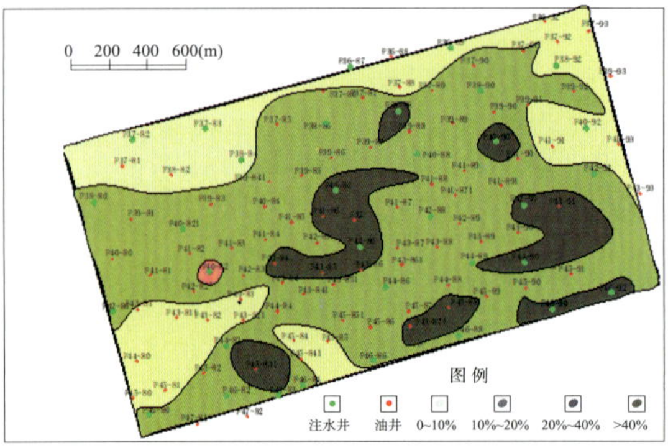

图2-29 长6_1^1单元砂体夹层分布频率分布图

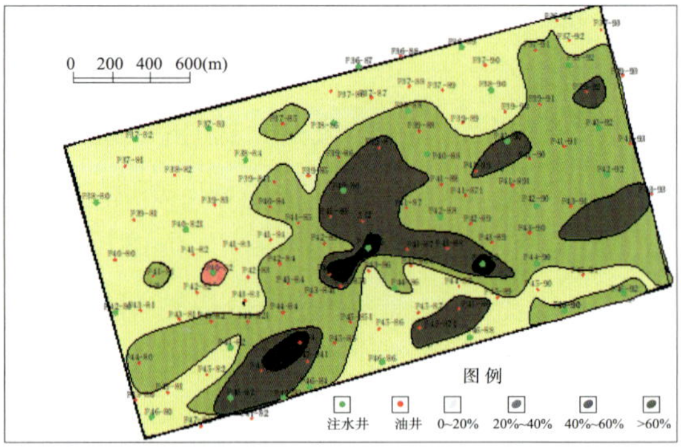

图2-30 长6_1^1单元砂体夹层分布密度分布图

（3）长6_1^2单元。

在6_1^2单元储层分布区域内夹层分布频率为0的占大部分，夹层分布频率为0以上的区域面积占总区域面积的1/3左右（图2-31）。

夹层分布密度为0的区域占储层分布的大部分，夹层分布密度为0以上的区域面积占储层分布面积的1/3左右（图2-32）。

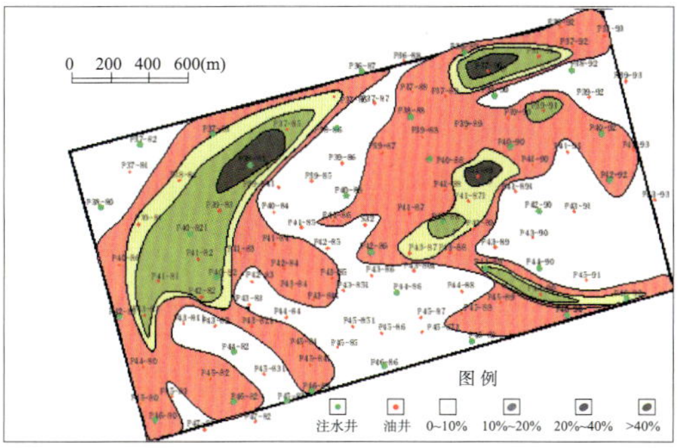

图 2－31 长 6_1^2 单元砂体夹层分布频率分布图

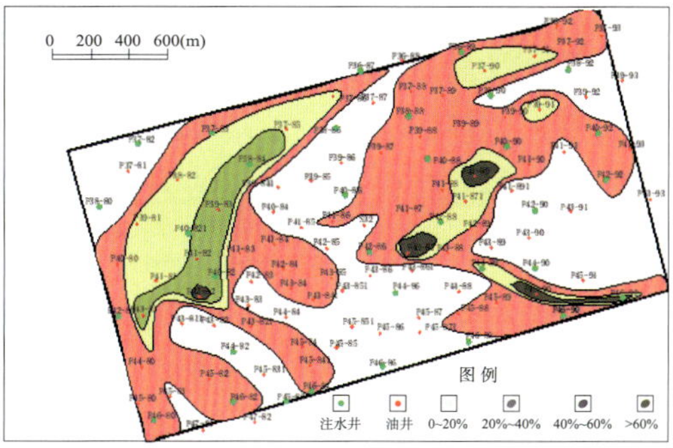

图 2－32 长 6_1^2 单元砂体夹层分布密度分布图

（4）长 6_2^{1+2} 单元。

夹层分布频率为 10%～20% 的区域面积占全区面积的 70% 左右，夹层分布频率为 20% 以上的区域面积占全区面积的 20% 左右，夹层分布频率在 10% 以下的区域面积占全区面积的 10% 左右（图 2－33）。

夹层分布密度为 0～20% 的区域面积占全区面积的 30% 左右，夹层分布密度为 50% 以上的区域面积占全区面积的 20% 左右（图 2－34）。

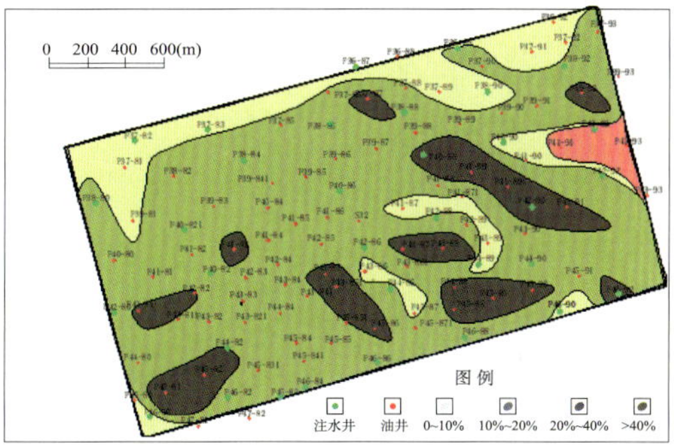

图 2－33 长 6_2^{1+2} 单元砂体夹层分布频率分布图

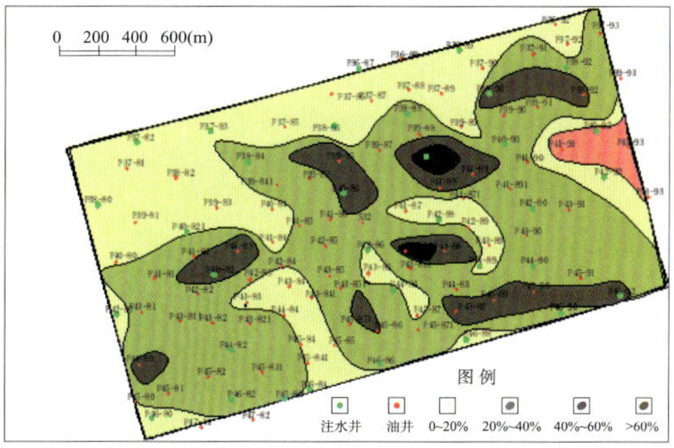

图 2－34 长 6_2^{1+2} 单元砂体夹层分布密度分布图

第三节 沉积相及沉积环境特征

一、岩石相特征

岩石相是表示在某种特定能量条件下形成的岩石特征的总和，也称能量单元，它以岩性和沉积构造特征为主要依据来反映各沉积成因单元砂体形成过程中的水动力条件，因而是重塑沉积环境、分析沉积动力条件的基本物质实体。岩石相常用一定的代码来表示。代码由两部分组成，前部表示岩石粒级，如砾质、砂质等，后部表示沉积构造特征，如平行层理、板状交错层理等。通过对坪北地区岩心观察和描述，坪北地区延长组长 $4+5_2$ 小层、长 6_1 小层和长 6_2 小层主要包括 10 种岩石相，各岩石相特征如下：

（1）块状层理砂岩相（Sm）。

颜色呈浅灰－浅绿灰色，岩性以细砂岩、粉细砂岩为主，单层厚度较大，一般为0.4～2.0m，厚度最大可达2.5m。层内隐约可见粒序性韵律变化，如正粒序或反粒序，正粒序砂岩底部有时可见冲刷面或滞留泥砾，反映较强水动力条件下快速堆积的特点；反粒序在剖面上可由粉砂岩向上连续过渡为粉细砂岩、细砂岩，水下分流河道和河口砂坝沉积中常见此类岩石相。

（2）平行层理砂岩相（Sh）。

颜色主要为灰－浅灰色，岩性以细砂岩为主，纹层厚度一般为0.5～1.0cm，由相互平行且与层面平行的平直连续或断续纹理组成，纹理可由植屑、岩屑或暗色矿物显示。常形成于水浅流急的水动力条件下，主要见于较强水动力的河口砂坝、分流河道或水下分流河道沉积中。

（3）板状交错层理砂岩相（Sp）。

岩性为浅绿灰－浅灰色细砂岩，具板状交错层理，纹层厚度为1.0cm左右，层系厚度为0.4～1.5m，纹理呈连续、断续两种，纹层面上见细小碳屑、植物碎屑，纹层可向层系底面收敛，夹角常小于10°。常见于水下分流河道沉积中。

（4）槽状交错层理砂岩相（St）。

颜色为灰－浅灰－浅绿灰色，岩性为细砂岩、粉细砂岩，发育小型槽状交错层理，层面上见有细小碳屑、植物碎屑，偶见小型冲刷面，水下分流河道及河口砂坝中可见此类岩石相。

（5）波状交错层理粉细砂岩相（Sr）。

岩性以浅灰－浅绿灰色粉细砂岩为主，砂岩分选中等，砂层厚度为1.0～1.5m，纹层厚度为1.0～3.0cm，为小型层理，纹层呈断续或连续波状或微波状，以连续波状为主，层理面上见细小碳屑、植物碎屑，并见丰富的云母片，砂岩中见虫孔，偶见生物扰动构造，多见于河口砂坝及远河口砂坝等沉积环境中。

（6）块状层理粉砂岩相（Fm）。

岩性以灰－绿灰色粉砂岩、泥质粉砂岩为主，与灰－深灰色泥岩常呈互层状，为均匀层理，其中见细小植屑和丰富的云母片，反映了水动力较弱或水体较平静条件下的水下分流河道间洼地或湖湾沉积环境。

（7）水平层理粉砂岩相（Fh）。

岩性以灰－深灰－灰绿色粉砂岩、泥质粉砂岩为主，单层厚度小，纹层相互平行并平行于层面，层理上见细小植物碎屑和丰富的云母片，常形成于浪基面之下或低能环境中，以及物质供应不足的情况下，主要由悬浮物质缓慢垂向加积沉积而成，可见于水道间洼地、前三角洲及浅湖等沉积环境。

（8）变形层理粉细砂岩相（Sd）。

颜色为灰－绿灰－深灰色，岩性以粉砂岩、粉细砂岩为主，其次为泥质粉砂岩，原生纹理发生变形，层内细纹层不规则挠曲，且层内见细小碳屑、植物碎屑，由于在上覆载荷作用下沉积物不稳定而导致沉积构造沿底面滑动变形。多形成于三角洲前缘河口砂坝、远砂坝及水下决口扇等沉积环境中。

(9) 沙纹层理粉细砂岩相 (Ss)。

岩性以灰－浅灰－浅绿灰色粉细砂岩、粉砂岩、泥质粉砂岩为主，偶见细砂岩，发育沙纹层理，纹层面不规则，呈断续或连续状，层理面上见细小植物碎屑、碳屑和丰富的云母片，且常与平行层理、块状层理及小型交错层理相砂岩共生，常形成于水动力能量较低的条件下，可发育于水下分流河道间洼地、水下天然堤、远砂坝等微相中。

(10) 暗色泥岩相 (Mg)。

岩性以深灰－灰绿－灰黑色泥岩、粉砂质泥岩为主，具块状层理及水平纹理，含细小植物碎片、介形虫等化石，层理发育的情况下可造成岩石呈千层饼状，为弱水动力条件下的产物，常出现于前三角洲、浅湖、半深湖等沉积环境中。

二、岩石相组合与沉积微相特征

(一) 岩石相组合与沉积微相特征

坪北油田长 $4+5_2$ ~ 长 6_2 小层主要发育水下分流河道、水下天然堤等 8 种沉积微相类型，这些沉积微相相互组合形成三角洲前缘和前三角洲两种亚相。其中的不同沉积微相各具不同岩性、岩相组合特点。

1. 水下分流河道微相

水下分流河道是指入湖河流沿湖底水道向湖盆方向继续作惯性流动和延伸的部分，由于水下分流河道位置不稳定，侧向频繁迁移和分流交汇，因而同一时期发育的水下分流河道平面上常呈宽带状和网状分布。岩石相组合属于第一种类型，剖面上自下至上依次为 Sm、Sh、Sp、Sr，岩性为浅灰－浅绿灰－灰褐色含砾细砂岩、中－细砂岩、细砂岩、粉细砂岩，向上可变为粉砂岩，剖面上显示正韵律，反映出水动力能量由强到弱的变化过程。砂岩中发育板状交错层理、平行层理、块状层理及波状层理。可见顺层面分布的炭化植物碎片，偶见已转化为煤的植物茎干化石。粒度概率累积曲线主要为两段式（图 2－35），其中跳跃次总体含量为 75% ~85%，曲线斜率较大，悬浮次总体含量小于 5%，曲线斜率较小，滚动次总体不甚发育，表明河道水流能量和带出细粒物质的能力较强，使沉积物具有较好的分选作用。剖面上见水下分流河道对河口砂坝或细粒水下洪泛沉积冲刷截切的叠覆关系。单个河道砂体的电测曲线特征呈中－高幅钟形或箱形，多个河道砂体连续叠置呈中－高

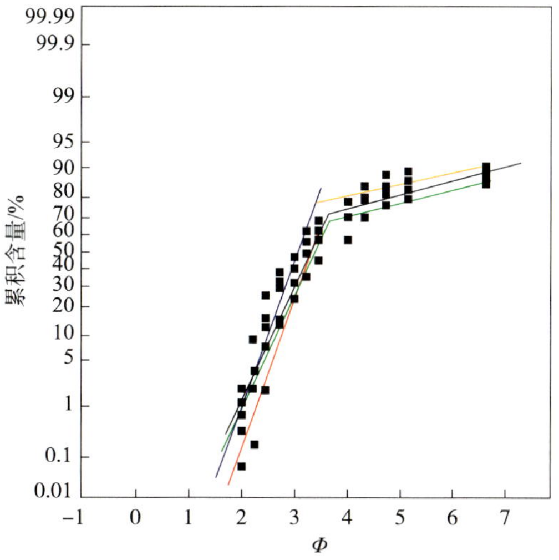

图 2－35　水下分流河道微相粒度概率累积曲线图

沉积微相主要为水下分流河道、支流间湾、河口坝3种，极少数区域单井偶见水下天然堤、水下决口扇发育（图2－41）。

（a）P47–99井，1355.6m，水下分流河道与河口坝冲刷面

（b）P60–84井，1345.2m，块状层理

（c）P23–103井，1326.3m，波状层理

（d）P29–100井，1314.2m，平行层理

（e）P60–84井，1350.2m，炭化植物

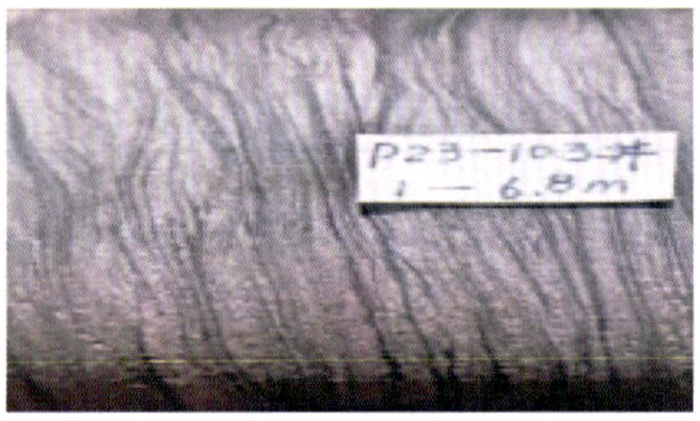

（f）P23–103井，1319.2m，波状交错层理

（g）P47–99井，1341.2m，黑色泥岩

图2－40　坪北油田储层岩石典型层理构造特征

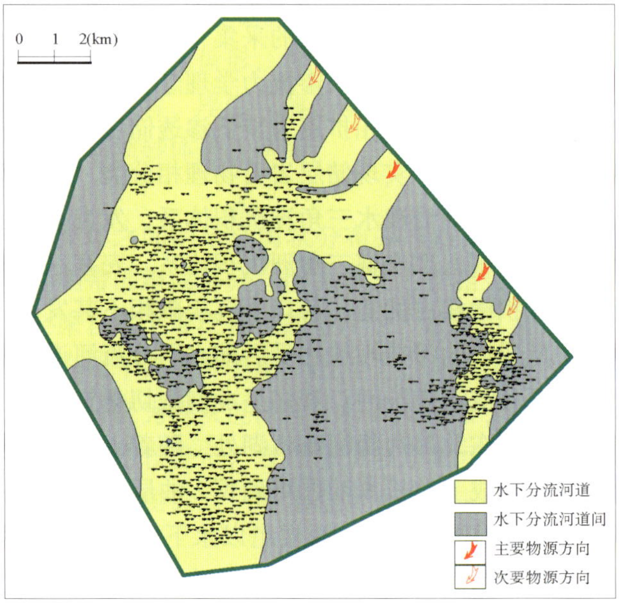

图2－41　坪北地区延长组长6_2^2小层沉积微相平面图

1. 水下分流河道微相

水下分流河道为三角洲平原分流河道的水下延伸部分，在向湖海延伸的过程中，河道加宽，深度减小，分叉增多，流速减缓，堆积速度增大。坪北区多由多期河道摆动叠置形成，河道砂体河面较宽，视厚度大，局部可达30m。岩性为浅灰－浅绿灰－灰褐色含砾细砂岩、中－细砂岩、细砂岩、粉细砂岩，向上可变为粉砂岩，剖面上显示正韵律特征，反映出水动力能量由强到弱的变化过程。常发育块状层理、波状层理及平行层理［图2－40（b）～（d）］；见顺层面分布的炭化植物碎片，偶见转化为煤的植物茎干化石［图2－40（e）］。单个河道砂体的电测曲线特征呈中－高幅钟形或箱形，这种河道砂皆被泥岩、泥质粉砂岩分隔但是在多个水下分流河道叠置的主砂体内，常常是下伏河道砂岩上部的细粒天然堤沉积被侵蚀掉，电测曲线呈中－高幅钟形叠加钟形或箱形及钟形－箱形的复合型。该微相是坪北油田主要的沉积微相。

2. 河口坝微相

河口坝微相为水下分流河道延伸末端能量减弱，大量河水携带沉积物快速堆积的产物，岩性主要为灰－绿灰色细砂岩、粉细砂岩，单个砂体具有粒度向上变粗、泥质含量减小的反韵律。发育水平层理、沙纹层理、波状交错层理［图2－40（f）］。

波状交错层理常见于细砂岩、粉砂岩中，为小型层理，纹层呈断续或连续波状或微波状，以连续波状为主，层理面上见细小碳屑、植物碎屑，并见丰富的云母片。电测曲线特征为：单个河口坝以漏斗形或指形为主，由多个河口坝砂体叠置而形成台阶状漏斗形复合体，与上部水下分流河道砂体呈镜向对称关系。

3. 支流间湾微相

支流间湾为水下分流河道之间相对凹陷的湖湾地区，当三角洲向前推进时，在水下分流河道间形成一系列尖端指向陆地的楔形泥质沉积体，支流间湾整体分布于水下分流河道之间，发育水平层理和透镜状层理，可见浪成波痕及植物残体等。岩性特征为深灰－黑色泥岩、粉砂质泥岩［图2－40（g）］，无较明显的层理，厚度不大，但分布较稳定，为弱水动力条件下或静水环境下的产物。平面上呈宽广的港湾状展布，偶见夹薄层砂岩，可能与洪水漫溢于间湾或水下分流河道砂延伸进入间湾沉积有关。储层物性较差，主要以隔层和夹层的形式出现，测井曲线特征明显，SP曲线为低幅且贴近泥岩基线。

三、沉积微相测井曲线特征与测井相模式

不同的沉积微相具有不同的测井响应形式。所谓测井相是指表征地层特征的测井响应的总和。测井相分析是沉积相研究不可缺少的一个方面，通过测井相分析可以重塑沉积相。构成测井相的要素是所有测井响应特征，不但包括定性方面（如曲线的特征），而且包括定量方面（如测井参数的数值）。

测井相分析的内容包括测井响应序列的选择、测井响应曲线特征分析及测井相特征分析等方面。根据地层岩性特征、沉积特征、测井响应曲线组合特征及其分辨率可以看出，在坪北油田选择以自然电位曲线为主，并与自然伽马曲线相结合，以电阻率和声波时差曲

线为辅的测井响应序列进行测井相分析，效果良好。

测井曲线特征包括曲线的异常幅度、光滑程度、齿中线的收敛情况、曲线形态和顶底接触关系等，它们分别从不同方面反映地层的岩性、粒度、泥质含量和垂向变化等特征。不同的沉积微相所对应的测井相特征有所差异。水下分流河道的测井曲线特征为：单个河道砂体的测井曲线呈微齿或光滑的中－高幅钟形或箱形，多个河道砂体连续叠置呈中－高幅钟形叠加钟形或箱形及钟形－箱形的复合型。水下天然堤测井曲线特征为河道砂体上部连续变细的钟形曲线细尾部分，很少单独出现。水下决口扇测井曲线呈低－中幅指形、漏斗形，个别为钟形。水下分流河道间洼地微相测井曲线呈低幅微齿形或光滑曲线。河口砂坝微相的测井曲线特征为：单个河口坝的测井曲线以微齿或光滑的漏斗形或指形为主，由多个河口坝砂体叠置而形成的测井曲线呈台阶状漏斗形和箱形＋漏斗形复合体。湖湾或前三角洲相的测井曲线呈低幅微齿或光滑的曲线形－直线形。各种沉积微相的测井曲线特征（图2－42）如下：

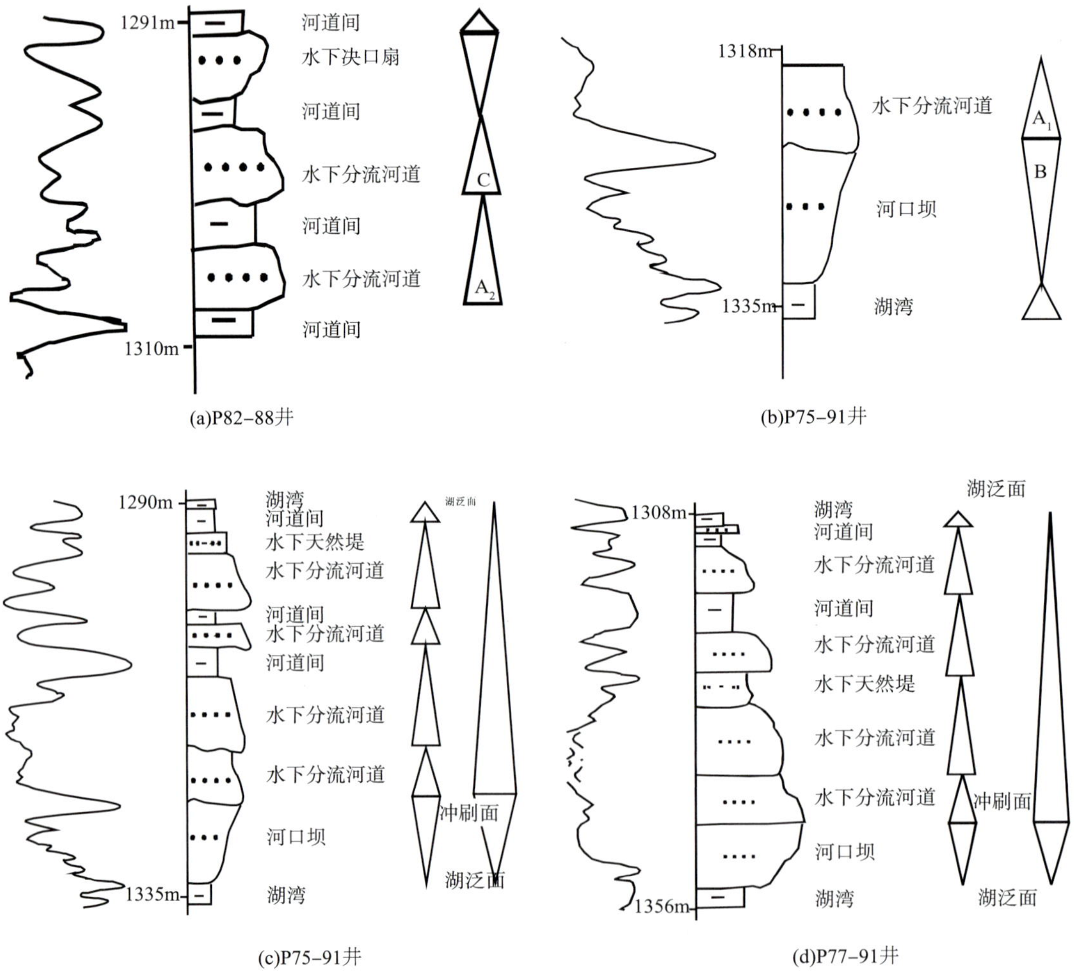

图2－42 不同沉积微相测井曲线（测井相）特征模式图

（1）水下分流河道微相自然电位曲线。该沉积微相的自然电位曲线异常幅度为中－高，光滑程度呈现微齿状或光滑形两种，齿中线水平或下倾，或下部水平上部下倾，曲线形态一般呈箱形、钟形或钟形－箱形的复合型，顶、底面突变接触或呈底部突变接触，顶部渐变接触。

（2）水下决口扇微相自然电位曲线。水下决口扇微相自然电位曲线异常幅度为低－中，曲线光滑或呈微齿状，齿中线向内收敛，曲线形态呈指形或钝指形，顶、底一般均呈渐变接触。

（3）水下分流河道间洼地微相自然电位曲线。该沉积微相自然电位曲线呈光滑的似直线形或直线形，曲线异常幅度极低或无异常。

（4）河口坝微相自然电位曲线。河口坝微相自然电位曲线形态多呈漏斗形或漏斗形－箱形的复合型，曲线异常幅度中等和中－高，曲线可呈微齿形或为光滑曲线，齿中线可向内收敛，一般顶部呈渐变或突变接触，底部呈渐变接触。

（5）湖湾（前三角洲泥）微相自然电位曲线。该微相自然电位曲线为光滑直线，曲线接近泥岩基线，无异常幅度。

总之，不同沉积微相的测井响应（岩电关系）具有明显的差异性，因此，通过以上对研究区不同沉积微相测井响应关系的分析，总结出了坪北油田长 $4+5_2$～长 6_2 小层不同沉积微相的测井相模式（图 2－43）。

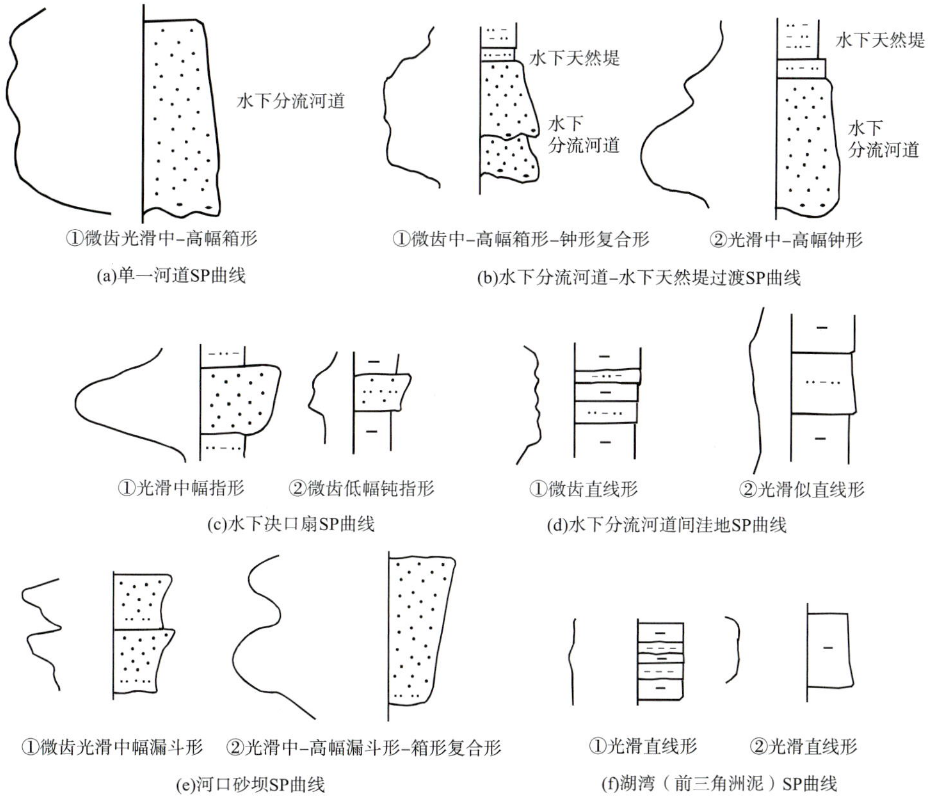

图 2－43 不同沉积微相测井相模式图

四、沉积亚相和沉积模式

（一）沉积亚相

坪北油田长 $4+5_2$ ~ 长 6_2 小层沉积于安塞三角洲沉积体系（图 2－44），安塞三角洲可进一步划分为三角洲平原、三角洲前缘及前三角洲 3 个沉积亚相，各沉积亚相又可进一步划分出不同的沉积微相。在不同类型的三角洲（如河控三角洲、浪控三角洲、潮控三角洲）中，3 种沉积亚相及各沉积亚相中的沉积微相的发育程度、组合形式都存在差异（如河控三角洲中三角洲前缘亚相发育，三角洲前缘亚相中又广泛发育水下分流河道、水下天然堤、水下决口扇、水下分流河道间洼地、河口坝及湖湾等沉积微相）。长 $4+5_2$ ~ 长 6_2 小层沉积微相组合可形成三角洲前缘亚相及前三角洲亚相，两种沉积亚相各具特点。

图 2－44　鄂尔多斯盆地延长组三角洲分布图（据长庆油田）

1. 三角洲前缘亚相

三角洲前缘亚相位于入湖河流河口至湖底地形变陡之间的浅湖地带，系三角洲沉积体系中沉积厚度最大、沉积类型最复杂和特征最显著的部位。坪北地区长 $4+5_2$ ~ 长 6_2 小层沉积时期的沉积主体即位于安塞三角洲前缘亚相带，三角洲前缘亚相一般由水下分流河道、水下天然堤、水下决口扇、水下分流河道间洼地、河口坝（远河口坝）和湖湾等沉积微相组成。发育浅灰色块状层理、平行层理及交错层理细砂岩、粉细砂岩，槽状交错层理细砂岩、粉砂岩，以及灰－浅绿灰色块状－水平层理粉砂质泥岩、泥岩、碳质泥岩和煤层。剖面上总体呈现向上变粗后又重新变细的复合韵律，测井曲线呈大的漏斗形。

2. 前三角洲亚相

前三角洲亚相为长 $4+5_2$ ~ 长 6_2 小层中较为常见的沉积亚相类型之一。前三角洲亚相主要由前三角洲泥沉积微相组成，多发育于每个三角洲生长旋回的底部。其岩性为深灰－黑灰色泥岩、页岩及粉砂质泥岩，局部可夹泥质粉砂岩，其中含细小植物碎片、水平层理及波状层理，可发育生物扰动构造，测井曲线呈直线形。剖面上发育于（远）河口坝进积复合体的底部，与远河口坝组成连续向上变粗的沉积序列，以此与浅－半深湖相泥岩相区别。

（二）沉积模式

坪北油田长 $4+5_2$ ~ 长 6_2 小层的沉积物源来自油田东北部及北部两个方向，以东北部物源为主。发育的沉积微相有水下分流河道、水下天然堤、水下分流河道间洼地、水下决口扇、（远）河口坝、湖湾（前三角洲泥）等，其中，以水下分流河道微相为主，这些组合形成三角洲前缘亚相和前三角洲亚相，总体表现为向湖盆强烈推进的三角洲沉积体系。根据裘怿南（1982）的研究成果可知，不同类型三角洲内沉积亚相、沉积微相的发育与组合规律不同，通过长 $4+5_2$ ~ 长 6_2 小层岩石相、沉积微相及沉积亚相的发育程度及组合规律分析可知，安塞三角洲属于大型湖盆长轴正常三角洲体系，河流在三角洲的形成发育过程中起着重要作用。由于该区河流提供的物质丰富，使三角洲向湖盆纵向生长快，延伸距离远，从而形成河控鸟足状三角洲体系。

根据三角洲形成过程的沉积动力学分析，在三角洲形成过程中，水下分流河道的侵蚀冲刷作用及沉积作用与水体流动状态、水体所具有的能量及可容纳空间的大小等密切相关。在基准面下降的过程中，水下分流河道不断调整自身运动状态，以保持与基准面变化幅度之间的动态平衡，在此过程中，水下分流河道的侵蚀冲刷及沉积能力随之产生相应的变化，基准面下降程度愈小，由此造成的可容纳空间愈小，水下分流河道水体的势能愈大，侵蚀冲刷能力愈强，对先期形成的沉积物侵蚀冲刷愈彻底，水下分流河道延伸愈远。

安塞三角洲类型及沉积亚相、沉积微相的发育独具特点，即三角洲前缘亚相发育，三角洲前缘亚相域内的水下分流河道沉积微相占优势，河口坝沉积微相不甚发育，而且在三角洲强烈向湖盆推进的过程中，先期形成的河口坝往往受到后期水下分流河道冲刷侵蚀而得不到完整保存，表现在剖面上，水下分流河道与河口坝多呈冲刷截切叠置关系。此外，在三角洲推进过程中，水下分流河道甚至可以切入湖湾或前三角洲之中，而且在三角洲发育过程中，水下分流河道向前推进的同时，也会发生强烈的横向迁移，从而造成水下分流河道汇聚分流，后期的水下分流河道冲刷截切前期的水下分流河道或水下天然堤，或切入分流河道间洼地内。坪北油田在长 $4+5_2$ ~ 长 6_2 小层沉积时期，位于三角洲前缘水下分流河道、河口坝过渡微相区。水下分流河道主要发育于工区的北部，水下分流河道呈北东－南西向展布。南部仅发育少量的河口坝，而且河口坝顶部在后期多受水下分流河道冲刷侵蚀。

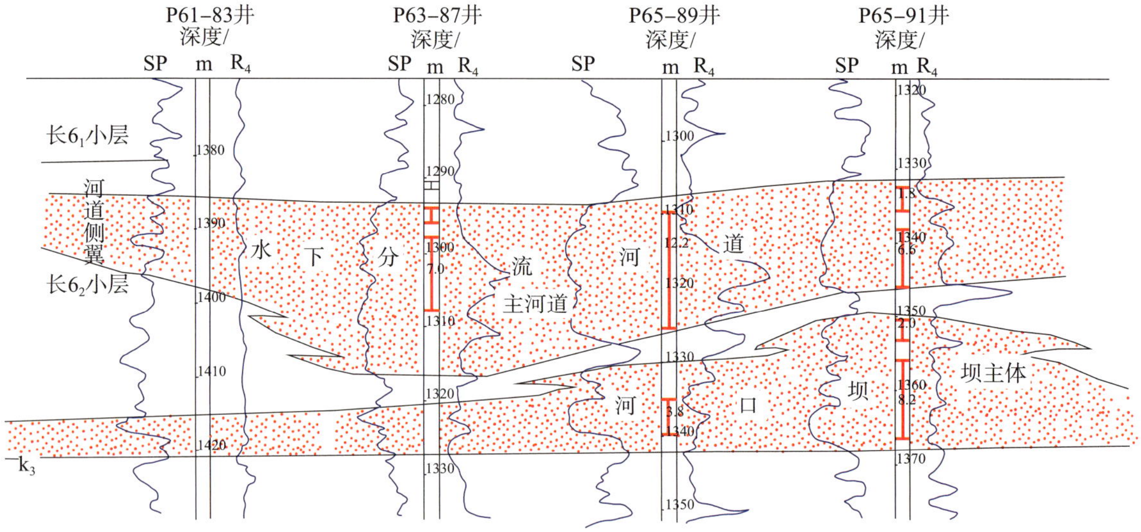

图 2-48　长 6_2 小层三角洲前缘河口坝和水下分流河道叠合砂体剖面图

3. 沉积微相平面展布特征

坪北油田长 6 油层组、长 $4+5_2$ 小层属于三角洲前缘亚相沉积，长 2 油层组属于三角洲平原亚相沉积。纵向上，长 6_2 小层、长 6_1 小层和长 $4+5_2$ 小层这 3 个小层的沉积微相平面展布各具特征。

1）长 6_2 小层沉积微相平面展布特征

由于长 6_2 时期湖平面的升降规律与长 6_3 时期较为一致，只是该期湖平面的升降幅度存在差异，因此，地层构型特征及演化规律与长 6_3 旋回具相似性、继承性。该砂体沉积相平面展布规律为：长 6_2 早期，伴随着湖平面的下降，在 P70-82 井～P71-85 井～P71-89 井～P74-92 井一线附近及其以南地区发育河口坝沉积，此线以北的广大地区以水下分流河道沉积为主；进入长 6_2 中晚期，湖平面由下降转为上升，湖平面上升早期，水下分流河道沉积面积扩大，并向前延伸切割先期形成的河口坝沉积，造成南部平面上水下分流河道与河口坝沉积相间分布，河口坝砂体受切割而面积缩小，剖面上表现出河口坝砂体与水下分流河道砂体的截切叠置关系。长 6_2 晚期，全区发育水下分流河道与分流河道间洼地相间分布，分流河道间洼地内出现水下决口扇沉积。

综上所述，长 6_2 小层主要发育水下分流河道微相、河口坝微相和前缘席状砂微相。其中，水下分流河道微相由北至南呈条带状展布，主河道宽约 2～3km，主河道内砂岩厚度大于 15m，有效厚度大于 8m。河口坝微相：P52-88 井区河口坝砂体，长约 1km，宽 0.7km，砂岩厚度大于 10m，有效厚度大于 5m；塞 23 井区河口坝砂体较发育，坝体向东北方向出工区，工区内宽约 3km，砂岩厚度大于 20m，但含油性差，以水层和油水同层为主。前缘席状砂微相主要分布于水下分流河道和河口坝周缘。

长 6_2 小层最佳的储集砂体为水下分流河道砂体，油层主要在水下分流河道砂体之中，主河道内沿河道方向油层分布稳定，连通性良好（图 2-49）。

2）长 6_1 小层沉积微相平面展布特征

由于湖平面的升降变化伴随沉积物补给通量和可容纳空间的变化，长 6_1 时期沉积特征和时空演化呈现出明显的规律性变化。通过时间序列分析可以看出，长 6_1 时期可进一步分为早期、晚期，各沉积时期沉积相带（域）的横向变化规律较为明显。各沉积时期沉积演化特点为：长 6_1 早期，以发育水下分流河道沉积为主，水下分流河道宽度为 0.5 ~ 2.5km，砂体最大厚度为 20 ~ 22m，仅在西南部（P61 – 83 井 ~ P61 – 85 井 ~ P63 – 91 井一线以南）可见河口坝沉积；随着湖平面的进一步下降，水下分流河道向前推进，切割先期形成的河口坝砂体，形成剖面上水下分流河道进积砂体与河口坝砂体切割叠置的特征；平面上，在原河口坝发育部位出现河口坝砂体与水下分流河道砂体相间分布。

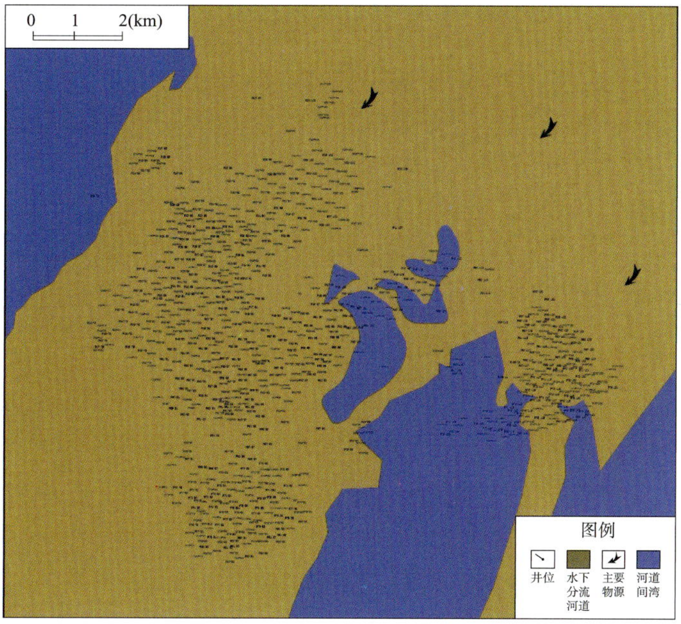

图 2 – 49　坪北油田西块长 6_2 小层沉积微相平面分布图

长 6_1 小层主要发育水下分流河道微相、河口坝微相和席状砂微相。该小层内主要发育一条水下分流河道砂体和三个河口坝砂体。水下分流河道砂体呈北东南西向展布，由北东流入南西，河道宽 2 ~ 3km，长度大于 10km，砂岩厚度大于 15m，油层厚度大于 6m。南部河口坝砂体的南部与坪南相接，砂体宽度大于 4km，砂岩厚度大于 10m，厚者可达 20m，油层厚度大于 6m，厚者达 15m，该砂体是长 6_1 小层主要的含油砂体。中部河口坝砂体分布在 P52 – 102 井 ~ P58 – 84 井一线，呈不规则带状分布，宽约 1 ~ 1.5km，长约 4km，砂岩厚度大于 10m，油层厚度大于 6m。东部河口坝砂体分布在 SP199 井区，坝体长约 2km，宽约 2km，砂岩厚度大于 10m，厚者可达 24m，油层厚度大于 6m，厚者达 15m。

除上述 4 个河口坝砂体外的广阔区域，属于席状砂微相，砂层薄，不含油或含油性极差，长 6_1 小层以河口坝和水下分流河道沉积为主，油层主要分布在北部的水下分流河道和南部的河口坝之中（图 2 – 50、图 2 – 51）。

3）长 4 + 5_2 小层沉积微相平面展布特征

长 4 + 5_2 早期，湖平面由下降转为上升，水下分流河道砂体成为主要沉积砂体类型，水下分流河道宽度为 0.5 ~ 1.5km，但砂体厚度变小，最大厚度仅为 12m。水下分流河道间洼地面积增大，仅在西南角（P73 – 79 井 ~ P78 – 82 井以西南）存在小范围的湖湾泥岩沉积。

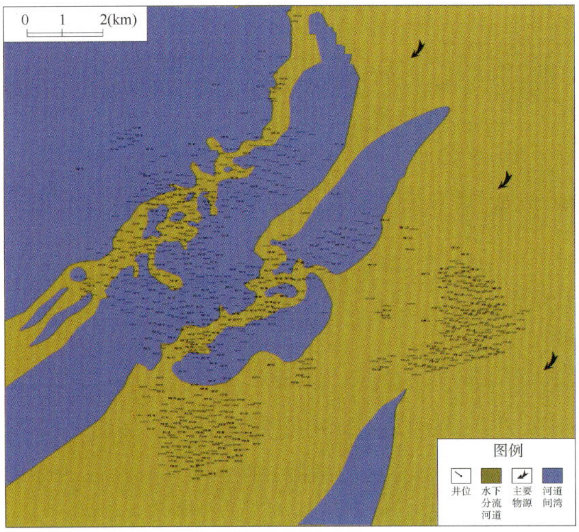

图 2-50 坪北油田西块长 6_1^2 小层沉积微相平面分布图

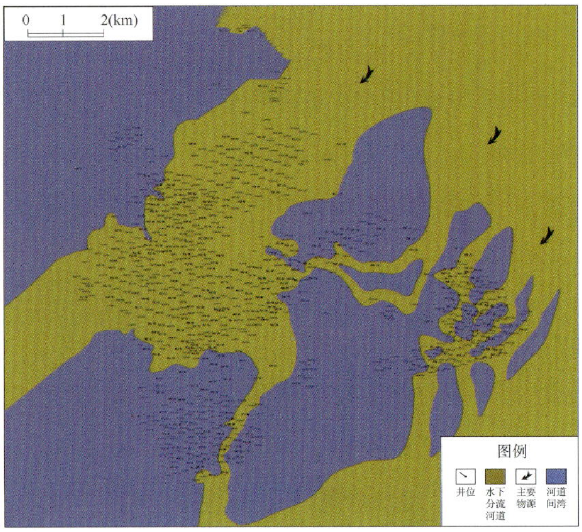

图 2-51 坪北油田西块长 6_1^1 小层沉积微相平面分布图

长 4+5_2 小层主要发育三角洲前缘水下分流河道微相和河口坝微相。水下分流河道呈北东南西向展布，河道在东北较窄，宽约 1～2km，在西南变宽，主河道宽约 3～4km，主河道砂岩厚度一般大于 15m，厚者达 20m，水下分流河道是长 4+5_2 小层的主要含油砂体，长4+5_2小层中的油层主要分布在此类砂体之中。河口坝砂体有两个，分别分布于北部的 P21－103 井区和 P76－88 井区。P21－103 井区河口坝砂体：宽约 2km，长约 4km，砂岩厚度大于 10m，厚者约 20m，油层厚度大于 6m，厚者达 18m。P76－88 井区河口坝砂体：砂体南部与坪南相接，在工区内砂体宽约 2km，砂岩厚度大于 10m，厚者约 20m，油层厚度大于 6m，厚者达 15m。长 4+5_2 小层以三角洲前缘水下分流河道沉积为主，油层主要分布在水下分流道之中（图 2-52）。

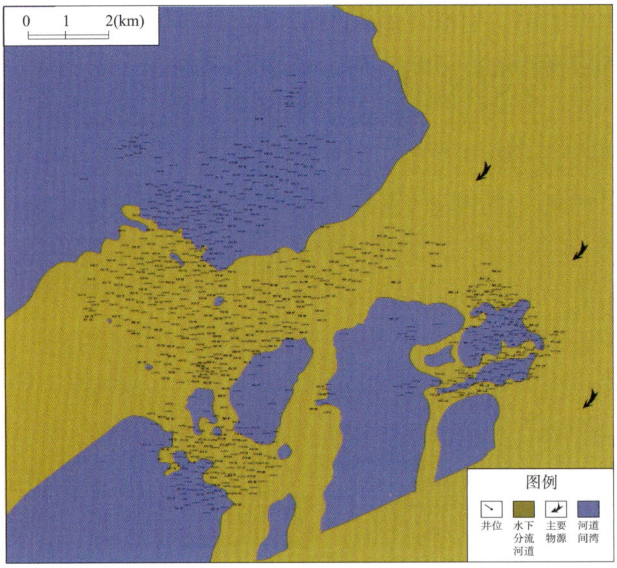

图 2-52 坪北油田西块长 4+5_2 小层沉积微相平面分布图

通过沉积微相分析可以看出，长 6_2 小层以水下分流河道切割河口坝沉积为主，长 6_1 小层以河口坝沉积为主，长 4+5_2 小层以水下分流河道沉积为主。主力砂体相带较宽，坝主体或主河道内油层分布稳定，连通性较好。

长6油层组和长4+5油层组沉积微相平面分布特征见图2-53～图2-61。

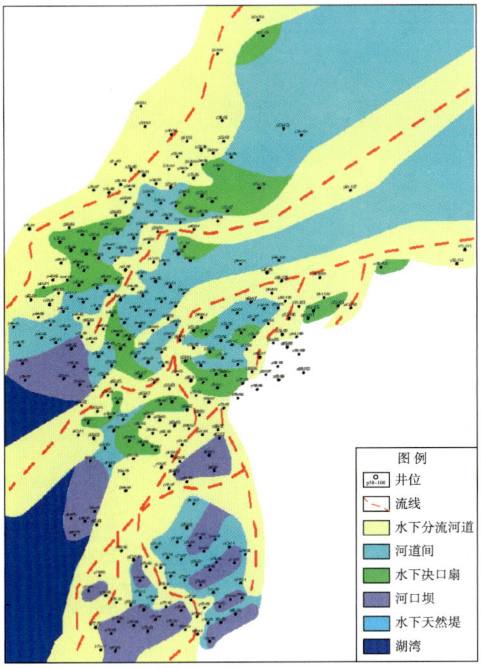

图2-53 长6_3^3小层沉积微相分布图

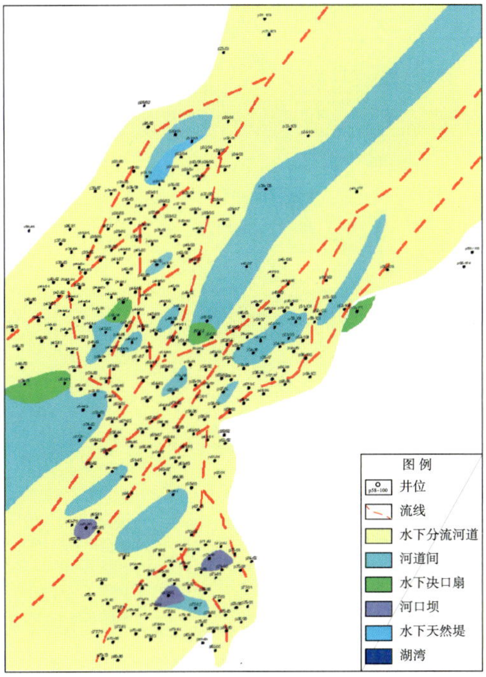

图2-54 长6_3^2小层沉积微相分布图

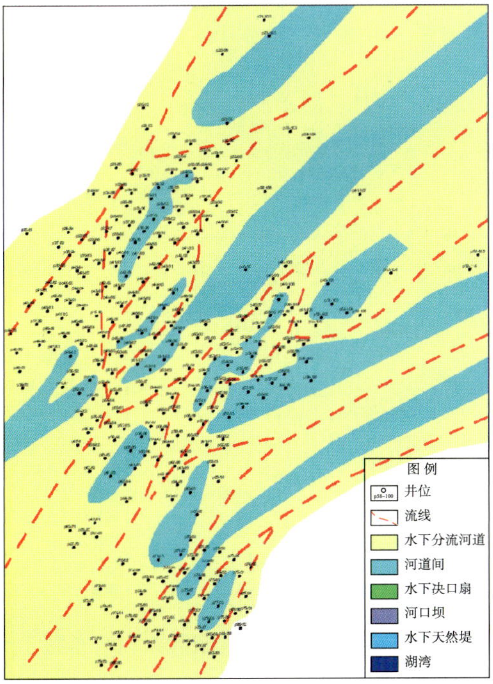

图2-55 长6_3^1小层沉积微相分布图

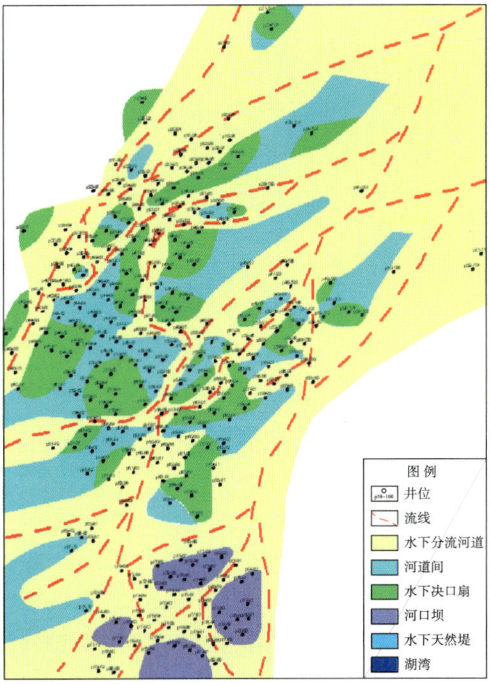

图2-56 长6_2^3小层沉积微相分布图

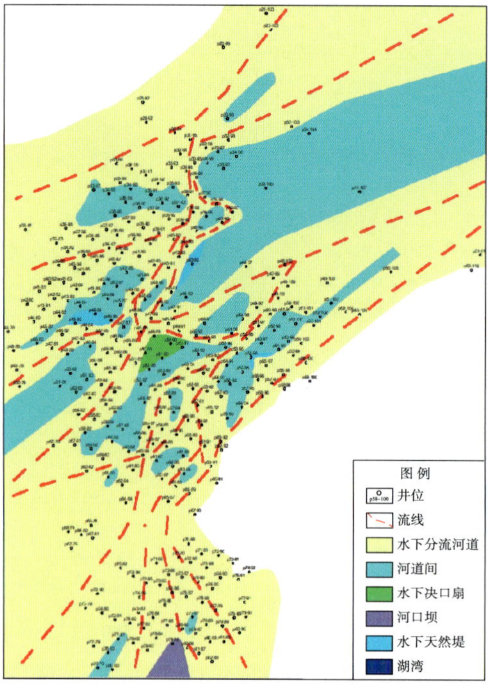

图 2-57　长 6_2^2 小层沉积微相分布图

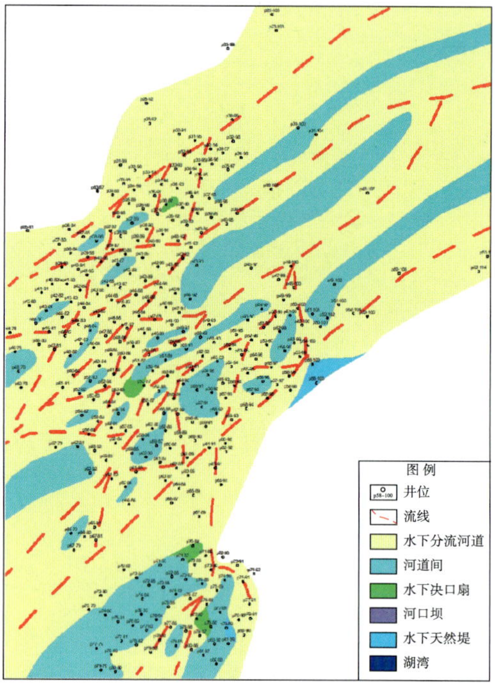

图 2-58　长 6_2^1 小层沉积微相分布图

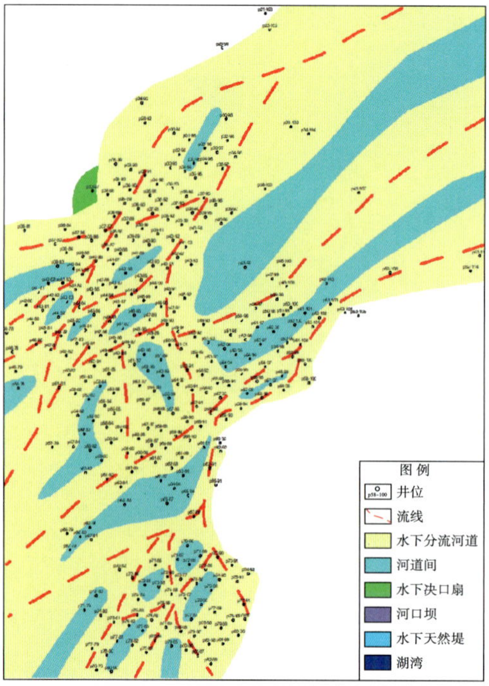

图 2-59　长 6_1^2 小层沉积微相分布图

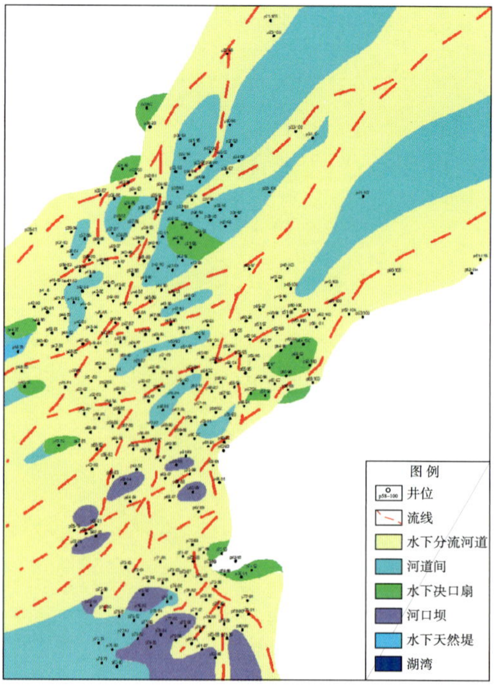

图 2-60　长 6_1^2 小层沉积微相分布图

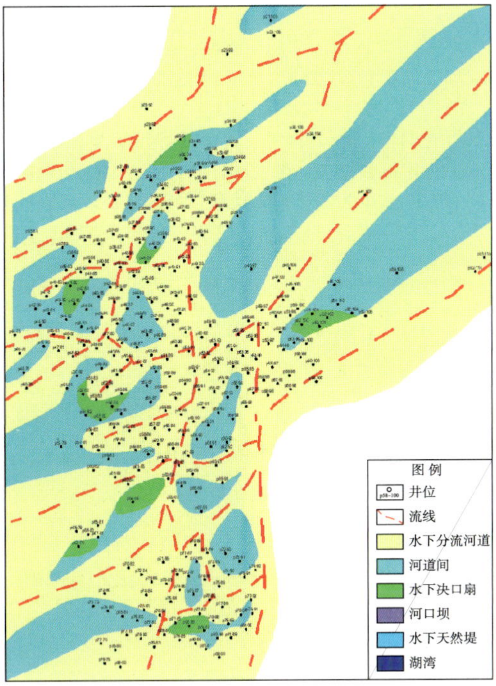

图 2-61　长 $4+5_2{}^2$ 小层沉积微相分布图

综上所述，坪北油田西块有南、北两个砂体叠置发育区，北部属于长 $6_1{}^1$ 小层河口坝与长 $4+5_2$ 小层水下分流河道砂体叠置发育区，南部为长 $6_1{}^2$ 小层河口坝与长 6_2 小层水下分流河道砂体叠置发育区。两个砂体叠置发育区也是油层的富集区。

第四节　成岩相类型及特征

一、岩矿特征

1. 岩石组分特征

坪北油田储层砂岩成分特征表明，碎屑组分主要为长石、石英和岩屑。其中，长石溶蚀现象比较普遍，可形成粒内溶孔；石英主要为单晶石英，燧石含量少；岩屑主要为火成岩岩屑、变质岩岩屑和沉积岩岩屑。岩性主要为细粒岩屑长石砂岩，其次为长石砂岩。胶结物主要为碳酸盐、自生黏土、浊沸石和少量硅质等，其中，自生黏土矿物主要以绿泥石为主，其次为伊蒙混层和伊利石。

2. 岩石结构特征

储层砂岩以细砂为主，平均含量在 55% 以上。颗粒磨圆度以次棱－次圆状为主。颗粒以线接触为主。胶结类型较多，主要为孔隙－薄膜型、孔隙型和薄膜型 3 种。

二、成岩相

坪北油田储层成岩作用类型多，主要成岩作用分为对于储层破坏型的压实作用、碳酸盐岩类胶结作用及建设型的溶蚀作用3种，对储层孔隙发育及储集性能影响较大（表2－7）。

表2－7 坪北油田储层主要成岩作用类型及主要成岩变化

主要成岩作用		主要成岩变化
压实作用		塑性颗粒挤压变形、刚性颗粒破裂，颗粒之间呈线状－凹凸状接触
胶结作用	绿泥石胶结	普遍存在，以薄膜形式覆盖在颗粒表面或者呈叶片状充填于孔隙中
	硅质胶结	石英次生加大，自形石英晶体
	方解石胶结	铁方解石较普遍，呈伸长状不规则晶粒和各种连晶结构
	伊利石胶结	较普遍，呈丝状、搭桥状充填孔喉，少数呈片状
	伊蒙混层胶结	量较少，呈不规则状充填孔喉
	铁白云石胶结	量少，为菱面体晶粒，晶型较好
交代作用		胶结物交代碎屑，后期形成的胶结物交代早期形成的胶结物
溶蚀作用		溶蚀长石等碎屑、黏土矿物、碳酸盐矿物等

（1）压实作用对原生孔隙起主要破坏作用。随着埋深增加，压实作用逐渐增强，颗粒间的接触关系为点－线－凹凸接触，反映储层经历了较强的压实作用。使得孔隙喉道变窄，粒间填隙物或软组分被挤压堵塞喉道，使孔隙度降低，渗透率变差，物性逐渐变差。胶结作用的强弱对砂岩压实作用的进程也有着相当重要的影响，压实作用和胶结作用是共存并相互制约的。

（2）胶结作用是破坏储层物性的另一种成岩作用，胶结作用大大降低了储层的孔隙度。坪北油田储层岩石主要的胶结物类型为广泛发育的碳酸盐胶结［图2－62（a）］以及少量硅质胶结——石英自生加大［图2－62（b）］。碳酸盐胶结多为不规则状，呈孔隙式充填。胶结作用虽然阻止了压实作用，但对孔隙的充填形成了难以改造的致密储层，导致次生孔隙难以发育。储层岩石中自生黏土主要为绿泥石胶结，且主要以薄膜状存在于孔隙中［图2－62（c）］，大量的绿泥石薄膜增加了岩石的机械强度并在一定程度上抑制了储层后期胶结作用，对储层物性起到了一定的保护作用。

(a)P39－873井，长4+5$_2$小层，1274.5m，孔隙充填式为方解石交代颗粒边缘

(b)P29－100井，长6$_1$小层，1360.77m，自生石英充填于粒间孔中

图2－62 坪北油田延长组镜下典型成岩作用

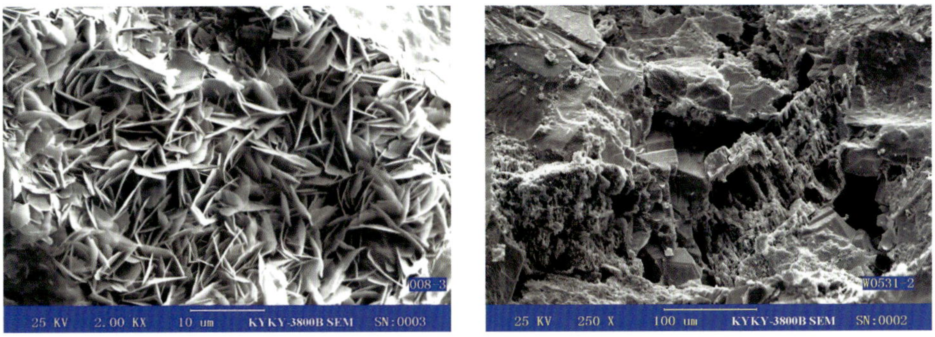

(c)P29-100井，长6_1小层，1341.12m，包裹颗粒表面的针叶状绿泥石

(d)P23-86井，长6_2小层，1431.16m，长石粒内溶孔及粒间孔

图 2－62 坪北油田延长组镜下典型成岩作用（续）

（3）溶蚀作用是一种非常重要的建设性成岩作用，砂岩储层常经受不同程度的溶蚀作用改造而形成多种类型的次生孔隙，对改善砂岩储层的储集性能起到了积极作用。坪北油田储层岩石中，次生孔隙发育的砂岩主要是由于长石、少量岩屑等颗粒发生溶蚀所致，表现为颗粒边缘呈港湾状或沿解理缝溶蚀成次生粒内溶孔，溶蚀流体的扩孔和扩喉作用导致了储层次生粒间孔隙的形成［图 2－62（d）］。综合目前主流观点可知，在埋藏条件下，砂岩溶蚀型次生孔隙形成机制如图 2－63 所示，而后期溶蚀作用对研究区物性改造起到了较积极的影响，并形成主要的孔隙类型。

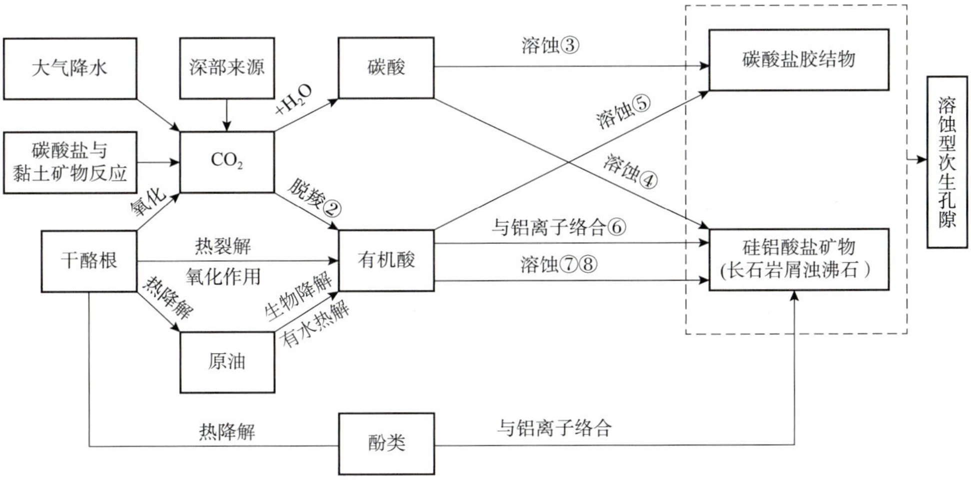

图 2－63 埋藏条件下砂岩次生孔隙形成机制示意图（据郑浚茂等）

综上所述，坪北油田延长组典型的成岩演化序列为：东北部母岩搬运沉积－较强机械压实－绿泥石膜胶结－石英自生加大－碳酸盐胶结－长石、岩屑溶蚀。

在对延长组储层成岩作用认识的基础上，可以将坪北油田储层主要的成岩相划分为以下 4 类：

（1）碳酸盐胶结相［图 2－64（a）］。镜下表现为连片的方解石胶结物堵塞孔隙，孔隙度极低，一般小于 7%，粒度较小，一般为 0.15μm 以下，岩石视密度大于 2.5g/cm^3。

（2）强压实致密相［图2－64（b）］。主要见于泥岩和泥质含量较高的砂岩中，泥质的充填导致镜下常常未见明显孔隙，局部有少量孤立微孔，不能形成有效储层，该类岩相孔隙度也较低，一般为7%～9%，粒度也较小，粒径一般为0.20μm以下，岩石视密度为2.4～2.5g/cm^3。

（3）弱压实－弱溶蚀相［图2－64（c）］。主要见于一部分泥质填充了部分孔隙，同时由于溶蚀作用形成了一定的次生孔隙的砂岩中，该类岩相镜下铸体可测孔隙少。孔隙度一般为9%～12%，岩石视密度为2.35～2.4g/cm^3，粒度适中，一般在极细砂岩级别以上。

（4）不稳定组分强溶蚀相［图2－64（d）］。主要表现为泥质含量较少，而长石颗粒及岩屑中的长石组分大量溶蚀，导致储层具有较好的渗透性，为物性最好的成岩相，铸体可测孔隙相对较多。孔隙度为11%～14%，岩石视密度小于2.35g/cm^3，粒度和弱压实－弱溶蚀相相似。

随着致密程度的降低，不同的储集成岩相孔隙度变大，岩石视密度减小（图2－65）。

由于坪北油田测井系列资料相对较少，且跨越年代较久，因此，选择对成岩相比较敏感的自然电位、声波时差及深感应等曲线开展地层岩石相的划分。其中，碳酸盐胶结相表现出较大自然电位减小系数、低声波、高电阻的特征，强压实致密相表现出较小自然电位减小系数、低声波、低电阻的特征，弱压实－弱溶蚀相表现出中等自然电位减小系数、中高电阻、高声波的特征，不稳定组分强溶蚀相表现出低自然电位减小系数、高电阻、高声波的特征（表2－8）。

(a)P28－102井，长4+5$_2$小层，1317.32m，碳酸盐胶结相

(b)P39－873井，长4+5$_2$小层，1210.72m，强压实致密相

(c)P23－86井，长6$_2$小层，1435.26m，强压实－弱溶蚀相

(d)P39－873井，长4+5$_2$小层，1287.25m，不稳定组分强溶蚀相

图2－64　坪北地区延长组成岩相类型及特征（铸体图像）

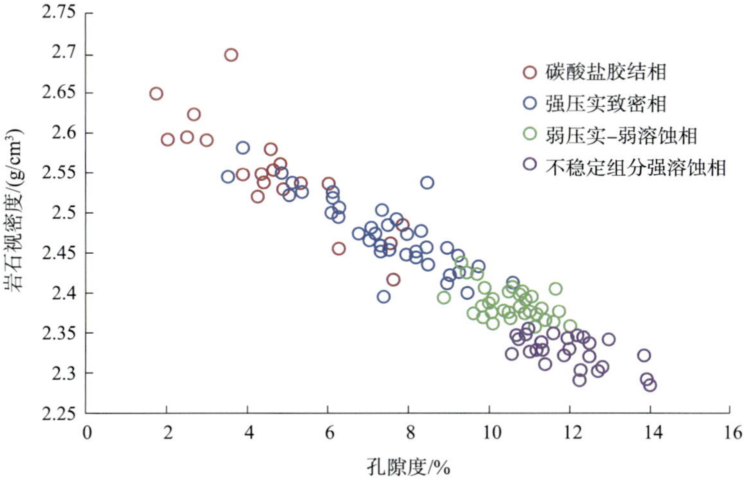

图 2-65　不同成岩相孔隙度与岩石视密度交汇图

表 2-8　坪北油田延长组储层成岩相测井响应特征表

成岩相	自然电位减小系数(α)	声波时差/(μs/m)	深感应/(Ω·m)
碳酸盐胶结相	0.65～1.0	196.1～217.66	17.98～63.33
强压实致密相	0.01～0.50	221.2～277.2	12.54～29.54
弱压实－弱溶蚀相	0.502～0.744	219.01～253.17	12.78～41.28
不稳定组分强溶蚀相	0.751～0.961	218.1～288.2	12.93～41.56

三、孔隙结构相

由于裂缝几何特征、产状、密度等传统裂缝相描述参数资料受限，因此，结合特低渗油藏的特点，对微观孔隙结构相的概念加以描述，分析裂缝发育的储层。微裂缝越发育，孔隙结构相越好。若储层孔隙结构较好，可测孔隙较多，则铸体薄片显示微裂缝发育（图 2-66）；若储层孔隙结构较差，可测孔隙较少，则铸体薄片显示微裂缝欠发育（图 2-67）。

图 2-66　典型微裂缝发育储层铸体薄片

（样品 1，1307.86m，$\phi=11.8\%$，$K=1.79\times10^{-3}\mu m^2$）

图 2-67　典型微裂缝欠发育储层铸体薄片

（样品 2，1320.02m，$\phi=9.2\%$，$K=0.3\times10^{-3}\mu m^2$）

针对特低渗油藏特点，将微观孔隙结构相特征作为岩石物理相的划分依据。储层中的孔隙空间由许多大小不等、曲折相通的小孔道组成。孔隙和喉道是砂岩储集空间的两个基本因素，孔隙大小主要影响储层的孔隙度，喉道大小与连通状况直接影响着储层孔隙的有效性和渗透性，孔喉的发育程度和组合关系是控制油藏油水分布的主要因素之一。

坪北油田主要孔隙类型为粒间溶孔、剩余粒间孔、粒内溶孔和极少量微孔隙（表2-9）。其中，粒间溶孔是指填隙物或长石、岩屑等碎屑颗粒边缘被溶蚀而形成的孔隙，溶蚀作用使原生孔隙恢复和扩大，并形成新的次生孔隙，是坪北油田最重要的孔隙类型；粒内溶孔是指碎屑颗粒内部所含可溶性矿物被溶，或沿颗粒解理等易溶部位发生溶解而成的孔隙，其特点是孔隙分布在颗粒内部，且数量较多，往往成蜂窝状或串珠状。

表2-9　坪北油田典型井储层孔隙类型及其特征参数统计表

层位	井段/m	孔隙类型				特征参数			
		微孔隙	剩余粒间孔/%	粒间溶孔/%	粒内溶孔/%	面缝率/%	总面孔率/%	平均孔隙半径/μm	平均吼道宽度/μm
长4+5油层组	1269.5~1295.45	少	0.28	1.27	0.03	0.03	1.58	23.44	7.91
长6油层组	1295.8~1306.63	少	0.19	0.74	0.01	0.06	0.94	25.32	8.09

坪北油田孔隙、喉道均较小，孔隙连通性较差，主要以缩颈状及管束状为主，含少量片状、弯片状喉道。喉道大小及结构是岩石中流体运移及渗透率的主要控制因素，是决定孔隙空间是否有效、能否提供渗流能力的评价标准。一般而言，孔隙喉道大小及渗流能力可以通过压汞曲线特征参数体现（表2-10）。

表2-10　坪北油田压汞曲线特征参数统计表

层位	中值压力/MPa	最大排驱压力/MPa	微观均质系数	最大孔喉半径/μm	平均孔喉半径/μm	中值孔喉半径/μm	分选系数	结构系数	最大汞饱和度/%	退汞效率/%	最终剩余汞饱和度/%	偏度
长4+5油层组	27.64	5.29	0.15	0.63	0.10	0.10	0.09	0.36	82.22	30.61	82.20	1.76
长6_1小层	16.16	4.80	0.14	1.39	0.20	0.14	0.22	0.83	86.47	29.83	86.45	1.90
长6_2小层	19.68	3.77	0.14	1.02	0.16	0.15	0.16	0.69	85.96	30.08	85.94	1.76
长6_3小层	19.01	6.61	0.15	1.04	0.19	0.22	0.17	0.54	85.85	37.31	85.76	1.63
平均	20.62	5.12	0.14	1.02	0.16	0.15	0.16	0.61	85.12	31.96	85.09	1.76

各参数均从不同角度反映了储层微观孔隙结构特征，各参数彼此独立却又互相关联。选取平均孔喉半径、微观均质系数、分选系数、结构系数等参数进行相关性分析（图2-68~图2-71），对比可得相关系数值。其中，平均孔喉半径对储层渗透率影响最大，相关系数为0.7107。

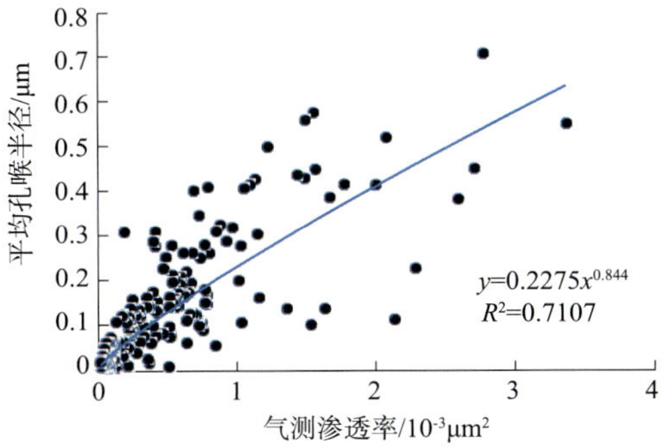

图 2－68　平均孔喉半径与气测渗透率相关关系图

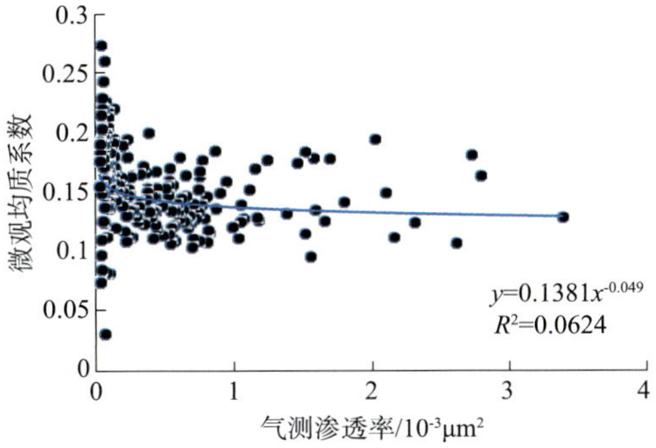

图 2－69　微观均质系数与气测渗透率相关关系图

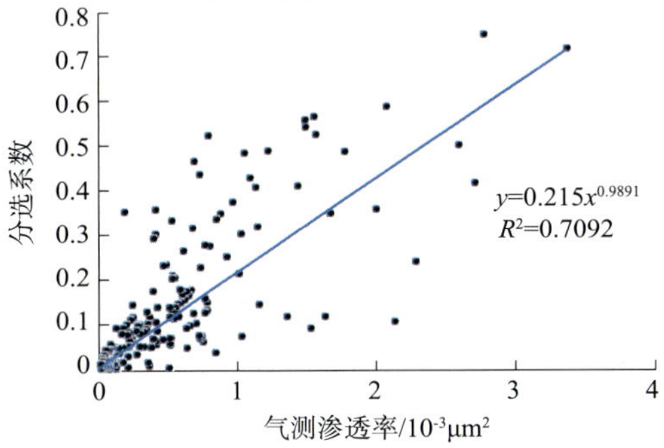

图 2－70　分选系数与气测渗透率相关关系图

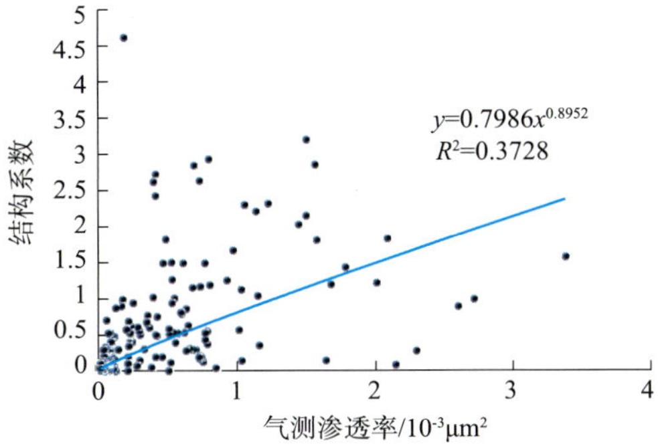

图 2－71　结构系数与气测渗透率相关关系图

坪北油田储层岩石孔隙连通性较差，通过对不同渗透率下孔隙半径和喉道半径的分布频率进行统计（图 2－72、图 2－73）可知，孔隙半径对储层物性影响不明显，喉道半径对储层物性影响大，孔喉半径越小，储层渗透率越低。

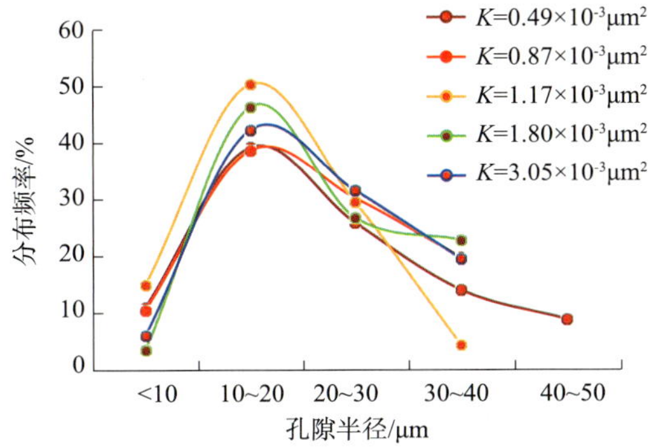

图 2－72　不同渗透率下孔隙半径分布频率图

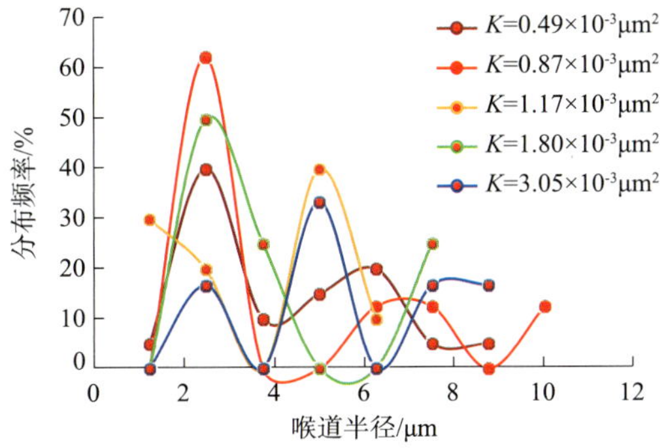

图 2－73　不同渗透率下喉道半径分布频率图

储层渗透率贡献大小主要决定于主流孔喉平均半径 R_z，主流孔喉平均半径决定渗透率的大小，R_z 越大，孔隙结构越好。对压汞微观孔喉半径分布分析可知，坪北油田储层 R_z 主要集中在几个区域（图 2－74），因此，可以根据 R_z 的分布进行孔隙结构相的分类。如表 2－11 所示，可计算得 $K_1=0.093\times10^{-3}\mu m^2$，$R_z=0.0677\mu m$；$K_2=2.63\times10^{-3}\mu m^2$，$R_z=2.7\mu m$。

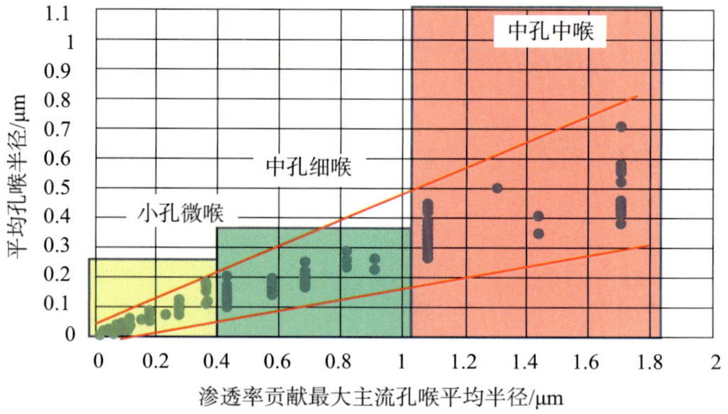

图 2－74　坪北地区储层渗透率贡献最大主流孔喉平均半径分布图

表 2－11　坪北油田典型样品孔喉半径分布表

渗透率/$10^{-3}\mu m^2$	孔喉半径/μm	频率/%	渗透率贡献率/%	累计贡献率/%	备注
0. 093	0. 1	6. 92	40. 14	40. 14	有效孔喉
	0. 063	14. 42	32. 83	72. 97	
	0. 04	18. 98	17. 23	90. 2	
	0. 025	21. 96	7. 96	98. 17	
	0. 016	9. 86	1. 42	99. 58	
	0. 01	5. 06	0. 29	99. 88	
	0. 0063	4. 35	0. 1	99. 97	
	0. 004	2. 79	0. 03	100	
2. 63	4	3. 7433	39. 264	39. 26	有效孔喉
	2. 5	8. 8766	37. 2	76. 46	
	1. 6	9. 3487	15. 513	91. 98	
	1	7. 7422	5. 191	97. 17	
	0. 63	6. 7691	1. 781	98. 95	
	0. 4	5. 3568	0. 562	99. 51	
	0. 25	8. 6279	0. 362	99. 87	
	0. 16	4. 8749	0. 081	99. 95	
	0. 1	4. 5841	0. 031	99. 98	
	0. 063	3. 5429	0. 009	99. 99	
	0. 04	3. 1504	0. 003	100	

根据 R_z 分布特征选择了排驱压力、平均孔喉半径、分选系数 3 个参数对孔隙结构相进行分类，将坪北油田储层划分为小孔微喉、中孔细喉、中孔中喉 3 种类型（表 2－12），

对应的主流孔喉平均半径为由小到大，渗流能力为由差到好。其中，小孔微喉型主流孔喉平均半径小于0.4μm，平均孔喉半径较小、排驱压力较大、分选系数较小；中孔细喉型主流孔喉平均半径为0.4～1.0μm，平均孔喉半径中等、排驱压力中等、分选系数中等；中孔中喉型主流孔喉平均半径大于1.0μm，平均孔喉半径较大、排驱压力较小、分选系数较大。在同一成岩相中，由于孔隙结构的不同，物性、含油性都会存在一定的差异，因此建立了不同孔隙结构相在不同成岩相下的测井曲线特征（表2－13）。

表2－12　坪北油田不同储层孔隙结构相压汞特征参数表

孔隙结构相	主流孔喉平均半径/μm	排驱压力/MPa	平均孔喉半径/μm	分选系数
小孔微喉	<0.4	1.022～70	0.0042～0.12	0.0081～0.0855
中孔细喉	0.4～1.0	0.4129～1.022	0.12～0.2889	0.0871～0.2782
中孔中喉	>1.0	0.2461～0.4129	0.3049～1.0356	0.2782～0.7554

表2－13　坪北油田不同孔隙结构相测井曲线特征表

孔隙结构相	成岩相	自然电位减小系数（α）	声波时差/(μs/m)	深感应/(Ω·m)
小孔微喉	碳酸盐胶结相	0.65～1.0	196～218	17.98～63.33
	强压实致密相	0～0.48	221～277	12.54～29.54
	弱压实－弱溶蚀相	0.5～0.74	221～253	12.79～41.05
	不稳定组分强溶蚀相	0.75～1.0	218～288	12.93～28.46
中孔细喉	强压实致密相	0～0.50	229～251	14.1～23.39
	弱压实－弱溶蚀相	0.51～0.83	228～240	12.18～35.01
	不稳定组分强溶蚀相	0.75～1.0	219～248	16.55～39.15
中孔中喉	弱压实－弱溶蚀相	0.52～0.84	218～235	12.63～28.32
	不稳定组分强溶蚀相	0.8～1.0	225～242	17.05～42.3

四、岩石物理相划分及相应标准的建立

坪北油田沉积微相主要有水下分流河道、河口坝、支流间湾3种；成岩相主要有碳酸盐胶结相、强压实致密相、弱压实－弱溶蚀相、不稳定组分强溶蚀相4种；孔隙结构相主要有小孔微喉、中孔细喉、中孔中喉3种。将沉积微相、成岩相、孔隙结构相三者有机结合，并去掉不科学、不符合常规地质认识的组合形式，可将储层岩石物理相划分为4类（表2－14），对应的储层级别分为：非－差储层，较差储层，中等储层，好储层。

表 2－14　坪北油田延长组储层岩石物理相分类

岩石物理相	沉积相	成岩相	孔隙结构相	储层类别
PF1	以支流间湾为主，水下分流河道及河口坝中有灰质、泥质夹层	碳酸盐胶结相；强压实致密相	小孔微喉	非－差
PF2	水下分流河道侧缘及河口坝底部	弱压实－弱溶蚀相；不稳定组分强溶蚀相	小孔微喉	差
PF3	水下分流河道主体，河口坝中上部	弱压实－弱溶蚀相；不稳定组分强溶蚀相	中孔细喉，中孔中喉	中
PF4	水下分流河道中部，河口坝中部	不稳定组分强溶蚀相	中孔中喉	好

PF1 类储层最差，基本为非－差储层。沉积微相主要为支流间湾，水下分流河道、河口坝中有灰质、泥质夹层。成岩相主要为碳酸盐胶结相和强压实致密相。孔隙结构相为小孔微喉型。

PF2 类储层较差，沉积微相主要为水下分流河道侧缘及河口坝底部。成岩相主要为弱压实－弱溶蚀相、不稳定组分强溶蚀相两类。孔隙结构相以小孔微喉型为主。

PF3 类储层中等，为研究区常见储层，沉积微相类型主要为水下分流河道主体，以及河口坝中上部粒度较粗的部分。成岩相主要为弱压实－弱溶蚀相、不稳定组分强溶蚀相两类。孔隙结构相以中孔细喉型为主，部分为中孔中喉型。

PF4 类为研究区最好的储层，沉积微相类型主要为水下分流河道中部，以及河口坝中部。成岩相主要为不稳定组分强溶蚀相。孔隙结构相主要为中孔中喉型。

在岩石物理相划分的基础上，综合坪北油田现有测井系列的特点，优选了声波时差、自然电位和深感应 3 种曲线，建立了不同相的测井相识别标准（表 2－15），继而实现了无岩心资料的单井岩石物理相纵向连续划分。其中，坪北油田 P45－841 井岩石物理相划分柱状图如图 2－75 所示。在坪北油田平面上划分岩石物理相可以得到平面分布图(图 2－76)。

表 2－15　不同岩石物理相测井相识别标准

<table>
<tr><th>岩石物理相</th><th>声波时差（AC）／（μs/m）</th><th>自然电位减小系数（α）</th><th>深感应（ILD）／（Ω · m）</th></tr>
<tr><td rowspan="2">PF1</td><td><218</td><td>—</td><td>—</td></tr>
<tr><td rowspan="6">≥218</td><td><0. 5</td><td>—</td></tr>
<tr><td rowspan="2">PF2</td><td>0. 5～0. 80</td><td>≤22</td></tr>
<tr><td>≥0. 80</td><td>≤20</td></tr>
<tr><td rowspan="2">PF3</td><td>0. 5～0. 80</td><td>>22</td></tr>
<tr><td>≥0. 80</td><td>20～27</td></tr>
<tr><td>PF4</td><td>≥230</td><td>≥0. 80</td><td>≥27</td></tr>
</table>

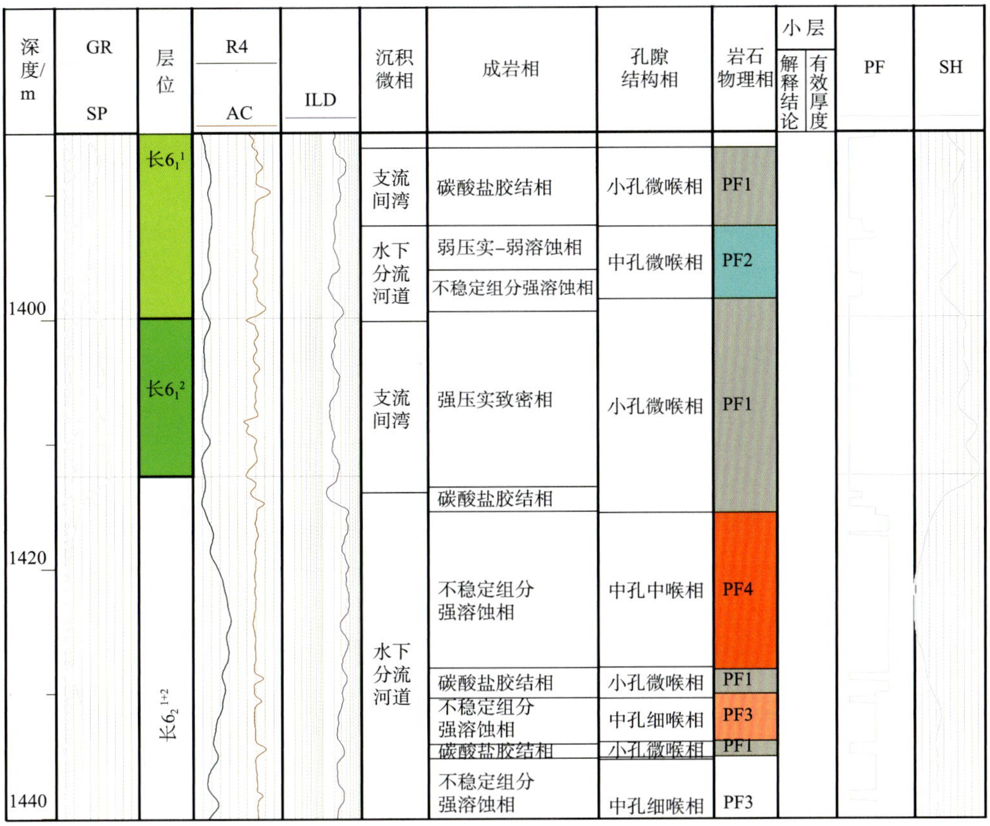

图 2－75　坪北油田 P45－841 井岩石物理相划分柱状图

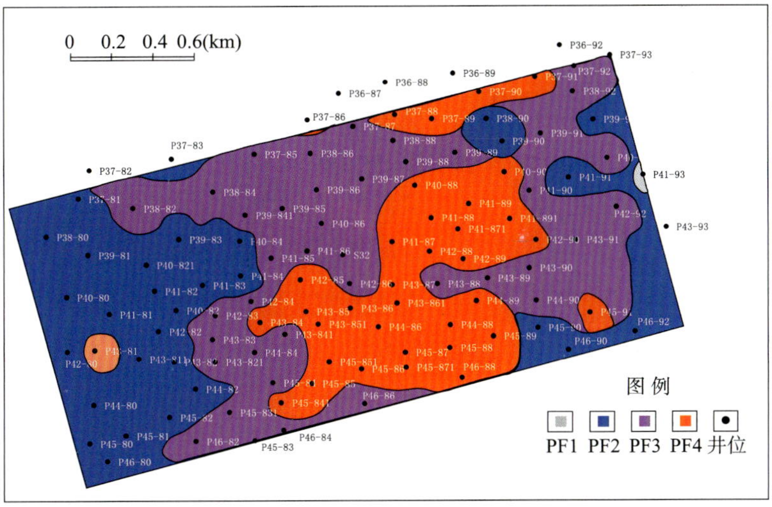

图 2－76　坪北油田试验区长 6_2^{1+2} 小层岩石物理相平面分布图

通过特低渗油藏储层岩石物理相划分，形成了一套有效的划分方法，建立了渗透率参数差异性较小的该类储层的分类界限，实现了无岩心资料的单井岩石物理相的连续划分及小层岩石物理相平面分布描述。由于坪北油田主力层渗透率差异性较小，而岩石物理相存在较大的差异性，该项技术实现了对特低渗油藏储层的进一步细分，为现行低渗油藏分类体系的进一步完善明确了新的研究方向，这对于该类型油藏的滚动勘探油藏评价与老区细分开发均具有较大的意义。

五、表征参数的优选

孔隙度主要反映了储层中可容纳流体空间的大小；渗透率与平均孔喉半径相关性较好，能在一定程度上反映储层微观孔喉结构的大小。利用坪北油田岩心样品的常规物性测试及压汞分析测试结果，建立了气测渗透率与孔隙度的交汇图版（图 2－77 ~ 图 2－79）。结果表明，低渗油藏孔渗相关性弱于中高渗油藏，但仍存在正相关性。孔隙度越大，视密度越小；而孔隙度与平均孔喉半径的相关性较差。

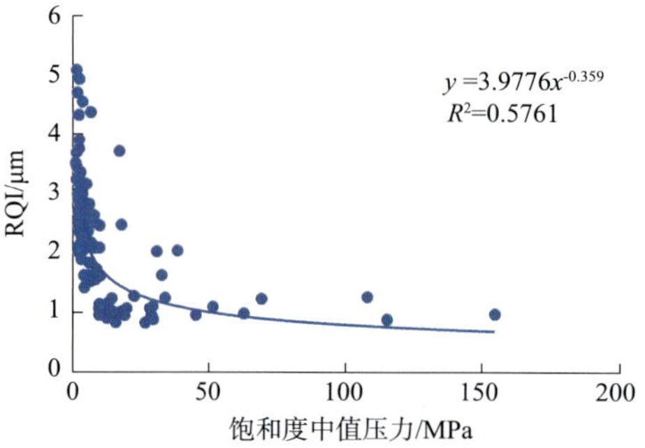

图 2－77　饱和度中值压力与储集层品质指数（RQI）交汇图

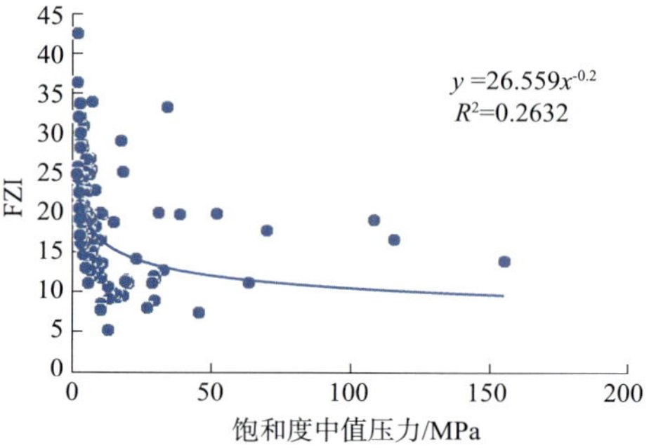

图 2－78　饱和度中值压力与地层流动带指数（FZI）交汇图

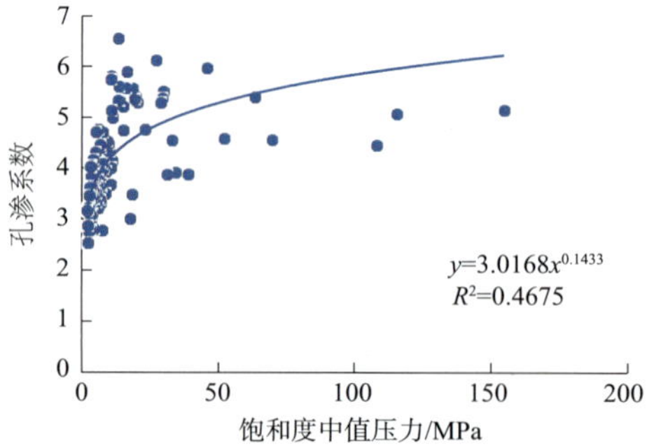

图 2－79　饱和度中值压力与孔渗系数交汇图

因此，从岩石物理相的概念出发，可以通过孔隙度的差异来体现岩石相的差异性，而孔隙结构相的差异可以由渗透率的差异来体现，特低渗油藏岩石物理相表征参数的研究应当充分考虑岩石物理相本质的不同而导致的不同表现，因此，需同时考虑孔隙度和渗透率对储层的共同影响。目前常用的几种区别于常规孔渗参数的非均质性表征参数，包括储集层品质指数 RQI（用 $\sqrt{K/\phi}$ 计算），地层流动带指数 FZI（用 $\sqrt{K/\phi}\times[(1-\phi)/\phi]$ 计算），以及孔渗系数（用 $\phi^{0.5}K^{0.25}$ 计算），等等，结合压汞实验结果分析曲线（图 2－77 ~ 图 2－79）可知，储集层品质指数与饱和度中值压力相关性最好，可以作为低渗油藏储层反映非均质性的岩石物理相表征参数。

为了验证该参数是否可靠，进一步开展了储集层品质指数与其他各项压汞孔隙结构参数之间的关系研究，分析发现，排驱压力越大，RQI 越小；分选系数越大，RQI 越大；中值孔喉半径越大，RQI 越大。RQI 能够反映特低渗油藏储层非均质性变化的特点。同时，岩石物理相级别越高，对应的 RQI 越大。

在物性资料准确的前提下，通过对非均质性储层进行岩石物理相分类，对应的 4 类岩石物理相应当具有特定的水动力特征，一般情况下，其对应的孔隙度和渗透率呈现规律性变化，可以通过建立各岩石物理相的孔隙度和渗透率的关系，求取储层任意位置的 RQI，从而明确平面、纵向的非均质性特征。

坪北油田储层测井声波时差与孔隙度的相关关系较好（图 2－80），其相互关系为：

$$\phi = 0.2012\Delta t - 34.68 \tag{2-3}$$

而不同的岩石物理相，其孔隙度与渗透率的关系具有差异性（图 2－81）。

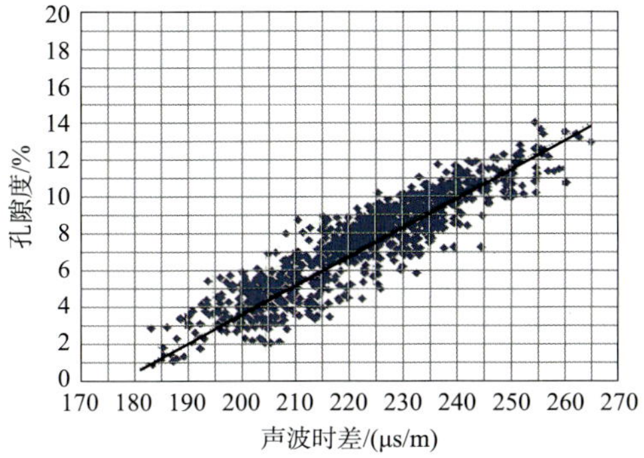

图 2－80　声波时差与孔隙度图版

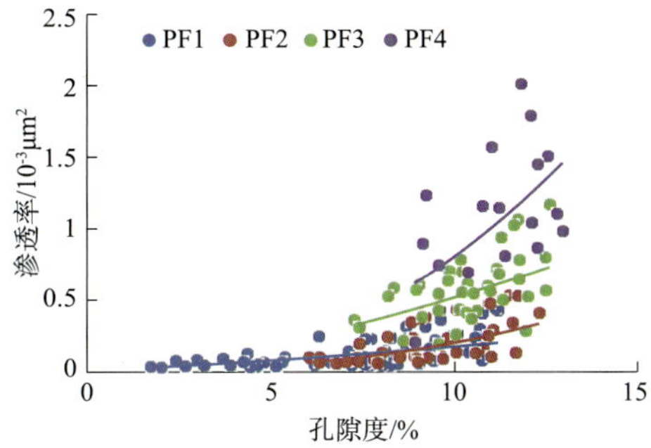

图 2－81　不同类别岩石物理相孔渗关系交汇图

PF1 类储层，根据其孔隙度与渗透率的关系可推导 RQI 的计算公式为：

$$\mathrm{RQI} = \sqrt{K/\phi} = 1.76\phi^{0.14} \tag{2-4}$$

PF2 类储层，根据其孔隙度与渗透率的关系可推导 RQI 的计算公式为：

$$\mathrm{RQI} = \sqrt{K/\phi} = 1.76\phi^{0.14} \tag{2-5}$$

PF3 类储层，根据其孔隙度和渗透率的关系可推导 RQI 的计算公式为：

$$\mathrm{RQI} = \sqrt{K/\phi} = 4.04\phi^{0.25} \tag{2-6}$$

PF4 类储层，根据其孔隙度和渗透率的关系可推导 RQI 的计算公式为：

$$\mathrm{RQI} = \sqrt{K/\phi} = 8.54\phi^{0.48} \tag{2-7}$$

RQI 与岩石物理相匹配，岩石物理相级别高的区域 RQI 大，反之则较小。通过不同岩石物理相 RQI 可以进行该参数在储层中的三维空间展布识别（图 2－82、图 2－83）。

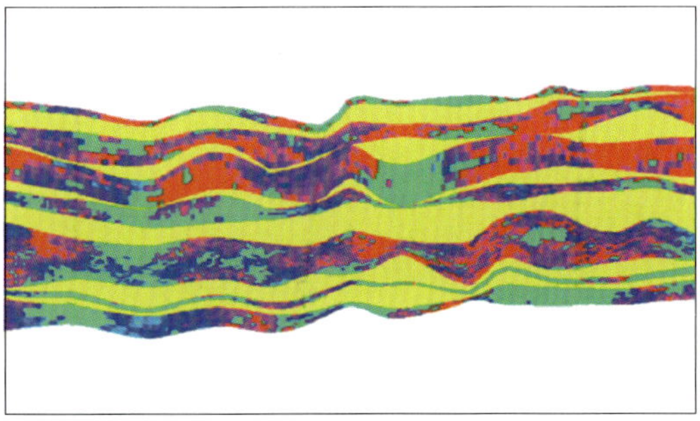

图 2－82　顺井排方向 RQI 分布

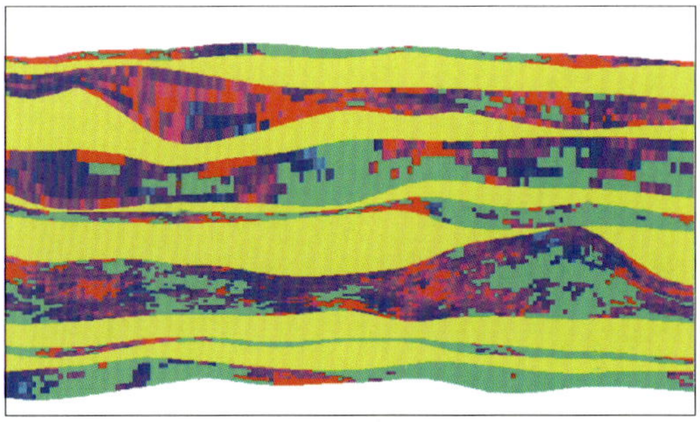

图 2－83　垂直井排方向 RQI 分布

六、岩石物理相划分的意义

1. 微观非均质性描述

利用 RQI 与压汞结构参数的关系（图 2－84），可以在不取心的情况下实现微观孔隙结构参数的三维空间展布识别，能通过测井曲线得出未取心区域的储层微观认识，强化了储层认识的可视化和立体化（图 2－85），并大大降低了研究成本。

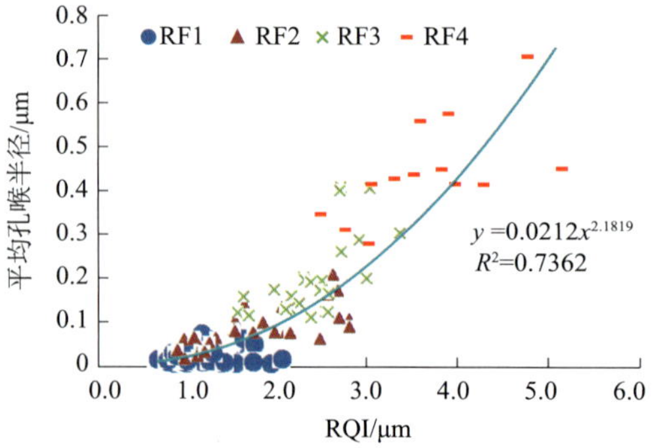

图 2－84　储集层品质指数（RQI）与压汞孔隙结构参数交汇图

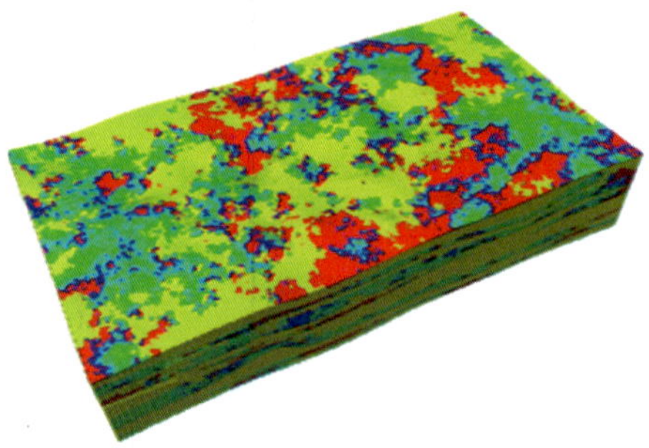

图 2－85　井网重组试验区储层平均孔喉半径空间分布图

2. 应力敏感性特征

坪北油田特低渗油藏孔隙度和渗透率均存在一定的应力敏感性，随着净围压的升高，渗透率和孔隙度均变小。然而，随着净围压的下降，孔隙度能够恢复到原始孔隙度的 80% 以上，而渗透率整体只能恢复到原始值的 60% 左右。对于特低渗油藏而言，渗透率的应力敏感性明显强于孔隙度。低渗储层岩石孔喉相对细小，在有效应力的作用下，小孔喉的微小变化，对于微小孔喉油水通道来说，可能会产生较大的阻力，从而导致岩心渗透能力出现较大幅度的下降，由于孔隙结构的特殊性，有效应力变化对储层渗透率影响较大，而对孔隙度影响很小。渗透率随着有效应力的增大而不断减小，但其变化程度不断减弱，且存在永久伤害；渗透率越小，应力敏感性越强；此外，快速的加压方式比慢速的加压方式对岩石的伤害更大。相反，对于中高渗岩心而言，大孔隙被压缩时，其收缩量相对于孔喉半径来说，可以忽略不计，因此，对于应力的变化显得不像低渗油藏那么敏感。总体看来，特低渗油藏存在应力敏感性，不同样品的应力敏感性存在差异性。

将 18 个单个试验样品按照测试分析的孔隙度和渗透率分别计算其 RQI，并通过查看样品在对应层段的测井曲线响应特征，确定各样品所属的岩石物理相级别，如 P28－102 井 44－1 号样品，测试孔隙度为 12.8%，渗透率为 $3.24\times10^{-3}\mu m^2$，计算 RQI 为 5.0，该样品取样点整体属于 PF4 类岩石物理相；同理，p1－101 井 1－2 号样品，测试孔隙度为 5.32%，渗透率为 $0.12\times10^{-3}\mu m^2$，计算得 RQI 为 1.5，该样品取样点整体属于 PF1 类岩石物理相。

结合不同 RQI 下围压增高后渗透率的损失比例以及敏感性，分析全过程中渗透率最终损失比例图（图 2－86、图 2－87）分析可知，尽管不同的样品均存在敏感性，但是岩石物理相级别越低，应力敏感性越强，而岩石物理相级别越高，应力敏感性越弱。对于油藏开发而言，岩石物理相级别越低，储层对于压力的变化越敏感，对应产能对合理注水保持地层压力的需求就越高。说明岩石物理相级别越低，压实作用越强烈，同时，孔喉结构相越差，压力变化对渗透率的影响越大。

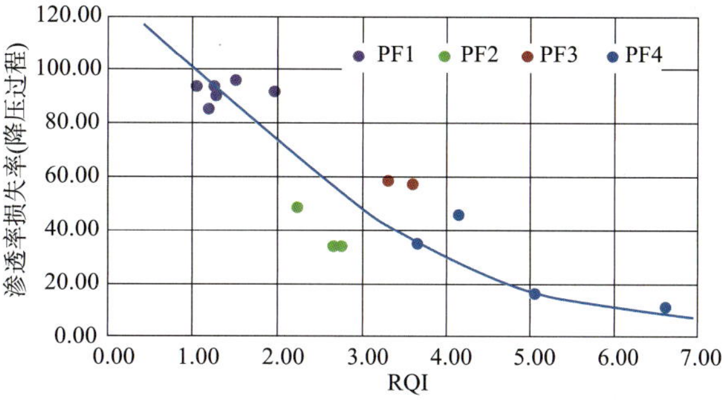

图 2－86 RQI 与渗透率损失率相关关系图（升压过程）

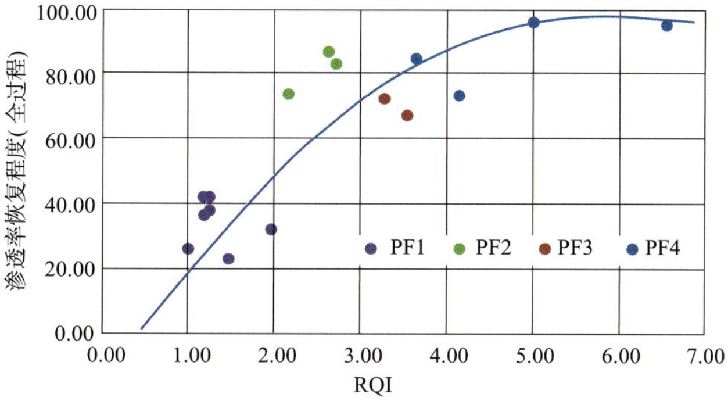

图 2－87 RQI 值与渗透率恢复程度相关关系图（全过程）

在岩石物理相分类的基础上，分别建立了不同级别岩石物理相归一化应力敏感模型（图 2－88～图 2－91），随着开发的进行，地层压力不断下降：

PF4 类岩石物理相敏感模型为 $y=3.6179x^{-0.194}$，当强化注水后，压力回升，渗透率能恢复到原始的 89% 左右。

PF3 类岩石物理相敏感模型为 $y=8.4359x^{-0.317}$，当强化注水后，压力回升，渗透率能恢复到原始的 82% 左右。

PF2 类岩石物理相敏感模型为 $y=20.78x^{-0.454}$，当强化注水后，压力回升，渗透率能恢复到原始的 70% 左右。

PF1 类岩石物理相敏感模型为 $y=1773.8x^{-1.121}$，当强化注水后，压力回升，渗透率能恢复到原始的 36% 左右。

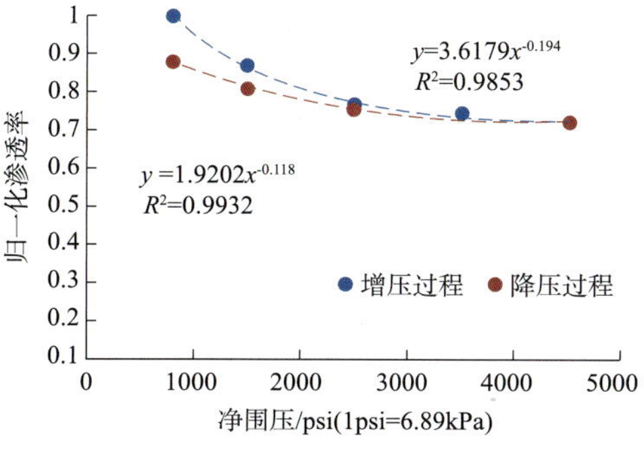

图 2－88 PF4 类岩石物理相渗透率敏感性分析

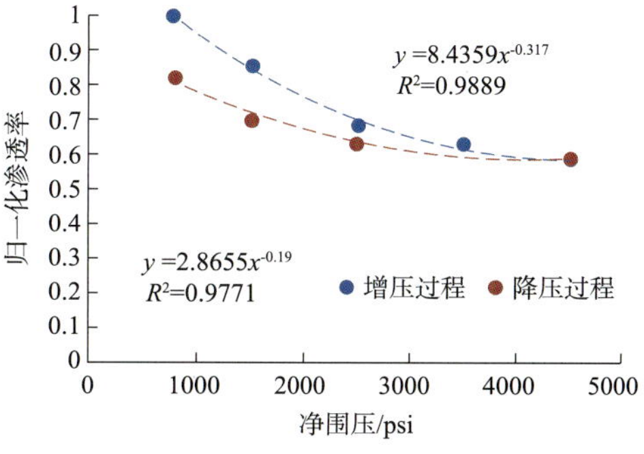

图 2－89 PF3 类岩石物理相渗透率敏感性分析

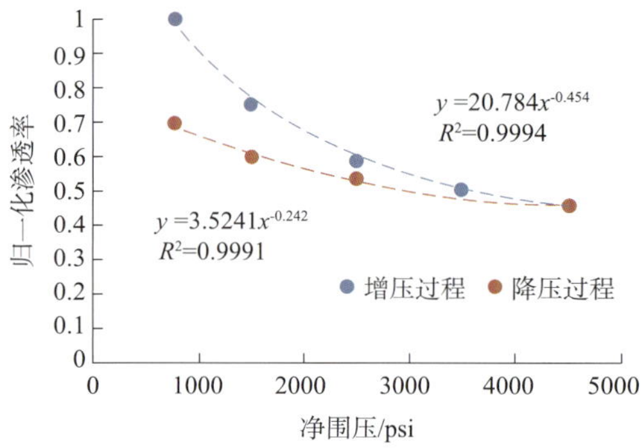

图2-90 PF2类岩石物理相渗透率敏感性分析

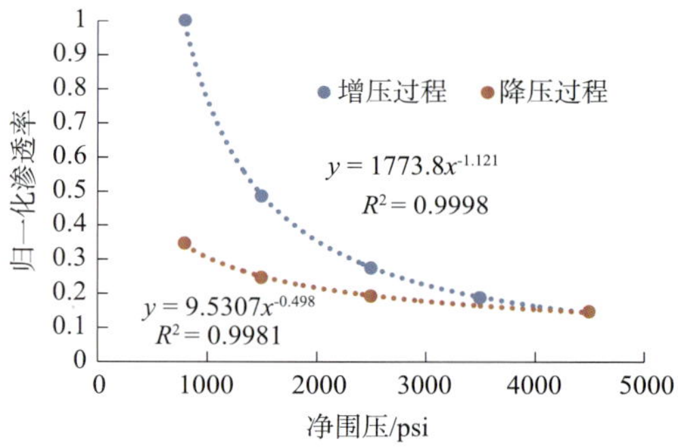

图2-91 PF1类岩石物理相渗透率敏感性分析

因此，在实际开发过程中，储层岩石物理相级别越低，对于保持地层压力的需求越大，继而对于注水乃至超前注水的需求越大。

3. 含油性再识别

1）原始含油性分析

一般认为，沉积微相越有利，储层物性越好，储层的含油性就会越好。针对P39-873井岩心进行镜下原始含油性观察发现，岩石物理相级别越高，荧光显示越强烈，原始含油性越好（图2-92~图2-95），这与常规认识差异较小。

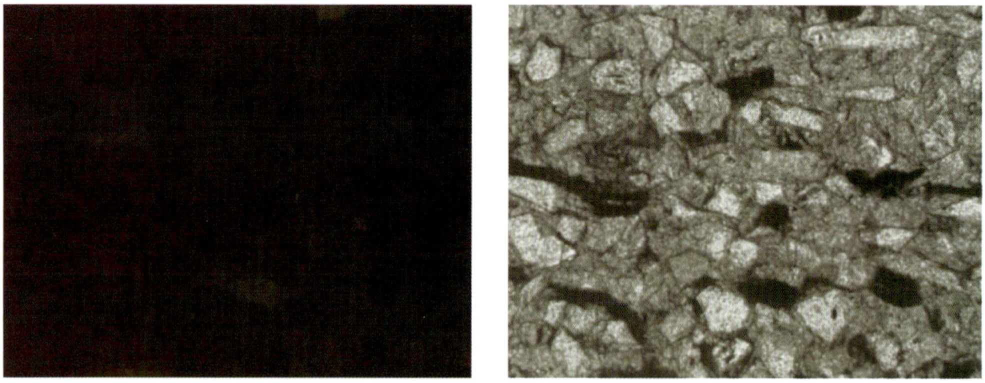

图2-92 PF1类荧光显示照片（×10），长4+5油层组，1281.22m，灰质细粒岩屑长石砂岩

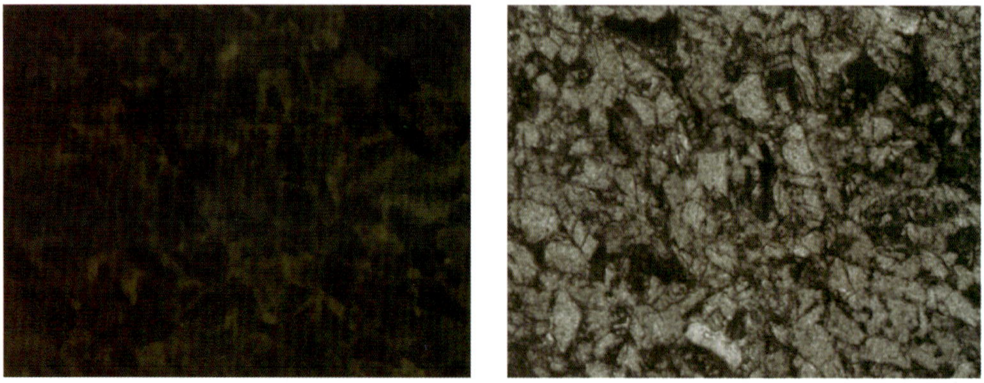

图2-93 PF2类荧光显示照片（×10），长6_1小层，1302.43m，极细粒岩屑长石砂岩

图 2 -94　PF3 类荧光显示照片（×10），长 4 +5 油层组，1291. 87m，细粒岩屑长石砂岩

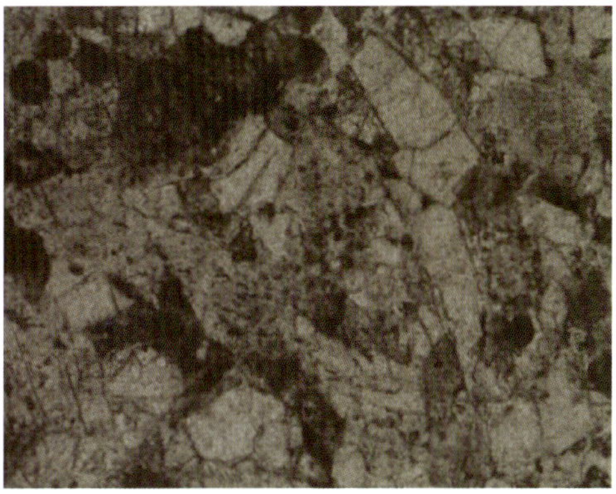

图 2 -95　PF4 类荧光显示照片（×10），长 4 +5 油层组，1285. 73m，中粒岩屑长石砂岩

同时，为了进一步定量分析原始含油性特点，采用了先进的核磁共振手段开展了单井的连续饱和度分析，求取了同一口井不同样品的原始饱和度数据。从分析结果看来，饱和度数值主要分布在 29. 69% ~58. 86% 之间，通过计算对应样品的 RQI 值，将样品按照岩石物理相归类，可以看出，初始状况下储层纵向含油饱和度非均质性较强，同时，不同岩石物理相下饱和度差异性较大（表 2 -16），PF1 类样品平均饱和度为 32. 04%，PF2 类样品平均饱和度为 40. 65%，PF3 类样品平均饱和度为 43. 75%，PF4 类样品平均饱和度为 50. 22%。

表 2 -16　P39 -873 井核磁含油饱和度分析数据表

样号	孔隙半径/μm				含油饱和度/%	岩石物理相	饱和度平均值/%
	<5	5 ~15	15 ~25	>25			
2	24. 91	52. 9	11. 58	10. 61	30. 25	PF1	32. 04
3	18. 44	48. 71	19. 84	13. 01	33. 33		
9	20. 46	56. 51	17. 97	5. 07	33. 96		
20	21. 5	53. 88	15. 62	9	29. 69		
37	22. 71	43. 59	16. 22	17. 48	32. 53		
66	22. 71	43. 59	16. 22	17. 48	32. 53		

续表

样号	孔隙半径/μm				含油饱和度/%	岩石物理相	饱和度平均值/%
	<5	5～15	15～25	>25			
57	36.49	38.14	7.86	17.52	40.65	PF2	40.65
5	23.33	45.01	18.74	12.92	39.09	PF3	43.75
8	14.01	56.82	18.57	10.6	38.33		
32	16.47	58.08	18.17	7.27	37.53		
35	41.13	38.82	11.56	8.49	47.61		
41	43.55	33.8	8.41	14.25	46.71		
53	20	47.95	19.67	12.37	42.03		
55	26.31	39.31	13.51	20.9	54.99		
26	44.85	27.4	8.87	18.88	54.35	PF4	50.22
28	45.18	33.71	6.05	15.06	48.62		
29	16.92	48.92	17.77	16.38	43.3		
30	32.66	39.88	12.27	15.2	53.84		
31	33.08	42.44	13.3	11.19	53.14		
51	55.99	26.34	5.94	11.72	58.86		
60	36.41	34.64	9.02	19.93	46.1		
63	39.55	50.33	4.72	5.41	43.62		
平均值	29.85	43.67	13.27	13.22	42.78		

从原油分布孔隙半径范围来看，初始状况下原油主要分布在直径小于15μm的中小孔中，所测样品中原油占比达73.52%，这是由特低渗油藏特有的孔隙结构特征决定的，也是与中高渗油藏有明显区别的地方。因此，在没有核磁共振作为手段的情况下，仅依靠常规的基于海相高孔高渗储层得到的阿尔奇公式开展含油性评价会存在较大误差。

2）饱和度图版建立

由于特低渗油藏含油饱和度运用阿尔奇公式进行解释存在较大误差，因此，有必要进行阿尔奇参数的修正。阿尔奇公式包含地层因素（F）、电阻率增大指数（I）和含水饱和度（S_w）3个相关公式。显然，在利用测井资料基于阿尔奇公式定量解释地层含油气饱和度之前，就需要结合岩电实验结果来确定相关公式中的4个关键参数，即胶结指数（m）、饱和度指数（n）、岩性系数（a 和 b）。

（1）岩样中含水饱和度确定。

特低孔隙度、低渗透率岩心，因其孔隙结构复杂，在岩样饱和地层水的过程中，常造成饱和不完全，继而导致孔隙度降低，岩样电阻率增大，影响岩电参数测定的准确度。因此，需要对孔隙度进行一定程度的修正。根据抽真空后用地层水驱替饱和的方式，对孔隙度进行修正，修正公式为：

$$V_p = \frac{m_c - m_d - (V_i - V_w - V_g)\rho_w}{\rho_o} + V_i - V_w + V_s \tag{2-8}$$

式中，V_p 为修正后的孔隙体积，cm^3；m_c 为束缚水状态下的岩心质量，g；m_d 为干岩心质量，g；V_i 为注入流体体积，cm^3；V_w 为驱出水的体积，cm^3；V_s 为岩心夹持器固定体积，cm^3。

岩心电阻率的测量不是一个孤立值，要建立好实验模型，就要把测量的电阻率与岩心相应饱和度很好地对应起来，准确测量电阻率所对应的岩心饱和度。通过式（2－8）进行了含水饱和度校正。饱和度计算公式为：

当出口端没有出油时：

$$S_w = (V_p - V_w)/V_p \times 100 \tag{2-9}$$

当出口端出油时：

$$S_w = (V_p - V_w - V_s)/V_p \times 100 \tag{2-10}$$

式中，S_w 为含水饱和度，%。

（2）岩石电阻率参数计算。

①地层因数（F）。

依据阿尔奇公式：

$$F = \frac{R_o}{R_w} = \frac{a}{\phi^m} \tag{2-11}$$

式中，F 为地层因数；R_o 为岩样完全饱和盐水时的电阻率，$\Omega \cdot m$；R_w 为盐水的电阻率，$\Omega \cdot m$；ϕ 为岩样的孔隙度，%；a 为岩性系数；m 为胶结指数。

②电阻增大率（I）。

$$I = \frac{R_t}{R_o} = \frac{b}{S_w^n} \tag{2-12}$$

式中，I 为电阻增大率；R_t 为岩样部分被盐水饱和时的电阻率，$\Omega \cdot m$；R_o 为完全饱和时的电阻率，$\Omega \cdot m$；S_w 为岩石的含水饱和度，%；b 为岩性系数；n 为饱和度指数。

③胶结指数（m）和饱和度指数（n）。

对于单块岩样，如需计算胶结指数（m），可令 $a=1$，有：

$$m = -\frac{\lg F}{\lg \phi} \tag{2-13}$$

式中，m 为胶结指数；F 为地层因数；ϕ 为岩样的孔隙度，%。

（3）压力和温度对岩心电性的影响。

不同温度和不同净围压对岩心电性的影响（表 2－17）表现在温度、压力对电阻率测量结果的影响方面是比较明显的。地层条件下，岩电测试地层因数（F）增大，电阻增大率减小。对应的阿尔奇参数 a、n 变小，b、m 变大（图 2－96、图 2－97）。由此可以看出，采用地层条件测试结果计算得到的含油饱和度比常规认识结果高（表 2－18）。

表 2－17　地层岩电测试温度压力条件

层位	上覆压力/MPa	实验温度/℃
长 4＋5 油层组	8.3	50.0
长 6_1 小层	8.6	50.2
长 6_2 小层、长 6_3 小层	8.8	51.1

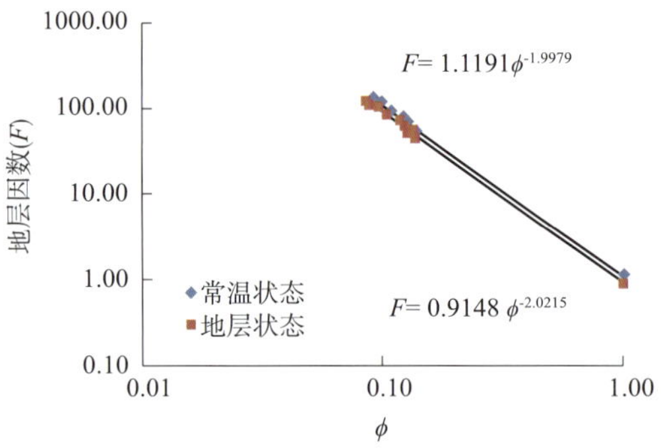

图 2－96　不同温压条件下地层因数与孔隙度相关关系图

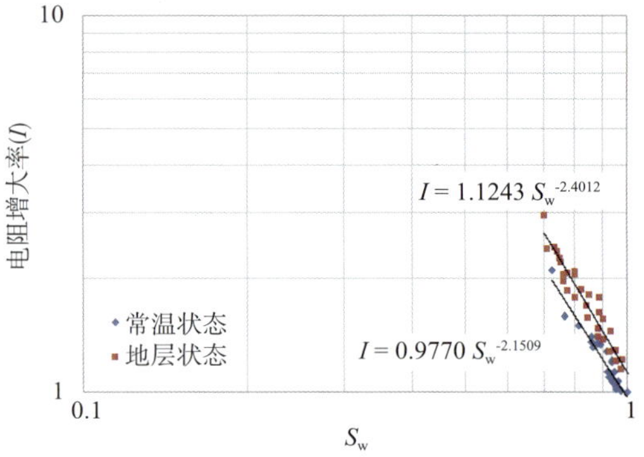

图 2－97　不同温压条件下电阻增大率与含水饱和度相关关系图

表 2－18　不同温压条件下系数数值表

测试条件	a	b	m	n
常温	1.1191	0.9770	1.9979	2.1509
地层	0.9148	1.1243	2.0215	2.4012

3）含油饱和度变化分析

阿尔奇公式中系数 a、b、m、n 发生变化导致对含油饱和度的认识也会发生一系列的变化。

在测试取得地层条件下的岩电参数后，由修正后的阿尔奇公式计算发现含油饱和度有所变化，坪北油田油层的含油饱和度计算值分布由较离散的分布方式向正态分布转化（图 2－98、图 2－99）。

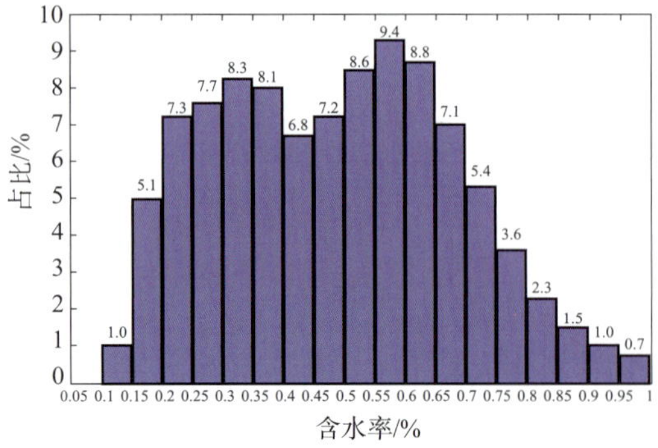

图 2－98　阿尔奇公式参数修正前油层含量油饱和度值分布统计图

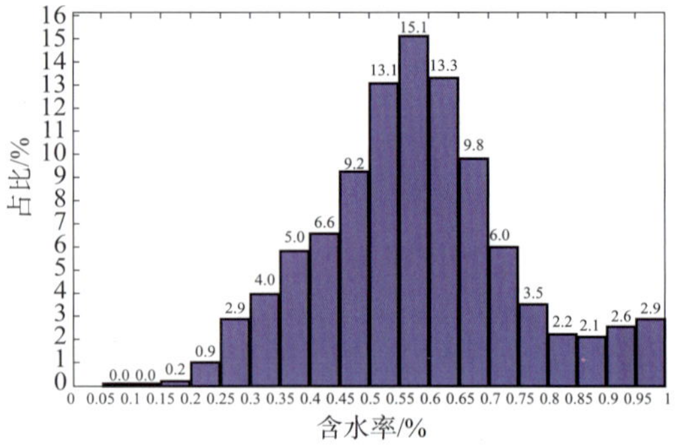

图 2－99　阿尔奇公式参数修正后油层含量油饱和度值分布统计图

以单井单层为例，如 P57－90 井长$4+5_2$小层，当孔隙度为 11.2% 时，保持地层水电阻率不变的情况下，根据新的阿尔奇参数计算，含油饱和度由以往计算得到的 54% 下降为 51%。

从平面上来看，以长6_1^1小层为例，整体上含油饱和度有所下降，其中，含油饱和度为 45% ～50% 的区域有所减小，而 40% ～45% 的区域有所增加（图 2－100、图 2－101）。

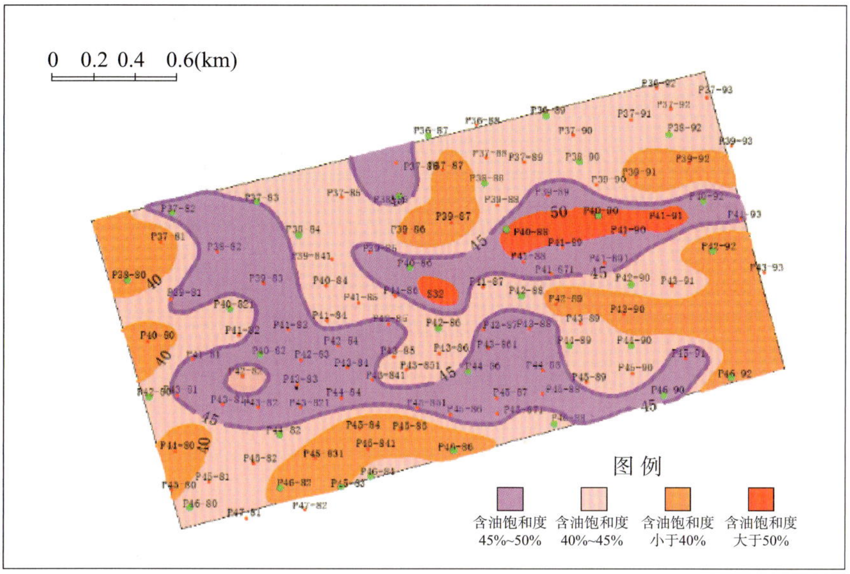

图 2－100 阿尔奇公式参数修正前长6_1^1小层含油饱和度等值图

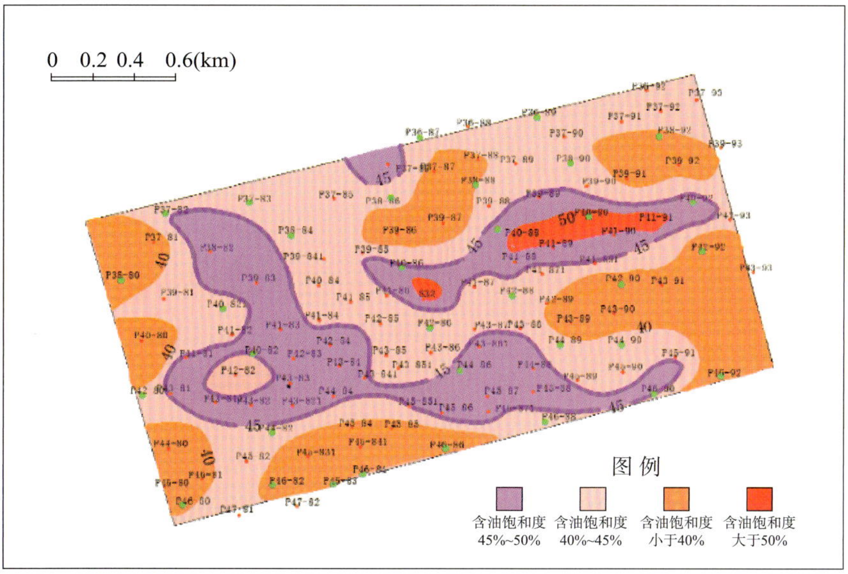

图 2－101 阿尔奇公式参数修正后长6_1^1小层含油饱和度等值图

七、成岩模式

（一）孔隙演化数据的处理

1. 原始孔隙度的计算

砂质沉积物的原始孔隙度与颗粒的大小及分选性密切相关，Scherer（1987）根据Beard 和 Weyl（1973）提供的孔隙度与分选系数资料，建立了潮湿地表环境下原始孔隙度与分选系数之间的函数关系：原始孔隙度 = 20.91 + 22.9/分选系数。

根据坪北油田砂岩样品粒度分析资料统计可知，长 4 + 5 油层组、长 6 油层组碎屑岩储层的平均分选系数为 1.682，计算得出砂岩的平均原始孔隙度约为 35%。

2. 孔隙度损失量的计算

1）压实作用损失的孔隙度

在早成岩期，沉积物经历了强烈的机械压实作用，导致原始孔隙度大大降低；晚成岩期的压溶作用也损失掉少量原始孔隙度。由机械压实作用和化学压溶作用所消除的原始孔隙度为原始孔隙度与粒间体积之差。坪北油田储层压实作用、压溶作用所损失的孔隙度平均为 21.7%。

2）胶结作用损失的孔隙度

胶结作用损失的孔隙度指在各个成岩期因胶结作用所消除的原始孔隙度。坪北油田储层发育的胶结作用有绿泥石薄膜的胶结作用、方解石的胶结作用、浊沸石的胶结作用及石英的次生加大作用。由这些胶结作用所损失的孔隙度平均为 8.2%。

3. 孔隙度增生量的计算

砂岩储层经受不同程度的溶解作用改造形成多种类型的次生孔隙会导致孔隙度的增大，这对于改善砂岩储层的储集性能起到了积极作用。孔隙增生量可以认为是铸体薄片资料中次生孔隙的面孔率。坪北油田储层孔隙增生量平均为 5.0%。计算所得坪北油田延长组长 4 + 5 油层组、长 6 油层组砂岩孔隙度演化数据如表 2 – 19 所示。

表 2 – 19　孔隙度演化数据表

井号	层位	原始孔隙度/%	压实、压溶损失孔隙度/%	自生矿物胶结损失孔隙度/%	溶蚀作用增加孔隙度/%	现今孔隙度/%
P58 – 90 井	长 4 + 5_2 小层	32.6	19.2	8.1	4.9	10.1
	长 6_1 小层	32.7	19.8	8.0	4.7	9.6
	长 6_2 小层	33.2	22.2	6.5	3.6	8.1
P1 – 73 井	长 6_2 小层	36.1	21.1	11.8	4.6	7.8
P25 – 79 井	长 6_1 小层	34.8	22.0	5.0	3.0	10.8
P1 – 101 井	长 6_2 小层	35.7	25.4	8.5	8.5	10.3
SP199 井	长 4 + 5_2 小层	34.1	19.5	10.3	8.6	12.9
P52 – 114 井	长 4 + 5_2 小层	35.0	18.2	7.5	2.2	11.5
平均值		35.0	21.7	8.2	5.0	10.1

（二）孔隙度定量演化模式

根据坪北油田长 4 +5 油层组、长 6 油层组砂岩成岩演化模式（图 2 –102）可知，在早成岩 A 期以机械压实作用为主，在此过程中伴随有绿泥石薄膜的析出、泥晶碳酸盐的胶结作用；早成岩 B 期以浊沸石、亮晶方解石的胶结作用及石英的次生加大作用为主，使原始孔隙度进一步减小；当达到晚成岩阶段时，有机质进入成熟阶段，释放出大量的有机酸，此期溶蚀作用较发育，发生了浊沸石、碳酸盐胶结物及长石、岩屑、云母等碎屑的溶蚀，从而形成次生孔隙。

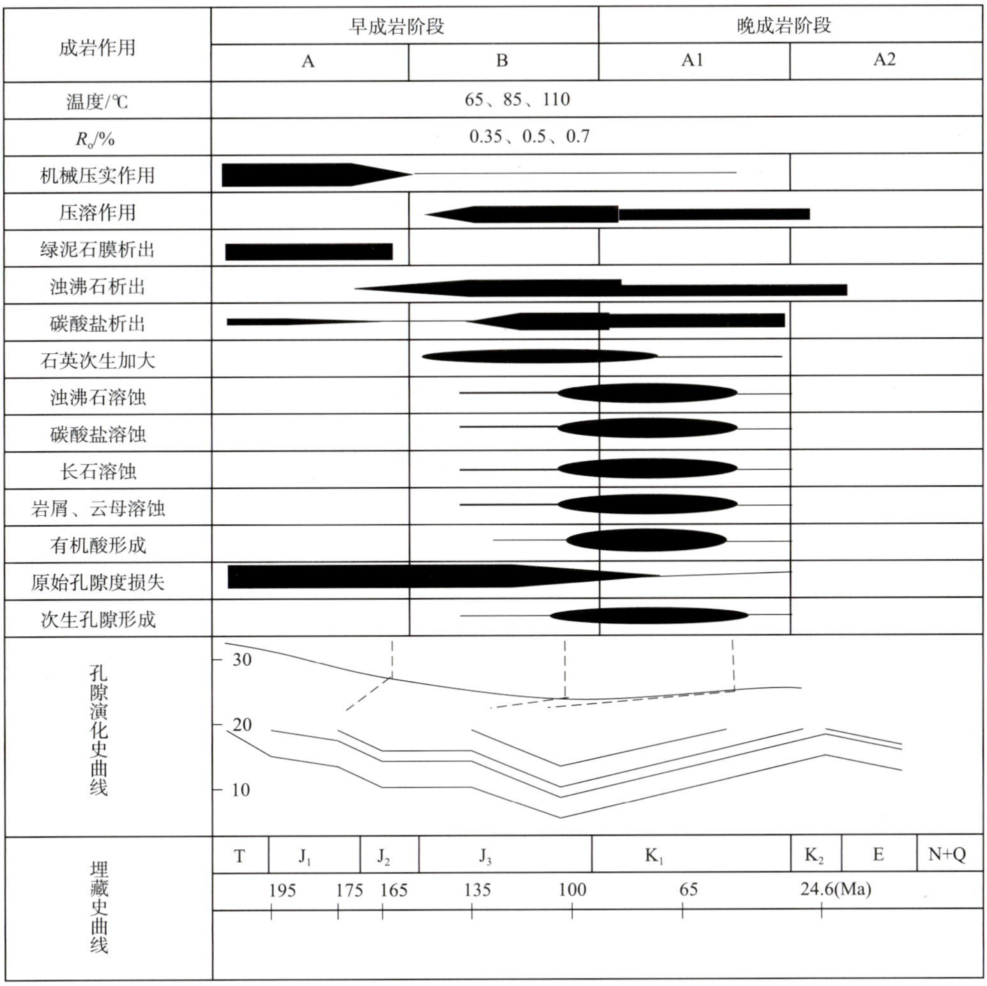

图 2 –102　坪北储层成岩演化模式图

如果原始孔隙度按 35% 计，那么经机械压实和化学压溶作用后孔隙度变为 13.3%，再经浊沸石、方解石、绿泥石等胶结物充填后变为 5.1%，当进入有机质成熟阶段后，有机酸的溶解作用产生次生孔隙，使总孔隙度回升到 10.1%。

（三）埋藏史、成岩史与孔隙演化史

坪北油田上三叠统延长组长 4 +5 油层组、长 6 油层组储层属于三角洲前缘亚相沉积物，是一套成分成熟度低的细粒长石砂岩，具有结构成熟度较高的特点。砂岩的成岩史与孔隙演化史密切相关，而陕甘宁盆地的埋藏史则控制了成岩史和孔隙演化史。坪北油田上三叠统延长组经历了晚三叠世的下降、晚三叠世末的上升、早中侏罗世的下降、中侏罗世末的上升、早白垩世的下降、早白垩世末的上升等多次地壳升降运动。在其演化过程中，沉积物经历了埋藏压实作用、胶结作用、溶蚀作用的多次反复，孔隙的变化则经历了原始孔隙丧失、次生孔隙出现的过程。

第五节　裂缝相定量描述

一、储层裂缝特征

（一）裂缝方向性及密度

结合三叠系延长组的野外露头、储层岩心、古地磁测定、地应力分析、微地震波裂缝监测、脉冲试井、注采动态分析等多种方法研究裂缝特征发现，坪北油田长 4 +5 油层组、长 6 油层组藏中存在微裂缝且具有一定的规律。

1）野外露头观察

取宜川、延河、清涧河 3 块三叠系露头岩心进行剖面观察后发现：

（1）三叠系中最发育的天然裂缝有东西向及南北向两组，东西向裂缝比南北向裂缝发育，裂缝面均直立，平均裂缝密度为 2 ~3 条/m。

（2）裂缝密度在厚度大于 2m 的块状砂岩中明显减小，一般小于 1 条/m，在薄层砂岩或泥岩中，密度一般为 5 条/m，最高达 10 ~20 条/m。

（3）长 6 油层组储层在上述 3 条剖面中的平均裂缝密度为东西向 4 条/m，南北向 2 ~6 条/m，在厚度大于 2m 的厚砂层中一般小于 1 条/m。

坪南岩心中存在构造裂缝，裂缝倾角大于 80°，多数裂缝充填有方解石脉，呈闭合状态。

2. 储层岩心描述

根据坪桥地区 37 口井（其中，坪南 20 口、坪北 17 口）的岩心描述统计可知，坪南有 14 口井存在天然裂缝，坪北 P23 -103 井也发现有高角度天然裂缝。坪南 14 口井的 61 块样品中，有 7 块具有两组正交直立缝，7 块具有 2 ~3 条平行直立缝，其余 47 块只见一条直立缝，裂缝倾角大于 80°；缝高 10 ~60cm，最高达 156cm；裂缝呈闭合状态，缝宽 0.3 ~1mm，多数裂缝充填有方解石脉。

3. 古地磁测定成果

根据坪桥地区 60 块具有裂缝的岩心样品的古地磁测定和校正可知，天然微裂缝分布方向特征表现为：

（1）北东向裂缝最发育，倾角直立，共 26 块样品，占样品总数的 42%，平均方位角为43.5°。

（2）北西向裂缝较发育，倾角直立，共17块样品，占样品总数的26%，平均方位角为320°。

（3）东西向裂缝较发育，倾角直立，共16块样品，占样品总数的24%，平均方位角为90.4°。

（4）南北向裂缝有一定的分布，倾角直立，共5块样品，占样品总数的8%，平均方位角为2.5°。

4. 现代地应力场

安塞油田位于鄂尔多斯盆地东部的陕北斜坡，该区现代地应力场中，水平最大主应力方向总体上为北东－南西向，其中，王窑区为NE67°，杏河区为NE61°，坪桥南区为NE60°，坪北区为NE75°。另根据最小主应力梯度分析可知，安塞油田王窑、杏河、候市、坪桥南区的最小地应力梯度分别为0.0169MPa/m、0.0170MPa/m、0.0171MPa/m、0.0170MPa/m。各区块的最小主应力梯度非常接近，平均为0.0170MPa/m，但不同构造部位存在差异，各区块边缘的最小主应力梯度相对较高。

根据微地震波裂缝监测成果分析可知，坪北的最小主应力梯度为0.01376～0.01602MPa/m，说明坪北油层压裂或注水产生水平裂缝的可能性不大。

根据P60－84井、P47－99井、P53－101井地应力剖面分析可知，长4＋5油层组、长6油层组最小水平主应力分别为15.5MPa和16.5MPa。长4＋5油层组和长6油层组与上、下隔层地应力差均为4～5MPa，说明其对水力裂缝垂向延伸有一定的遮挡作用。

5. 地层倾角测井解释成果

根据坪北6口井的倾角测井解释结果可知，坪北井壁崩落的短轴方向为NE25°～55°，说明主要受水平主应力和天然微裂缝的双重影响。

6. 微地震波储层裂缝监测

根据坪北6口注水井、1口压裂油井的微地震波储层裂缝监测成果可知：

（1）坪北油田水平最大主应力方向（人工裂缝方向）为NE70°～80°，裂缝属于垂直裂缝，延伸长度为350～400m。

（2）注水或压裂后，开启的天然裂缝主要有两组：一组为NE25°～45°，另一组为NW20°～45°。个别井有NW70°的裂缝，P60－86井还出现了一条南北向的裂缝。

（3）坪北油田最小地应力梯度较小，为0.01376～0.01602MPa/m。

7. 裂缝的动态响应

1）CER压力曲线分析

美国CER公司通过对3口油井长6油层组压裂后的半对数曲线和双对数压力与压力导数曲线的形态进行对比，确定了安塞试井压力恢复时间函数对应的主要流动状态，并判断油藏为均质油藏。说明天然微裂缝在原始地应力条件下，呈闭合状态，在开启前对油气的渗流影响甚小。

2）钻井时的裂缝响应

坪桥南区坪42－26井完井后井口喷水，分析认为，该井和邻近的注水井坪42－25井裂缝连通，使该井不能正常投产。王窑区的王12－7井完井时也见到了类似的裂缝响应。

3）注水指示曲线测试

根据注水指示曲线分析，注水井在注水压力8MPa附近出现拐点，这可能是储层中天然微裂缝开启吸水所造成的。

4）注水动态响应

坪桥南区与坪桥北区的长6_1油藏属于同一油藏。

坪桥南区已见注入水的油井为35口，其中，裂缝型见水井共有29口，平均单井日产油为0.6t，含水率为76.9%；水线推进速度为1.1～27.1m/d，平均为4.8m/d。其见水特征为在水井的某一方向上油井含水率上升快，甚至迅速水淹，已有水淹井10口。通过对在裂缝线上的水淹井开展油井压力监测，发现地层压力已接近注水井的井底流压，平均为18.74MPa。裂缝具有明显的方向性，其走向为70°～75°。压力传导也具有明显的方向性，南北向传递慢，产液量低，NE75°方向传导最快。

坪北油田已见注入水的油井有41口，其中，NE75°方向油井见水井共有31口，占见水井总数的75.6%；侧向油井见水井共有10口，占见水井总数的24.4%。注入水沿主向推进速率为1.44m/d，沿侧向推进速率为0.56m/d，主向推进速率是侧向的约2.5倍。可见主要是NE75°方向油井见注入水，注入水主要沿主向推进。

8. 示踪剂试验

通过2000～2001年坪北油田5个井组的示踪剂试验确定了注入水流方向、水线推进速度及裂缝方向：

（1）主裂缝方向为NE70°～80°方向。示踪剂沿裂缝主向（NE75°）推进速率是侧向推进速率的3.9倍，可见储层存在明显的裂缝性。

（2）部分井两次见到示踪剂，说明地层中不止有一条主流通道。

（3）油层中层内物性、岩性差异大，主裂缝方向的一侧也会因物性变差而不见示踪剂显示，如P74－90井、P58－84井。

综上所述，在坪桥北区延长组储层中裂缝不仅客观存在，并且具有明显的规律性，即人工裂缝的主要延伸方向为NE70°～80°，天然裂缝主要有两组，分别是NE25°～45°和NW20°～45°。坪桥北区天然裂缝在原始地应力条件下呈闭合状态，属于隐裂缝。在压裂或注水后，不仅形成了人工裂缝，也易将天然隐裂缝诱发为显裂缝，对油气渗流产生影响。且裂缝密度与砂岩厚度关系明显，在薄层砂岩或泥岩中，密度一般为5条/m；但在厚度大于2m的块状砂岩中密度明显减小，一般小于1条/m。

（二）裂缝类型

长4+5油层组、长6油组发育的裂缝可以分为构造裂缝、层间裂缝和压裂缝3类。

1. 构造裂缝

观察岩心（长4+5油层组60.46m，长6油层组258.33m）发现，仅在P23－103井和

P33－89井各发现一条构造裂缝，裂缝面平直，倾角约为70°，垂向可切穿多个岩层；裂缝间无充填物。由于这种裂缝极为少见，因而对改善储层整体孔渗性能的贡献比较有限。

2. 层间裂缝

层间裂缝的发育与层面间存在相对富集的片状碎屑物质（如云母碎屑和植物化石碎片）或剥离线理（平行层理中碎屑颗粒的定向分布面）提供的易剥离界面有关，大多数为平缝，少量为与斜层理或沙纹层理有关的斜缝。缝宽0.05～0.1mm，部分为小于0.03mm的微缝，一般无充填物，少量充填有沥青或具有过油现象。裂缝密度变化较大，一般在发育有平行层理的水下分流河道砂体处密度较高，可达10～20条/m，局部密集发育的岩心呈千层饼状。据岩心观察，此类裂缝在平面上、垂向上都只是局部存在，对储层物性的改善也只能在局部发挥作用。

3. 压裂缝

此类型裂缝大多数以微裂缝形式产出，通过岩心观察不能描述其发育程度及总体特征，但这些微裂缝的确具有改善储层物性的作用，粒内压裂缝对储层孔渗的贡献与孔喉一样；而超微压裂缝属于封闭裂缝，但由于应力薄弱面的存在，在对储层实施压裂改造时，这些薄弱面将首先被压开，对改善储层的孔渗性也有一定的作用。

综上所述，坪北长4＋5油层组、长6油层组受地应力和自身岩性控制，构造裂缝、层间裂缝较少，作为渗流通道的意义不大；而压裂缝中的粒间缝与一般的孔喉所起的作用相当，超微压裂缝在原始状态下对渗流没有意义。压裂改造在沿最大主地应力方向产生人工裂缝的同时，也使人工裂缝附近一定范围内的天然裂缝得以沟通和张开，注水所保持的地层压力也能使一些在原始地层条件下对渗流作用影响不大的微裂缝提高开启程度，使一些呈闭合态的微裂缝或超微裂缝开启成为渗流通道。

（三）裂缝形态

坪北油田长4＋5_2小层、长6油层组存在具有一定规律性的微裂缝，即人工裂缝的主要延伸方向为NE70°～80°，天然裂缝主要有两组，分别呈NE25°～45°方向和NW20°～45°方向，北东向裂缝比北西向裂缝发育，裂缝面均直立，平均裂缝密度为2～3条/m。天然裂缝在原始地应力条件下呈闭合状态，属于隐裂缝。在压裂或注水后，不仅形成了人工裂缝，也易将天然的隐裂缝诱发为显裂缝，对油气渗流产生影响。在注水和压裂时，天然裂缝的开启顺序不同，NE25°～45°裂缝首先开启的可能性较大，延伸的机会更多。张性裂缝和剪切裂缝均有发育，且以剪切裂缝为主；多数裂缝充填有方解石脉。

二、人工裂缝的优化

在岩心三轴岩石力学参数实验、长源距声波测井地应力分析的基础上，应用油藏数值模拟技术得出坪北油田优化人工裂缝单翼长为160～170m。通过优化压裂设计参数，应用关井压力测试研究，分析P78－80井压裂后的压降曲线可知，平均裂缝宽度为5.92mm，地层闭合压力为16.6MPa，裂缝高28m（图2－103）。

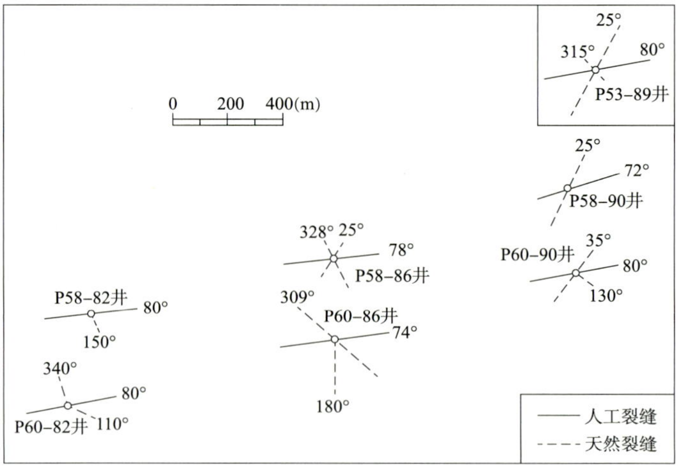

图 2-103　坪北油田裂缝监测成果图

第六节　烃源岩特征及成藏模式

一、物源分析

（一）碎屑组分

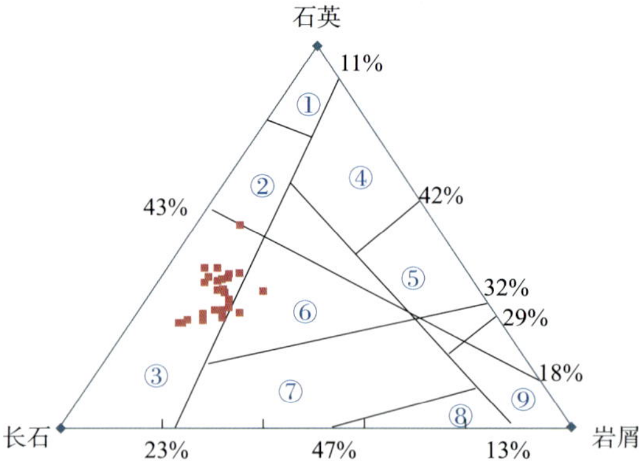

图 2-104　坪北油田物源沉积环境划分三角图
(Dickinson 碎屑骨架三角图)
①克拉通内部；②过渡大陆区；③基底隆起；
④石英再旋回；⑤过渡再旋回；⑥切割岛弧；
⑦过渡弧；⑧未切割岛弧；⑨岩屑再旋回

碎屑岩的碎屑组分和结构特征能直接反映物源区和沉积盆地的构造环境。利用坪北油田延长组砂岩的石英、长石、岩屑含量在 Dickinson 碎屑骨架三角图（Dickinson W R，1985）的分布特点，确定物源类型属于基底隆起构造环境（图 2-104）。

根据前人对鄂尔多斯盆地周缘母岩性质的研究可知，鄂尔多斯盆地受祁连-秦岭褶皱带的控制，主体坳陷轴为北西向，古地形表现为东北高、西南低，呈不对称的箕状坳陷。自元古代以来，盆地北部的伊盟隆起一直处于隆起状态。晚三叠世，南部的渭北隆起也处于隆起状态，东部的晋西挠褶带在中生代处于内陆湖盆地的东部边缘，而西缘逆冲带在三叠世时为坳陷。由此推测物源可能来自盆地北部或南部。

沿水流方向，矿物成熟度会逐渐增高，呈现石英含量增多、长石含量减少的趋势。通过统计坪北油田延长组长 4+5_2、长 6_1 和长 6_2 这 3 个小层的石英和长石含量，并绘制其平面分布图（图 2－105、图 2－106）可知，砂岩中的长石含量由北东向周缘明显减少，指示物源主要来自工区北东方向。

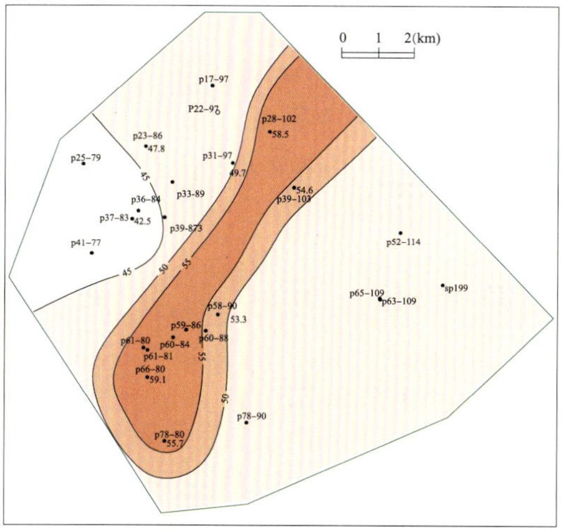

图 2－105　坪北油田延长组长 6_2 小层长石含量分布图

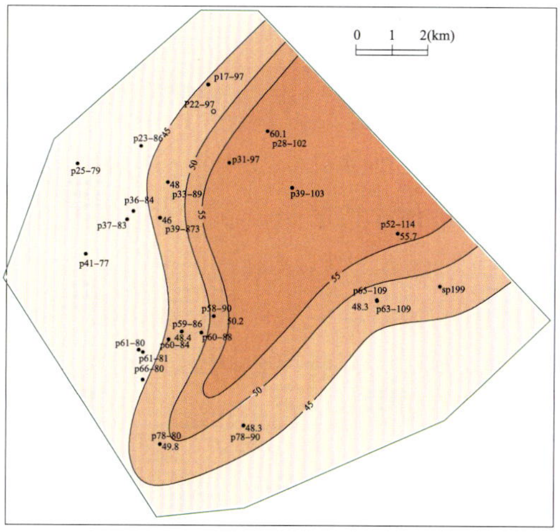

图 2－106　坪北油田延长组长 6_1 小层长石含量分布图

（二）盆地周缘母岩性质

盆地西部的宁夏古隆起由前寒武纪变质岩系及古生代地层和侵入岩组成，其结晶基底包括震旦亚界中深变质的角闪斜长片麻岩和古元古界浅海相碎屑碳酸盐岩及碎屑火成岩。

盆地西缘六盘山古陆由前寒武纪变质岩系早下古生代寒武纪地层和侵入岩组成，其结晶基底主要由下元古界和下古生界变质岩组成，主要岩性为变质砂岩、火山岩、板岩、结晶石灰岩、石英岩、片岩、大理岩、片麻岩和变粒岩。

盆地南部的陇西古陆主要由前寒武纪古老变质岩系组成，包括前震旦纪变质的千枚岩、片麻岩及下古生界浅海相碎屑碳酸盐岩及碎屑火成岩和太古界结晶基底斜长片麻岩、石英绢云母片岩及含石榴子石石英二云母片岩。

盆地南缘秦岭古陆主要由前寒武纪及早古生代的地层组成，包括变质的震旦亚界千枚岩、片麻岩，下古生界浅海相碳酸盐岩及碎屑火成岩和太古界斜长片麻岩、石英绢云母片岩及含石榴子石英二云母片岩。

东北缘的吕梁山、阴山地区结晶基底中下太古界以长英质片麻岩为主，以硅质石英岩、浅粒岩为辅，上太古界以铁铝石榴角闪岩、麻粒岩为主；古元古界主要由角闪片岩变粒岩、变质花岗闪长岩及火山岩组成。

通过盆地周缘的母岩性质分析，东北物源区以变质岩和火成岩为主，西南物源区以变质岩和灰岩、白云岩为主。

1. 碎屑组分

坪北油田延长组矿物成分主要为石英、长石、火成岩岩屑、变质岩岩屑，少量燧石、沉积岩岩屑、云母片、泥质、方解石、白云石、黄铁矿和自生黏土等。其中，石英的平均含量为 33.3%，长石平均含量为 49.2%，推测物源属于片麻岩。而盆地东北缘母岩为太古代及早元古代变质岩及火成岩，变质岩包括闪长片麻岩、花岗片麻岩、角闪斜长片麻岩等，平均石英含量为38%，长石含量为54%。虽然存在一定距离的运移，但是二者的轻矿物含量比较一致。

2. 重矿物

坪北油田P65－109井延长组长6油层组出现的陆源重矿物有锆石、石榴石、绿帘石、白钛矿、榍石、金红石、电气石、黝帘石、磁铁矿、赤褐铁矿、绿泥石等，自生重矿物有黄铁矿、硬石膏和重晶石等。稳定矿物组合以锆石、石榴石、白钛矿、金红石、电气石为主，中等稳定矿物以绿帘石、榍石、黝帘石为主，非稳定矿物为绿泥石。

根据矿物组合关系可知，沉积岩包括锆石、电气石、金红石，变质岩包括白钛矿、石榴石、尖晶石，判断坪北油田延长组长6油层组的沉积母岩主要为变质岩，其次为沉积岩。推测物源方向为东北方向。

综上所述，坪北油田的物源主要来自盆地北东方向。

二、烃源岩特征

鄂尔多斯盆地中部中生界生油凹陷是在大型台块的基底上发生、发展起来的，在晚三叠世形成了面积大、水域宽、基底平缓和分割性小的湖泊，因此晚三叠世是中生代主要生油层的沉积时期。三叠系延长组烃原岩系为一套成熟－高成熟生油岩系，该期发育的三角洲砂岩储集体紧邻沉积生烃中心，具有优越的油源条件。中生界三叠系－侏罗系含油气系统中的烃源岩主要为三叠系湖相暗色泥岩类，其次为侏罗系暗色泥岩与煤，延长期湖盆沉积中心生烃条件好，盆地内中生界油气藏的分布受生油中心的控制。

（一）烃源岩分布范围广、厚度大

延长组和延安组是鄂尔多斯盆地南部中生界油气勘探的主要目的层。三叠系延长组、侏罗系各自均构成了河流－湖泊－河流的完整旋回。每一旋回的中部为湖盆发育的鼎盛时期，发育了较厚的烃源岩。

晚三叠世延长期为盆地中生界主力烃源岩沉积期，该区长期处于湖盆的沉积中心附近，延长组烃源岩遍布全区，烃源岩厚度可达150～300m。其长2、长3油层组的湖相暗色泥岩、页岩、油页岩组合，是该区最主要的烃源岩系。

延安组沉积旋回中部（$J_{1-2}y_2$～$J_{1-2}y_3$），发育一套以浅湖相为主的沉积，为黑色、黑灰色、灰绿色泥页岩，富含有机质和炭化植物化石，常夹煤线及薄煤层，泥岩中有机碳含量普遍高于1%，列为Ⅲ类（较差）生油区。

（二）有机质丰度高

有机质丰度是评价烃源岩优劣的一个重要参数。长6～长8油层组暗色泥岩有机质丰度普遍较高，长6、长7油层组泥岩Pr、Ph含量比（姥鲛烷、植烷含量比）小于1.2，多在0.5～0.9之间，显示出姥植均势和植烷优势；长8油层组泥岩Pr、Ph含量比一般为2～4，具有姥鲛烷优势（表2－20）。

表 2－20　中国陆相生油层评价标准（据胡见义、黄第藩等，1991）

类别	好生油层	中等生油层	差生油层	非生油层
岩相	深湖－半深湖	半深湖－浅湖	浅湖－滨湖	河流相
干酪根类型	腐泥型	中间型	腐殖型	腐殖型
H、C 含量比	1.7～1.3	1.3～1.0	1.0～0.5	1.0～0.5
有机碳含量/%	3.5～1.0	1.0～0.6	0.6～0.4	<0.4
氯仿沥青“A”含量/%	>0.12	0.12～0.06	0.06～0.01	<0.01
总烃含量/10^{-6}	>500	500～250	250～100	<100
总烃/有机碳/%	>6	6～3	3～1	<1

综上所述，盆地延长组长 6～长 8 油层组静水还原环境中形成的暗色泥岩烃源岩类型好，其中，长 7、长 6 油层组以腐泥型为主，见少量腐殖腐泥型，是主要的烃源岩；长 8 油层组以腐泥腐殖型和腐殖腐泥型为主，腐殖型次之，是次要烃源岩。

（三）有机质成熟度高

自中生代以来，鄂尔多斯盆地古地热场演化可划分为 4 个阶段（表 2－21）。

表 2－21　鄂尔多斯盆地中生代以来古地热场发展模式

发展阶段	地质时代	构造运动阶段	古地热场特征	古地温梯度/(℃/100m)
第一阶段	三叠纪	印支期	正常	2.2～3.0
第二阶段	中侏罗世	燕山早期	过渡型	2.8～4.0
第三阶段	晚侏罗世－早白垩世末	燕山中晚期	异常高型	3.5～5.5
第四阶段	晚白垩世－第四纪	燕山晚期－喜马拉雅期	过渡型	2.7～3.1

第一阶段：三叠纪，经历了印支运动，构造活动很弱，以深成变质作用为主，属于正常地热场，古地温梯度为 2.2～3.0℃/100m。

第二阶段：早侏罗世，经历了燕山早期运动，盆地内部构造活动不明显，总体仍处于正常地热场，以深成变质作用为主，局部叠加异常地热场。

第三阶段：晚侏罗世－早白垩世，处于燕山运动中期，构造及岩浆活动强烈，属于异常高古地温场，古地温梯度增至 3.5～5.5℃/100m。

第四阶段：晚白垩世－第四纪，经历了燕山晚期和喜马拉雅构造运动，古地温场恢复正常，古地温梯度为 2.4～3.1℃/100m。

延长组沉积期，鄂尔多斯盆地沉降稳定，地层连续沉积，至晚三叠世末期，延长组埋深不超过 1000m，地层温度普遍小于 50℃，有机质处于未成熟阶段（R_o<0.5%）。

晚三叠世末至早侏罗世末，盆地整体处于抬升剥蚀和沉降沉积相间的波动沉降阶段，地层埋深仅增加 300～1000m。随着构造分异作用的加强，盆地地热场处于向异常地热场转换的前期，热异常事件对局部古地温已有所影响，在盆地东南部富县－葫芦河一带有机质开始进入低成熟阶段（R_o>0.5%）。

三、成藏模式

（一）油气运移动力与形式

油气运移贯穿于油气的聚集和成藏全过程，对油气的分布具有非常重要的控制作用。石油的二次运移动力主要包括浮力、水动力、异常压力和构造应力。在构造稳定的地区，运移的动力主要是浮力和异常压力。

鄂尔多斯盆地延长组油气二次运移的主要动力是异常压力或过剩压力，异常压力主要与泥岩的欠压实有关，在不同地区，甚至同一地区的不同层位，泥岩的欠压实程度各不相同，异常压力的大小也不尽相同。研究浮力、毛管压力、孔隙异常压力和源储压力，可以分析油气二次运移的主要动力。

1. 浮力

如果地层中的油（气）想在浮力的作用下运动，则浮力就必须大于油气运移的阻力。地层中油气运移的阻力主要是毛管压力，毛管压力的大小取决于油（气）与水之间的界面张力、毛管半径和介质润湿性。油气要在浮力作用下运移，浮力必须大于毛管压力，长6油层组储层浮力要克服毛管压力所需的油柱高度为122.48m左右，远大于单砂层的厚度5～15m，而长6油层组含油面积最大高程差只有30m左右，远小于所需的油柱高度；克服毛管压力所需的连续油相的长度为14.035km，而长6油层组含油面积展布范围的最大直径为7.2km，远小于所需的连续油相的长度，说明浮力不是坪北油田长6油层组油气二次运移的主要动力。

2. 孔隙异常压力

沉积盆地中的异常高压形成于封闭或半封闭的地质环境，厚层泥岩是形成异常高压的主要场所。泥岩异常高压的表现形式是异常高压泥岩的孔隙度高于相同深度正常压实泥岩的孔隙度。剩余孔隙度的存在使异常高压泥岩中的孔隙流体承受了一部分本应由岩石骨架承担的上覆地静压力，这一部分地静压力在数值上等于异常高压泥岩中的超压值。基于这一原理，可利用平衡深度法计算泥岩层中异常压力的大小。

声波在泥岩中的传播速度（以声波时差表示）与其孔隙度的关系，在一定深度范围内可看作线性关系，因此，可以通过声波时差来研究泥岩的压实规律。利用平衡深度法，计算出每口井的异常压力大小，从而可以得出整个区块的异常压力特点。

3. 源储压力

源储压力即烃源岩与储集层之间的孔隙异常压力之差。坪北油田的源储压力为长7油层组的孔隙异常压力与储层的孔隙异常压力之差。长7油层组与长6油层组的源储压力远大于长6油层组储层的毛管压力，说明源储压力是工区油气二次运移的主要动力。

（二）生储配置关系

上三叠统延长组是鄂尔多斯盆地的主力含油层系，其沉积充填记录了大型淡水湖盆形成、发展、消亡的完整演化历史。延长组大约以N38°为界，以北沉积物粗，厚度小（100～

600m）；以南沉积物细，厚度大（1000～1400m）。北部以产天然气为主，而南部以产石油为主。

延长组长7期为半深湖－深湖沉积，大面积分布的黑色泥岩、油页岩是延长组的主力烃源岩。其电性特征表现为“三高一低”，即高自然伽马、高电阻、高声波时差和低电位。区域资料显示，鄂尔多斯盆地长7期达到湖盆发展的鼎盛时期，湖盆沉积长轴方向为北西－南东向，湖盆中心位于直罗－志丹－吴起一线地区，而直罗地区水体最深，沿湖盆轴向向北东和南西方向沉积水体逐渐变浅，从而演变为浅湖－三角洲－河流相沉积。沉积背景的差异性，使得长7期烃源岩在直罗地区沉积最厚，张家滩页岩一般为2～4套，单层厚度一般为5～30m，单井最大累计厚度可达161.9m；志丹和吴旗地区张家滩页岩平均厚度为42.3m。沿与湖盆中心垂直的北东和南向方向，张家滩页岩套数减少、厚度逐渐减薄，至东北部的靖边地区和西南部的合道地区，张家滩页岩厚度变为0m。张家滩页岩分布面积达$5\times10^4km^2$。有机地球化学分析表明，长7油层组烃源岩干酪根类型为Ⅰ－$Ⅱ_1$型，残余有机碳含量一般为6%～14%，最高可达30%以上。长7油层组优质烃源岩在盆地大部分地区均已达到成熟－高成熟早期演化阶段（R_o为0.9%～1.15%，T_{max}为445～455℃），成熟阶段产油率达357～417kg/t，经计算，$1m^3$烃源岩累计生成原油体积是岩石体积的8%～18.7%，具有强生排烃特征。

长6期是湖泊三角洲的主要建设期，沉积作用大大加强。湖盆西南部发育有环县辫状河三角洲、镇原辫状河三角洲及合水三角洲；东北部、东部物源大大加强，靖边－子长地区随着沉积作用的加强已由长7期的三角洲前缘变成平原河流相，多个三角洲交汇形成了一支庞大的三角洲群。长7期烃源岩上部为长6期三角洲沉积砂体，砂体沿北东－南西方向连续性好，纵向上相互叠置，大范围分布的连续砂体是长6油层组致密油成藏的载体（图2－107）。长6油层组常规物性分析统计结果（图2－108）表明，孔隙度呈正态分布，

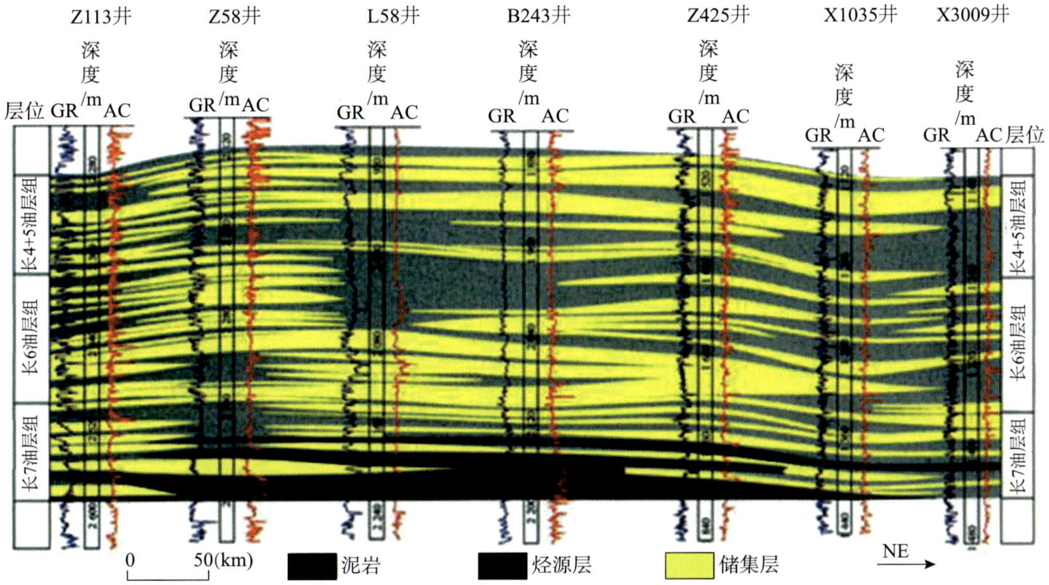

图2－107 鄂尔多斯盆地延长组中部生储盖组合剖面

主频分布为6.0% ~12.0%，平均为9.03%，中值为9.12%，孔隙度小于12%的样品占总样品数的92.70%；渗透率呈多峰正偏态分布，平均值为$1.16\times10^{-3}\mu m^2$，中值为$0.60\times10^{-3}\mu m^2$，小于$2\times10^{-3}\mu m^2$的样品占总样品数的89.3%。根据前述致密储层物性上限标准，长6油层组储层为典型的致密储层。

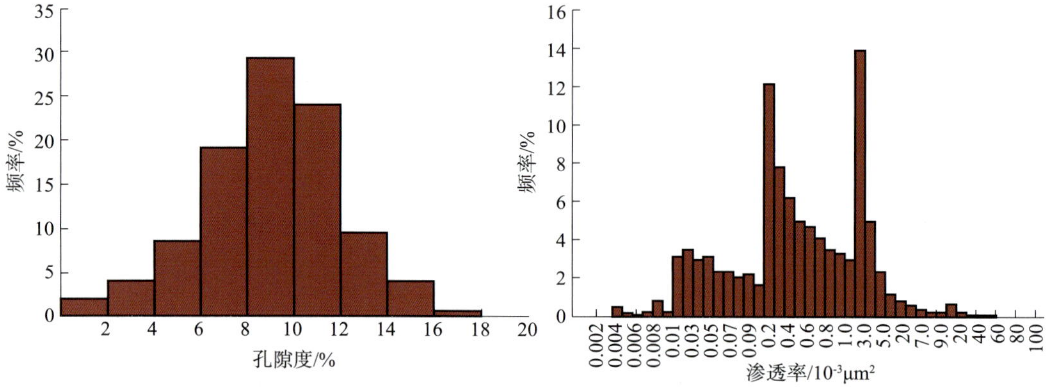

图2-108　鄂尔多斯盆地延长组长6油组储层孔隙度、渗透率分布直方图

长7油层组优质油源岩与长6油层组致密储层、长4+5油层组晚期沉积的泥岩，组成了良好的生储盖配置关系（图2-107）。

四、致密油藏形成机理

长7油层组优质烃源岩之上紧邻长6油层组大面积分布的河流相和三角洲相沉积储层，在源储压差下，生油岩中生成的石油就近运移到长6油层组致密砂岩储层中。由于烃源岩及其生油强度平面分布不均匀，必然造成平面上的多个运聚中心，而平缓的构造背景、储层的致密性及强非均质性等特点使得烃源岩排出的石油难以进行较长距离的侧向运移，浮力作用很弱，石油主要在异常压力的作用下沿阻力最小的方向近源垂向和短距离侧向运移。在长6油层组储层物性好的部位含油饱和度高，含水饱和度低；而物性差的部位含油饱和度低，含水饱和度高。平面上，含油饱和度分布不均，储量丰度总体较低。

由于长7油层组烃源岩的高强度生排烃作用，长6油层组储层近源充注持续成藏，在长4+5油层组区域盖层下，形成了现今平面上大面积连续分布的大油区。虽然平面上长6油层组含油面积分布是连续的，但是剖面上长6油层组油藏连续性变差，呈准连续状。同时期沉积的砂体，有些部位含油，而有些部位不含油，含油情况差异较大。微幅度鼻状构造对含油性控制作用不明显，主要原因之一为石油进入储集层后，在异常高压的作用下推动储层中的水向构造相对高的地方驱动，由于储层致密，油水不能有效分异，因此，水被推到构造高部位，在低部位石油相对富集。

第三章　产建期开发技术及效果评价

第一节　开发方式的选择及注水开发思路

一、开发层系划分和组合

由于长4+5油层组和长6油层组叠合较好，均属于弹性溶解气驱驱动类型，压力系数为0.63~0.65，属于统一的压力系统，沉积环境为三角洲平原、三角洲前缘交互相，储层特征相近，流体性质相似，均为低密度、低黏度原油，原生地层水为$CaCl_2$型，溶解气性质相近，故划分为一套层系开发。

长4+5_2、长6_1、长6_2、长6_3等4个小层作为一套层系开发，设计将一套层系细分为两套。由于各个区域最多为4个小层叠加，细分后每套层系有一个或两个小层，两套层系都采用油套分注工艺可同时满足4个小层分层注水，能有效规避层间吸水矛盾。在规避层间吸水矛盾后，合采井的层间矛盾能得到缓解，可实施单层开采矿场试验，如果达到效益开发，则油井均应采取单层开采的政策。

二、开发方式的选择

岩心实验表明，坪北油田依靠天然能量开采的采收率仅为8.4%，其中，弹性驱采收率为0.75%，溶解气驱采收率为7.65%；依靠早期注水方式采收率为15.25%，是溶解气驱采收率的两倍；注干气驱采收率约为16%，仅比早期注水方式提高约1%；注伴生气驱采收率为36.1%，是早期注水驱的2.36倍。虽然注伴生气驱方式的采收率最高，但受区域内伴生气气源缺乏的限制，早期注水开发方式是坪北油田最好的驱动方式。

油藏数值模拟表明，依靠天然能量枯竭式开采，地层压力和产油量下降很快、气油比上升快、采油速率低、采收率低。开发前10年，地层压力下降5.0MPa，全区采油速率由1.0%下降到0.2%，此后10年基本为低产、低速开发，最终采收率仅为5.8%。而不同井网下的早期注水开发可保持地层压力约为6.0~8.0MPa，高于饱和压力（4.83MPa），气油比稳定，油井见效后产量递减较缓或回升，采收率比枯竭式开发提高8%~10%，说明早期注水开发采收率高。

试采结果表明，1998年5月~1998年10月为天然能量开采阶段，单储压降为14.0MPa，弹性产量比为0.31，按石油天然气行业标准，坪北油田属于天然能量微弱油藏，必须人工补充能量，早期注水开发。经试采后发现：

（1）坪北特低渗油层，油井无自然产量，均需压裂改造投产，且单井产量低。

（2）油井动液面下降较快，采油井供液能力差，天然能量开采条件下产量递减快。统计1999年6月77口井的试采资料可知，投产初期的平均动液面为984m，生产3～4个月后平均动液面下降到1287m，平均下降了303m，此后一直维持为低动液面生产。1998年投产的64口采油井前3个月平均单井日产油分别为4.5t、2.5t和1.7t，前3个月总递减62.2%，半年内下降到1.5t。

（3）原油乳化水含量高，油井没有无水采油期。1998年投产的64口油井投产即见水，综合含水率高达30.9%，均为乳化水，没有无水采油期。

（4）由于原始饱和压力较高（4.83MPa），地饱压差较小（3.47MPa），地层温度低（50℃），采油井在生产过程中脱气、结蜡较为严重。

综上所述，均反映出坪北油田开发的核心问题是能量不足，应在早期进行人工补充能量。因此，坪北油田总体上采用早期注水开发方式。

三、开发方针和基本原则

在开发方针方面，要求开发方案全面实施后，要贯彻执行“较长时期稳产”的方针。因此，在编制开发方案时，本着“先肥后瘦”“产量先高后低”的原则，力争一次性投资较少，产出较多，回收较快，经济效益较高，采油速率较高，最终采收率较高，比较好地完成原油生产任务。基本开发原则如下：

（1）力争配套建成原油生产能力16.6×10^4t，今后稳产和产能建设的发展仍须进行滚动开发和滚动勘探，不断寻找接替区块。

（2）早期注水保持压力，注水工程与采油工程同步建设，力争缩短油井见效滞后期。

（3）减少对油层的伤害程度，固井、完井质量要高，便于进行压裂完井投产。

（4）井网密度和布井方式要合理。注水井排平行裂缝方向布井，排距较小，井距较大，井距为排距的3倍。

（5）层系划分和组合一定要适应坪北油田长4+5油层组、长6油层组油藏的地质特点，采用一套开发层系开发，注水井采取分层注水措施。

（6）大力简化钻、采、注、集、输工艺流程，加强研究，并引进适用的钻小井眼、无油管、无采油树和因地制宜、因陋就简的简易油气集输流程，同时要确保符合环保要求。

（7）以经济效益为中心，依靠科技进步，加强经营管理，降低吨油成本，提高油田开发水平。

第二节　基础技术井网及注水先导试验

一、基础技术井网

（一）井网密度的确定

井网密度是油田开发中影响开发技术经济指标的重要因素之一。注水开发油藏要求有比较合理的井网密度，必须确保水驱控制储量程度大于70%。根据低渗油田的地质特点，井距愈小，井网愈密，开发效果愈好，最终采收率愈高；但井网太密，钻井过多，会使经济效益变差，甚至出现负经济效益。因此，在选择、确定井网密度时必须要进行分析评价。

1. 井网密度的经济界限

1）单井平均日产油量的经济极限

单井平均日产量的经济极限，是指一口油井投入的费用与产出的总收入相等时的单井平均日产油量。在开发评价年限内，单井平均日产油的经济极限（$q_{\min}$）计算公式如下：

$$q_{\min}=\frac{(I_D+I_B)\ (1+R)^{T\Omega}\cdot\beta}{0.0365T_o\cdot d_o\cdot T\ (P_o-O)} \tag{3-1}$$

式中，I_D为平均一口井的钻井投资（包括射孔、压裂等），万元；I_B为平均一口井的地面建设（包括系统工程和矿建等）投资，万元；R为投资贷款利率；$T\Omega$为开发评价年限，a；β为油井系数，即油水井总数与油井效的比值；T_o为采油时率；d_o为原油商品率；P_o为原油销售价格，元/t；O为原油成本，元/t；0.0365由年时间单位换算而得到。

从式（3-1）中可以看出，要降低单井平均日产油量的经济极限，提高低渗油田的可开发性，就必须降低单井钻井、建设投资和生产操作费用，提高采油时率和原油商品率。

如果考虑油井投产后，特别是油井见水后产油量的递减情况，则单井初期平均日产油量的经济极限还需要提高，其具体计算公式如下：

$$q_{\min}=\frac{(I_D+I_B)\ (1+R)^{T\Omega}\cdot\beta}{0.0365\tau_o\cdot d_o\cdot T\ (P_o-O)\ (1-D_c)^{T\Omega}} \tag{3-2}$$

式中，D_c为油田年综合递减率。

2）单井控制可采储量的经济极限

单井控制可采储量的经济极限（N_{mink}）主要是根据所定的单井平均日产油量的经济极限计算得出，具体计算公式如下：

$$N_{\text{mink}}=\frac{(I_D+I_B)\ (1+R)^{T\Omega}}{d_o\ (P_o-O)\ \cdot W_i} \tag{3-3}$$

式中，W_i为开发评价年限内可采原油储量采出程度。

3）单井控制地质储量的经济极限

单井控制地质储量的经济极限（N_{ming}）计算公式如下：

$$N_{\text{ming}}=\frac{N_{\text{mink}}}{E_R} \tag{3-4}$$

式中，E_R为原油采收率。

4）井网密度经济极限

井网密度的经济极限（$f_{\min}$）可以用单井控制地质储量经济极限除以单位面积地质储量得出，计算公式如下：

$$f_{\min}=\frac{d_o\ (D_o-O)}{(I_D+I_B)\ (1+R)^{T\Omega}}\cdot\frac{N\cdot R}{A_o} \tag{3-5}$$

式中，N为原油地质储量，10^4t；A_o为含油面积，km^2。

5）井距的经济极限

井距的经济极限（L）计算公式如下：

$$L=\sqrt{\frac{1}{f_{\min}}} \tag{3-6}$$

2. 合理实用井网密度的确定

上述经济极限井网密度的计算方法都假设采收率为固定不变的值，和井网密度没有直接关系，实际上采收率是变动的，与井网密度密切相关，因而确定合理实时井网密度时必须将经济效益与采收率结合起来考虑。

根据苏联院士谢尔卡乔夫推导的井网密度与原油采收率的关系［式（3－7）］，俞启泰等引入了经济学投入与产出的因素，推导出了计算经济最佳井网密度和经济极限井网密度的方法。

$$E_{\mathrm{R}}=Ede^{-aS} \tag{3-7}$$

经济最佳井网密度是指总产出减去总投入达到最大时，即经济效益最大时的井网密度；经济极限井网密度是总产出等于总投入，即总利润为零时的井网密度。二者的简要计算方法如下：

$$aS_{\mathrm{b}}=\ln\frac{N\cdot V_{\mathrm{o}}\cdot T\cdot \eta_{\mathrm{o}}\cdot c\cdot a\ (l-p)}{A\cdot\left[\ (I_{\mathrm{D}}+I_{\mathrm{B}})\ \left(1+\frac{T+1}{2}r\right)\right]}+2\ln S_{\mathrm{b}} \tag{3-8}$$

$$aS_{\mathrm{m}}=\ln\frac{N\cdot V_{\mathrm{o}}\cdot T\cdot \eta_{\mathrm{o}}\cdot c\cdot a\ (l-p)}{A\cdot\left[\ (I_{\mathrm{D}}+I_{\mathrm{B}})\ \left(1+\frac{T+1}{2}r\right)\right]}+\ln S_{\mathrm{m}} \tag{3-9}$$

式中，aS 为井网指数（根据实验或经验公式求得），ha/井，1ha＝10000m^2；S_{b} 为经济最佳井网密度，ha/井；S_{m} 为经济极限井网密度，ha/井；N 为原油地质储量，t；V_{o} 为评价期间平均可采储量年采油速率；T 为投资回收期，a；η 为驱油效率；c 为原油商品率；l 为原油售价，元/t；p 为原油成本价，元/t；A 为含油面积，ha；I_{D} 为单井钻井（包括射孔、压裂等）投资，万元；I_{B} 为单井地面建设（包括系统工程和矿建等）投资，万元；r 为贷款年利率。

式（3－8）、式（3－9）为超越方程，可用曲线交汇法或迭代法求解。

结合坪北油田平均空气渗透率（$1.3\times10^{-3}\mu\mathrm{m}^2$）、地层原油黏度（2.7mPa·s），根据经验公式求得井网指数为0.05，驱油效率为40%，评价期内平均可采储量采油速率为3%。计算结果如表3－1所示。

表3－1　坪北油田调整区合理井网密度的确定

原油成本/(元/t)	200	300	388	400	500	600	700	800
经济最佳井网密度/(ha/口)	15	16	16	16	17.5	19	22	24
经济极限井网密度/(ha/口)	1.7	1.9	2.1	2.1	2.2	2.4	2.6	2.8

由于经济极限井网密度没有经济效益，不符合以经济效益为中心的基本原则，应该采

用优化后合理的井网密度，即根据所研究油田的地质特点，在经济最佳井网密度与经济极限井网密度之间优选一种比较合理的井网密度。优选的原则是在满足低渗油田开发基本需要的前提下，力争达到较好的经济效益。具体做法是：当油田地质条件相对较好或经济风险性较大时，优选的井网密度应该接近经济最佳井网密度；当油田地质条件差或者经济风险性较小时，优选的井网密度应该接近经济极限井网密度。一般情况下，可以选用经济最佳井网密度和经济极限井网密度的平均井网密度。

由于坪北油田地质条件较差，属于“边际油藏”，经济风险性较大，因此考虑接近经济最佳井网密度。具体做法可以采用“加三分差”的原则，即在经济最佳井网密度的基础上，加1/3最佳井网密度与极限井网密度的差值，表达式如下：

$$S_r = S_{b2} + \left(\frac{S_{m2} - S_{b2}}{3}\right) \tag{3-10}$$

式中，S_r 为合理实用井网密度，口/km^2。

通过计算，坪北油田的水驱储量控制程度可以达到90%以上。坪北油田长4+5油层组、长6油层组是油层物性较差区块，单井初产量较低，井网密度为14.5口/km^2。

（二）基础井网的确定

井网配置问题是开发特低渗裂缝性油藏的核心问题。配置合理的注采井网对满足油藏注水开发需要和提高油田整体开发效果起决定性作用。通过逐步探索实践，在系统研究坪北油田地质、构造、沉积环境、储层分布、成藏机理、油气富集规律、流体性质等基础上，建立了油藏地质静态模型和预测模型，形成了一套以相控储层预测技术为核心的特低渗油藏描述技术，将井网部署与储层预测紧密结合，建立了一套适应坪北特低渗裂缝性油藏注水开发的井网。

根据裂缝性砂岩油田的油层结构特征和渗流机理规律，将“沿裂缝方向合理井排距布井”作为注水开发井网布井方式的基本原则，具体如下：

（1）井网方向、注水井排方向平行于裂缝发育方向，驱油方向垂直于裂缝方向。

（2）注水井距可适当大于排距，为早日拉成水线，可采取间注间排方式，待水线拉成后，二注井转注。

（3）生产井井距初期与注水井距相同，但生产井位与注水井位相错，呈三角形。到开发中期，根据情况可在生产井排打加密井，以延长油田稳产期，并扩大注水波及体积，提高原油最终采收率。

合理井排距方面，以不同井网密度和水驱控制储量程度关系计算，井网密度大于10口/km^2 时（即井距平均小于300m时）布井比较适应地下实际情况。同时，充分吸收区域内长庆油田注水开发经验，统计国内94个低渗油藏开发资料，认为可以在长庆油田已经采用的开发技术政策基础上适当加大井距，同时缩小排距。由于注水井注入水产生的人工裂缝的导流能力一般比孔隙渗流大30倍左右，导致注入水先通过裂缝向两侧驱动，垂距一般都不超过150m，同时，根据坪桥南区排距大、侧向油井见效差这一实际情况，确定坪北油田的排距为150m。

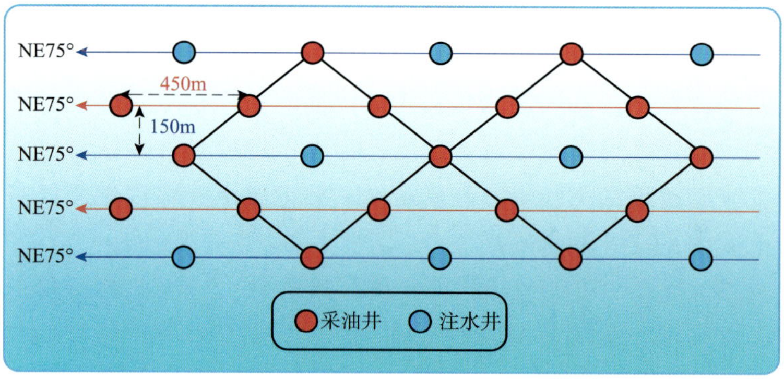

图 3－1　坪北油田早期“菱形反九点”井网示意图

按区域主应力方向确定井排方向平行于水平最大主应力方向（NE75°），注水方式采用井网方案对比优选确定线状注水方式、井距为 450m、排距为 150m 的注采井网（图 3－1）。同时，为更大程度提高采收率及初始采油速率，早期采用“菱形反九点法”基础井网，采油井直接压裂投产，一注井直接投注，二注井转注后转变为行列式井网，后期根据情况适时加密。

利用 GOHFER 压裂模拟软件模拟裂缝长度，模拟出不同加砂量的有效半缝长为 60～80m（表 3－2），泄油半径为 20～40m，合理井距应为泄油半径与压裂半缝长度之和的两倍，即 160～240m。结合 P53－89 井等储层裂缝监测成果，确定合理加砂强度约为 1.5m^3/m。

表 3－2　GOHFER 模拟压裂有效半缝长

加砂量/m^3	排量/(m^3/min)	前置液量/m^3	有效半缝长/m
15	1.3	8	57.3
20	1.3	10	61.2
25	1.3	12	70.9
30	1.3	15	76.4

特低渗油藏存在启动压力梯度，合理注采排距与储层渗透率和注采压差有关。坪北油田平均注采压差为 18MPa 左右，根据理论计算，渗透率为 $1.0\times10^{-3}\sim2.9\times10^{-3}\mu m^2$ 时合理注采排距为 77～181m。

考虑与老井网的结合，采取行列注采井网，油井排井距为 225m，水井排井距为 450m，排距根据各部署区实际情况确定，井型全部为定向井。

为贯彻执行“整体部署、分步实施、先肥后瘦、滚动前进”的开发方针，在开发方案部署过程中遵循以下原则：

（1）产能建设过程中必须坚持滚动开发和滚动勘探，积极寻找优质储量和接替区块。

（2）长 4＋5 油层组、长 6 油层组油藏采用一套层系开发，分注合采。

（3）推广注水试验区行列注采井网（“菱形反九点”），即井排方向平行于主导裂缝方向（NE75°），井距为 450m，排距为 150m。

（4）力争先期或早期注水，注水工程与采油工程同步建设，缩短油井见效滞后期。

（5）大力简化钻采、集输工艺流程，推广应用水平井、小井眼等钻采技术。以经济效益为中心，依靠科技进步，加强经营管理，降低吨油成本，提高油田开发水平。

立足注水开发，分上、下两套层系开发。在试验区部署新井 22 口，其中，油井 17 口（常规定向井 15 口，大斜度井 2 口），水井 5 口，进尺 3.3×10^4m。老井调整工作量 42 井次，其中转注 4 井次，压裂井 14 井次，油井层间调整 16 井次，水井换层、封卡层 8 井次（表 3－3）。

表 3－3　新老井工作量部署

层系	新钻井				老井/井次							
	总井数/口	油井/口	水井/口	进尺/10^4m	合计	油井				水井		
						小计	转注	压裂	封卡	小计	换层	封卡
上层系	5	4	1	0.75	35	27	3	13	11	8	4	4
下层系	17	13	4	2.55	7	7	1	1	5			
合计	22	17	5	3.3	42	34	4	14	16	8	4	4

为了探索基础井网的适应性，了解开发早期注水特点，1998 年开辟了含油面积 $1.49km^2$、石油地质储量 127×10^4t 的注水开发先导试验区。基础井网在生产过程中表现为油井排上油井生产较好，但主裂缝方向上的二注井见水见效快，含水率上升快。

1999 年 7 月，在注水试验区取得较好效果的基础上，逐步扩大了注水区域，建立了坪北油田注水开发的基础井网。

二、注水先导试验

（一）井网部署

基础井网确定后，为探索合理的坪北特低渗油藏开发方式，1998 年 10 月～1999 年 12 月，选择 S142 井区开展了注水开发先导试验。试验区动用含油面积 $1.49km^2$，动用石油地质储量 127×10^4t，按照井网设计原则，采用一套开发层系、井排方向平行 NE75°线状注水方式，以及井距 450m、排距 150m 的注采井网，共部署开发井 22 口，其中，采油井 12 口，二注井 4 口，一注井 6 口（图 3－2）。1998 年 8～11 月投产油井 13 口，6 口注水井于 1998 年 10 月投注，其余井于 1999 年 5 月全部完善。注入水为采自白垩系志丹组洛河层砂岩的地下水。

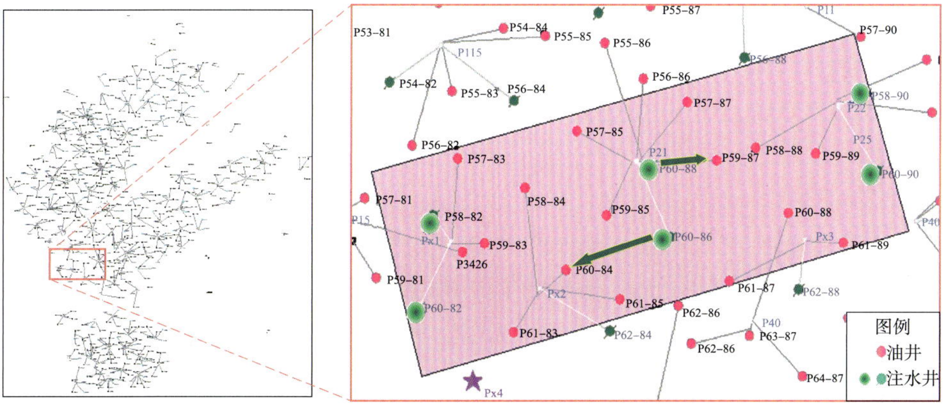

图 3－2　注水开发先导试验井位图

（二）实施简况

截至1999年6月，试验区已完钻开发井22口，投产采油井16口，注水井投注6口。已完钻的22口开发井钻遇长4+5油层组、长6油层组的有效厚度平均为19.0m，低于西块已完钻井的有效厚度平均值，计算所得石油地质储量为127×10^4t。

试验区注采主力油层为长$4+5_2$小层、长6油层组，平均油层中深1343m，平均单井开采有效厚度为11.8m，平均油层孔隙度为11.9%，测井解释渗透率为$1.7\times10^{-3}\mu m^2$，含油饱和度为56.0%。油层分布稳定，连通状况较好，在长6_2小层中东部分布较为稳定，在西部岩性尖灭。总体上看，P58－84井～P60－84井连线以东油层较厚，平均为20.7m，连线以西油层相对较薄，平均为11.6m。从物性上看，西部长6_1小层油层物性较差，P59－83井、P3426井两井在压裂施工过程中的破裂压力高达35MPa以上。

试验区采油井于1998年8月开始陆续投产，截至1999年8月，试验区16口采油井（不含周边一线井6口）累计采油12346t，产水5324m^3；8月产油1172t，产水616m^3，综合含水率为34.4%，8月采油速率为1.08%。平均单井日产液4.0t，日产油2.6t。试验区日产液量、日产油量基本稳定，生产情况明显好于其他井区。

（三）试验区开发效果评价

试验区投产4个多月后（大部分井于1998年8月投产），1998年8月、9月两个月依靠天然能量开采，在天然能量开采阶段，试采特征主要表现为天然能量不足，压力、产量下降快。经过一个月的天然能量开采，平均单井日产油下降为3.2t，下降了52.9%，平均动液面下降到1217m，下降了536m。表现出天然能量严重不足。

1998年10月开始注水采油，坪北油田注水特点主要表现为：

（1）注水压力低，吸水能力强，与一般低渗油藏注不进有一定区别。

（2）吸水剖面严重不均，在后期的工作中应注意分层注水。

（3）注水后整体开发效果较好，优于天然能量开发的区域。

试验区注水一年，整体取得了较好的效果（图3－3）。总体表现为：

（1）见效程度较高，注采对应的9口井有6口井见效，见效率为67.0%。

（2）采油井没有出现暴性水淹现象，绝大多数采油井避开了人工裂缝方向和天然裂缝方向，与储层裂缝现场监测成果吻合，初步证实了井排方向部署合理，该井网较为合适。

（3）先期注水比同期注水效果好；投注井层间吸水差异大，一般只有一个主要小层吸水；二注井见注入水快。常规的吸水剖面测试技术和分注、分采工艺能满足坪北油田注水井分注和油井分采要求。

（4）试验区的注水开发效果验证了初始井网的合理性。采油井多数都能避开注水井裂缝，大多数采油井不会出现暴性水淹水窜现象；二注井产量高，含水率上升快，如P59－87井（图3－4），与注水井P58－86井在同一排上，1998年9月18日投产，开采长4+5油层组、长6油层组，有效厚度为15.6m/2层，初期日产油5.3t，含水率为40%，动液面为466m。经过5个月的生产，液量、油量和动液面一直比较稳定。1998年12月，日产油4.52t，月末含水率为60%，动液面为839m。当时的地层水分析资料表明，该井地层水总

矿化度为 3.4×10^4mg/L，Cl^- 含量为 2.1×10^4mg/L，均低于注水前数值，判断该井见效并较快地见注入水，水线在逐步拉通，随后含水率快速上升。

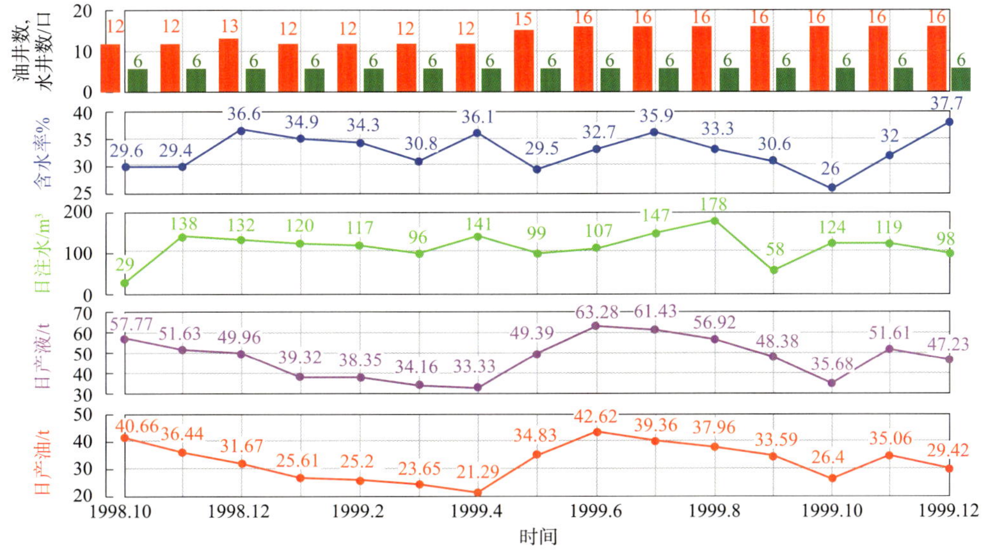

图 3－3　注水先导试验区开采曲线（1998 年 10 月～1999 年 12 月）

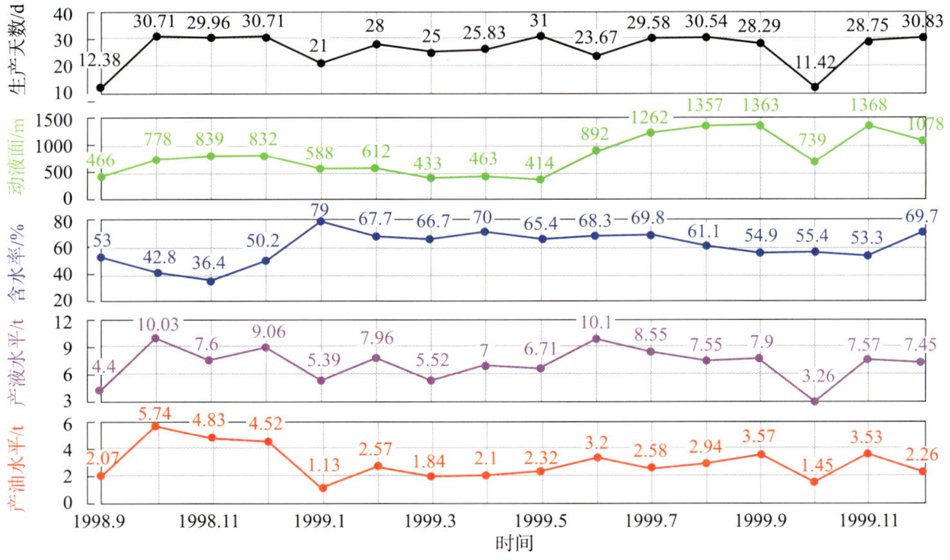

图 3－4　P59－87 井月度开采曲线（1998 年 10 月～1999 年 12 月）

第三节　产建期整体开发效果评价

一、产能建设

在注水开发试验成功后，坪北油田开展了基于该基础井网的大规模产能建设工作。

(一)产能符合率较高

方案规划钻井475口,平均井深1430m,总进尺67.9×10^4m,实际钻井480口,平均井深1429m,总进尺68.6×10^4m;方案规划建井480口,实际建井481口;方案累计建成原油生产能力25.0×10^4t,由于是分年完成,统计峰值叠加产量(投产第二年)为21.54×10^4t,产能符合率为86.2%(表3-6)。

表3-6 1998~2001产能建设符合率情况统计表

时间(年)	建油井数/口	建产能/10^4t	当年产油/10^4t	第二年产油/10^4t	产能符合率/%
1998	66	5	1.54	3.11	62.2
1999	48	4	2.49	3.57	89.2
2000	139	8	6.47	8.86	110.8
2001	147	8	3.89	6	75.0

(二)实际开发指标与方案符合较好

产建方案自1998年5月开始实施,至2001年年底结束,历时4年,对比实际开发指标和方案指标,分年度的年产油和累计产油都非常接近(表3-7)。

表3-7 方案设计和实际实施主要开发指标对比

类别		采油井/口	注水井/口	年产油/10^4t	含水率/%	累计产油/10^4t
1998年	方案	66	6	1.54	29	1.54
	实际	66	6	1.54	31.8	1.54
	差值	0	0	0	2.8	0
1999年	方案	117	22	5.4	31	6.9
	实际	112	25	5.6	34.7	7.14
	差值	5	3	0.2	3.7	0.24
2000年	方案	263	70	10	32	16
	实际	240	77	12.4	32.3	19.54
	差值	22	7	2.4	0.3	3.64
2001年	方案	360	120	20.1	34	37
	实际	375	106	18	39.3	37.54
	差值	15	14	-2.1	4.7	0.54

(三)钻遇效果变好,增储效果明显

与长庆油田提交开发前相比,钻遇的油层厚度有较大幅度的增加,油层厚度由开发前的平均8.0m增加至产建结束时的26.3m(表3-8)。1998~2001年共钻井480口,平均有效厚度26.3m,优于方案设计的18.7m,动用地质储量3448×10^4t,多于方案设计的2987×10^4t。可采储量增加了69.15×10^4t。

同时,增加了新的含油层位长6_1小层、长6_2小层。因此,在合作开发面积减少的情

况下，石油地质储量有较大幅度的增加（表3-9）。

表3-8 坪北油田产建时期钻遇效果统计表

时间（年）	统计井数/口	钻遇砂层厚度/m	钻遇油层厚度/m
1998	68	29.6	18.3
1999	69	40.4	28.6
2000	193	47	27.5
2001	150	49.1	27.3
平均	480	44.2	26.3

表3-9 坪北油田开发前后储量变化对比表

对比时间	长4+5_2小层		长6_1小层		长6_2小层		合计	
	面积/km^2	储量/10^4t	面积/km^2	储量/10^4t	面积/km^2	储量/10^4t	面积/km^2	储量/10^4t
1997年	64	2062	0	0	0	0	64	2062
2001年	30.7	1077	32.3	64	2062	64	41.7	3745
变化	-33.3	-985	32.3	64	2062	64	-22.3	1683

（四）通过开发动态反应可知注采井网合理

从注水开发动态反应来看，部分油井见到了注水效果，在较长时间内保持了产量稳定，少数井还出现了产量上升。尽管注入水推进方向性强，但没有出现暴性水淹现象。由此可见，注采井网是合理的。

注水开发先导试验区于1998年10月投入注水开发，截至2001年12月，共有油水井总数22口（2001年2口调整井未计），其中，采油井16口，注水井6口，16口老油井平均单井日产油1.8t，含水率为33.3%，产量、含水率均较稳定。

南区与坪桥作业区接壤，1999年开始投入注水开发，是注采同步较好、井网相对完善的区块。于1999年在该块开展了先期注水试验（即在P60井、P61井、P65井先钻注水井投注，次年再钻油井投产）。到2001年年底，全区共有油水井95口，其中，新、老油井79口，注水井16口，日产油173.8t。46口老井日产油92t，平均单井日产油2t，远高于全油田的平均水平（全油田平均单井日产油1.5t），且在较长的时间内保持了产量、含水率、地层能量的稳定，取得了良好的开发效果。

（五）累计注水量和期末综合含水率两项指标完成情况稍差

在产能建设中，坪北油田逐年逐块地完善注采井网，实施注水开发方案。方案设计到2001年年底，油水井总数480口，注水井120口，累计注水119.4×10^4t，累计注采比1.75，实际油水井总数481口，注水井106口，累计注水61.3×10^4t，累计注采比0.83。

2001年，所钻的油井大多数位于油藏边界，油层含油饱和度较低，投产后含水较高，致使期末综合含水率为39.2%，高于方案设计的34.5%。

第四节　水质处理技术

一、注水系统现状

（一）坪北油田

截至2019年10月，坪北油田动用含油面积64.0km²，探明已动用储量3745×10⁴t。坪北油田初期建设了P73站、P65站、P32站等3个注水站，至2008年投建SP199站，2010年投建P16站。油田共有注水井279口，年注水量75.6×10⁴m³。其中，清水51.2×10⁴m³，处理污水24.4×10⁴m³。注水系统具体分布如图3-6所示。

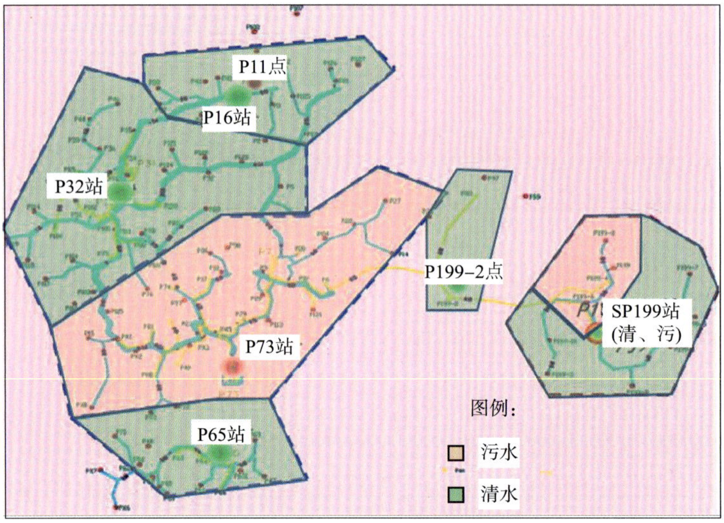

图3-6　坪北油田注水系统分布图

（二）P73联合站

P73联合站投建于2001年11月，是集污水处理和注水于一体的综合性站点，设计规模800m³/d，实际注水650m³/d，注水站设计注水压力16MPa，实际运行压力为12.5MPa，主要承担坪北油田北区共84口水井的注水任务。注水管长30.6km，主要由P22线、P7线、P738线等3条注水干线组成，连通38个注水平台（图3-7）。P73注水系统水源为产出污水、产建污水、生活污水混合处理。由于水源不配伍产生结垢，因而引起地面流程结垢堵塞、管线垢下腐蚀、注水泵结垢、处理设施结垢等一系列问题，严重影响注水运行。于2010年开始应用电化学离子调整技术，在预反应器内部上、

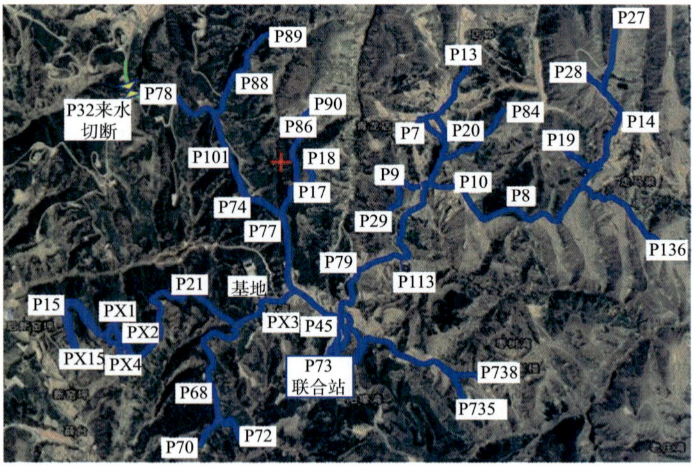

图3-7　P73联合站系统注水管网图实景图

中、下 3 段分别投加 3 种药剂，下部投加液碱调节 pH 值，中部投加离子剂，上部投加助凝剂，协同作用，絮凝沉降净化水质。离子剂为聚合氯化铝溶液，pH 值小于 5，具有较强腐蚀性，在罐体内局部浓度过大，导致罐壁腐蚀，造成预反应器罐壁多处渗漏，影响了正常生产运行。处理流程主要为：储油、沉降、电化学离子稳定处理、缓冲、注水。

在注水泵进排液阀、流量计及注水管线处均发现了严重结垢，垢的类型为碳酸钙（图 3－8）。管线结垢造成中下游供水压力损耗大，P73 联合站注水泵压为 13MPa，P7 线注水管网中部压力为 8.9MPa，管损较大，达到 4.1MPa，平均注水压力为 8.7MPa。管线结垢造成部分平台泵压降低，达不到注水启动压力，注水井注不进或注不够，严重影响注水任务的完成。

(a)P74平台配水间汇管

(b)P73-P7注水支线

图 3－8　P73 联合站结垢状况

（三）P65 清水站

P65 清水站投建于 1999 年 8 月，是集处理和注水于一体的综合注水站，设计规模 480m³/d，实际注水 350m³/d，注水站设计注水压力为 13MPa，实际运行压力为 11.5MPa，主要承担坪北油田南区共 40 口水井的注水任务。注水管长 22.1km，主要由 P64 线、P66 线、P65 线等 3 条注水干线组成，连通 20 个注水平台（图 3－9）。注水水源以洛河层清水为主，洛河层清水呈弱碱性，pH 值为 7.5，含氧量达 2.0，容易造成管线结垢及氧腐蚀（图 3－10）。处理流程主要为：沉降、电解杀菌、过滤、缓冲、注水。

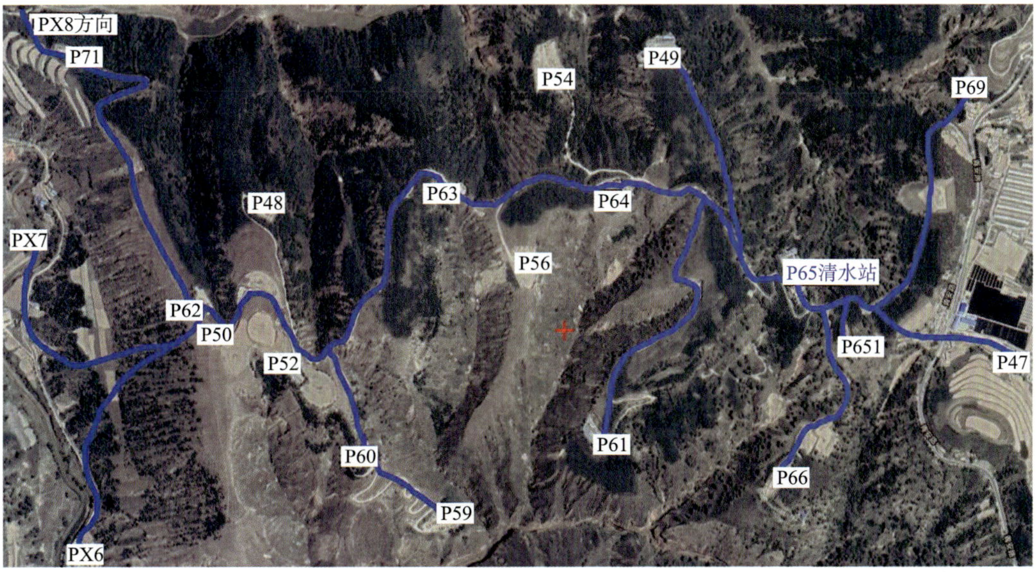

图 3－9　P65 清水站系统注水管网图实景图

图 3－10　P64 配水间内结垢

（四）P32 清水站

P32 清水站于 2000 年投入运行，设计规模 $1080m^3/d$，目前注水 $820m^3/d$，采用清水单注方式。清水水源来自 P31 井台、P32 井台、P102 井台等的水源井，以洛河层清水为主，总清水产水能力 $850m^3/d$。注水站设计注水压力 13MPa，实际运行压力为 12MPa。注水管长 40.84km，主要由东、南、西、北 4 条注水干线组成，连通 39 个注水平台（图 3－11）。洛河层清水呈弱碱性，pH 值为 7.5，含氧量达 3.0，容易造成管线结垢及氧腐蚀（图 3－12）。处理流程主要为：沉降、电解杀菌、过滤、缓冲、注水。

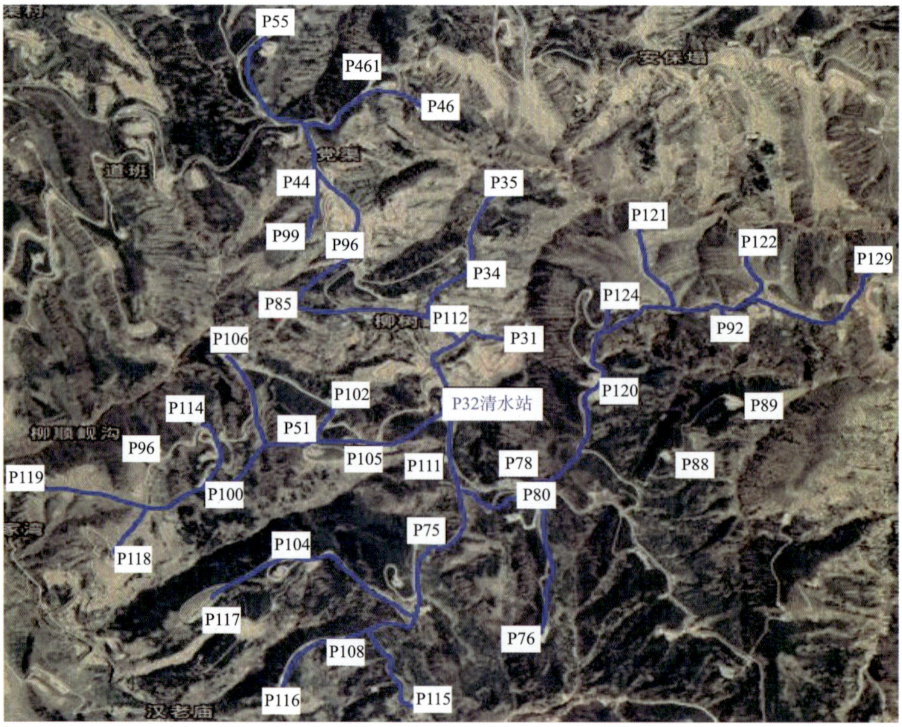

图 3－11　P32 清水站系统注水管网图实景图

图 3－12 P102 支线内外腐蚀穿孔

（五）P199 注水站

P199 注水站于 2009 年投入运行，实现清污分注工艺流程，承担着 P199 井区 11 个注水平台 51 口水井的注水任务。

P199 注水站的清水系统设计规模为 480m^3/d，实际注水 350m^3/d，清水水源来自 P7 转水站、P9 转水站，总清水产水能力 380m^3/d，注水站设计注水压力为 16MPa，实际运行压力为 11.0MPa。清水系统管长 6.9km，主要由 P199－10 线、P199－1 线、P199－7 线等 3 条注水干线组成，连通 20 个注水平台。清水系统洛河层清水为注水水源，呈弱碱性，pH 值为 7.8，含氧量达 2.0，容易造成管线结垢及氧腐蚀。处理流程主要为：沉降、电解杀菌、过滤、缓冲、注水。

P199 注水站的污水系统设计规模为 150m^3/d，实际注水 100m^3/d，水源来自 P199 站三相分离器，总污水产水能力为 100m^3/d，注水站设计注水压力为 16MPa，实际运行压力为 9.0MPa。污水系统管长 22.1km，主要由 P64 线、P66 线、P65 线等 3 条注水干线组成，连通 11 个注水平台（图 3－13）。污水源主要为 P199 井区油井产出污水，呈弱酸性，pH 值为 6.2，对处理设

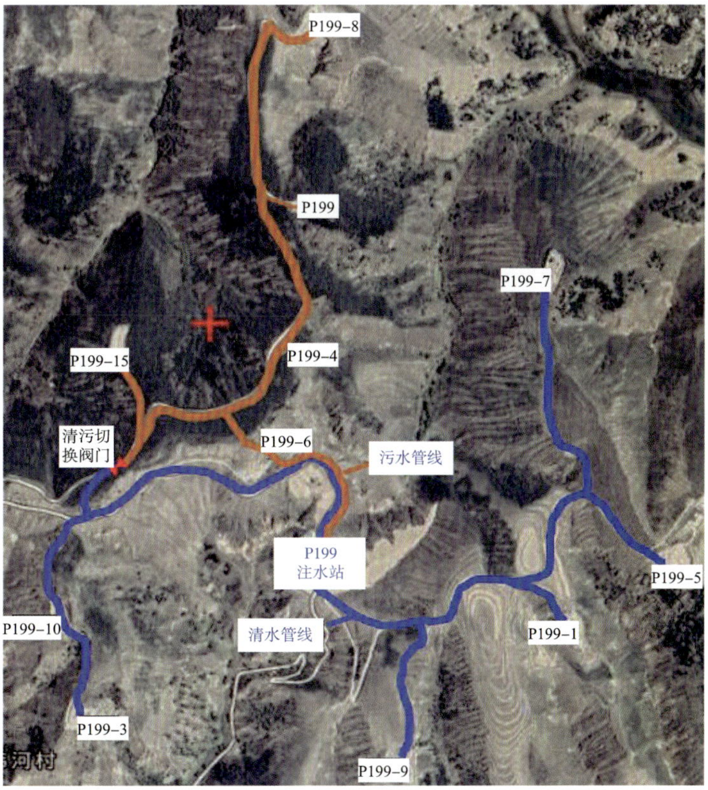

图 3－13 P199 注水站系统注水管网图实景图

备、注水管线有较强的腐蚀性，含铁量达 4.0mg/L。处理流程主要为：除油、沉降、杀菌、过滤、缓冲、注水。

二、地面系统现状及损害机理

坪北油田有油井 756 口，其中，开井 655 口，日产液量 1120t，综合含水率为 59%，部分为高含水井，尤其是暴性水淹井和套漏井，产出液流进油井井筒后，会造成抽油泵垢卡，油管结垢。油井产出液泵抽至地面后，地面系统结垢，损坏输油泵，会堵塞盘管和管线（图 3－14）。由于高含水井逐渐增多，部分平台由于掺清水输油、采用加热输油等原因，导致 P100 平台、P35 平台、P85 平台、P49 平台、P651 平台等集输管线堵塞事故频发（图 3－15）。

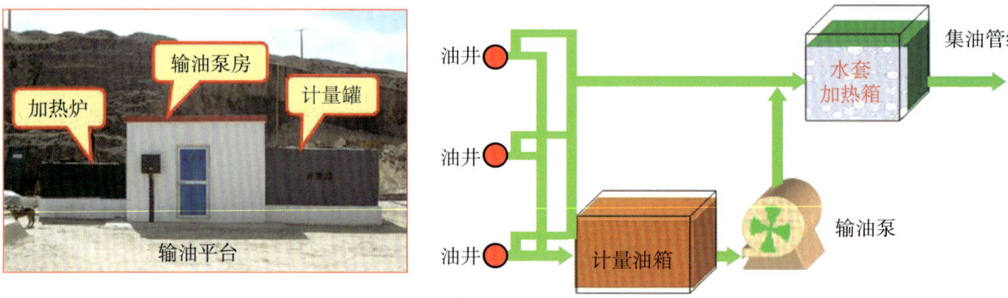

图 3－14　油井系统地面图

图 3－15　油井系统结垢图

坪北油田因水质恶化而导致的注水系统损失如下：

（1）仅 2018～2019 年联合系统注水管线穿孔就达 7 次，两年维修费用约 55 万元。

（2）管网设备维修费用增加 40 万元/年。

（3）大量结垢现象导致管线垢下腐蚀严重，管线寿命下降，管线更换频繁，P73 联合站系统注水管线更换周期为 4～8 年；管线缩径，降低了流通能力，致使下游注水井无法完成配注，欠注井最多达 19 口，日欠注量达 170m^3；管线损耗增大，注水单耗由 3.8（kW·h）/m^3 上升至 4.2（kW·h）/m^3，严重制约了能效倍增计划的实施。

坪北油田 P73 联合站污水系统站内结垢十分严重，清水系统站内无结垢情况。但是清水注入储层后，由于与地层水不配伍，导致注水压力持续上升。油井井筒中结垢现象十分严重，分别呈现粉砂状垢及片状垢，集输系统在加热炉等部位也存在极强的结垢趋势，采出水进入加热炉后甚至仅一天便造成泵体卡死。这些情况不仅影响了油田的正常生产，还造成了严重的经济损失。

（一）污水系统损害机理

P73 联合站污水系统采出水离子分析数据（表 3－10）显示，采出水为 $CaCl_2$ 水型，总矿化度达 6.7965×10^4mg/L，水中含有大量成垢 Ca^{2+}、Sr^{2+} 及 Ba^{2+}，其中，Ca^{2+} 含量达到 13321.78 mg/L，Sr^{2+} 含量为 962.48 mg/L，Ba^{2+} 含量为 84.45 mg/L，但是阴离子中 HCO_3^- 含量较低，仅 116.46mg/L，SO_4^{2-} 含量仅 16.67mg/L。采用 OLI ScaleChem 软件进行的结垢预测表明，垢物类型均为 $CaCO_3$ 垢与 $BaSO_4$ 垢。其中，$CaCO_3$ 垢随注入水温度的升高而升高，最高可达 51.57mg/L；$BaSO_4$ 垢随注入水温度的升高而略有降低，最高为地面条件下的 31.18mg/L，但结垢总量均随注入水温度的升高而略有升高，最高可达 63.88mg/L。通过注水泵内、管线内及注水管网末端的垢样分析（表 3－11）发现，P73 联合站污水系统在注水泵处的垢物成分以 $BaSO_4$ 为主，含量超过 60%，其次为 $CaCO_3$、腐蚀产物、无机盐等。当污水进入注水管线后，结垢产物成分发生变化，以腐蚀产物为主，含量达 53%，仍存在 $CaCO_3$ 垢与 $BaSO_4$ 垢。此时，管线出现污染，垢物中出现大量油垢。

表 3－10 离子分析数据表

阳离子含量/(mg/L)						阴离子含量/(mg/L)			矿化度/(10^4mg/L)	水型
K^+	Na^+	Ca^{2+}	Mg^{2+}	Sr^{2+}	Ba^{2+}	HCO_3^-	SO_4^{2-}	Cl^-		
87.39	10992.9	13321.78	145.68	962.48	84.45	116.46	16.67	42236.93	6.7965	$CaCl_2$ 型

表 3－11 P73 注水系统不同部位垢物成分表

样品名称	垢物含量/%					
	$CaCO_3$ 垢	$BaSO_4$ 垢	$SrCO_3$ 垢	铁垢	无机硅盐	污油
注水泵 1#垢样	9.57	68.59	6.28	3.56	3.71	8.29
注水泵 2#垢样	8.30	60.26	0.00	5.93	13.48	12.03
注水管线垢样	7.39	2.59	0.00	53.04	8.54	28.44

注水管网末端的 P22 垢样分析显示（表 3－12），垢物以腐蚀产物为主，氧化铁（Fe_2O_3）含量达到 61.28%，结垢产物 $CaCO_3$ 含量为 12.10%。由于 P73 联合站注水系统中不含硫，但在垢物中出现了 FeS，含量达到 10.74%，说明系统中出现了较严重的细菌腐蚀。P73 联合站沿程水质资料也显示出 SRB 细菌滋生（表 3－13），应引起重视。

表 3－12 P73 联合站注水系统注水管网末端垢物成分表

FeS 含量/%	Fe_2O_3 含量/%	$CaCO_3$ 含量/%	$MgCO_3$ 含量/%	油垢、无机硅盐含量/%
10.74	61.28	12.10	0.42	15.46

表 3-13　P73 注水系统指标变化表

注水站	SRB/（个/mL）	TGB/（个/mL）	FB/（个/mL）	平均腐蚀率/（mm/a）	平均结垢率/（mm/a）
P73 联合站注水泵	25	2.5	2.5	0.4376	0.1877
管网末端	140	140	25	0.016	0.0026

（二）清水系统损害机理

坪北油田清水系统对地面系统伤害较小，主要伤害体现在注入储层后与地层水不配伍，清水与地层水的不配伍主要表现在两者混合产生沉淀和结垢，有些沉淀以悬浮物颗粒的形式存在，在流动中堵塞孔喉通道，有的在储层空间岩石表面结成固体垢，减小了孔隙通道有效横截面，甚至会完全堵死通道，从而损害地层。

P32 清水站的洛河层清水及储层地下水离子分析结果（表 3-14）表明，地层水中的 Ca^{2+}、Mg^{2+} 含量高，容易产生钙、镁等垢。经结垢趋势预测表明，洛河层清水在未混合时，只有 $CaCO_3$ 垢生成，结垢总量随温度的升高而增加，60℃时结垢量在 40mg/L 以下；地层水在未混合时，水中 $CaCO_3$ 垢与 $BaSO_4$ 垢并存，其中 $CaCO_3$ 垢随温度的升高而增加，$BaSO_4$ 垢随温度的升高而降低，结垢总量约 60mg/L。当洛河层清水经 P32 清水站注入地层后，两种水体在不同混合比例下混合水中同时存在 $CaCO_3$ 垢和 $BaSO_4$ 垢，结垢总量随着洛河层清水的注入先迅速增加，当清水比例达到 70% 时，结垢总量达到最大（163.73mg/L），当清水比例继续增加时，混合水中成垢阳离子含量迅速减少，使混合水结垢总量迅速减少。坪北油田 70% 注水水源为洛河层清水，水型为 $NaHCO_3$ 型，地层水水型为 $CaCl_2$ 型，两种水型不配伍，长期注水将造成储层伤害，系统结垢。

表 3-14　离子分析数据表

样号	阳离子含量/(mg/L)						阴离子含量/(mg/L)			矿化度/(mg/L)	水型
	K^+	Na^+	Ca^{2+}	Mg^{2+}	Sr^{2+}	Ba^{2+}	HCO_3^-	SO_4^{2-}	Cl^-		
洛河层清水	1.2	109.5	34.8	29.6	0.8	0.0	372.0	74.8	54.2	677	$NaHCO_3$ 型

三、坪北油田水质综合治理研究

（一）污水系统治理方案

针对 P73 联合站污水系统水处理工艺及水质状况，通过室内实验筛选出了污水系统防垢剂、缓蚀剂和杀菌剂，并结合各种药剂的性能、投加工艺、处理效果和经济技术指标等对比，得出优化配方，制定了治理工艺方案。

其中，阻垢剂选用加药浓度 50mg/L 的 QKBS-2，pH 值大于 6.21，$BaSO_4$ 阻垢率在 P73 联合站注水系统实际水样中可高达 94.67%。在投加浓度为 50mg/L 时，$BaSO_4$ 的阻垢率达到最大值（94.67%）。

缓蚀剂选用加药浓度为50mg/L的缓蚀剂LCH115，备选缓蚀剂为SB9806C及WT304。

杀菌剂选用杀菌剂SS313、SS412和BFS-1作为P73联合站备选杀菌剂。

该方案的室内评价结果为腐蚀速率为0.0259mm/a，缓蚀率为67.13%，结垢率为0.0153mm/a，阻垢率为81.34%，满足工况要求。

（二）清水系统治理方案

P32清水站清水系统由于离子含量极低，水中悬浮物含量也极低，且不含油，因此自身结垢趋势较弱，而清水站结垢伤害主要发生在储层，即清水与地层水不配伍导致水体结垢而堵塞地层。

通过室内实验优选出加药浓度为50mg/L的KD-1阻垢剂，在坪北油田清水中与不同比例地层水混合后，不论在注入的早期、中期还是后期，混合水的平均结垢率均处于达标状态，可有效抑制结垢问题。缓蚀剂选用加药浓度为50mg/L的LCH115，由于采用电解杀菌技术，因此，P32清水站清水系统不需要进行杀菌剂筛选。根据P32清水站水处理状况及现场优化配方，现场实测P32清水站清水系统腐蚀率在标准范围内，满足工况需要。

采用投加各类水处理杀菌药剂等传统处理方法容易出现药剂的二次污染、出现抗药性、施工工序复杂、劳动强度大、成本高和腐蚀等问题，无法高效应用于坪北油田污水处理工艺中。

电解杀菌是利用油田注水中含有一定量Cl^-的特点，将其电解还原成具有强力杀菌效果的有效氯，以达到杀菌目的。坪北油田污水矿化度一般为3000～30000mg/L，氯根含量为1000～20000mg/L，适用于电解杀菌技术。ULD系列电解杀菌仪连续电解杀菌时，不仅能杀死腐生菌、硫酸盐还原菌和铁细菌，还能将水中的二价硫彻底脱除，解决了油田注水杀菌系统一直没能彻底解决的难题。

在ULD系列电解杀菌仪使用过程中，受注入水中镁盐和钙盐等在电解时在阴极上结垢的影响，使电解过程无法持续进行，因此，提出了自动除垢新工艺，通过定期自动交换阴、阳电极，使设备能连续工作，持续的电解和余氯的存在使油田注水系统一直处在杀菌的状态，破坏了细菌的生长环境，使油田注水完全能够达到油田注水水质要求，保障了油田开采的顺利进行。

电解杀菌装置安装示意图如图3-16所示，该装置直接安装在回注水管网上，不改变系统流程，简单方便。

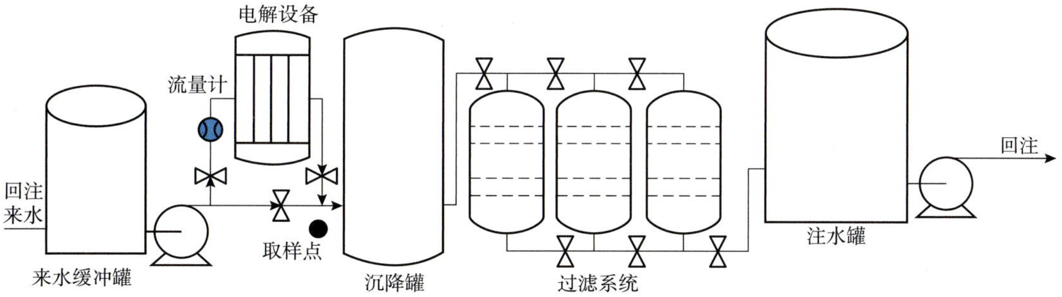

图3-16 电解杀菌装置安装示意图

（三）集输系统治理方案

经油井垢样分析（表3－15）发现，北二区各油井垢样结垢以$CaCO_3$为主，间杂腐蚀产物、无机盐及油泥等。

表3－15 油井垢样分析结果表

样品名称	垢物组成/%				
	$CaCO_3$垢	$BaSO_4$垢	铁垢	无机硅盐	污油
油井出口垢样	85.05	0.00	4.50	8.43	2.02
油管垢样	66.59	0.00	12.33	1.35	19.73
抽油杆垢样	21.55	0.00	7.64	2.07	68.74

根据P73联合站污水系统防垢剂筛选结果，采用防垢剂WT304对北二区油井进行阻垢性能评价，结果表明，当Ca^{2+}浓度超过3000mg/L时，阻垢效果差，因此，选择在Ca^{2+}含量低于3000mg/L的油井中开展现场投加试验。在油管及抽油杆垢样中，均发现存在FeS（表3－16），说明系统出现了较为严重的细菌腐蚀，参照P73联合站污水系统杀菌剂评价结果，需要投加合适的杀菌剂。

表3－16 坪北油井中腐蚀产物成分表

样品名称	铁垢组成	
	Fe_2O_3等	FeS
坪北油管垢样含量/%	65.26	34.74
抽油杆垢样含量	微量	基本全是

（四）地面工艺治理方案

通过水处理过滤器和电解杀菌设备维护检修工作以及储水罐的清罐工作，加强了水处理设备的维护，提升了处理效果。坪北油田在用过滤器8具，其中，核桃壳过滤器4具，超精纤维束过滤器4具，通过对8具水处理过滤器进行更换滤料及检修，悬浮物指标比较平稳且达标，有效提升了水质。同时，对P199注水站、P32清水站电解杀菌仪电极进行更换，提升杀菌效果，硫酸还原菌、铁细菌、腐生菌等3项指标均符合国家A2级标准。对P32清水站、P16站的4具储水罐和P73联合站沉降池进行了清理工作，减少了积淤对水质的影响。

（五）生活污水处理方案

坪北油田地处黄土高原中部，属于暖温带干旱大陆型气候，降雨少，年均降水量约500mm，蒸发量大，水资源十分匮乏；且区域位于延安市饮用水源保护区内，环保要求高；而油田开发每年需水量约$80\times10^4m^3$，水资源需求量非常大。坪北油田为特低渗油藏，注入水水质标准为A2级，对回注水水质要求较高。

为加强环境保护，油田将生活污水回收至P73联合站集中处理后用于回注，日均回收生活污水 150m³，实现了全部污水回收再利用。对生活污水的处理，主要采用电化学离子稳定技术，形成了三相污水、生活污水、产建作业污水和雨水 4 种污水混合精处理工艺（图 3－17），实现了污水零排放，年节约清水 $5.5\times10^4m^3$。

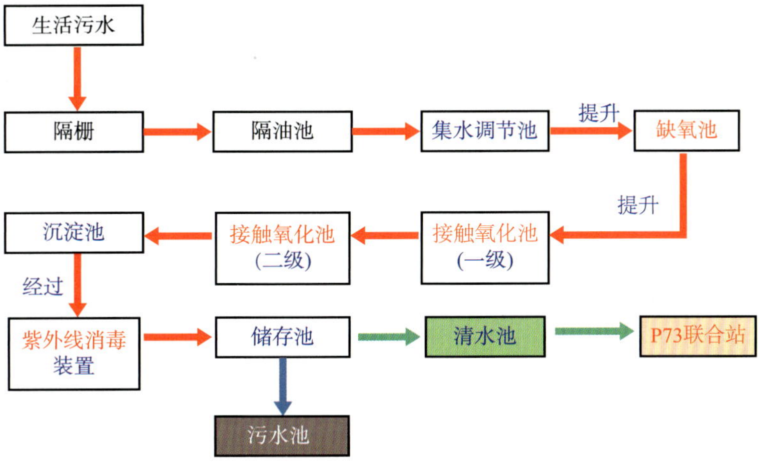

图 3－17　生活污水生化预处理工艺流程

为了满足生活污水回注标准，油田进行了水质改善。由于坪北地区生活污水主要来源于洛河层清水，通过对比生活污水与洛河层清水的离子含量（表 3－17），明确了生活污水水体变化情况，结果发现，生活污水经日常使用后，水体没有发生变化。

表 3－17　离子分析数据表

样号	阳离子含量/(mg/L)					阴离子含量/(mg/L)			矿化度/(10^4mg/L)	水型
	K^+	Na^+	Ca^{2+}	Mg^{2+}	Sr^{2+}	HCO_3^-	SO_4^{2-}	Cl^-		
洛河层清水	1.19	109.49	34.81	29.55	0.77	372.01	74.85	54.21	0.0677	$NaHCO_3$ 型
生活污水	7.72	88.69	35.04	23.89	0.51	484.00	45.52	38.62	0.07240	$NaHCO_3$ 型

由于生活污水与 P32 清水站洛河层清水的水体十分相似，因此，可采用 P32 清水站清水处理方式进行处理，但 P32 清水站有完善的电解杀菌装置，而生活污水没有此装置，因此，对生活污水采用投加药剂方式进行杀菌处理。另外，由于生活污水要汇入 P73 联合站，势必与 P73 联合站原有污水发生反应，生成大量碳 $CaCO_3$ 沉淀，造成结垢堵塞伤害，因此，应在原处理工艺的基础上，在汇入 P73 联合站前在清水池处增加加药装置（图 3－18），或重新

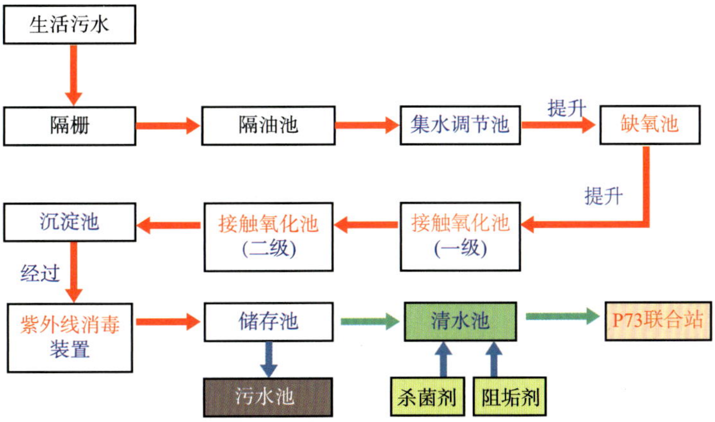

图 3－18　生活污水生化改造后工艺流程

设计处理站点，参照P32清水站清水系统，在清水池后端增加过滤装置及电解杀菌装置（图3－19），或者重新设计处理站点。

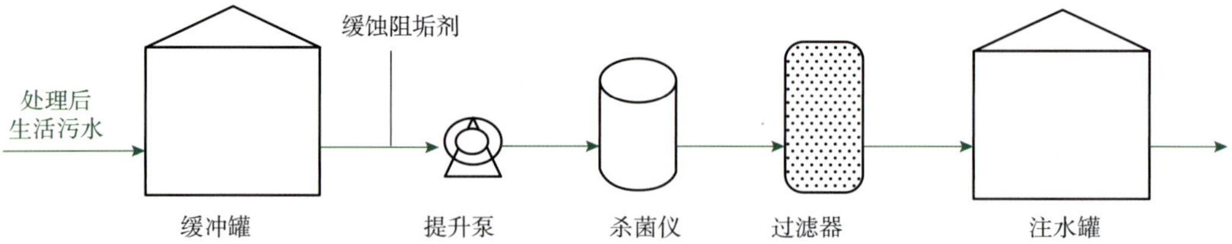

图3－19　生活污水生化处理完毕后工艺流程

四、水质综合指标现场实施效果

根据室内优化配方，坪北油田进行了药剂现场试验，实施后，现场水处理费用下降，水质达标率上升，注水量上升，油区原油产量递减变缓，具体如下：

（1）通过优化注水站水处理药剂和投加方案，减少了药剂投加种类和投加量，水处理费用下降0.08元/m^3，年节约费用6.1万元。

（2）注入水水质变好，水质达标率由60%上升到90%，水井作业周期延长，年减少换封、检管、酸化等作业10井次以上，节约作业费用约35万元。清水电解杀菌提高了自动化管理程度，减轻了工人的劳动强度；水质改善减缓了腐蚀结垢速度，延长了注水设备设施的使用寿命，减少了注水管线穿孔造成的污染事故，改善了环境，缓解了工农关系，取得了较好的社会效益。

（3）油区水井注水量由1800m^3/d上升到2300m^3/d，区块油藏能量得到较好补充，满足了油田注水需要。

（4）水质改善提高了水驱开发效果，油区原油产量减递速度由8.0%下降到7.0%，年增产原油1340t，新增销售收入438.8万元；扣除新增利税29.3万元，实际新增利润409.5万元，经济效益较好。

第五节　规模产建期整体压裂技术

坪北油田油井只有在压裂后才有产能，因此，压裂技术已成为致密油藏能否投入工业开发的决定性措施。结合坪北规模产建期的“菱形反九点”注采井网和二注井（角井）转注后变为行列式井网的井网布置思路，形成了配套的基础压裂工艺技术体系。由于靠单一压裂主缝的常规压裂技术很难取得预期增产效果，因此，坪北油田提出将体积压裂技术应用到致密油藏中。

一、地应力分析

坪北油田天然微裂缝中北东方向裂缝最发育，最小主应力梯度为0.01376～

0.01602MPa/m，水平最大主应力方向即人工裂缝方向为 NE70°～80°，裂缝为垂直缝，延伸长度为350～400m。注水或压裂后，开启的天然裂缝主要有两组：一组为 NE25°～45°方向，另一组为 NW20°～45°方向，在原始地应力条件下呈闭合状态，属于隐裂缝。个别井有 NW70°方向缝，P60－86 井还出现了一条南北向的缝，说明压裂或注水产生水平裂缝的可能性小。

坪北油田储层最小水平地应力梯度为0.01376～0.01602MPa/m，最小水平地应力范围为15.5～19MPa，其中，长4＋5 油层组最小水平地应力为15.5MPa，长6 油层组最小水平地应力为16.3MPa。

上、下隔层应力差的大小决定裂缝的形态，针对笼统压裂纵向上改造不充分的情况，重新对厚油层的地应力剖面进行岩石应力分布分析，发现层内不同层段含油性差别大，具备一定的泥岩隔层，储层、隔层岩石力学参数具备一定差异性（表3－18）。地应力的大小是决定压裂后人工裂缝是垂直裂缝还是水平裂缝的最主要因素。岩心主要呈剪切破坏，垂向主应力比水平主应力大，且最小水平主应力为水平方向，说明压裂过程中以形成垂直裂缝为主，产生的裂缝为垂向双翼裂缝（表3－19、表3－20）。

表3－18 P39－873 井岩石力学三轴实验数据结果

深度/m	围压/MPa	实验类型	弹性模量/GPa	泊松比	强度/MPa
1293.87～1294.12（泥岩）	20.03	三轴	12.3044	0.230	132.25
1284.17～1284.43（油层）	18.69	三轴	18.8045	0.247	161.973
1298.46～1298.7（泥岩）	18.84	三轴	15.753	0.233	149.655

表3－19 储层岩石力学参数总表

岩性	岩心号	井深/m	实验类型	围压/MPa	强度/MPa	弹性模量/GPa	泊松比	备注
上隔层	3－13/38	1311	P33－89 三轴	15	190.552	23.4345	0.231	天然裂缝存在
油层	2－2/39	1324.16		20	233.532	22.4772	0.23	
下隔层	4－37/38	1333.89		15	196.777	21.8645	0.237	
上泥层	1－44/56	1139.23	P66－80 三轴	18	134.535	20.8382	0.236	天然裂缝存在
下隔层	2－11/35	1160.7		15	180.045	19.8962	0.232	
油层	4－27/39	1147.5		20	207.812	21.3466	0.235	
上泥层	3－21/31	1276.91	P39－873 三轴	20	159.143	17.3216	0.238	
油层	2－31－59	1284.17～1284.43		18.69	149.655	18.8045	0.247	
下泥层	3－36－51	1298.46～1298.7		18.84	149.655	15.753	0.233	

表3－20 声发射Kaiser效应测量地应力大小的实验数据

样品	井深/m	不同方向取心测得的Kaiser点正应力/MPa				σ_H/MPa	σ_h/MPa	σ_v/MPa
		0°	45°	90°	垂直			
2－2/39	1311	11.534	12.821	8.543	20.042	23.512	20.409	31.964
3－21/31	1324.16	12.545	11.543	8.575	20.532	24.595	20.608	32.573
4－27/39	1333.89	8.742	13.154	11.843	21.552	24.032	20.813	33.682
2－11/35	1139.23	7.131	10.365	9.265	16.834	19.661	17.454	27.194
4－37/38	1160.7	8.132	11.364	10.432	17.164	21.016	18.659	27.719
3－13/38	1147.5	9.132	10.554	7.174	17.034	19.609	17.568	27.469
1－44/56	1276.91	11.658	9.654	8.435	19.324	23.27	19.567	30.936
2－31－59	1284.17	11.408	12.569	8.317	20.548	22.173	18.967	30.929
3－36－51	1293.87	11.974	12.266	9.197	21.086	22.781	19.652	31.545
4－8－40	1298.46	13.075	11.668	8.992	21.795	23.906	19.816	32.291

以P72－111井（图3－20）为例，地面破裂压力为18MPa，施工压力为9MPa左右，停泵压力为5.3MPa，井深为1264～1270m，计算井底破裂压力为25.5MPa，破裂压力系数值为20.2MPa/m，裂缝形态为垂直裂缝。

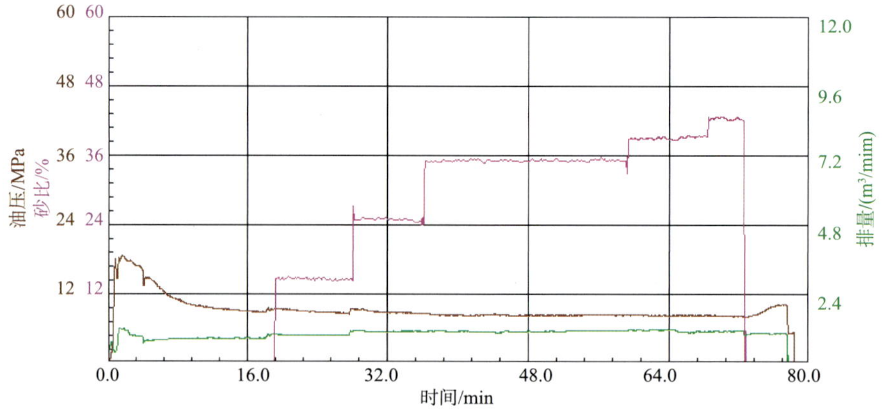

图3－20 P72－111井压裂施工曲线

为使地层破裂，必须使井底压力高于井筒处的周向应力及岩石的抗张强度。井筒处的最小周向应力（σ_ϕ）为：

$$\sigma_\phi = 3\sigma_y - \sigma_x - p_i + (p_i - p_s)\ \alpha \frac{1-2\nu}{1-\nu} \tag{3-11}$$

当井底压力超过破裂压力后，可形成垂直裂缝，也可存在水平裂缝，且在压裂过程中存在压裂液滤失与非滤失两种情况。

对于形成的垂直裂缝：

（1）当存在滤失时，如果地层的破裂属于纯张应力破坏，那么随着井内注入压力的增大，不但能平衡掉原来存在于井壁上的周向应力，还会在略大于岩石水平方向的抗张强度时，使岩石发生破裂，产生垂直裂缝。此时将满足下列条件，即：

$$\overline{\alpha_\phi} = -a_t^h \overline{\alpha_\phi} = -a_t^h \tag{3-12}$$

式中，$\overline{\alpha_\phi} = \alpha_\phi - p_i$。此时的有效周向应力为周向应力减去发生滤失后的井壁上多孔介质的孔隙压力，而不是地层孔隙压力。

地层破裂压力（p_F）计算公式为：

$$p_F = \frac{3\overline{\alpha_y} - \overline{\alpha_x} + \alpha_t^h}{2 - \alpha\dfrac{1-2\nu}{1-\nu}} + p_s \tag{3-13}$$

式中，$\overline{\alpha_y} = \alpha_y - p_s$，$\overline{\alpha_x} = \alpha_x - p_s$，$0 < \alpha\dfrac{1-2\nu}{1-\nu} < 1$。

（2）当不存在液体滤失时，由于没有压力较高的液体渗流出井壁，故此时井壁上的孔隙压力不变，有效周向应力 $\overline{\alpha_\phi} = \alpha_\phi - p_s$，式中不包含滤失应力项：

$$\sigma_\phi = 3\sigma_y - \sigma_x - p_i \tag{3-14}$$

当地层破裂时，应有 $\overline{\alpha_\phi} = -\alpha_t^h$，推断出破裂压力公式为：

$$p_F = 3\overline{\alpha_y} - \overline{\alpha_x} + \alpha_t^h + p_s \tag{3-15}$$

液体滤失于地层中，会使得破裂压力有所降低，这主要是由于带压液体进入地层后，增大了受压面积，降低了破裂压力。特别是在裸眼井中，会由于液体滤失而使破裂压力下降，降幅约为25%～40%。

对于形成的水平裂缝：

（1）存在滤失时，由于滤失将会产生垂向应力变化，通过加砂过程中井筒引起的垂向应力的变化可得垂向总应力为：

$$\alpha_z = \alpha_v - 2\nu(\alpha_x - \alpha_y) + \frac{\alpha(1-2\nu)}{2(1-\nu)}(p_i - p_s) \tag{3-16}$$

形成水平裂缝时，应有$\overline{\alpha_z} = -a_t^v$，$\overline{\alpha_z} = a_z - p_i$，$a_t^v$ 为岩石垂向抗张强度。

破裂公式为：

$$p_F = \frac{\overline{\alpha_v} - 2\nu(\overline{\alpha_x} - \overline{\alpha_y}) + \alpha_t^v}{1 - \dfrac{\alpha(1-2\nu)}{2(1-\nu)}} + p_s \tag{3-17}$$

上述破裂压力总是高于靠近井底端地层形成水平裂缝所需要的压力。实际靠近井底端形成水平裂缝的破裂压力计算公式为：

$$p_F = \frac{\overline{\alpha_v} - 2\nu(\overline{\alpha_x} - \overline{\alpha_y}) + \alpha_t^v}{1.94 - \dfrac{\alpha(1-2\nu)}{2(1-\nu)}} + p_s \tag{3-18}$$

（2）当无滤失时，式（3-18）可转换为：

$$p_F = \frac{\overline{\alpha_v} - 2\nu(\overline{\alpha_x} - \overline{\alpha_y}) + \alpha_t^v}{0.94} + p_s \tag{3-19}$$

上述各式中，p_i 为井底液柱压力，MPa；p_s 为岩石孔隙压力，MPa；σ_x 为最大水平应力；σ_y 为最小水平应力；ν 为岩石泊松比；$\alpha = 1 - C_r/C_b$，为孔隙弹性系数。

根据岩石力学实验结果，选取泊松比0.233，以岩石密度2.2g/cm³计算上覆岩层压力为27.8MPa，最大、最小水平主应力分别为22.7MPa、19.6MPa，岩层孔隙压力取原始地层压力8.3MPa，井液柱压力为12.6MPa，孔隙弹性系数为0.99，计算出破裂压力，结果发现，形成垂直裂缝的破裂压力均小于形成水平裂缝的破裂压力（表3－21），因此，可以判定坪北油田油井压裂以形成有滤失的垂直裂缝模型为主。

表3－21　不同缝型破裂压力

类别	滤失分类	计算结果
形成垂直缝破裂压力	有滤失	24.4
	无滤失	29.5
形成水平缝破裂压力	有滤失	30.1
	无滤失	43.1

二、压裂液对储层的潜在伤害

坪北油田储层整体物性较差，经压裂改造后，人工裂缝虽然能够有效改善渗流环境，但大量液体进入地层，若滞留时间较长，改变原有的储层环境，一定程度上将影响措施效果；外来压裂液入侵到基质中，也会对储层造成污染，影响压裂缝面附近的基质的渗流能力；同时，破胶液中残渣的存在，可能堵塞部分孔喉，伤害储层渗流能力。因此，有必要明确压裂液对储层造成的潜在伤害，为合理的压裂液体系提出及工艺优化提供依据。

根据坪北油田储层特征及压裂液的性能，明确了压裂液对储层的潜在伤害包括以下几个方面：

（1）黏土矿物膨胀和颗粒运移引起的伤害。大量的压裂液进入地层后，与伊利石接触，伊利石分散运移，使得储、渗空间减少，松散粘附于孔道壁面的黏土颗粒与压裂液接触时分散、剥落，随压裂滤液进入油气层或沿裂缝运动，在孔喉处被卡住，形成桥堵，引起伤害。

（2）原油引起的乳化伤害。原油组分中含有沥青和蜡，压裂时压裂液的流动具有搅拌作用，在油气层孔隙中形成油水乳化液。原油中的天然乳化剂附着在水滴上形成保护膜，使乳化液具有一定的稳定性。这些乳化液滴在毛管、喉道中产生贾敏效应，增加流体的流动阻力，对地层造成堵塞。

（3）压裂液残渣含量对储层的伤害。坪北油田使用的压裂液主要是羟丙基胍胶的水基压裂液。水基压裂液对储层的伤害可分为3种：①滤液伤害，压裂液挤入地层，滤液进入地层孔隙介质内可能与储层流体和黏土矿物发生物理反应和化学反应，导致储层渗透率下降；②浓缩伤害，压裂液的滤失作用，在裂缝的表面形成致密滤饼的同时，压裂液稠化剂被浓缩，最终不能破胶或不能完全破胶；③不溶物伤害，压裂液增稠剂本身的不溶物和交联作用产生的不溶物在压裂液降解过程中形成的不溶残渣所造成的伤害。压裂液伤害机理表明，影响裂缝导流能力的因素有很多，但未完全破胶的残胶和残渣是导致压裂效果变差的主要因素。

三、压裂工艺研究

结合压裂液潜在伤害因素和坪北油田储层特征，确定了压裂液体系。通过室内实验优化出稠化剂浓度为0.40%的HPG的水基羟丙基瓜胶压裂液体系，其胶联后剪切1h的黏度达到180mPa·s，残渣含量为178mg/L，且与地层水具有良好的配伍性，破乳率达到90%以上，既满足携砂性能要求又满足低残渣伤害要求。根据Elkins提出的划分标准（表3-22），结合坪北油田渗透率和半缝长与产量的关系，优化得出坪北油田裂缝长度（单翼）为100~110m左右。

表3-22　Elkins提出的划分标准

渗透率/$10^{-3}\mu m^2$	定性评价	适合的裂缝半长/m
0.0001~0.001	极致密	1220~915
0.001~0.005	很致密	915~763
0.005~0.1	致密	763~305
0.1~1	接近致密	305~153
1~100	常规	153~61

根据无因次导流能力公式［式（3-20）］，结合储层渗透率和优化后的裂缝半长，确定了坪北油田裂缝导流能力要大于16.4μm^2·cm，结合水力裂缝优化结果，匹配油藏的最佳裂缝导流能力为20μm^2·cm：

$$C_{fD} = \frac{K_f W_f}{K L_f} \tag{3-20}$$

坪北油田产油层为一套厚约1030~1340m的砂泥岩地层，地应力在15.5MPa左右，石英砂最高适用应力为20.7~34.5MPa，即石英砂可满足压裂施工要求。通过开展不同粒径、不同类型支撑剂的短期导流能力室内实验，结合坪北油田闭合压力、导流能力及施工成本，优选出20/40目石英砂作为支撑剂，其导流能力满足坪北油田最佳裂缝导流能力，并确定水力裂缝铺置浓度至少为5.3kg/m^2，且在不同条件下均无嵌入（图3-21）。

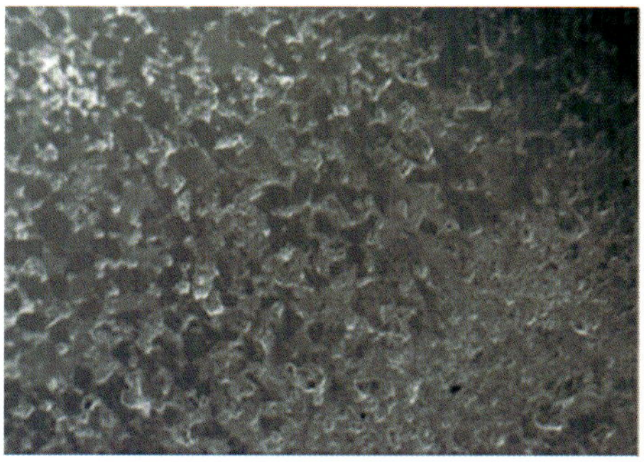

(a)嵌入前

(b)嵌入后

图3-21　石英砂嵌入前后形貌

为满足年产建区先期注水开发及井网整体部署的需要，加砂程序在考虑到压裂液性能和排量的情况下，采用“台阶式”加砂的方式，砂比由小到大逐步提高，同时避免过量顶替，尽可能提高缝口的导流能力，从而实现了对压裂工艺参数的调整。同时，采用梯度加破胶剂并追加破胶剂的方法，使压裂液在施工结束后尽快破胶并达到快速返排条件，解决了因返排困难产生的排效差的问题。具体采用的压裂管柱有以下几种：

（1）单层压裂管柱，使用K344封隔器及其配套工具进行单层压裂。

（2）提放管柱压任意层分压管柱，使用二级或三级封隔器卡封目的层进行压裂，每压完一层上提管柱一次，通过改变卡封位置实现分层压裂。该操作适用于隔层大于8m的油井，目前最多可一次压3层。

（3）投球分层压裂管柱，使用$\Phi 18 \sim 19mm$暂堵球堵塞炮眼，实现分层压裂，主要应用于大厚层多缝压裂、物性相近的多层分压及破裂压力差异较大井的自动选压。

坪北油田采用一套井网开发长$4+5_2$小层、长6_1小层、长6_2小层3套层系，平均单井钻遇度大于2层，所有生产层必须进行压裂改造投产，要最大限度地打开油层，确保一定的产量，因此，采用了以下3种分层压裂技术：

（1）提放管柱压任意层分压技术。使用二级或三级封隔器卡封目的层进行压裂，每压完一层上提管柱一次，通过改变封隔器的位置实现分层压裂。该技术适用于隔层大于8m的油井，最多一次可压3层。

（2）不动管柱分压技术。使用多级封隔器（2～3级）同时封卡各目的层段，采用投不同直径的钢球自下而上分层压裂，施工作业一次完成。该技术适用于隔层大于8m的油井，可实现压2层。

（3）投球分层压裂技术。使用$\Phi 18 \sim 19mm$暂堵球堵塞炮眼，实现分层压裂。该技术主要用于大厚层多缝压裂、物性相近的多层分压及破裂压力差异大的自动选压。

针对上述压裂技术，对其工艺参数进行选择与优化，包括施工排量、砂比、加砂强度及加砂程序等。具体如下：

（1）施工排量。坪北油田主力油层为长$4+5_2$小层及长6油层组，油层段砂岩相当发育，油层上下缺少良好的泥岩隔层，因此排量不宜过大，施工排量控制为$1.2 \sim 2.0m^3/min$。

（2）砂比。平均砂比为30%～35%，最高砂比为50%～60%。

（3）加砂强度及加砂程序。加砂强度与油田开发的经济效益有直接关系，所以应综合考虑。试油初期压裂，加砂强度可确定为$1.5m^3/m$左右，并在此基础上进一步探索。加砂程序在考虑压裂液性能和排量的情况下，采用“台阶式”加砂的方式，砂比由小到大逐步提高，同时可避免过量顶替，尽可能提高缝口的导流能力。

（4）快速放喷排液，提高排液程度。由于坪北油田压力系数仅为0.64，压裂后排液相当困难。为了防止因压裂液在油层内长时间滞留而伤害地层，影响压裂效果，必须坚持快速排液，提高返排率，采用梯度加破胶剂和追加破胶剂的方法，可以使压裂液尽快破胶返排。

（5）加强质量监督。压裂施工不是单纯的技术工作，监督、管理是保证施工效果的主要环节。必须对入井材料和施工质量进行严格的监督，从而确保压裂施工质量。

四、压裂效果评价

坪北油田油层压裂改造工艺实施过程中，在按照方案设计的工艺参数进行施工的基础上，根据油层实际情况，通过严格控制现场压裂液的配制质量，探索合理的加砂程序，优化压裂参数，选用最有效的快速返排工艺，逐步掌握了一套较完善的分层压裂工艺技术——不动管柱分压技术、提放管柱分压技术、投球分压技术。另外，对部分井还实施了端部脱砂试验，少数井将前置液用量降低了5%～10%，并延长了中高砂比段的注入时间，缩短了低砂比段的注入时间。2001年，还将含灰比较高的普通石英砂改为精品砂，增大了压裂液的滤失量；同时，在压裂施工后期追加破胶剂，使之快速沉砂，提高了填砂充满度。

（一）分层压裂工艺实施效果

自1998年以来，共有432口油井的518井次713层实施了投产前压裂，其中，单层压裂井256口，分层压裂井192口，工艺成功率99.4%。1999～2001年油井压裂当年累计产油14.42×10^4t，单井原油产量为1.5～2.9t/d，具体实施效果如表3－23所示。从现场实施效果看，方案设计的一整套分层压裂工艺技术可靠性较高、适应性较强，压裂液携砂能力性能好，最高携砂比可达50%～60%，且在地层温度下30min水化，60min彻底破胶；返排性能好，抽汲返排率可达60%以上；与地层配伍性好，且其成本仅为一般压裂液成本的70%。

表3－23 坪北油田历年新井试油压裂实施效果表

时间（年）	井次	井层	单层加砂量/m^3	单井加砂量/m^3	新井产油量/10^4t
1998	71	102	17.09	26.27	1.5392
1999	82	160	17.25	33.66	2.4813
2000	181	251	24.32	35.39	6.4612
2001	166	178	30.04	36.90	3.9378
合计	518	713			14.42

（二）油井补孔改层实施效果

自1999年以来，坪北油田共实施了补孔改层压裂80井次，有效60井次，有效率75%；当年年增油10728t，累计增油26263t（表3－24）。

表3－24 坪北油田历年老井补孔改层实施效果表

时间（年）	井次	有效井次	井口增油量/t			平均有效期/月
			平均单井日增油	当年年增油	累计增油	
1999	20	17	1.3	15.5	6997	15.5
2000	13	11	0.7	25.2	4320	25.2
2001	6	5	1.3	21.3	2078	21.3

续表

时间（年）	井次	有效井次	井口增油量/t			平均有效期/月
			平均单井日增油	当年年增油	累计增油	
2002	18	11	0.7	18.7	4503	18.7
2004	8	6	1.3	19.6	5097	19.6
2005	15	10	1.0	15.1	3268	15.1
合计	80	60	1.05	19.2	26263	19.2

（三）油井重复压裂、暂堵压裂实施效果

从2002年起，坪北油田开始摸索老油层的重复改造技术，经历了“摸索”“发展”“提高”3个阶段。经过试验，重复压裂和“先堵后压”两种措施都没有取得成功，但暂堵转向压裂技术逐步成熟，为油井解堵带来了希望。

经过几年的矿场试验和工艺改进，2005年油井暂堵压裂技术成功率和有效率均大幅度提高。2005年，暂堵压裂6口井（P74－90井、P73－89井、P61－91井、P58－84井、P27－93井、P47－87井），工艺成功率100%，增油的有5口，井口年累计增油量达758t。其中，见水后几乎丧失产液能力的2口井（P74－90井、P73－89井）实施较早、效果较好。

2005年5月11～17日，对2004年6月以来因低产液、高含水而关井的P74－90井实施暂堵压裂，2004年5月，该井日产液0.2t，含水率为100%，动液面为1423m；暂堵压裂后，日产液8.8t，日产油3.1t，日产水5.7t，含水率为64.5%，动液面为952m。到2005年12月，该井已连续有效生产7个月，累计增油263t。

2005年6月，P73－89井暂堵压裂后从间开生产到全天生产，月产油量从10t上升到85t，动液面从1345m上升到1018m，含水率从52.4%下降到39.1%，Cl^-含量从33678mg/L上升到43604mg/L；到2005年12月，该井已连续有效生产6个月，累计增油317t。

第六节　动态监测技术

通过开展区块智能细分层注采井组试验及动态监测技术研究，对各种单项技术进行了改进提高，结合油藏井况等实际特点，有针对性地形成了一套适用于坪北特低渗油藏的分层注采综合配套技术，实现了油藏注采联动，取得了良好的开发效果，达到了提高驱油效率的目的，减少了平面、层间水驱动用不均衡的问题。

智能细分层注采井组试验，以油藏内连片的多井组为对象，以注水井分注、油井分采等提高水驱储量动用程度的配套技术为依托，以注采井组为单元，在注采两端实现了分层精细控制，开展注采联动、关层不关井，大幅度提高了整体开发效果，进一步提高了油藏动用程度。纵向上实施油井分采和对应水井分注，采用注采两端分段控制手段，实现了层

间矛盾的改善和水驱方向的调整。通过上述措施，不仅解决了单井的层间矛盾及选层生产的问题，也形成了纵向层段间无干扰的独立单元，实现了层间矛盾的改善和水驱方向的调整：

（1）解决了大斜度井多级分注与水量控制问题。

（2）解决了油井长效分采与层段控制问题。

（3）以层段为对象，注采双向控制，解决了精细分段注采双向控制问题，降低了层间矛盾，提高了动用程度。

（4）通过井组协同控制，改变了水驱方向，解决了平面矛盾。

智能细分层注采井组试验从整个注采流场的空域和开发过程的时域着眼，优化组合，通过注采调整，开展注采联动、关层不关井，以注采井组为单元在注采两端实现了分层精细控制，以及对全水驱流场系统整体的调整，达到了高效波及、高效驱出剩余油、大幅度提高采收率的目的（图3－22）。

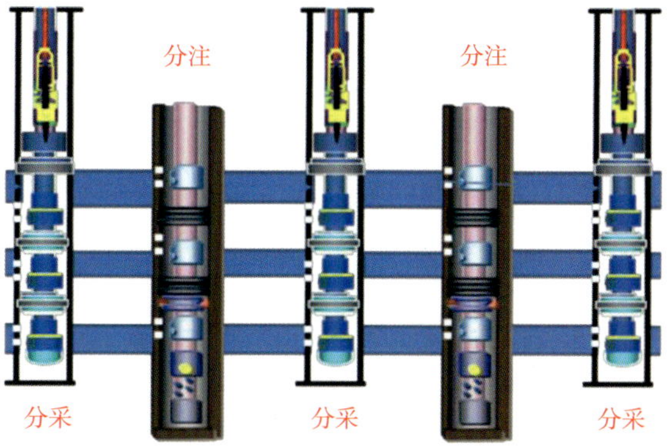

图3－22 分层注采双向调控及监测示意图

2019年以来，已在坪北油田完成智能分采井14口，智能分注井7口，具体施工情况统计如表3－25所示。

表3－25 坪北油田示范区已完成智能分层注采井统计

类别	平台号	井号	下井日期	分层数
智能分采	P18	P55－92	7.7	2
	P7	P51－95	7.10	2
	P118	P43－79	8.2	3
	P87	P51－832	8.6	3
	P51	P39－841	8.9	3
	P74	P55－87	8.13	3
	PX6	P81－81	8.22	3
	P124	P39－89	9.29	2
	P124	P39－91	9.29	2
	P199－6	P70－117	10.4	2
	P199－6	P72－117	10.5	2
	P199－1	P72－118	10.7	2
	P199－6	P70－118	10.11	2
	P20	P53－97	10.15	2

续表

类别	平台号	井号	下井日期	分层数
智能分注	P86	P50－92	3. 19	2
	P10	P56－98	5. 20	3
	P75	P46－86	9. 10	3
	P124	P40－90	9. 17	3
	PX11	P51－77	9. 22	3
	P124	P38－90	10. 05	2
	P124	P36－89	10. 12	2

通过对措施井的效果分析，获得了以下认识：

（1）评价前期压裂效果，指导下一步改造方案。

P55－92 井 2013 年 8 月投产长 4＋5_2 小层、长 6_1 小层，两层合压，一直合采至今。生产时递减快，分析可能有一层未压开，通过智能开关器分采长 4＋5_2 小层、长 6_1 小层，按表 3－26 的自动时序走完后固定于单采第二层状态，产能评价时发现，合采时采出 1. 3t 液、0. 55t 油，单采第一层时不出液，单采第二层时每天出 1. 9t 液、1t 油（图 3－23）。通过智能分采技术的应用，不仅实现了增油，找到了主力层，还验证了前期对压裂的评价分析，为后续压裂工艺改进提供了支撑。

表 3－26　P55－92 井智能开关器工作时序表

时间/d	5	10	10	保持状态
长 4＋5_2 小层	开	开	关	关
长 6_1 小层	开	关	开	开
说明	合采	单采	单采	等待地面调层指令

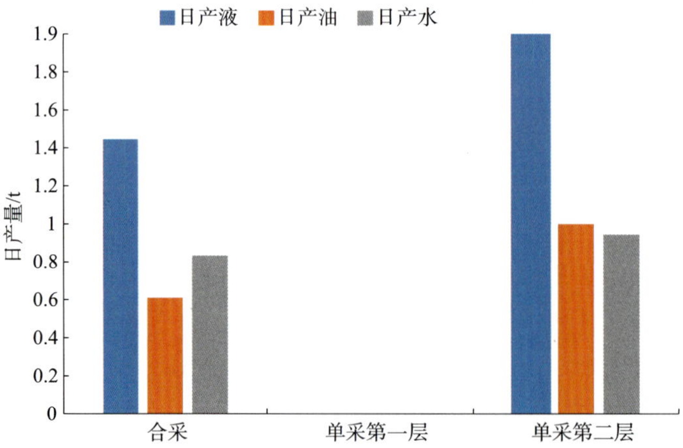

图 3－23　P55－92 井智能分采后生产情况

（2）利用智能分采技术能够深化区块认识。

少数井分采的产油量大于合采的产油能力，两层间存在较大的层间矛盾。分采措施的成功应用，减小了层间干扰，提高了油的产量，并降低了含水率。通过分采措施的成功应用可知，层间差异性对油井产量会有一定的影响，挖潜增油措施工艺的选择不应仅仅着眼于单层地质分析、地层“四性”分析，更应关注整个开发层系之间的相互关系，还应综合考虑当前井及临井生产及措施史。

（3）能够实现增油降水、精细开发的目的。

分采工艺在坪北油田的实施达到了增油降水的目的，验证了分采工艺在该区块的适用性，为挖潜配套工艺选择、注水方案调整提供了参考，能够实现由单井到区块，最终回归单井的综合评价。建议有针对性地加强分采分注，开展精细注采、分层测压，加强剩余油测试工作，深入了解单层特征，为挖潜提供导向；对于水淹情况严重的井开展精细评价，利用措施管柱降低层间矛盾，尽最大可能进行挖潜。

P43－79 井合采时采出 3.6t 液、0.35t 油，单采第一层时每天产油增至 1.1t，总产液降至 1.5t，含水率从合采时的 90.3% 降至 26.7%，增油降水效果明显（图 3－24）。后期通过调层单采第一层，取得了良好的增油效果。

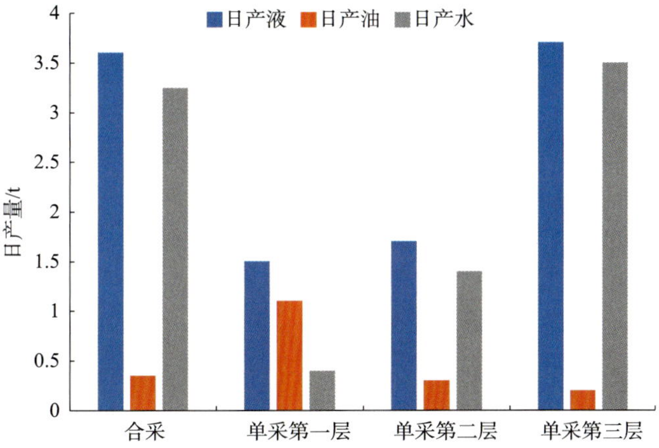

图 3－24　P43－79 井智能分采后生产情况

智能分采分注技术在坪北油田应用取得的成果如下：

（1）水淹情况得到有效控制，通过分采分注区块的综合治理，平面上含水率上升趋势得到有效改善，单元综合含水率下降 18.9%。

（2）产量有效增长，通过分层开采找出主力层，进行了优化调整，平均单井产量增加 30%。

（3）增加了区块认识，针对坪北油田压裂过程中合压的开发方式，通过分采的实施，验证了压裂有效层位，为后续压裂方案设计及下一步措施提供了指导。

（4）通过智能细分层注采井组试验，使平面上注采更加协调，避免了“有注无采”或“有采无注”情况的发生，保持了主力油层和非主力油层的注采平衡。

（5）可采储量得到有效增加，通过对水驱单元采取注采联动的开发方式，强化了油水井注采工作，提高了区块的最终采收率。

第四章　开发规律与剩余油定量描述

第一节　油藏动用状况评价

一、储量动用状况评价

从坪北油田长4+5～长6油层组的3个开发单元储量动用情况和分层储量动用状况统计结果可以看出，坪北油田的主要开发单元绝大部分储量均能有效动用，5个主要含油单砂体（长$4+5_2^{2}$、长6_1^{1}、长6_1^{2}、长6_2^{1}和长6_2^{2}）动用程度均已超过90%（图4－1、表4－1）。

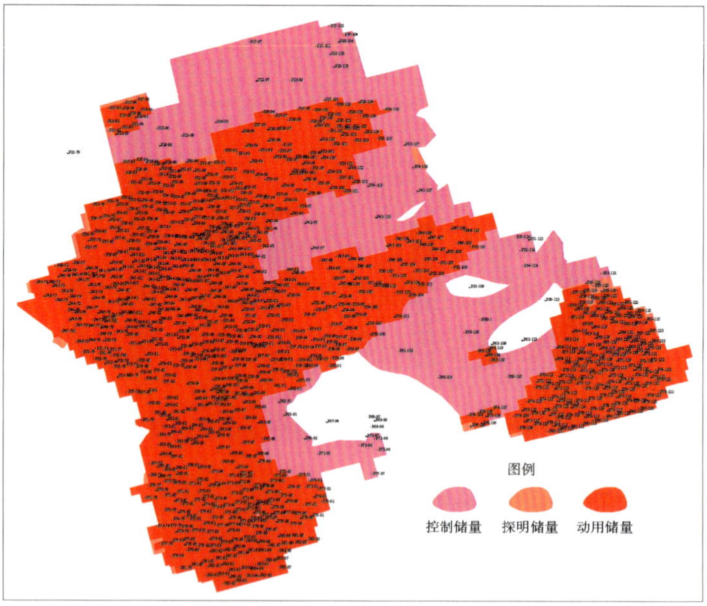

图4－1　坪北油田长4+5～长6油层组油藏含油面积图

表4－1　坪北油田分层储量动用状况

含油单砂体	储量/10^4t			动用程度/%
	控制储量	探明储量	已动用储量	
长$4+5_2^{1}$	155	112	未动用储量	
长$4+5_2^{2}$	227	694	654	94.2
长6_1^{1}	160	720	679	94.3
长6_1^{2}	159	649	588	90.6

续表

含油单砂体	储量/10^4t			动用程度/%
	控制储量	探明储量	已动用储量	
长6_2^1	214	398	369	92.7
长6_2^2	189	637	603	94.7
长6_2^3	28	48	0	0
长6_3^1	290	256	未动用	
合计	1422	3745	2949	83.9

未动用的单砂体主要为长$4+5_2^1$小层、长6_2^3小层和长6_3^1小层，未动用储量大多为无效低效储量，其主要特征表现为以下3个方面：

（1）未动用和动用程度较低的含油单砂体产能较低，经济性差。如长$4+5_2^1$小层试采12口井，产能为0.1～0.5t/d；长6_2^3小层试采16口井，产能为0～0.5t/d；长6_3^1小层注采配套试采13口井，产能为0～0.5t/d。SP199区已动用的产能为0.5～1.5t/d（图4－2～图4－4）。

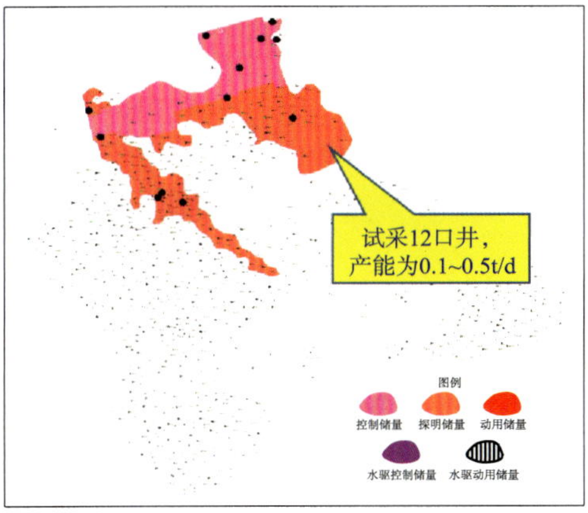

图4－2 坪北油田长$4+5_2^1$小层油藏含油面积图

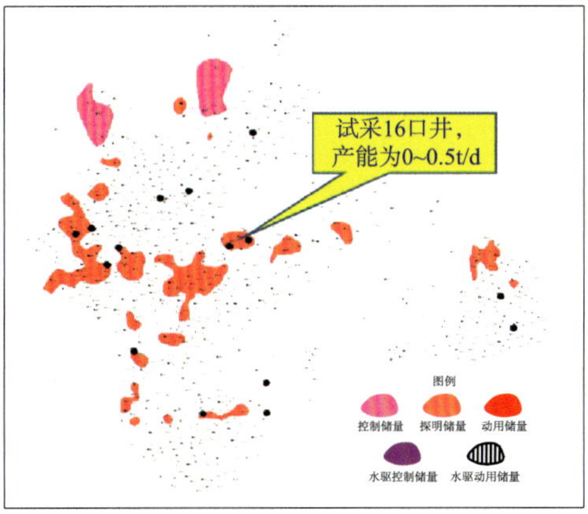

图4－3 坪北油田长6_2^3小层油藏含油面积图

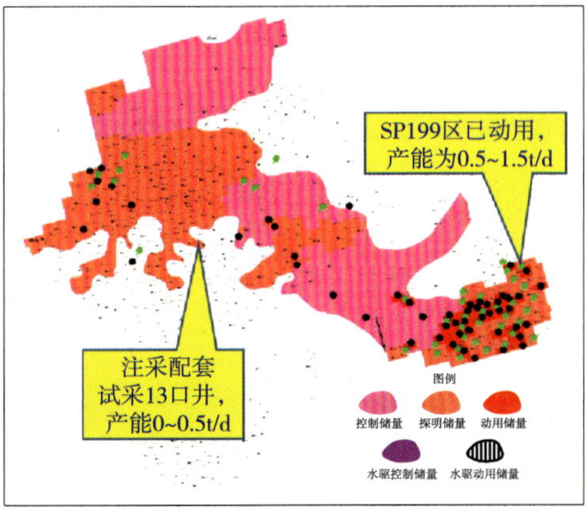

图4－4 坪北油田长6_3^1小层油藏含油面积图

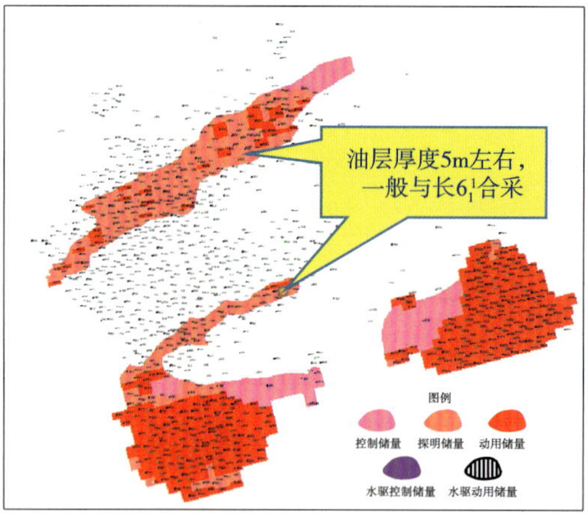

图 4 - 5　坪北油田长 6_1^2 小层油藏含油面积图

（2）动用程度较高的单砂体局部油层较薄，产能差。如长 6_1^2 小层油层厚度约 5m 的一般与长 6_1^1 小层合采，长 6_1^1 小层中油层厚度约 5m 的未单独试采，长 $4+5_2^2$ 小层试采产能差异大，为 0 ~ 1.5t/d（图 4 - 5 ~ 图 4 - 7）。

（3）受早期地质认识影响，长 6_2 小层未动用区测井电性表现为低阻特征，多解释为油水同层与含油水层，近年来通过地质再认识，实施 4 井次试油试采，获得了 0.3 ~ 1.0t/d 的产能（图 4 - 8 ~ 图 4 - 10）。

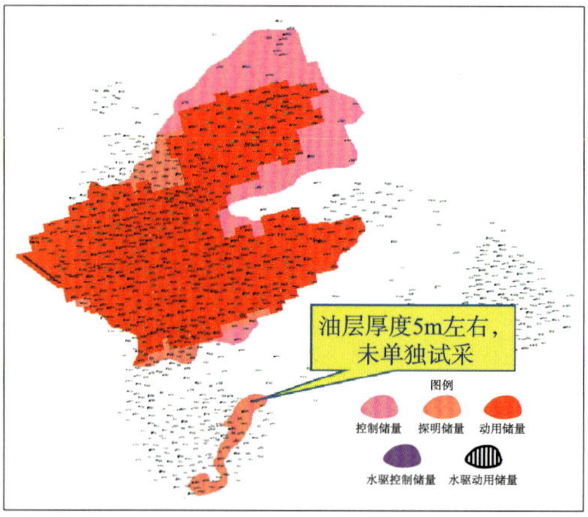

图 4 - 6　坪北油田长 6_1^1 小层油藏含油面积图

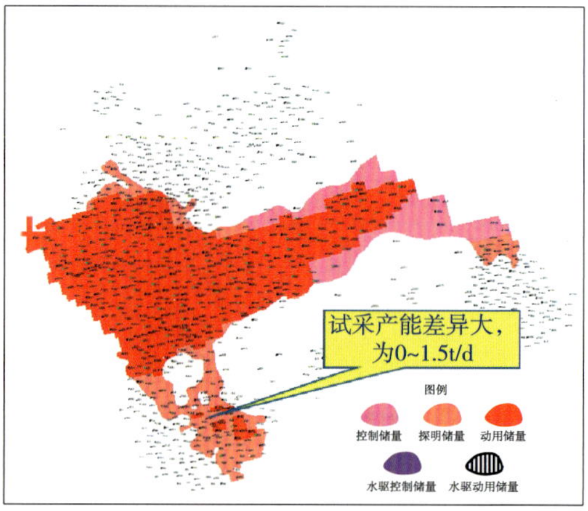

图 4 - 7　坪北油田长 $4+5_2^2$ 小层油藏含油面积图

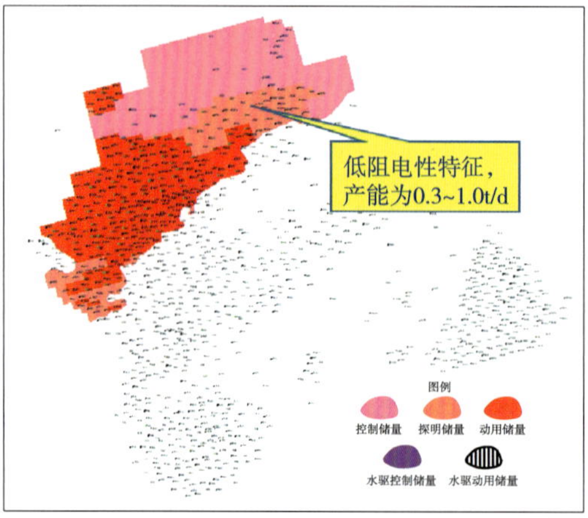

图 4 - 8　坪北油田长 6_2^1 小层油藏含油面积图

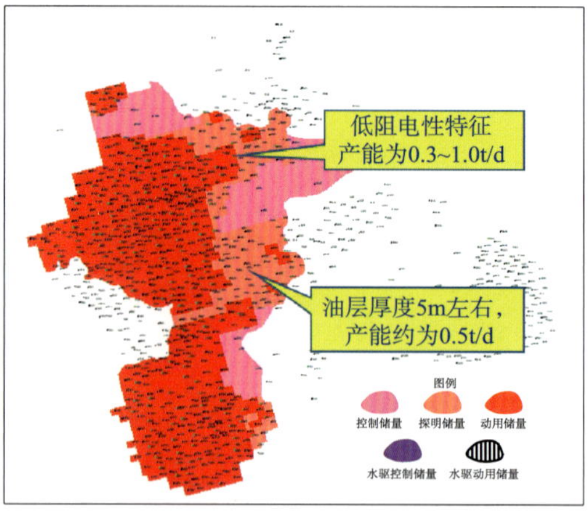

图 4 - 9　坪北油田长 6_2^2 小层油藏含油面积图

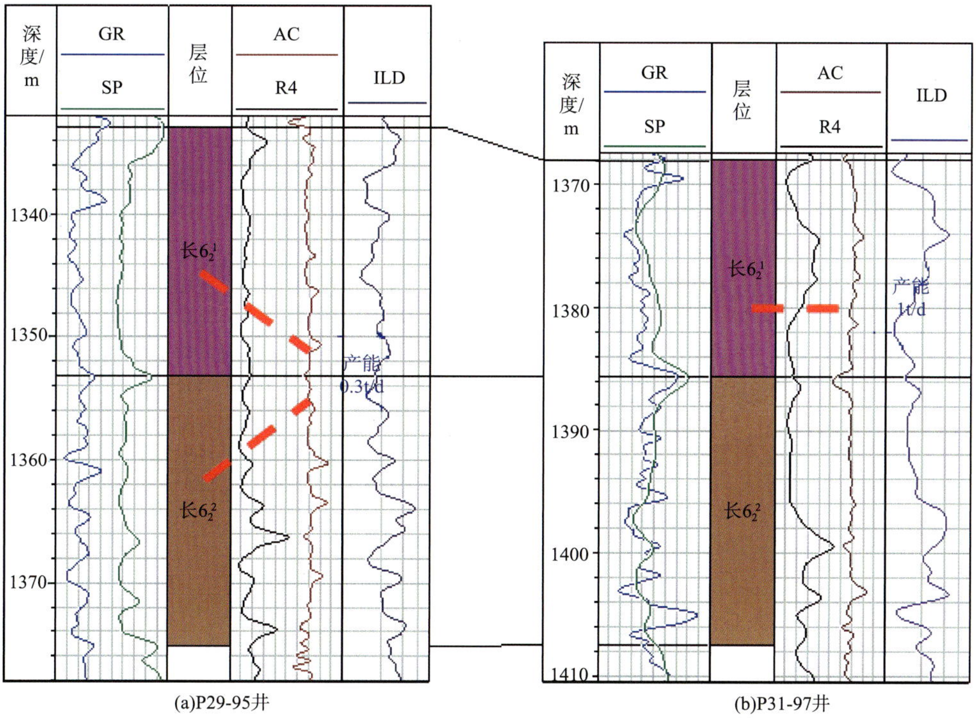

图 4－10　坪北油田 P29－95 井和井 P31－97 井长 6_2^1 小层和长 6_2^2 小层解释成果图

二、储量控制状况评价

通过坪北油田 3 个开发单元的储量控制状况和分层储量动用状况可以看出，水驱井网控制程度为 62.0%～81.6%，平均控制程度为 68.0%，动用程度为 58.1%～70.4%，平均动用程度为 55.4%（图 4－11、表 4－2）。

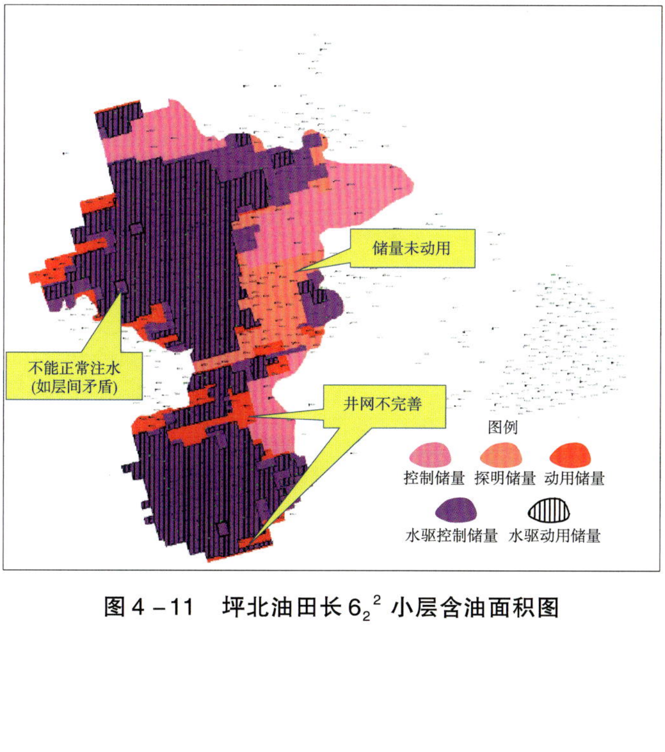

图 4－11　坪北油田长 6_2^2 小层含油面积图

表 4－2　坪北油田分层储量动用状况表

含油单砂体	储量/10^4t			水驱井网情况/%	
	探明储量	水驱控制储量	水驱动用储量	控制程度	动用程度
长 $4+5_2{}^1$	112				
长 $4+5_2{}^2$	694	551	403	79.4	58.1
长 $6_1{}^1$	720	587	424	81.6	58.9
长 $6_1{}^2$	649	402	397	62.0	61.1
长 $6_2{}^1$	398	291	245	73.0	61.7
长 $6_2{}^2$	637	499	448	78.3	70.4
长 $6_2{}^3$	48				
长 $6_3{}^1$	256	61	30	23.8	11.9
合计	3514	2391	1947	68.0	55.4

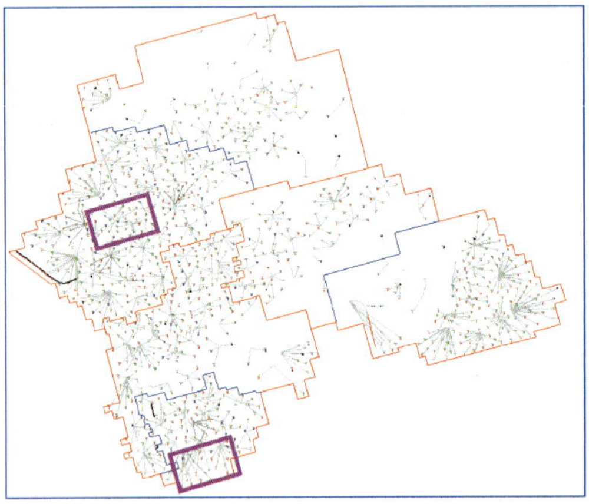

图 4－12　坪北油田长 $6_2{}^2$ 小层注采井网布置图

影响水驱储量控制程度的因素主要包括下述几个方面：①储量产能低，未动用（共 565×10^4t）；②注采井网不完善（共 331×10^4t）；③油层不能正常注水（共 227×10^4t）；④局部缺注水井点，注采井网不完善，部分储量无注水控制，如长 $6_2{}^2$ 小层的局部注采井网（图 4－12、图 4－13）。

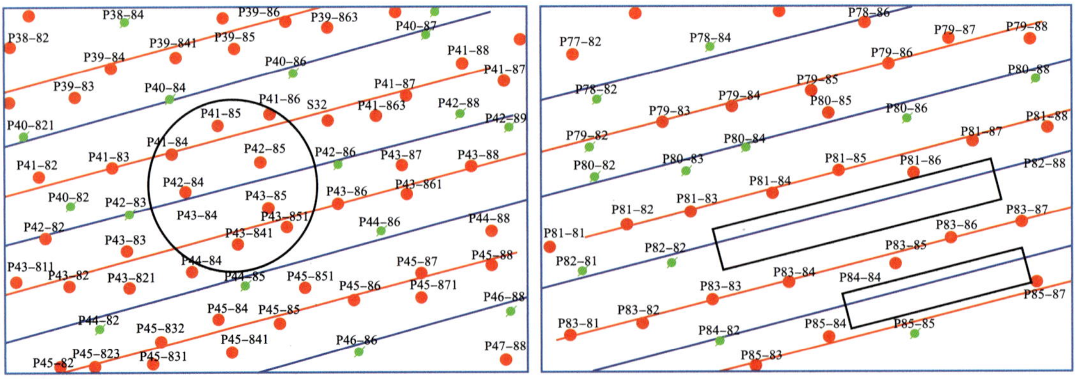

图 4－13　坪北油田长 $6_2{}^2$ 小层注采井网不完善情况示意图

合注井吸水层间矛盾突出，主要为部分套损井和多层注水井，有的层不吸水，造成了水驱控制储量的损失。

从 P62－81 井的吸水剖面测试曲线中可以看出，长 4＋5_2^2 小层完全不吸水，而长 6_1^1 小层吸水率为 100%（图 4－14）。

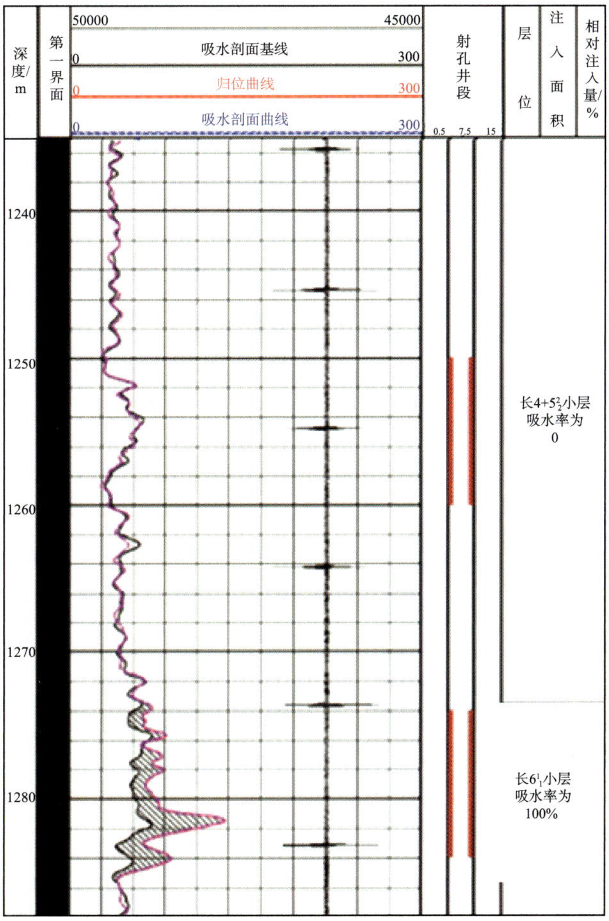

图 4－14　坪北油田 P62－81 井吸水剖面测试曲线

从 2007～2017 年注水井吸水部面测试情况统计结果可以看出，2007～2014 年，受合注井吸水层间矛盾影响，层间差异倍数从初始的 8.3 先有所降低，然后快速增大，到 2014 年达到 11.3，2015 年开始井网细分重组，其层间差异倍数有所降低，说明井网细分重组可有效改善层间吸水矛盾（表 4－3）。

表 4－3　坪北油田 2007～2017 年注水井吸水剖面测试情况

时间（年）	测试井数/口	层间矛盾情况		
		井数/口	占比/%	层间差异倍数
2007	14	6	42.9	8.3
2008	10	5	50.0	6.7
2009	8	3	37.5	5.4
2010	18	10	55.6	6.7
2011	16	11	68.8	7.9

图 4-22 坪北油田历年生产曲线

第二节 水驱开发状况评价

一、水驱开发单元生产情况

坪北油田共有 3 个开发单元，分别为北区、南区和 SP199 区，其地质储量共为 3745×10^4t，总开井数为 893 口（油井 665 口，水井 228 口），日产液 990t，日产油 408t，平均含水率为 58.8%，平均单井日产油 0.6t，采油速率为 0.41%，累计注水量为 1111×10^4m，累计采油量为 319×10^4t，平均采出程度为 8.5%，平均自然递减率为 6.3%（表 4-4）。总体上表现出南区单井产量高、含水率低、采油速率高、开发效果好的特征，但后期递减加速；北区达到油田平均开采水平。

表 4-4 坪北油田各开发单元生产情况表

开发单元	地质储量/10^4t	开井数/口		日产液/t	日产油/t	含水率/%	单井日产油/t	采油速率/%	累计注水量/10^4m	累计采油量/10^4t	采出程度/%	自然递减率/%
		油井	注水井									
北区	2586	432	157	641.7	260.0	59.5	0.6	0.37	801	212	8.2	5.9
南区	615	115	28	177.8	87.9	50.6	0.8	0.53	153.3	71.0	11.5	7.8
SP199 区	544	118	43	170.5	60.1	64.7	0.5	0.46	157.2	36.0	6.6	5.9
坪北油田	3745	665	228	990	408	58.8	0.6	0.41	1111	319	8.5	6.3

二、水驱效果评价

（一）水驱指数

从开发初期到2017年，南区水驱指数从0.52逐年上升，在2004年前后达到0.82，然后略有下降，到2009年下降到0.7后又开始逐年上升，到2017年达到1.09。南区注采比为1.06，对应水驱指数曲线图版，南区水驱指数与理论基本相符。北区水驱指数从0.8逐年上升，到2015年前后达到2.06并保持稳定，北区注采比为1.6，对应水驱指数曲线图版，北区水驱指数低于理论值。SP199区水驱指数从2.15逐年上升，到2015年前后达到2.22并保持稳定，SP199区注采比为1.6，对应水驱指数曲线图版，SP199区水驱指数低于理论值。以上数据说明各开发单元注水利用率均较好（图4－23、图4－24）。

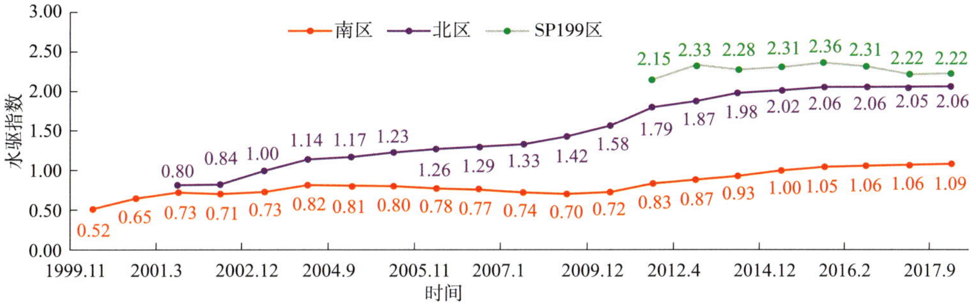

图4－23　坪北油田各开发单元水驱指数曲线

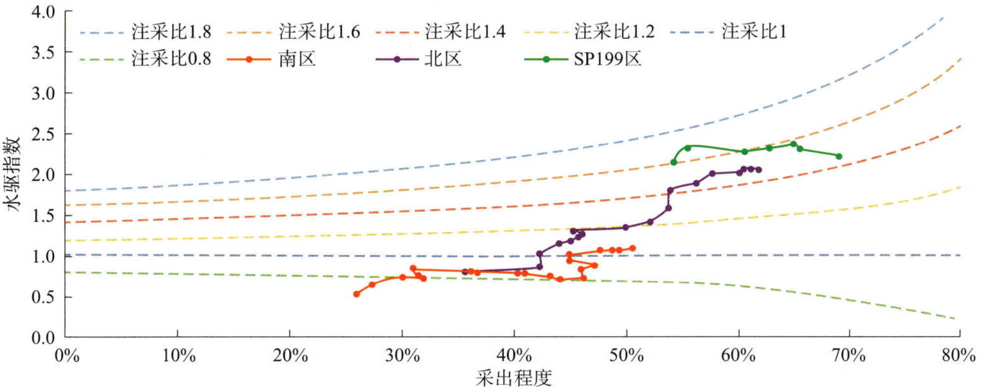

图4－24　坪北油田各开发单元不同注采比下水驱指数曲线图版

（二）存水率

南区存水率先增大后减小再增大，到2015年稳定在0.67左右；北区存水率从0.67逐年上升，到2012年开始基本稳定为0.74左右；SP199区存水率从2012年的0.75持续下降至2017年的0.68。按各区的注采比，对比存水率理论图版发现，各开发单元存水率均高于理论值，说明水驱效果较好。SP199区因含水率上升加速，存水率呈下降趋势，但仍高于理论值（图4－25、图4－26）。

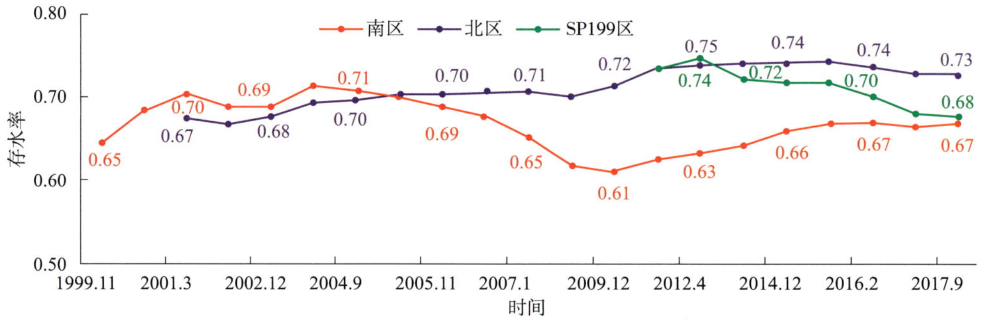

图 4-25　坪北油田各开发单元存水率曲线

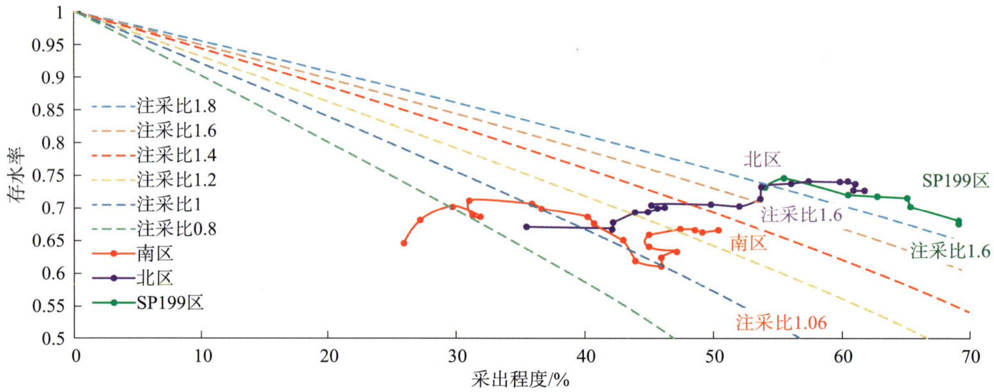

图 4-26　坪北油田各开发单元不同注采比下理论存水率曲线图版

（三）综合含水率与采出程度的关系

南区、SP199 区有含水率上升加速的趋势；北区在开发初期也有含水率上升加速的趋势，但后期存在含水率下降趋势，主要是由于该区开展了井网细分重组调整，其开发趋势明显趋好（图 4-27）。

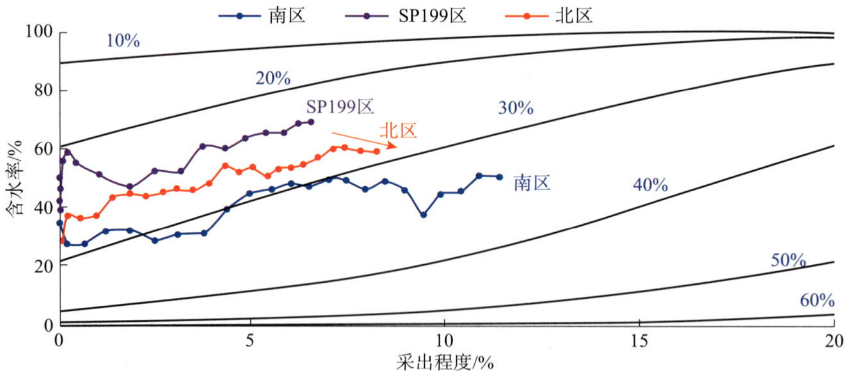

图 4-27　坪北油田各开发单元综合含水率与采出程度关系图

三、见效、见水特征

油田注水开发，油井在见效、见水上会表现出明显不同的动态特征，从过程的先后来说，油井一般是先见效、后见水，直至最后被水淹。见效、见水的状况不是孤立存在的，因见效、见水方向不同，其状况可能相互转化。坪北油田 87 个水淹井层中 76 层为主向水淹，11 层为侧向水淹，说明注入水主要沿主向裂缝推进，部分井注水后天然裂缝开启，导致少数侧向油井快速见水（图 4－28）。

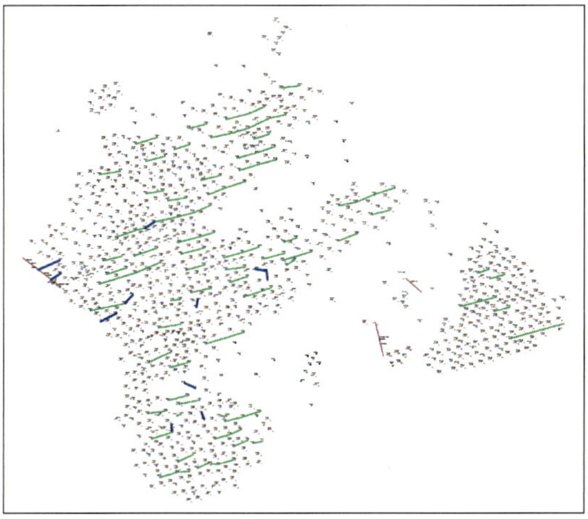
图 4－28　坪北油田动态水淹井示意图

因注水裂缝和油井人工裂缝直接沟通，一般油井在注水后 3 个月内会见到注入水。根据示踪剂监测结果，P50－100 井注入水沿裂缝推进速度达到 282m/d，同一井排上对应的二注井 P50－98 井在一天内就见到了注入水。油井裂缝型见水生产表现为产能、动液面、含水率快速上升，产油量、产出水 Cl^- 含量下降，从见水到水淹的过程一般小于 3 个月。

油井的见效、见水类型与储层物性密切相关。渗透性较好、均质性较强的储层吸水能力好，注水一般不会把隐性天然裂缝变为显性，周边油井受效均匀，见效周期长，见水慢。渗透性差的储层吸水困难，注水造成井底憋压，形成 NE70°～80°的人工裂缝，造成主向上的二注井快速水淹；还可能将天然裂缝压开，侧向油井见效、见水。由于储层裂缝发育且一次井网排距较大（250m），导致主向井压力快速上升，侧向井压力保持水平较低（60%～80%），主、侧向压差逐年增大。

四、含水率上升特征

油田北部周缘油井含水率上升快，位于水下分流河道砂体中心的油井投产初期含水率低，一般为 10%～20%，含水率上升较慢；而位于河道砂体侧缘的油井投产初期含水率较高，一般为 20%～40%，含水率上升较快。

由于 1998 年、1999 年、2000 年投产的油井大多位于水下分流河道砂体、河口坝砂体及其叠合砂体的主体部位，投产初期含水率为 16.0%～35.8%，而 2001 年投产的油井大多位于水下分流河道砂体、河口坝砂体及其叠置砂体的侧缘，投产初期含水率较高，为 47.0%。油井投产前 4 年单井平均含水率每年增大约 1%～5%（表 4－5）。

表 4－5　分年投产井单井平均含水率变化表

时间（年）	初期含水率	第一年含水率	第二年含水率	第三年含水率	第四年含水率
1998	16.0%	30.5%	34.2%	35.8%	36.0%
1999	35.8%	34.0%	35.0%	40.8%	
2000	29.2%	35.0%	38.0%		
2001	47.0%	46.0%			
平均值	32.0%	36.4%	37.0%	38.3%	

2009 年 11 月，经优化注采井网调整和精细注采方式调整，有效地控制了含水上升率。油田综合含水率为 51.04%，含水上升率为 -1.16%，远低于 2008 年的 2.2%（图 4-29）。油田自然递减基本控制在 10% 以内，为油田持续稳产奠定了一定的基础。

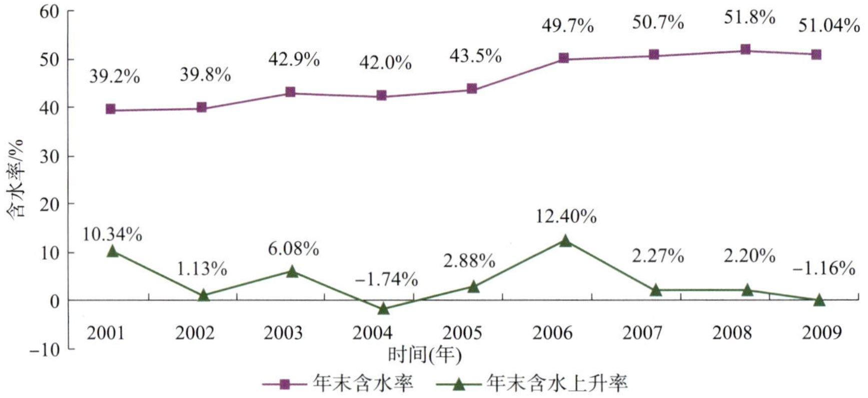

图 4-29　2001 ~2008 年含水上升情况

第三节　试油试采特征

油井天然能量不足，动液面下降快，产量递减快。油井投产初期的平均动液面为 984m，生产 3 ~4 个月后平均动液面下降到 1287m，平均下降了 303m，此后一直维持在低液面生产。采油井前 3 个月平均单井日产油水平分别为 4.5t、2.5t、1.7t，前 3 个月总递减 62.2%，半年内下降到 1.5t。其中 P59 -81 井、P57 -87 井 1998 年年底平均压力为 4.5MPa，总压降为 3.8MPa。因此，对于坪北特低渗油田，油井无自然产能，均需压裂投产。

原油乳化水含量高，油井没有无水采油期。1998 年投产的 66 口油井投产即见水，综合含水率高达 30.9%，均为乳化水。地饱压差较小，只有 3.47MPa；地层温度低，只有 50℃；采油井在生产过程中脱气、结蜡较为严重。

第四节　油水运移特征

坪北油田所有油井均经过了大型压裂改造，裂缝极为发育，由于裂缝发育具有极强的方向性（主要为 NE75°），处于裂缝主线上的油井反应极为明显。受特低渗和裂缝的双重影响，注入水的推进表现出明显的方向性。通过 13 井次 19 层次示踪剂试验发现，示踪剂沿裂缝主向（注水井排方向）推进速度为 105m/d，到达油井最高峰值的时间为 3 ~14d，平均为 11d；侧向平均推进速度为 20.9m/d，到达油井最高峰值的时间为 11 ~

35.5d，平均为24d。沿裂缝主向的示踪剂推进速度是侧向推进速度的5倍（表4－6），同时发现，注入水沿注水井两侧推进并不对称。如2006年在P50－100井进行井间示踪，注水井P50－100井对应的两口二注井P50－98井、P50－102井见示踪剂差别很大，P50－98井长6_1小层仅一天就见到示踪剂，而P50－102井未见示踪剂显示（表4－7），其结果造成注水井两侧油井受效程度不一致。P50－98井目前日产液3.4t，日产油1.1t，综合含水率为67.3%，累计产油4341t；P50－102井因见效差，目前日产液较低，仅1.1t，日产油0.8t，综合含水率为27.2%，累计产油3253t。同时，多个油井生产动态也表明，注入水推进呈不对称性，一侧二注井因高含水已转注，而另一侧二注井见效甚微，低产、低液。分析原因是受裂缝发育程度不一、储层岩性变化等因素影响，造成了注入水推进不对称。

表4－6 坪北油田主侧向水线推进速度表

监测时间（年）	注示踪剂井井号	层位	主向（NE75°）				侧向			
			主向油井井号	井距/m	平均水线推进速度/（m/d）	最高峰值时间/d	侧向油井数/口	井距/m	平均水线推进速度/（m/d）	最高峰值时间/d
2000	P58－86	长4＋5_2小层	P58－88	430	31	14	4	260	19	13.6
	P74－88	长6_2小层	P73－87	290	97	3	3	359	22	16.0
2001	P50－90	长4＋5_2小层	P50－88	452	150	3	4	275	25	11.0
		长6_2小层	P50－88	452	150	3	4	275	8	35.5
	P46－86	长6_2小层	P45－83	680	136	5	3	273	9	31.7
	P60－86	长4＋5_2小层	P60－84	420	60	7	6	297	9	31.8
2002	P52－94	长4＋5_2小层	P52－92	314	79	4	4	275	20	20.0
	P54－98	长4＋5_2小层	P54－96	500	167	3	4	287	39	16.3
2005	P76－82	长6_1小层	P77－81	302	151	2	4	392	21	19.8
		长6_2小层	P76－84	512	43	12	7	242	20	11.6
2006	P50－100	长4＋5_2小层	P50－98	275	55	5	4	243		
		长6_1小层	P50－98	275	69	4	4	243	14	13.0
2008	P32－96	长6_1小层	P31－99	640	320	2	8	435	59	2.0
		长6_2小层	P33－95	345	18	19	1	145	5	27.0
	P76－82	长6_1小层	P77－810	282	282	1	6	386	72	7.0
		长6_2小层	P74－79	604	150	4	2	348	13	28.0
2009	P46－86	长6_2小层	P47－82	804	15	55	4	395	9	46.0
	P72－86	长6_1小层	P70－84	561	12	46	6	310	6	53.0
		长6_2小层	P73－87	292	12	24	9	304	6	55.0
平均值				443.3	105.1	11.4		302.3	20.9	24.4

表 4-7 P50-100 井井间示踪成果表

注水层位	井号	井距/m	见示踪离子时间/d	达最高峰值时间/d	最高峰值浓度/(mg/L)	水线推进速度/(m/d)
长 6_1 小层，注入 SCN^-	P50-98	275	1	4	9658.2	68.75
	P51-99	180	12	13	27.07	13.8
	P52-100	260	—	—	—	—
	P51-101	260	—	—	—	—
	P50-102	470	—	—	—	—
	P49-99	270	—	—	—	—
长 4+5_2 小层，注入 NO_3^-	P50-98	275	1	5	30952.8	55
	P51-99	180	—	—	—	—
	P52-100	260	—	—	—	—
	P51-101	260	—	—	—	—
	P50-102	470	11	13	154.8	36.2
	P49-99	270	—	—	—	—

第五节 产能控制因素

地层能量低也是制约油井稳产的主要因素。2006~2008 年，实测压力从 5.5MPa 上升到 7.9MPa，呈逐年上升的趋势，但主侧向压力差异大，平面上分布不均，导致主向油井见效及见水快、压力高、易水淹，而大部分侧向油井很难见效、地层压力低，且多因地层能量不足而产量下降，日产液量由 2007 年年底的 294.2t 下降到 2008 年年底的 210.8t，日产油量由 159.4t 下降到 109.2t，日产油量减少 50.2t。

造成这种现象的主要原因是：一方面，滚动扩边区注采井网不完善，注水井少，累计注水量少，油井多表现为地层压力低，地层供液差，产量下降快。如 P44 平台、P35 平台，2008 年测得 P28-84 井、P25-88 井两口新井的长 6_2 小层中部压力分别为 4.158MPa、3.945MPa（下泵前测压），地层能量低，单井日产油仅 0.5t，且该井区 2008 年有 9 口井因能量补充不足而产量下降，日产油减少 5.8t；另一方面，侧向油井地层能量补充困难。油田注水开发后暴露出部分油井（特别是二注井）含水率上升快、油井易水淹的矛盾，为了控制油井含水率上升，降低了对应注水井的注水量，虽然二注井的含水率逐渐恢复，产量略有回升，但井组大部分侧向油井能量得不到补充，地层能量不断下降，最终导致产量持续下降。

另外，通过 2008 年对 81 口二注井的统计数据发现，28 口油井明显见到注入水，占整个二注井的 34.6%，产液量由 54.6t 上升到 82.5t，产油量由 22.4t 下降到 15.3t，含水率由 54% 上升到 77%；8 口井水淹，占见效井数的 28.6%，日产油减少 5.3t。说明主向注入水推进速度快，油井易水淹（图 4-30）。

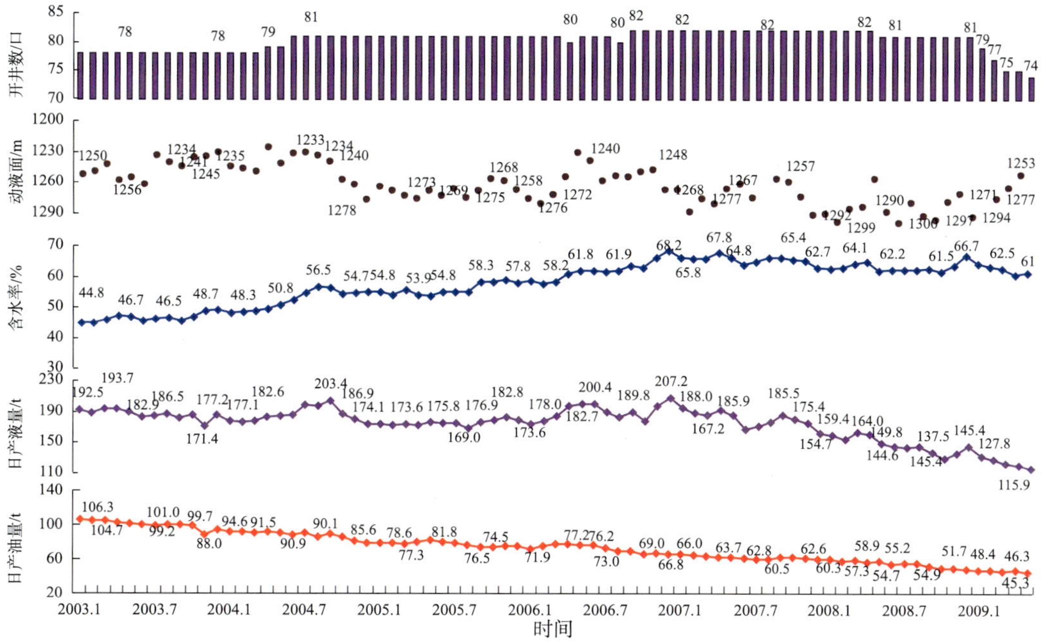

图 4－30　坪北油田二注井生产曲线

第六节　产量递减规律

坪北油田绝大部分区域为同步、滞后注水开发，油井压裂后开采初期主要依靠油藏天然能量开发。油层压裂后，形成了导流能力较强的人工裂缝，并在人工裂缝周围产生了一些次生裂缝，这些裂缝覆盖了一定的区域，使得油井在投产初期有较高产能。但是由于地层压力系数低，特低渗透储层压力传导慢，导致初期产能下降快。

2004 年以来，坪北油田自然递减率虽然控制在小于 10% 的较好水平（2008 年为 9.79%），但仍呈上升趋势。以当时的产量为基础，在资源接替越来越困难的形势下，要实现 17 × 10^4t 以上持续稳产的目标，在新井年产油 1.3 × 10^4t 以上、措施年增油 0.2 × 10^4t 以上的前提下，接下来的几年，油田自然递减率必须继续控制在 10% 以内，难度很大（图 4－31）。

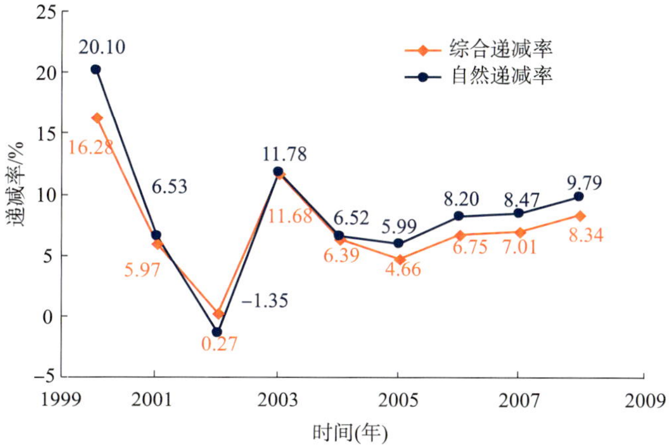

图 4－31　2000～2008 年递减率变化图

采用 Arps 递减分析法对 193 口连续生产 5 年以上、其间未进行生产层位和措施调整油井的产量数据进行拟合后发现，大部分井和单井的平均月度产量曲线都表现为两段式递

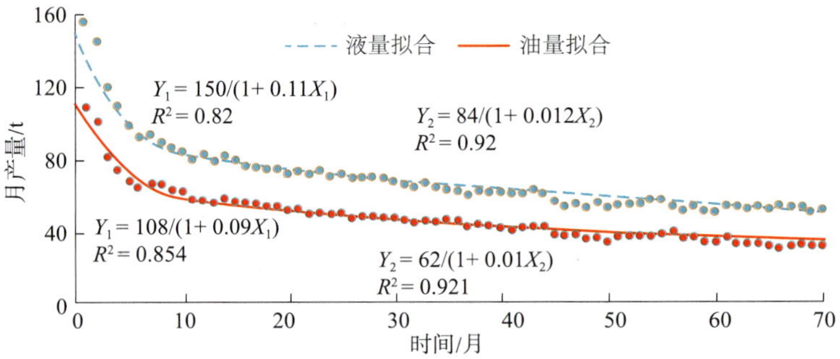

图 4－32　油井产液量、产油量递减拟合趋势图

减：第一段持续时间较短，平均只有 8 个月，曲线变化趋势与指数递减规律、双曲递减规律、调和递减规律的相关系数均在 0.8 以上；第二段的曲线变化趋势与调和递减规律最为符合，相关系数一般在 0.9 以上（图 4－32）。

2006 年后，逐步对开发井网进行调整，开始在新区采用一次性的交错排状注采井网，部分井组实现了先期注水开发。将相同区块、相同层位、不同注水开发方式的油井产量递减曲线进行对比，发现天然能量、滞后注水、同步注水、先期注水开发的单井平均递减曲线均与上述两段式吻合，但有少部分先期注水开发油井投产初期产能递减较快，其整体递减趋势与调和递减规律相符。

第七节　剩余油分布规律

一、微观剩余油分布规律

微观剩余油是指由于孔隙结构、岩石润湿性、注入方式等条件的差异，使得油田开发过程中有相当一部分原油滞留在储集层孔隙中及颗粒表面而形成的剩余油。微观剩余油主要依靠微观模拟技术进行研究，如微观驱替扫描技术、核磁共振技术等。通过微观模拟技术研究水驱油的渗流规律、剩余油的形态和分布特征、微观剩余油的形成机理及开采方法，定性或定量研究水驱油效率，不但是油田提高采收率的基础，而且也是油田改善水驱开发效果的基础，对揭示微观剩余油的分布特征和控制因素、指明认识和挖潜剩余油的方向、选择合适的三次采油方法、充分提高三次采油的效果和采收率都具有重要的理论和实践科学价值。

核磁共振技术不仅可以研究岩心的剩余油饱和度，更可以定量研究不同孔隙空间的剩余油分布规律，并直观描述其水驱油的特征，对于研究和揭示储层剩余油的形成、分布和富集规律，以及改善和提高储层开发效果都具有重要作用。

1. 渗吸作用下的微观剩余油分布规律

通过两块岩心渗吸前后的核磁共振实验发现，储层初始原油主要分布在中孔及以上的孔隙中，小孔中的含油量较少。经渗吸作用后，小孔及中孔内的原油含量减少，而大孔中的原油含量基本未发生变化，说明渗吸作用主要发生在小孔及中孔孔隙中，而渗吸的动力主要是毛管压力作用，从岩心表面析出的原油并没有较强的驱动力作用，根据流体流动特性可以判断，中小孔中的原油得到了动用被排到大孔中，并将大孔中初始状态的原油挤出，而由于没有驱动力的作用，大孔中的总油量没有发生明显改变（图 4－33、图 4－34）。因此，可以确定渗吸作用后的剩余油主要分布在大孔中。

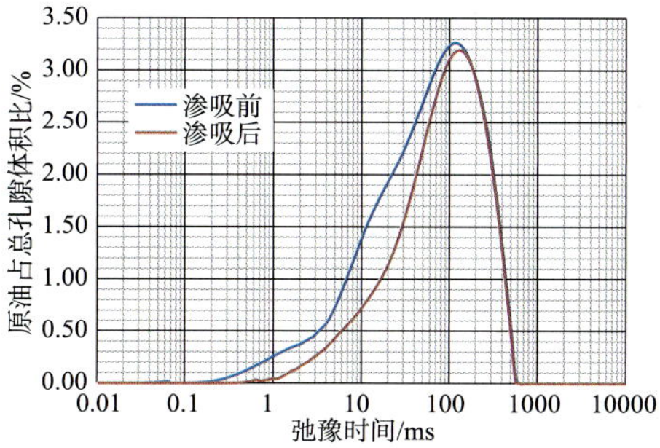

图 4－33　P78－90 井 12－3#岩心渗吸前后含油量弛豫时间分布

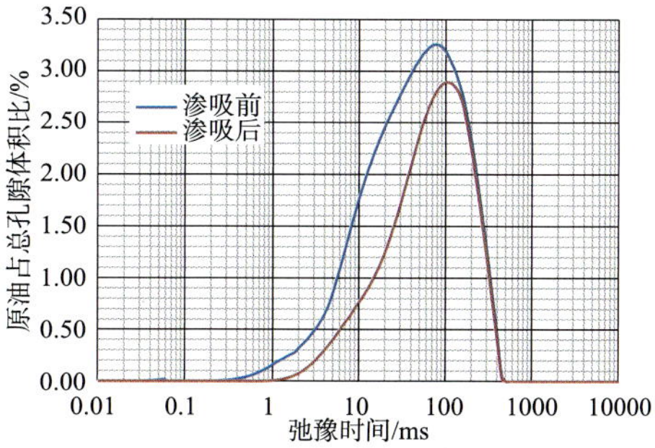

图 4－34　P78－90 井 32－5#岩心渗吸前后含油量弛豫时间分布

2. 水驱油作用下的微观剩余油分布规律

通过两块岩心水驱油前后的核磁共振实验发现，水驱作用不仅可以驱替大孔隙中的原油，也可以改善较小孔隙与注入水的接触面发生的渗吸作用，因此，在毛管压力与驱替的相互作用下，大、中、小孔隙中的原油都得到了动用。对比不同岩石物理相的岩心，岩石物理相为 PF4 级别的 29－3#岩心和岩石物理相为 PF3 级别的 22－3#岩心孔隙内原油动用相对较多的为中大孔，剩余油主要集中分布在中小孔中；而岩石物理相级别为 PF2 的 14－3#岩心中，中小孔内的原油动用相对多一些，剩余油分布在大孔内。这说明岩石物理相级别越高，孔隙中流体动用效果越好，小孔隙和大孔隙中原油均被动用，剩余油分布在中小孔中；岩石物理相级别越低，较小孔隙中的原油动用越多，剩余油分布在动用较少的大中孔中。岩石物理相越差，渗吸作用越强，改变驱替速度对剩余油的影响越小（图 4－35 ~ 图 4－37）。

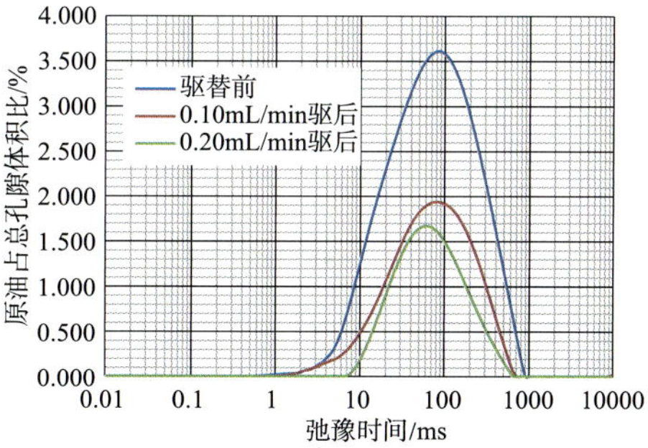

图 4－35　P39－873 井 29－3#岩心水驱前后含油量弛豫时间分布

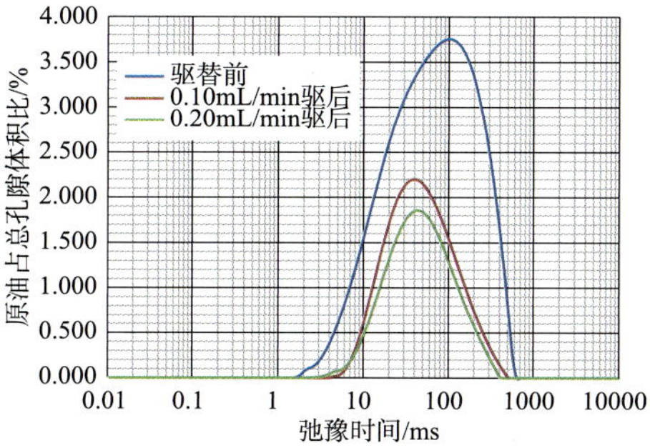

图 4－36　P39－873 井 22－3#岩心水驱前后含油量弛豫时间分布

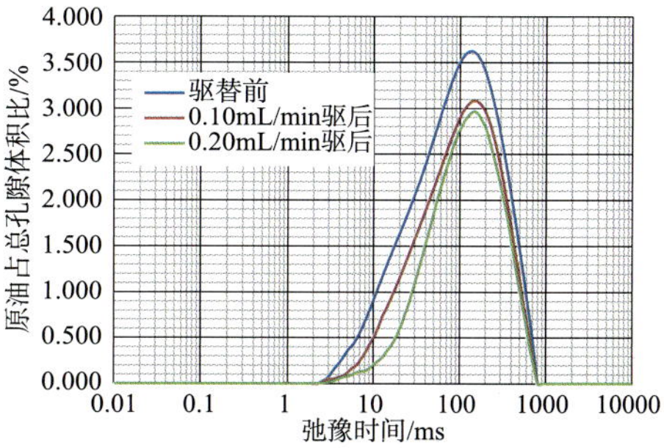

图 4－37　P39－873 井 14－3#岩心水驱前后含油量弛豫时间分布

二、宏观剩余油分布规律

根据长庆油田提出的“双重介质渗流”概念，即油、气、水在储层中流动时主要表现为以孔隙渗流为主，以裂缝渗流为辅的储层特征，理论上符合非达西定律和达西定律。在孔隙基质中为非线性流，启动压差及驱替压力梯度较大，储层物性越差，启动压差就越大；在裂缝中为线性流，启动压差较低或不存在启动压差。在人工裂缝中为相对高速的线性流，在天然裂缝中为相对低速的线性流。

油井投产后的较短时间内，由于裂缝的渗透率远大于基质孔隙，主要流动形式是裂缝中的流体流入井筒，由于裂缝体积小，此过程伴随着近井地带压力的快速下降，天然裂缝开始闭合。由于裂缝压力低，孔隙介质中的流体开始流入裂缝，裂缝中压力有上升的趋势，但远不及裂缝中压力下降的趋势，因此，裂缝中压力持续保持下降趋势。当二者相等时，裂缝中压力达到最低，近井附近地层压力降到最低，此时大多数裂缝基本闭合。此后很长一段时间内，地层中原油主要通过孔隙而不是裂缝向井筒中供液。由于低渗储层的孔隙介质渗透率低，孔隙中流体流入井筒的速度很慢，所以可以持续很长时间。在生产中表现为：油田压裂后投产初期产量较高，但递减很快，待产量递减至某一值时，进入到缓慢递减阶段，这一阶段可以持续数年或数十年。

根据坪北油田开发初期对露头剖面和微地震波储层裂缝监测的结果可知，坪北油田延长组储层中裂缝最大主应力方向即人工裂缝平面延伸方向为 NE70°~80°；天然裂缝主要有 NE25°~45°和 NW20°~45°两组，在原始地应力条件下呈闭合状态，属于隐性裂缝。压裂后主要产生了低－中角度裂缝，部分井段产生了高角度裂缝（表 4－18）。出现裂缝后，注水时水沿裂缝突进，造成油井快速见水，甚至水淹。

表 4－18 交叉偶极声波监测裂缝情况

井号	层位	压裂参数			砂岩厚度/m	射孔部位	射孔厚度/m	复杂缝延伸高度/m		
		排量/(m^3/min)	砂量/m^3	加砂强度/(m^3/m)				射孔段上	射孔段下	合计
P39－84	长 6_2 小层	2.4	42	2	36	顶部	4	4	8	16
P39－84		2.2	30			底部	6	2	3	11
P39－873	长 4+5_2 小层	1.2	12	2	6	中部	5	4	2	11
P39－873	长 6_2^1 小层	1.8	30	1.4	12	中下部	6	5	5	16
P39－873	长 6_2^2 小层				10	中上部	4	－2	3	5
P69－88	长 6_2^2 小层	1.6	20	2.5	18	顶部	4	2	2	8
		1.7	25			底部	4	5	2	11
P41－80	长 6_1 小层	1.6	20	2.2	9	中部	6	1	4	11
P41－80	长 6_2 小层	1.6	40	5.3	17	中部	16	4	3	23
P71－93	长 6_1 小层	1.6	35	3.2	11	中部	7	1	3	11
P71－93	长 6_2 小层	1.6	35	11.7	3	中部	6	3	3	12

（一）平面剩余油分布规律

从注水推进示意图（图4－38）和平面剩余油分布特征示意图（图4－39）可以看出，平面剩余油主要分布于油井排井间、油水井排间和水窜裂缝两侧。

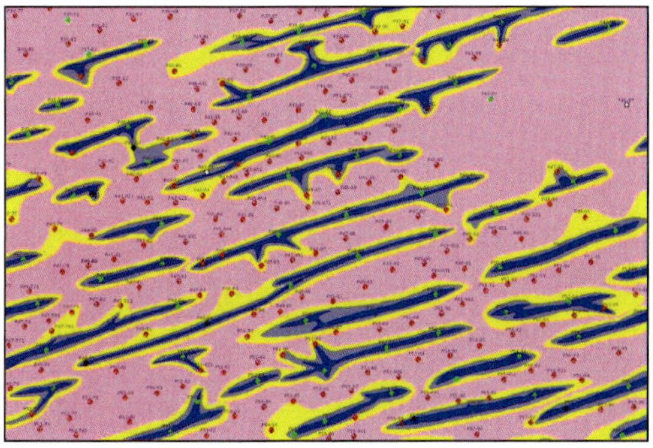

图4－38 注水推进示意图

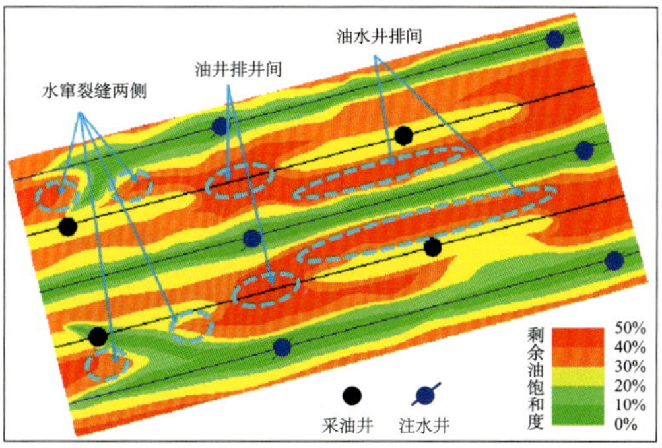

图4－39 平面剩余油分布特征示意图

1. 井间剩余油

井间剩余油是指存在于油井排相邻两口井间的剩余油。统计与加密井相邻且生产层相同油井的产量曲线，发现只有5口井的产液量曲线在加密井投产后出现了递减趋势加快的拐点。其中，4口井与加密井的井距小于200m，1口井大于250m。另外，所有井间加密井投产后至少都可以达到与邻井相同的水平。这说明基础井网设计的450m井距偏大，导致油井排的井间存在剩余油。

2. 排间剩余油

排间剩余油是指存在于油井排和水井排之间，以及两个相邻的油井排之间的剩余油。SP199井区、北四区和北二区西部P115井～P116井区生产油层均以为长6_1小层为主，其储层平均渗透率都在$0.9\times10^{-3}\mu m^2$左右，开发井网同为排状交错注采井网（北四区主体区二注井已全部转注），不同的是北四区和北二区西部排距为150m，SP199井区排距为110m，3个区域注水开发效果差别较大。对比各自投入开发5年时的注采比、单井产液量和动液面发现，SP199井区水驱效果较好，北四区水驱效果较差，北二区西部P115井～P116井区水驱效果不明显，说明了排间剩余油的存在（表4－9）。

表4－9 三个区域相同阶段生产情况对比表

区域	规模建产结束时间	选值时间（开发5年后）	油井开井数/口	月注采比	单井产液量/(t/d)	平均动液面/m	平均油层沉没度/m
SP199井区	2009年	2014年	114	1.6	2.06	1191	141
北四区	2001年	2006年	48	2.6	1.29	1309	40
北二区西部	2000年	2005年	16	2.0	1.03	1293	35

3. 裂缝两侧剩余油

前两类剩余油的成因与井网部署密切相关，而裂缝两侧剩余油的成因则和储层物性及裂缝有关。注水开发后，易沿储层中的裂缝推进形成水窜。裂缝水窜造成平面矛盾，注入水沿裂缝突进后，裂缝成为相对高压带，裂缝上的油井见效、见水快，裂缝侧向油井见效缓慢，甚至长期不见效，水驱动用程度极差，形成了裂缝侧向的剩余油。因部署井排方向和压裂人工裂缝方向一致，部分区域此类剩余油的分布特征和排间剩余油的分布特征相同。

2000～2013年现场示踪剂成果表明，主向上平均水线推进最快，注入水容易发生水窜，而侧向上平均水线推进最慢，水不容易窜流（表4－10）。产生这种结果的原因主要有以下3个方面：

表4－10　坪北油田2000～2013年示踪剂成果表

监测时间	井组数	主向（NE75°）				侧向			
		主向油井数/口	井距/m	平均水线推进速度/(m/d)	达最高峰值时间/d	侧向油井数/口	井距/m	平均水线推进速度/(m/d)	达最高峰值时间/d
2000～2013年	17	24	424.3	103.0	8.6	118	343.0	28.3	23.9

（1）油井距偏大，油井泄油面积存在“盲区”，油井间部分区域与油井人工裂缝之间未形成有效渗流，无法控制，容易在井间形成剩余油。

（2）油水井排距偏大，部分渗透性差，油田存在启动压力梯度，当注采压力梯度小于启动梯度时，注采压力梯度达不到启动梯度，容易在排间形成剩余油。

（3）储层渗透性不同，剩余油差异较大，渗透性好的区域，不易产生裂缝，因此一般无富集剩余油。渗透性差的区域，易产生裂缝，因注入水沿裂缝突进，裂缝成为相对高压带，其两侧原油滞留在储层内。因此，存在裂缝的区域容易在裂缝两侧形成剩余油富集区。

根据南区长6_1^2小层和SP199区长6_1^2小层平面剩余油分布情况可以看出，水排上水线较为完整，局部区域水线未形成，局部注入水已在生产井水窜，但在水排主向两侧和油井排的井间剩余油饱和度较高（图4－40、图4－41）。

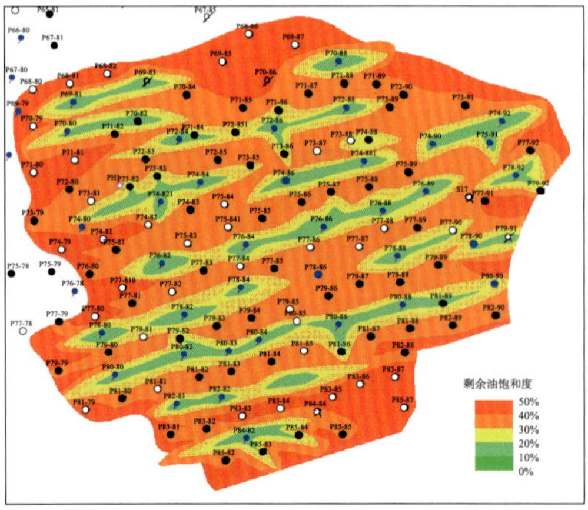

图4－40　南区长6_1^2小层平面剩余油分布图

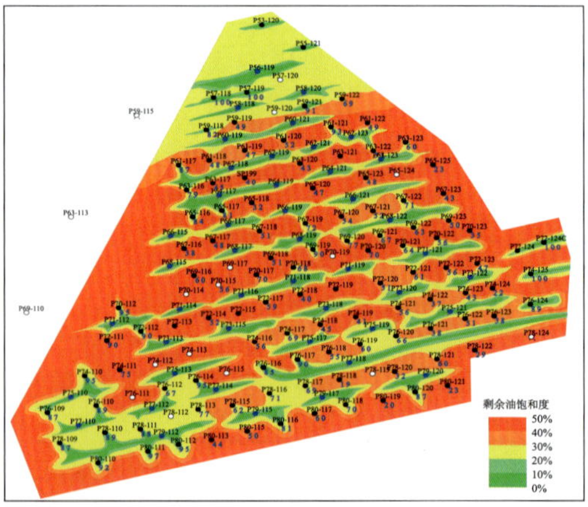

图4－41　SP199区长6_1^2小层平面剩余油分布图

（二）纵向剩余油

油井纵向剩余油主要分为层内剩余油和层间剩余油两种；层内剩余油主要分布于油井油层未射孔井段和水井渗透性较差井段；层间剩余油主要分布于多层合采井的低压层和水井渗透性较差层对应的油层。水井纵向剩余油主要分布在渗透性较差的井段。考虑到层间矛盾因素，多层合采井纵向剩余油在低压储层较富集，多层合注井剩余油在相对靠上的储层较富集。

1. 层内剩余油

根据 2010～2014 年老井 PNN 剩余油测井解释结果可知，所有已射开油层剖面上都有水淹和未水淹井段，且水淹井段大多集中在射孔井段。高含水的井，PNN 剖面上明显存在出水点，出水点以外的大部分井段存在剩余油。对比观察油水井小层发现，油井水淹井段与水井射孔井段无明显对应关系（图 4－42～图 4－45）。

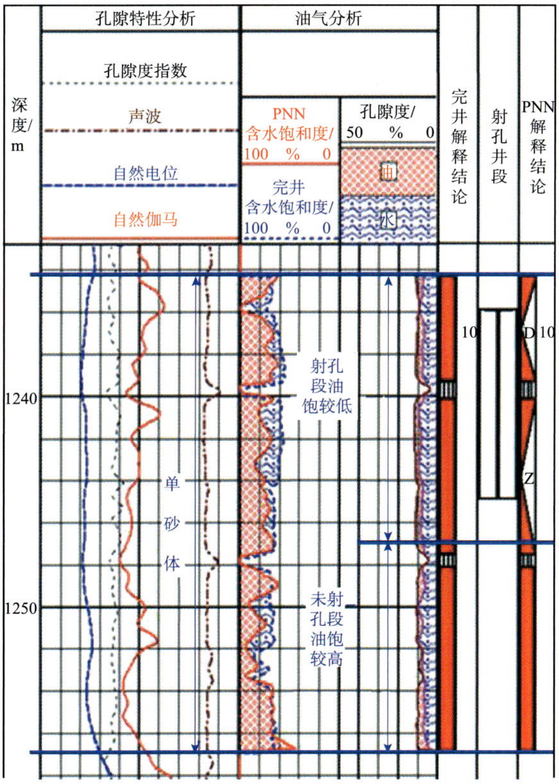

图 4－42 层内剩余油分布 PNN 剩余油测试结果示意图（油井）

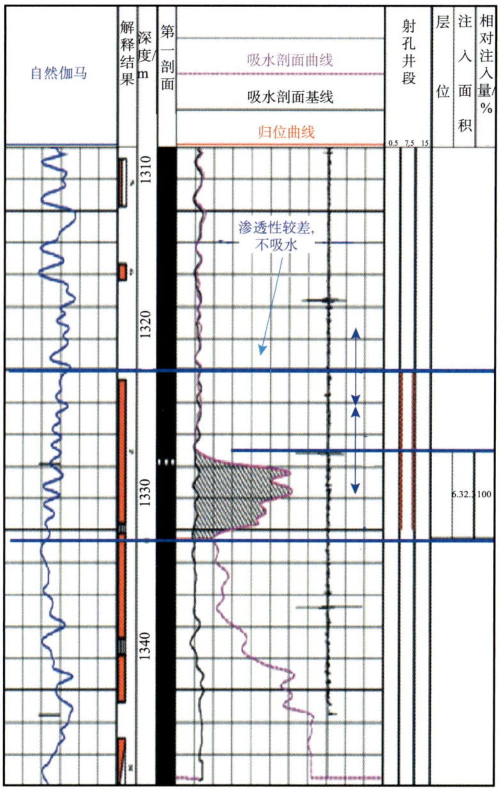

图 4－43 层内剩余油分布吸水剖面测试结果示意图（水井）

通过 2018 年新井开展的压裂前后偶极声波测井解释成果发现，复杂缝大多分布在射孔井段附近，说明压裂对储层纵向改造程度有限，厚油层单层压裂纵向剩余油富集。射孔井段内单极声波变密度图可见横、纵波首波到时后移或衰减，斯通利波衰减，压裂前后各向异性差异不大，形成复杂缝。射孔井段附近单极和偶极声波变密度图在压裂后明显可见衰减，压裂前后各向异性差异较明显，可能形成单一缝（图 4－46～图 4－48）。

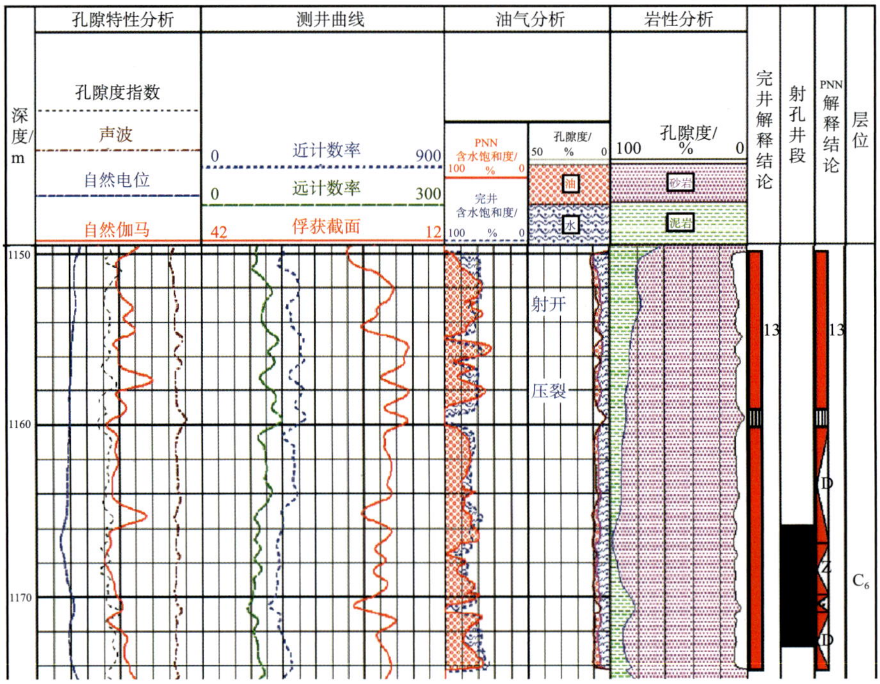

图4-44 P77-80井（长6_2小层）测井曲线成果解释图

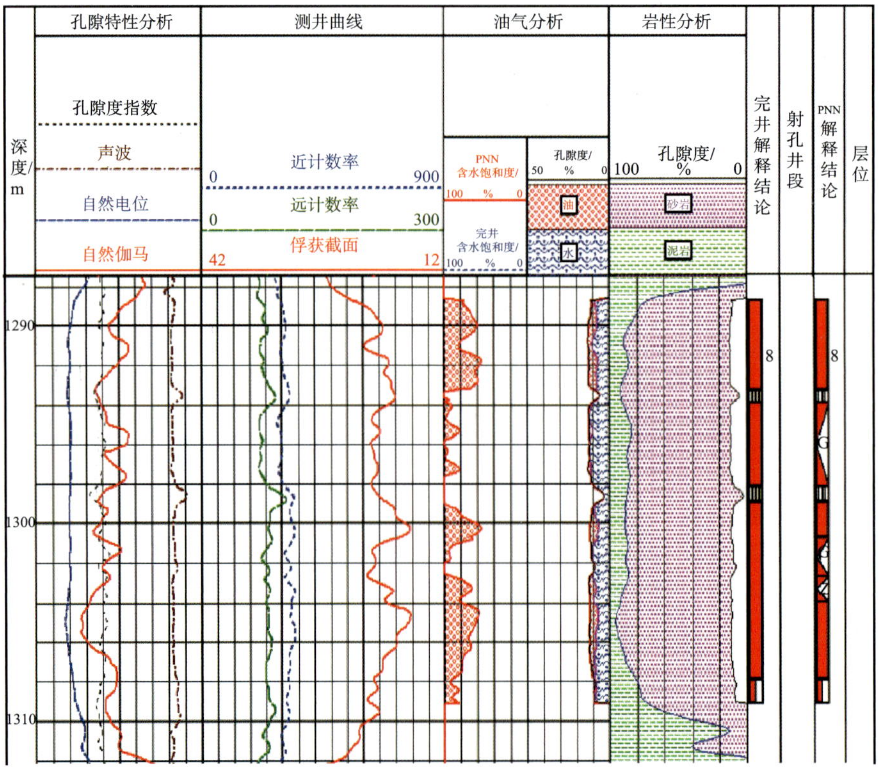

图4-45 P73-83井（长6_1小层）测井曲线成果解释图

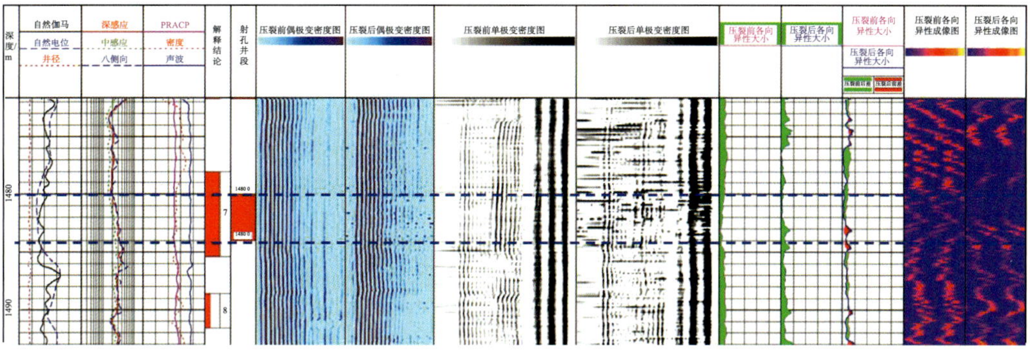

图 4－46　P41－782 井长 6_1^2 层压裂前后偶极声波测井解释成果图

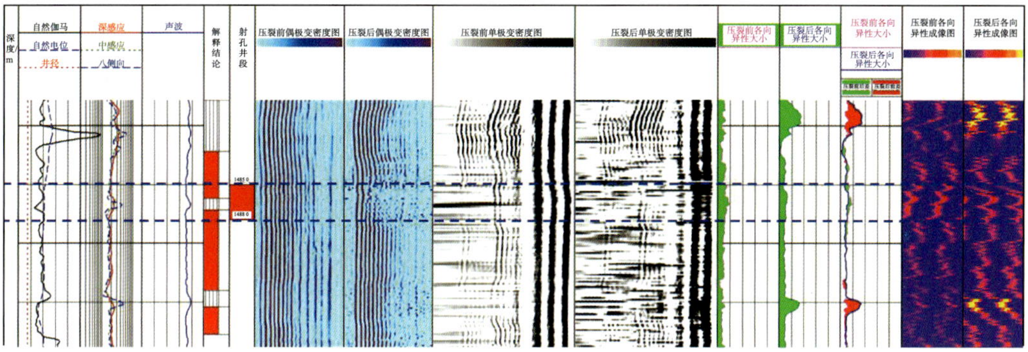

图 4－47　P43－78 井长 6_1^1 小层压裂前后偶极声波测井解释成果图

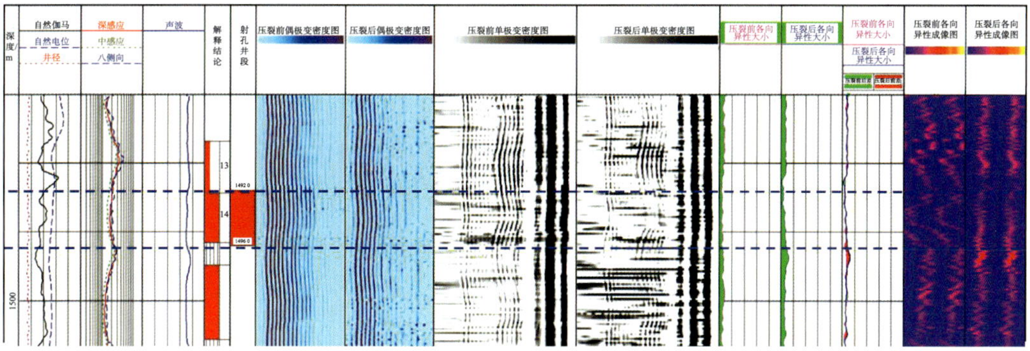

图 4－48　P39－78 井长 6_2^1 小层压裂前后偶极声波测井解释成果图

通过 2006～2014 年注水井层内吸水剖面监测解释结果发现，18 个未经过压裂的层纵向上吸水较均匀，19 个经过压裂的层纵向上出现吸水不均（表 4－11）。

表 4－11　层内吸水矛盾监测情况统计表

分类	测试年度								
	2006	2007	2008	2009	2010	2011	2012	2013	2014
层内吸水均匀层数	2	3	1	3	2	2	2	1	2
其中压裂层数	0	0	0	0	0	0	0	0	0
层内吸水不均匀层数	2	2	2	3	2	3	2	1	2
其中压裂层数	2	2	2	2	2	3	2	1	2

2. 层间剩余油

1998～2001 年油田上产时，半数投产井均为多层合采。将这些井按开发单元分类，并对比其不同时期的产油量，发现两层合采井产量普遍高于单层生产井，产量递减也较缓慢。但随着生产时间的延长，合采井与单采井产量差距越来越小，在投产初期合采井产量越为单采井的 1.28 倍，投产一年后为 1.08 倍，投产两年后只有 1.05 倍（表 4－12），说明合采井的层间矛盾在逐渐加大。从多层合注井吸水剖面测试结果来看，两层合注时，开发初期上层吸水比例为 44.1%，随着生产时间延长，到 2014 年上层吸水比例仅为 8.9%，而下层吸水比例从开发初期的 55.9% 上升到 91.1%，说明两层合注时会出现层间矛盾逐渐加大的现象；3 层合注时，其上、中、下 3 层的吸水比例分别为 23.6%、19.9% 和 56.5%，而到 2014 年，其吸水比例变为 1.2%、11.6% 和 87.2%，也出现了随开发时间的延长而单层突进的现象，说明 3 层合注时仍然会出现层间矛盾逐渐加大的现象（表 4－13）。因此，对于合注井，某一层主吸水的现象越来越严重，注水井的层间矛盾也越来越大。

表 4－12　不同开发单元单采井与合采井产量对比表

开发单元	单层生产井产油水平/(t/d)					两层合采井产油水平/(t/d)					合采井与单采井产量比例			
	井数	投产1个月	投产6个月	投产12个月	投产24个月	井数	投产1个月	投产6个月	投产12个月	投产24个月	投产1个月	投产6个月	投产12个月	投产24个月
北一区	18	3.0	1.6	1.2	1.1	17	4.6	2.3	1.8	1.4	1.53	1.49	1.44	1.25
北二区	71	2.9	1.7	1.4	1.3	57	4.5	2.7	2.0	1.8	1.55	1.54	1.38	1.35
北三区	12	2.8	1.9	1.3	1.2	20	4.0	2.3	1.6	1.3	1.43	1.19	1.15	1.05
南区	32	3.4	2.6	2.1	1.7	20	5.0	3.1	2.5	2.0	1.47	1.20	1.21	1.20
平均		3.0	1.9	1.5	1.4		3.9	2.3	1.7	1.4	1.28	1.17	1.08	1.05

表 4－13　历年合注井吸水剖面测试情况统计表

注水方式		各年度平均吸水率/%												
		2002 年	2003 年	2004 年	2005 年	2006 年	2007 年	2008 年	2009 年	2010 年	2011 年	2012 年	2013 年	2014 年
两层合注	上层	44.1	39.5	42.1	31.2	36.2	28.1	19.5	19.9	17.5	19.3	10.7	11.3	8.9
	下层	55.9	60.5	57.9	68.8	63.8	71.9	80.5	80.1	82.5	80.7	89.3	88.7	91.1
	下、上吸水比	1.3	1.5	1.4	2.2	1.8	2.6	4.1	4.0	4.7	4.2	8.3	7.8	10.2
3 层合注	上层		23.6		21.5	18.8			10.5	11.2		5.5	2.1	1.2
	中层		19.9		33.4	21.4			9.8	21.1		12.4	9.7	11.6
	下层		56.5		45.1	59.8			79.7	67.7		82.1	88.2	87.2

坪北油田及其 3 个开发单元分层动用情况和采出程度之所以存在较大差异，一方面是由于历年建产时优先射开产能较高的油层投入生产，使得各区各层动用率存在差别；另一方面是由于开发过程中受见效及见水、层间矛盾等因素的影响，造成分层开发效果的差异。从分开发单元分层采出情况统计结果中可以看出，坪北油田长 6_1 小层动用程度最高，长 6_2 小层采出程度最高（表 4－14）。

表 4-14 分开发单元分层采出情况统计表（数据截至 2014 年 12 月）

开发单元	层位	油层数		油层动用率/%	储量/10^4t		储量动用率/%	累计产油/10^4t	采出程度/%
		钻遇	动用		探明储量	动用储量			
北区	长 4+5_2 小层	556	314	56.5	705	567	80.4	51.9	9.2
	长 6_1 小层	559	385	68.9	865	865	100.0	67.6	7.8
	长 6_2 小层	509	310	60.9	754	626	83.0	66.9	10.7
	长 6_3 小层	265	17	6.4	233	5	2.1	0.2	4.0
	小计	1889	1026	54.3	2557	2063	80.7	183.7	8.9
南区	长 4+5_2 小层	56	7	12.5	80	15	18.8	0.2	1.3
	长 6_1 小层	151	89	58.9	289	267	92.4	27.2	10.2
	长 6_2 小层	148	124	83.8	257	257	100	33.9	13.2
	小计	355	220	62.0	626	539	86.1	61.3	11.4
SP199 区	长 4+5_2 小层	20	4	20.0	21	13	61.9	0.1	0.8
	长 6_1 小层	170	141	82.9	237	237	100	24.3	10.3
	长 6_3 小层	129	54	41.9	73	60	82.2	3.1	5.2
	小计	319	199	62.4	331	310	93.7	27.5	8.9
坪北油田	长 4+5_2 小层	632	325	51.4	806	595	73.8	52.2	8.8
	长 6_1 小层	880	615	69.9	1391	1369	98.4	119.1	8.7
	长 6_2 小层	657	434	66.1	1011	883	87.3	100.8	11.4
	长 6_3 小层	394	71	18.0	306	65	21.2	3.3	5.1
	合计	2563	1445	56.4	3514	2912	82.9	272.5	9.4

通过油层见水情况分析可知，2014 年 12 月，共有油井 732 口，动用油层 964 个，见注入水层 615 个，63.7% 的油层见到了注入水。除去水淹已停产的 55 个油层，其他 560 个见注入水层平均生产含水率达 63.7%。主向见水层平均含水率较侧向见水层高 4.1%，未见注入水层平均生产含水率为 48.8%。总体来说，虽然侧向见水层较多，但油层整体生产含水率和见水程度不高（表 4-15）。

表 4-15 生产层见注入水情况

分类		层数	占此类层比例/%	占动用层比例/%	产量水平/(t/d)		生产含水率/%
					液	油	
未见注入水层	主向	18	5.2	1.9	1.01	0.49	51.7
	侧向	299	85.7	31.0	1.13	0.61	46.0
	有采无注	32	9.2	3.3	0.74	0.10	86.7
	小计	349		36.2	1.08	0.56	48.8
见注入水层（不含水淹层）	主向	73	13.0	7.6	0.97	0.32	67.5
	侧向	487	87.0	50.5	1.53	0.56	63.4
	小计	560		58.1	1.46	0.53	63.7

续表

分类		层数	占此类层比例/%	占动用层比例/%	产量水平/(t/d)		生产含水率/%
					液	油	
水淹层	主向	34	61.8	3.5			
	侧向	21	38.2	2.2			
	小计	55		5.7			
合计		964			1.24	0.51	59.0

多层合采油井层间矛盾主要由储层压力差异造成，较高压层会影响较低压层“出力”，这也是开发初期便存在层间矛盾的原因。投产初期层间矛盾相对较小是因为当时各层压力差异较小，层间干扰也较小。随着注水层间矛盾的加大，单井层间压力差异增大，油井层间矛盾影响也会增大，甚至出现了合采井产量低于某一层单采产量的情况（“1+1<1”情况）。2007 年以来，利用井下智能开关测试合采井单层产量 25 口井，其中 18 口井合采产量低于单采产量，占测试井数的 72%（表 4-16）。

表 4-16　历年井下智能开关测试统计

时间（年）	测试井数/口	“1+1<1”情况	
		井数/口	占比/%
2007	3	2	66.7
2008	2	1	50
2009	4	3	75
2010	8	6	75
2011	5	3	60
2012	3	3	100
合计	25	18	72

（三）平面剩余油描述

1. 电子绘图法

通过电子绘图形式对区块的平面剩余油进行半定量描述。发育长 4+5_2 小层、长 6_1 小层、长 6_2 小层，3 个小层均为区域主要生产层，各小层剩余油分布如图 4-49～图 4-52 所示。

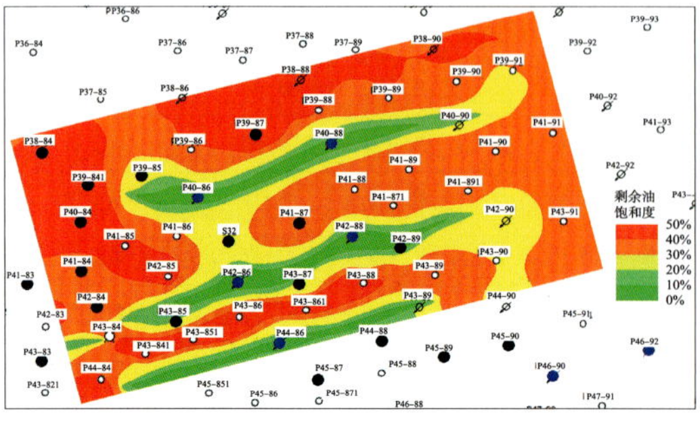

图 4-49　长 4+5_2 小层平面剩余油分布示意图

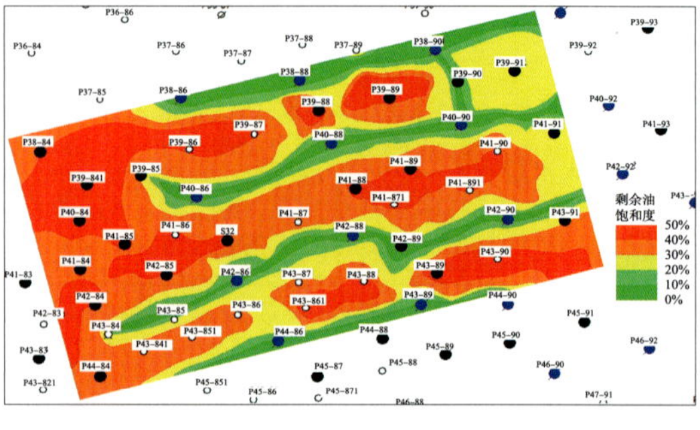

图 4-50　长 6_1 小层平面剩余油分布示意图

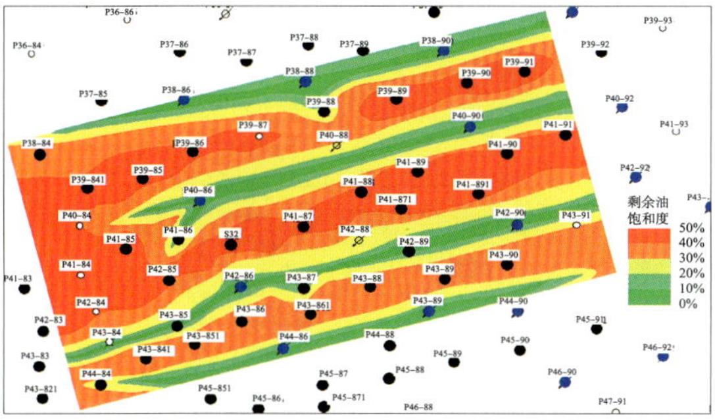

图 4－51　长 6_2 小层平面剩余油分布示意图

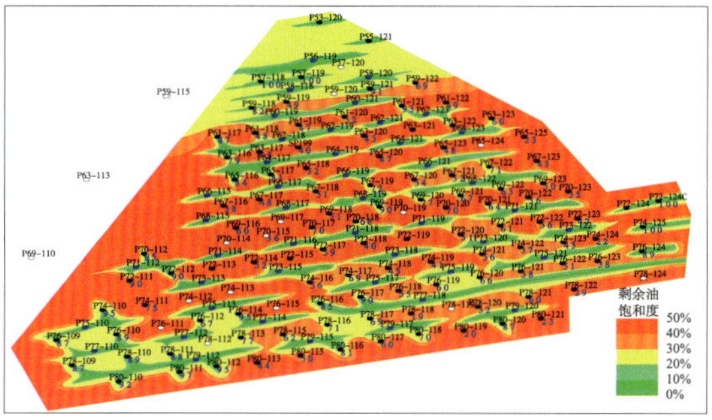

图 4－52　SP199 井区长 6_1 小层平面剩余油分布示意图

2. 数值模拟法

通过对北二区中部试验区（图 4－53）开展数值模拟研究，经历史拟合后进行预测，得到试验区主力层长 $4+5_2{}^2$ 小层、长 $6_1{}^1$ 小层、长 $6_1{}^2$ 小层和长 $6_2{}^{1+2}$ 小层的剩余油分布情况（图 4－54～图 4－57）。

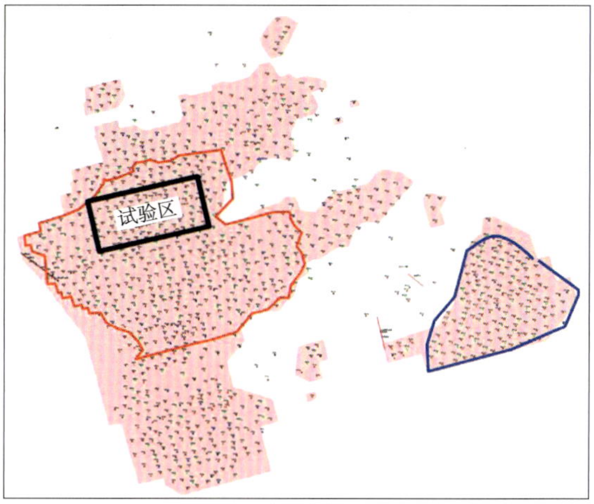

图 4－53　坪北油田试验区位置图

对剩余油分布情况进行分析后发现：

（1）井间剩余油存在于油井排内。主要是因为区域两侧都是油井，剩余油区处于交会处，在井间无法建立压力梯度，故形成死油区；另外，由于启动压力的影响，压力梯度没有达到启动压差，该区域内原油无法流动，会形成剩余油，启动压力的影响会导致该交会区域剩余油死油区范围进一步扩大。

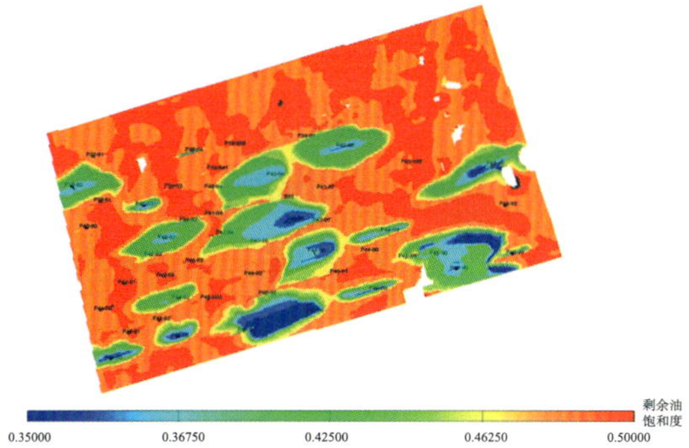

图 4－54　长 $4+5_2{}^2$ 小层宏观剩余油分布示意图

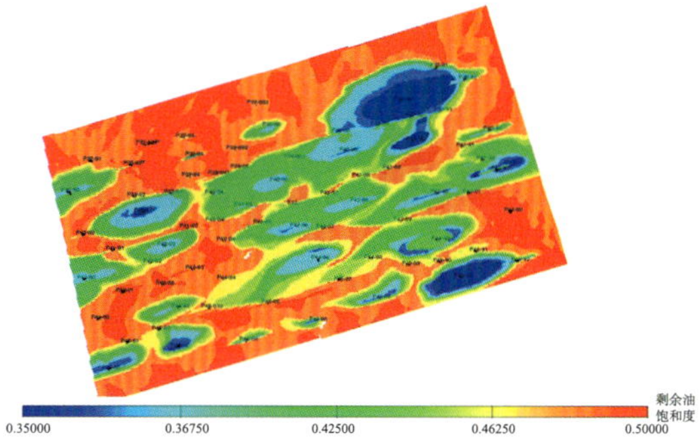

图 4－55　长 $6_1{}^1$ 小层宏观剩余油分布示意图

（2）排间条带状剩余油主要存在于两个相邻的油井排之间。如长 $6_1{}^1$ 小层 P44－80 井～P43－81 井～P43－82 井～P43－83 井排间剩余油。主要是因为注入水先沿裂缝方向驱替且先在水井井排沿裂缝方位沟通，沿裂缝形成了细长水淹条带，再逐步向油井井排推进；而相邻油井井排之间由于油井遮挡作用，注入水无法越过油井井排到达两井排之间，因而会在井排间形成剩余油。

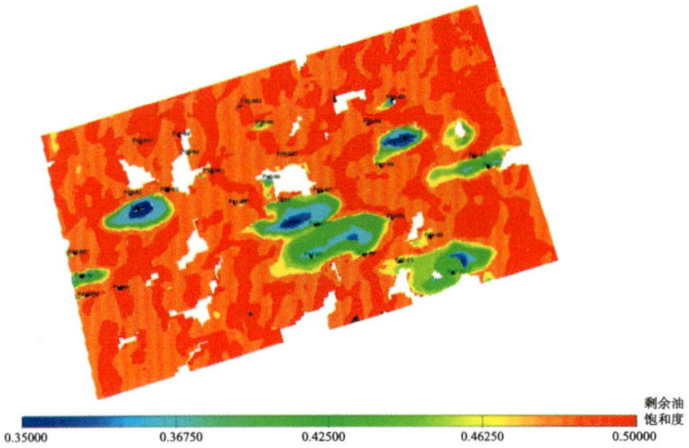

图4－56　长6_1^2小层宏观剩余油分布示意图

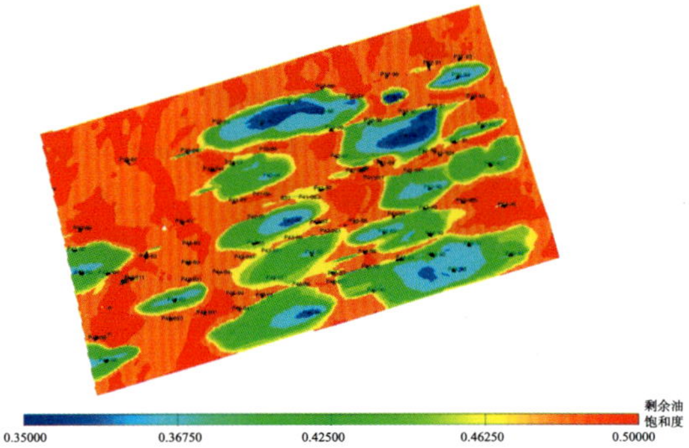

图4－57　长6_2^{1+2}小层宏观剩余油分布示意图

（3）裂缝两侧剩余油主要受裂缝影响。注水开发后，注入水沿储层中的裂缝推进形成水窜，裂缝成为相对高压带，裂缝上的油井见效、见水快，裂缝侧向油井见效缓慢，甚至长期不见效，形成了裂缝侧向的剩余油；当裂缝两侧存在物性和井网差异时，注入水沿裂缝单侧某一方向驱替，也会在另一侧形成剩余油。

通过对比各小层地质储量与累计产油量数据并分析小层动用情况后发现，试验区主力产层为长4＋5_2^2小层、长6_1^1小层和长6_2^{1+2}小层，主力层产量占总产量的97%。主力层动用程度较均匀，靠上部的长4＋5_2^2小层在3个主力层中井网控制程度稍低，采出程度较低，水淹程度小，有进一步强化动用的潜力（表4－17）。

表4－17　试验区小层储量与剩余地质储量统计表

层号	层位	地质储量/10^4t	累计产油量/10^4t	剩余地质储量/10^4t	累计产量占比/%	剩余地质储量/%	采出程度/%
1	长4＋5_2^1小层	23.4	0.3	23.2	1	5	1
3	长4＋5_2^2小层	107.1	9.1	98	18	23	8
5	长6_1^1小层	158.2	21.8	136.4	44	32	14
7	长6_1^2小层	22.5	0.8	21.7	2	5	4
9	长6_2^{1+2}小层	151.4	17.3	134.1	35	31	11
11	长6_2^3小层	8.6	0	8.6	0	2	0
13	长6_3^1小层	4.8	0	4.8	0	1	0

第五章　井网加密调整技术

第一节　井网加密的思路

一、原井网适应性评价

无论是“菱形反九点法”基础井网，还是在二注井转注后形成的“五点法”井网，以及新区开发采用的矩形井网，平面上均沿最大主应力方向布井，都属于排状井网的范畴。从生产动态来看，在注水井排上“水线”形成后，油井排油井大多能见到注水效果，虽然半数以上油井都已见到注入水，但是水淹井很少，由见水到水淹的过程也很缓慢，因此，排状平面布井方式适用于油藏开发。

采取上述布井方式后，仍存在局部井网不完善的情况。试验区总井数共100口，油、水井比例为2.6：1，但部分井区油、水井比例达到4：1，存在注水配套不完善现象，存在油排水井2口、水排油井6口，导致部分油井能量薄弱。同时，存在部分排间加密油井生产层相同的情况，导致油井受效方向单一，驱替效果变差。经统计，长$4+5_2$小层、长6_1小层、长6_2小层井网完善程度分别为48%、50%、58.3%，均不足60%。

坪北油田2000~2002年开展了示踪剂动态监测，结果发现，主向油井见水时间短，平均水线推进速度达到109m/d；而侧向油井见水时间长，平均水线推进速度为19m/d。总体看来，注入水主要沿主裂缝推进，两侧动用效果较差，平面矛盾突出(表5-1)。同时，压力监测结果显示，主向油井地层压力高，反映水线已经波及，能量较高；侧向油井地层压力低，反映能量未得到有效补充，裂缝性油藏行列式井网主、侧向能量差异性特征表现明显(图5-1)。

表5-1　坪北油田2000~2002年示踪剂成果表

监测时间(年)	注示踪剂井号	层位	主向(NE75°)				侧向			
			主向油井井号	井距/m	平均水线推进速度/(m/d)	达最高峰值时间/d	侧向油井数/口	井距/m	平均水线推进速度/(m/d)	达最高峰值时间/d
2000	P58-86	长$4+5_2$小层	P58-88	430	31	14	4	260	19	13.6
	P74-88	长6_2小层	P73-87	290	97	3	3	359	22	16.0
2001	P50-90	长$4+5_2$小层	P50-88	450	150	3	4	275	25	11.0
		长6_2小层	P50-88	450	150	3	4	275	8	35.5
	P46-86	长6_2小层	P45-83	680	136	5	3	273	9	31.7
	P60-86	长$4+5_2$小层	P60-84	420	60	7	6	297	9	31.8

表 5－4　加密调整井生产情况

投产时间（年）	井数	2003 年			2004 年			2005 年			2006 年	
		核实年产量/10^4t	占全区比例/%		核实年产量/10^4t	占全区比例/%		核实年产量/10^4t	占全区比例/%		核实年产量/10^4t	占全区比例/%
			井数	产量		井数	产量		井数	产量		井数
2003	24	1.4645	6.2	8.3	1.7505	6.0	9.8	1.2496	5.7	7.1	4.4646	8.4
2004	24				1.3549	5.0	7.6	1.2566	6.0	7.2	2.6115	4.9
2005	20							1.1454	4.8	6.5	1.1454	2.2
3 年合计		1.4645	6.2	8.3	3.1054	12.3	17.4	3.6516	16.5	20.9	8.2215	15.5
全油田		17.5838			17.8008			17.5016			52.8862	

表 5－5　加密调整井投产初期生产情况

投产时间（年）	井数	加密井初期产量				同期油田平均水平			
		日产液量/t	日产油量/t	含水率/%	动液面/m	日产液量/t	日产油量/t	含水率/%	动液面/m
2003	24	4.7	3.2	31.2	885	2.3	1.3	41.0	1240
2004	24	5.3	3.0	43.4	932	2.2	1.3	42.3	1251
2005	20	5.3	3.3	37.1	823	2.2	1.3	43.6	1252

（2）加密后井间干扰小。

从 2003 年加密调整井邻井采油曲线看，加密调整后，邻井产量基本未受到大的影响，其变化趋势未受影响（图 5－3）。

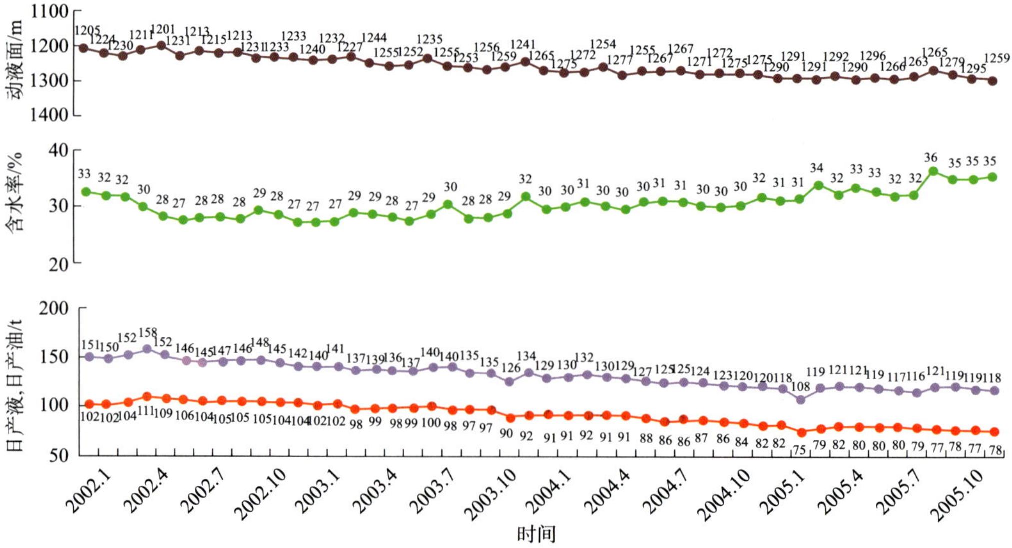

图 5－3　2003 年加密井邻井生产曲线

（3）小排距、小井距试验效果较好。

2004 年，在 P35 平台部署了一口排距 80m、与相邻油井井距仅 110m 的小排距、小井距试验井 P35－90 井。该井设计靶半径 10m，最终中靶情况良好(离靶心 6.9m)，共钻遇油层 8 层，有效厚度为 40.6m。试油仅射开长 6_2 小层一层，砂层厚度为 18.8m，有效厚度为 16.0m。该井投产后初期日产油量最高达到 4.9t。

2005 年，由于 P35－91 井区若干口井地下落点发生了偏移，井网已不规则，于是在该井区部署了 3 口加密调整井，油井井距与排距均有不同程度减小，3 口井投产后均获得了较高的产量，平均单井初期日产油 4t。

(4)加密后开发趋势变好。

从加密前后产油量对比曲线可以看出，加密后开发趋势明显变好(图 5－4)，10 年评价期内净增采油量为 11.24×10^4t，平均年增油 1.12×10^4t。

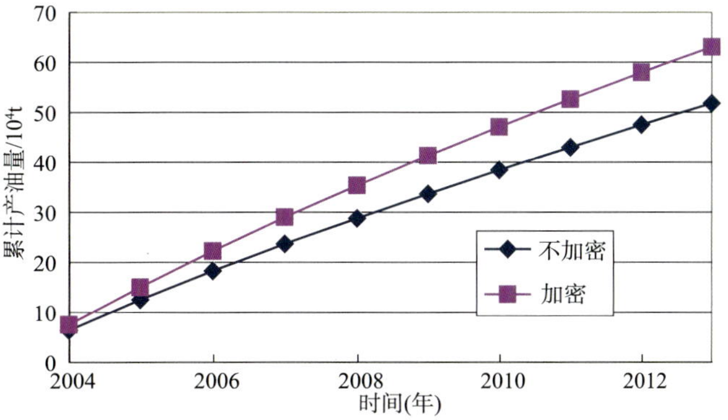

图 5－4　加密前后累计产油量对比图

(5)通过加密可以有效提高可采储量。

根据数值模拟计算，通过 2003 年、2004 年钻加密调整井，增加可采储量 43.4×10^4t，提高采收率 2.8%，平均单井增加可采储量 1.67×10^4t，26 口加密井可增加可采储量 43.4×10^4t。根据含水率与采出程度关系分析可知，目前坪北油田开发形势是在大于 15% 的采收率趋势上运行的。

(6)加密调整后获得显著经济效益。

通过对加密调整区域进行经济评价，结果表明，加密后百万吨产能投资 25.02 亿元，税后投资回收期为 4.1 年，财务内部收益率为 19.5%，说明加密调整具有较好的经济效益。

第二节　整体井网加密技术

一、老区整体井网加密

在加密试验获得成功的基础上，结合室内极限井距测算，针对主体区的井间及排间进行了加密设计(图 5－5)。2003～2008 年，以加密井注采井网完善为原则，在主体区加密油井 82 口(图 5－6)，方案设计产能 2.30×10^4t，单井投产初期产量 3.04t/d，实际产能 2.03×10^4t。方案产能符合率为 88.3%，加密取得了较好的效果。

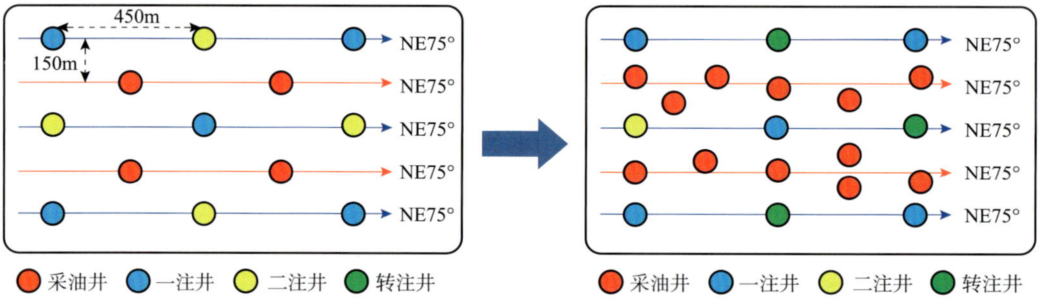

图 5－5　主体区井网加密示意图

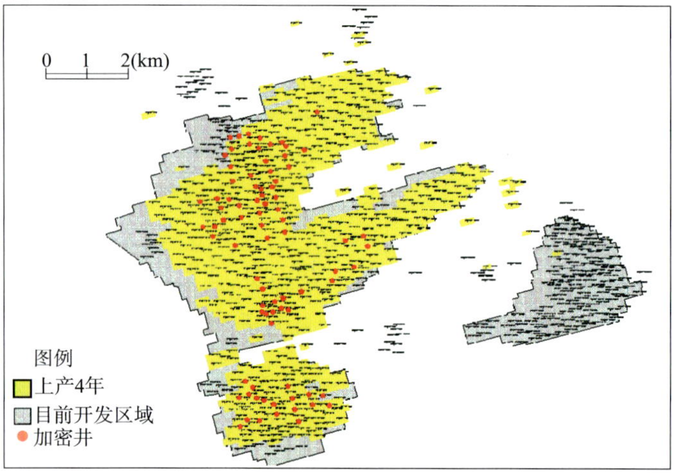

图 5－6　加密阶段新投井分布位置图

2003～2008 年 5 年间，共加密 82 口油井，其中，61 口为井间加密井，21 口为排间加密井。由于钻井中靶率、地面情况及井斜等因素影响，最终加密排距为 50～223m，井距为 160～320m。

(一) 井间加密

原井网油井井距为 450m，井距相对较大，井间加密风险较小。依托老井网，在油井之间加密一口新油井的思路可行，2003～2008 年实施的井间加密井均获得成功(表 5－6)。

表 5－6　井间加密井统计表

实施时间(年)	井数/口	平均井距/m	初期产量(两个月)			2012.12.25 产量		
			日产液量/t	日产油量/t	含水率/%	日产液量/t	日产油量/t	含水率/%
2003	22	223.6	5.0	3.4	31.6	2.2	1.3	37.2
2004	15	210.1	5.5	2.9	43.2	1.7	0.9	44.3
2005	8	219.6	6.0	4.4	27.3	1.5	1.1	29.4
2006	9	213.3	5.5	3.6	30.4	3.1	1.0	48.3
2007	5	232.0	6.0	4.0	34.4	1.4	0.9	34.9
2008	2	195.0	5.3	2.9	46.4	0.8	0.6	32.1
平均值		215.6	5.5	3.5	35.5	1.8	1.0	37.7

北二区和南区加密效果优于其他区域，储层物性及含油性相对较好，同时，这两个区域的注采配套为良好的加密效果提供了保障(图 5－7)。

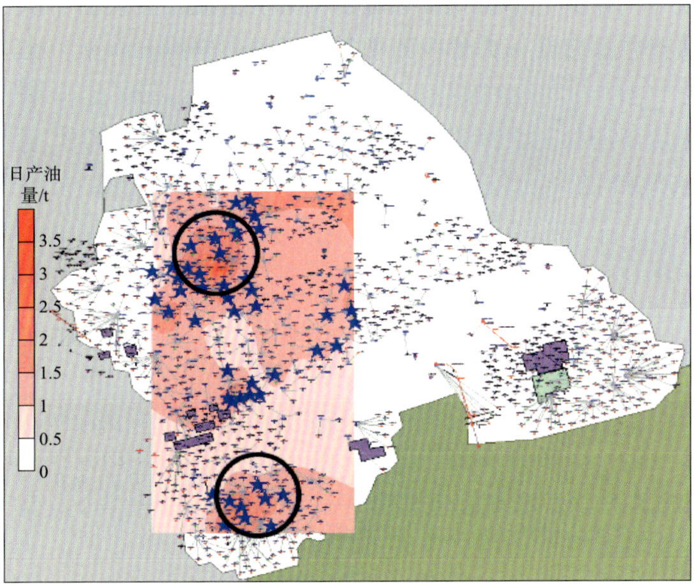

图 5－7　井间加密井平均日产油分布图

油井井距过小容易造成井间干扰。以 P61－861 井为例，该井为加密在 P61－86 井及 P61－871 井之间的一口油井，距离 P61－86 井仅 160m。2008 年 5 月，加密井 P61－861 井投产，P61－86 井日产液由 3.1m^3 下降为 2.6m^3，日产油由 1.9t 下降为 1.6t，两口井出现了较明显的井间干扰(图 5－8)。同时，P61－861 井投产两月后的日产液量和日产油量下降幅度均较大，反映出区域内明显供液不足(图 5－9)。

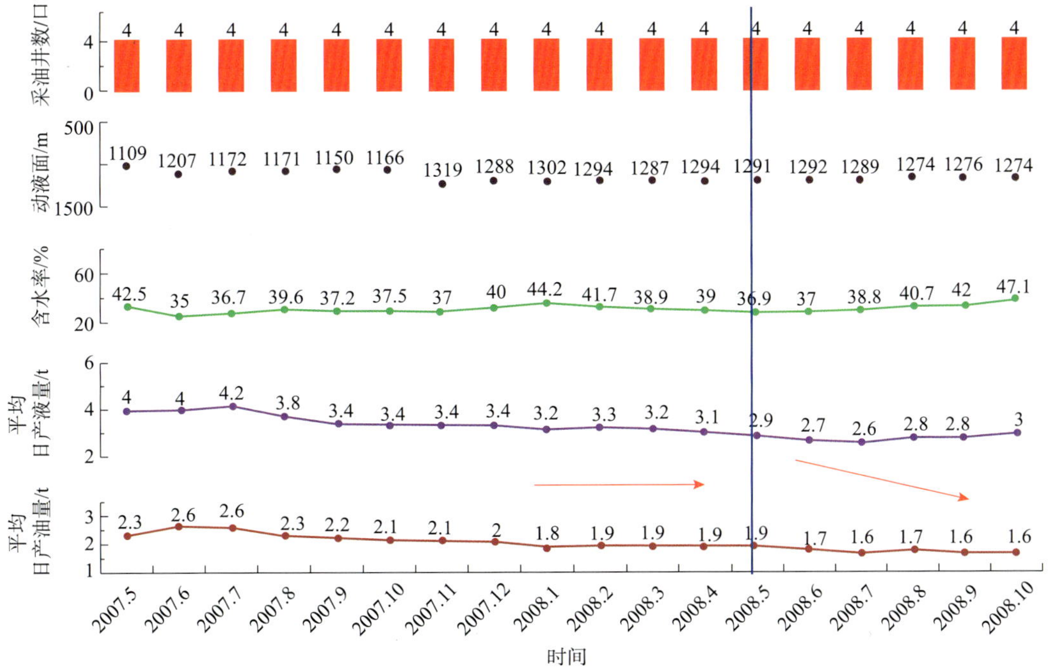

图 5－8　P61－86 井生产曲线

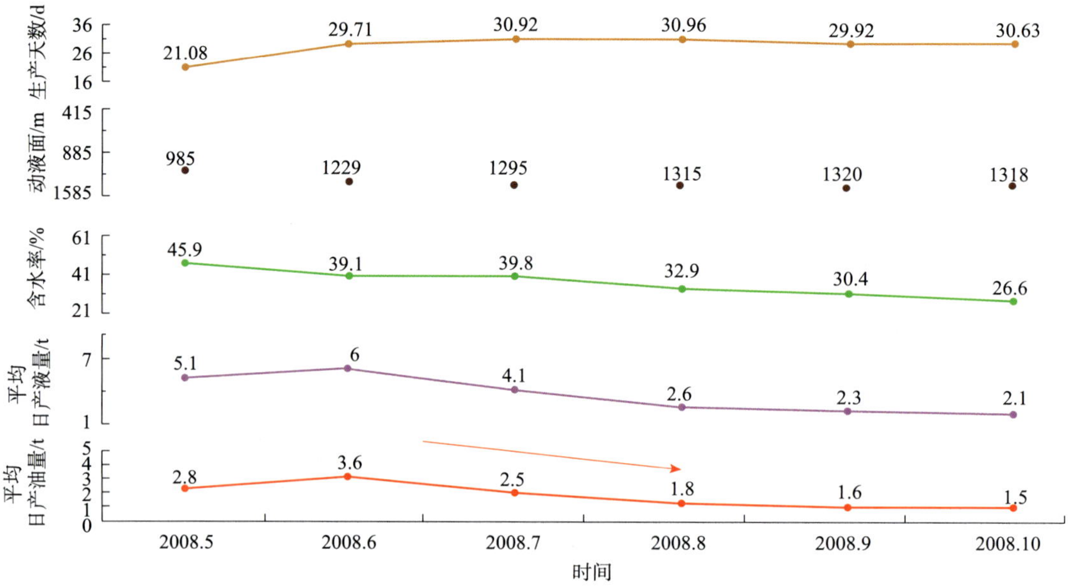

图5－9　P61－861井生产曲线

（二）排间加密

由于受注水井影响相对较大，排间加密存在一定风险。归一化的21口排间加密井，投产初期平均含水率为46.9%，整体效果较好（表5－7）。但其中压裂水窜和后期水淹的井占总排间加密井的28.5%，整体受排距影响，排距小于80m的井风险较大（表5－8）。

表5－7　2003～2008年全部排间加密井统计表

实施时间（年）	井数/口	井排排距/m	初期产量（两个月）			备注
			日产液量/t	日产油量/t	含水率/%	
2003	2	84.5	6.0	3.6	40.6	
2004	5	76.0	6.1	4.1	31.2	2口井水淹
2005	3	80.3	6.0	3.8	35.9	
2006	5	103.4	6.0	3.2	41.0	2口井水淹
2007	2	42.5	2.7	0.4	84.5	2口井水窜
2008	4	75.5	5.2	2.9	48.2	
平均值		77.0	5.3	3.0	46.9	共实施21口加密井

表5－8　排间加密异常井统计表

实施时间（年）	序号	井号	井排排距/m	初期产量（两个月）			目前状况			累产油量/t	投产时间
				日产液量/t	日产油量/t	含水率/%	日产液量/t	日产油量/t	含水率/%		
2004	1	P74－821	60	8.9	4.6	48.5	水淹转注（2008.7.24）			866	2004.04.18
2005	2	P76－89	70	10.4	3.2	70.1	水淹（计关）2011.12.5			2812	2006.05.11
2006	3	P77－90	75	5.2	2.7	47.7	水淹（计关）2011.3.2			1115	2006.05.15
2007	4	P44－89	75	2.7	0.4	84.5	水淹（2009.3.10转注）			95	2007.04.27
2007	5	P42－89	10			压裂水窜					2007.03.28
2008	6	P59－851	65			压裂水窜					2008.05.05

排距越小，水窜风险越大。如P42－89井虽然与水井井距较大，但离注水井排仅10m，在钻井过程中地层有异常反应，压裂后水窜，加密效果较差(图5－10)。

注水井累计注水量越大，排间加密井压裂水窜和水淹的风险越大。如P44－89井在钻井过程中无异常反应，但后期压裂引起水窜，导致新井投产含水率较高，初期日产液2.2t，日产油0.3t，含水率为87.5%(图5－11)。因为对应水线上注水量较大，P44－86井累计注水$4.7\times10^4m^3$，P44－90井累计注水$2.9\times10^4m^3$，该井2009年3月转注，累计产油93t。相反，在累计注水量相对小的区域，排距在80m以上，油井未水淹，如P35－90井，初期日产液5.2t，日产油3.9t，含水率为23.7%，截至2019年7月，单井日产液1.26t，日产油0.77t，含水率为38.5%，加密效果较好(图5－12)。

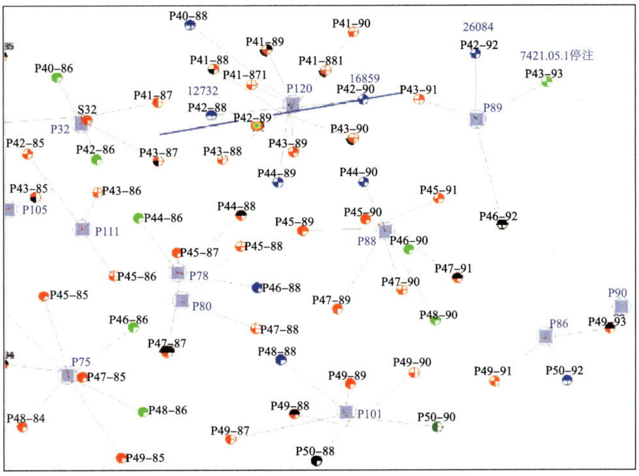

图5－10　P42－89井相对位置图

针对已加密的82口油井，分别开展了不同井距和不同排距下加密效果的产能预测(图5－13、图5－14)，根据单井产量模型可以看出，排间加密排距控制在75～110m之间，井间加密井距控制在225～250m之间，预测产油量最高。225m×110m小井距小井网更适合油田生产实际。

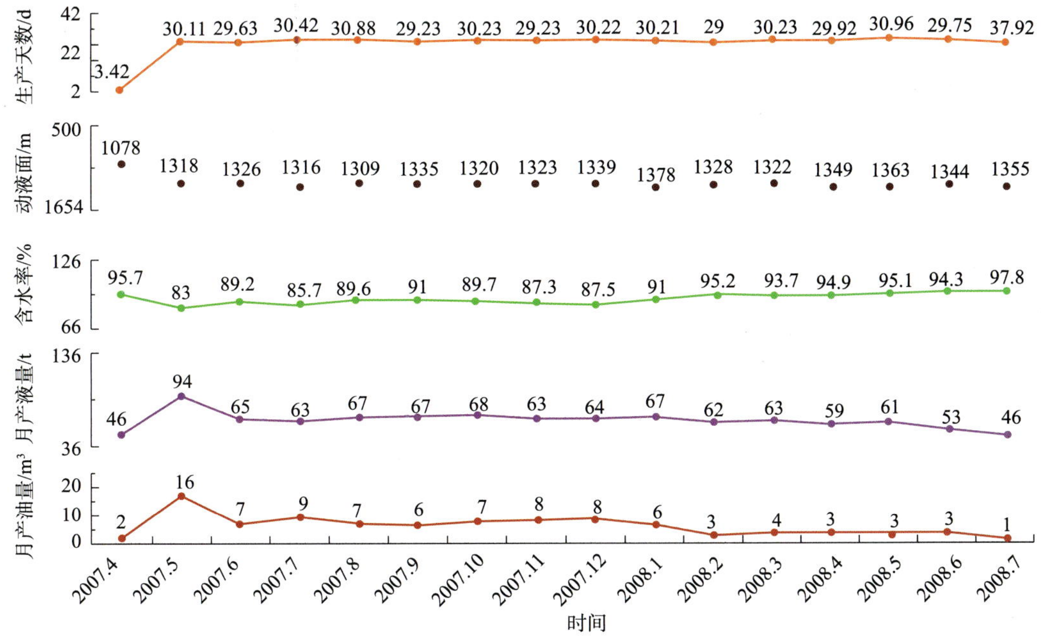

图5－11　P44－89井生产曲线

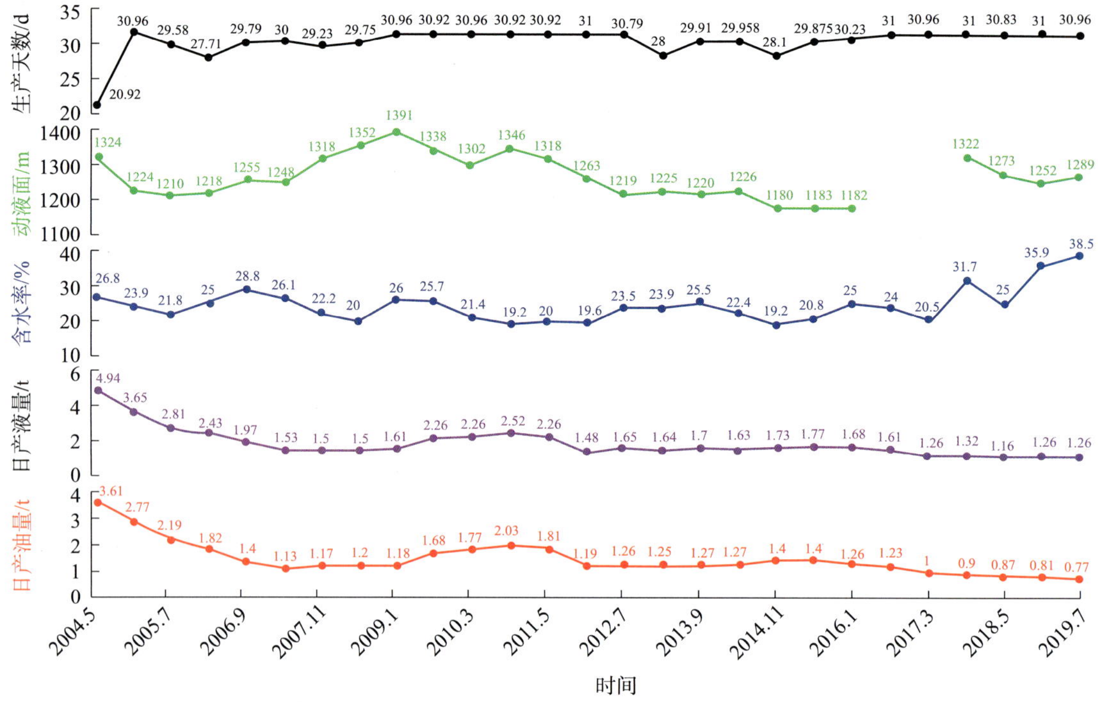

图 5 – 12　P35 – 90 井生产曲线

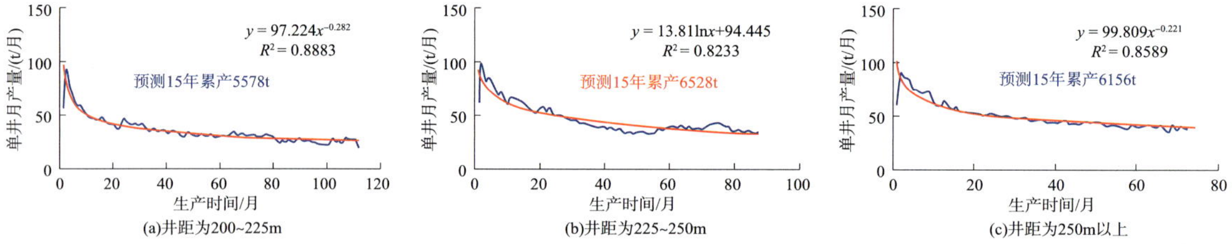

图 5 – 13　不同井距下单井加密效果预测图

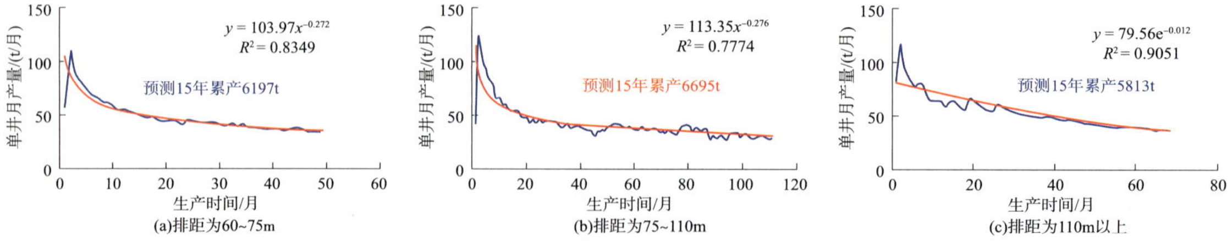

图 5 – 14　不同排距下单井加密效果预测图

二、SP199 井区一次性井网

2006 年，SP199 井区发现后，采用了主体区加密后的一次性小井网开发，井距为 225m，排距为 100 ~ 120m（图 5 – 15）；取消了原二注井部署，缩小了井距、排距；油井见效好、见水慢，取得了较好的开发效果。2006 ~ 2010 年，共投产油井 111 口，新建产能 1.33×10^4t（表 5 – 9）。截至 2010 年，区块未开展大型调整，月产液 171.7t，月产油

56.23t，综合含水率为67.3%。

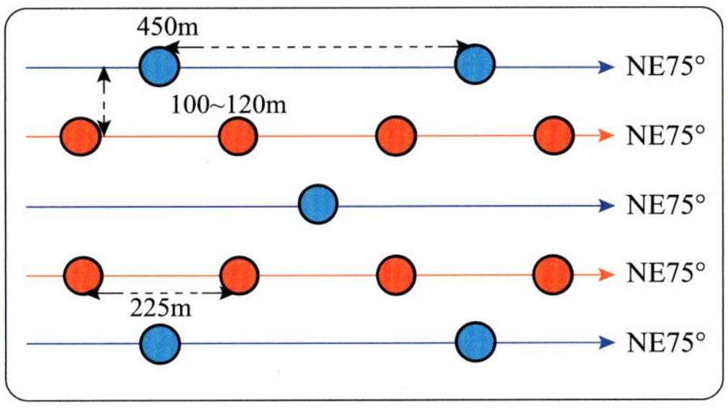

图5-15　SP199井区一次性小井网示意图

表5-9　SP199井区新投产井产能符合率情况表

投产时间	投产类型	投产油井数/口	初期产量/t	标定产量/t	方案设计产能/t	产能符合率/%
2006~2010年	SP199投产	111	1.93	1.33	1.60	83.1

第三节　井网加密期压裂技术

在井网加密期，以降低压后出水、沟通邻井等风险，提高储层改造效果为目的，进行了压裂工艺及施工参数的优化，形成了以“三小”控缝压裂为主，以暂堵转向压裂为辅的技术体系。

一、“三小”控缝压裂技术

(一)技术设计思路

所谓的“三小”，即小砂量、小排量、小前置液量。在压裂工艺参数设计过程中采用“三小”的设计思路，可以避免因加密井的压裂施工规模过大而导致的油井提前见水，从而有效保证井网加密期的注水开发效果，还可以提高新井的单井产能，降低新井的产量递减率。同时，由于减小了加砂量、排量和前置流量，因而可以大幅减少试油压裂过程中材料和设备的投入。

(二)技术设计应用

自2009年应用“三小”控缝压裂工艺参数设计思路以来，油田试油压裂平均加砂量由32m^3下降到17m^3，施工排量由1.6m^3/min下降至1.1m^3/min，前置液量由17m^3下降至10m^3；对比2009年前，单井产油量上升了21.4%。投产第一年产量递减率降低了32%，单井试油压裂投资下降了9万余元，年节约试油压裂投资450余万元。因此，“三小”控缝压裂技术在坪北油田试油压裂工作中得到全面推广。

2010年，坪北油田共进行新井试油压裂58井次，均采用“三小”压裂参数设计思路，实现工艺成功率100%，工艺有效率91.4%，全年实际开井数46口，新井累计产油15465t，平均日产油87t，相比于2009年，累计产油量增加了5735t，新井日产油量增加了31.5t。(表5-10)。

表5-10　2010年与2009年试油压裂工作量对比表

时间(年)	总井次/口	开井数/口	工艺成功率/%	工艺有效率/%	累计产油量/t	新井日产油量/t
2009	57	45	100	93.0	9730	55.5
2010	58	46	100	91.4	15465	87

2010年，在采用压裂参数新思路后，取得了明显的增产和控制新井递减的效果，为油田边部低品位区块的开发提供了有效的技术手段(表5-11)。

表5-11　2008~2010年压裂试油效果统计表

时间(年)	投产初期产量/t	1个月后		2个月后		3个月后		4个月后	
		产量/t	动液面/m	产量/t	动液面/m	产量/t	动液面/m	产量/t	动液面/m
2008	2.2	1.4	1108	1.3	1152	1.2	1206	1.2	1230
2009	2.8	2.6	668	2.2	811	2.3	929	2.1	1035
2010	2.6	2.3	532	2.3	800	2.3	925	2.2	1007

2010~2014年，以“三小”控缝压裂技术作为新井压裂参数设计的基本思路，大幅度提高了边部产能建设区域的试油效果。

(1)“三小”控缝压裂工艺参数设计思路能够满足产建区前期注水开发的需要。

2010年，提出在油田边部储量品位较低的区块进行先期注水开发的思路。先期注水和油井生产对储层地应力产生了一定的影响，虽然储层垂向应力变化有限，但围岩地应力未变，平面地应力分布呈现逐步增加的趋势，最大水平主应力和最小水平主应力的增大不利于控制压裂缝高，因而影响了开发试油的效果。

为保证先期注水技术在油田边部的应用能够获得较好效果，需要使人工裂缝尽可能在水平方向延伸，同时尽可能控制裂缝缝高在纵向上的延伸。通过GOHFER压裂优化软件模拟“三小”控缝压裂参数(表5-12)对P59-121井进行压裂，使人工裂缝缝高得到了有效控制，对储层的改造也主要集中在储层内部(图5-16)，说明低品位井区在先期注水条件下采用“小砂量、小排量、小前置液量”的压裂思路，可以获得更好的开发效果。

表5-12　不同模拟参数对比表

	排量/(m^3/min)	前置液量/m^3	砂量/m^3
常规	1.5~1.8	15~20	20~40
优化后	1.0~1.2	10~15	20~25

2010年，在P118、PX6、P199-3等平台新井采用同期或先期注水方式进行开发，压裂参数设计上遵循“三小”压裂工艺思路，并见到了开发成效。

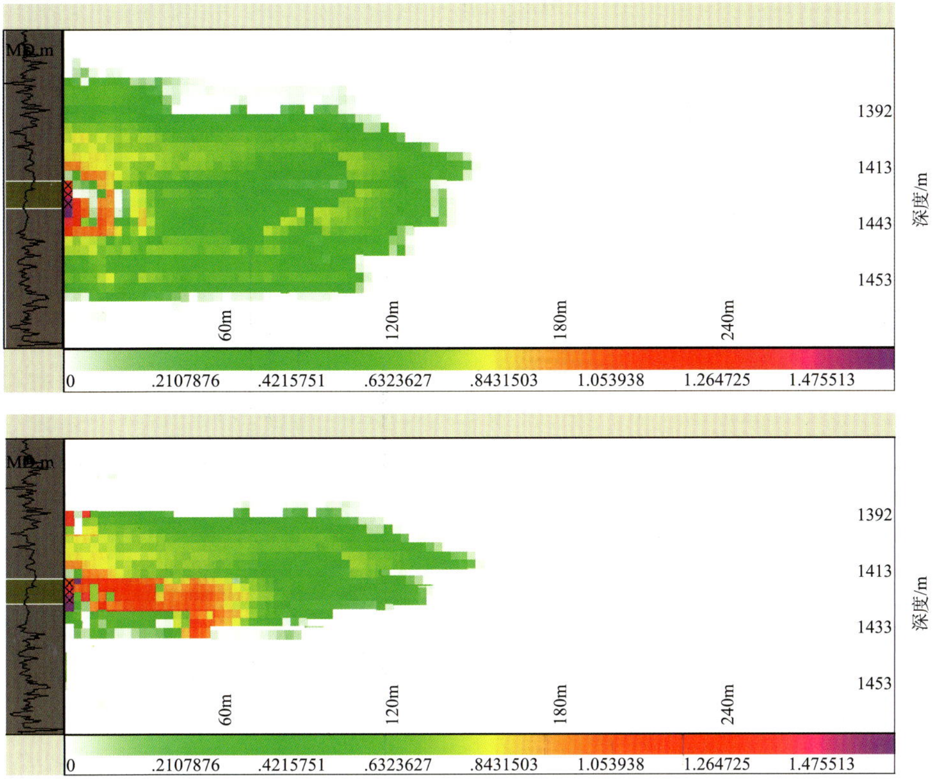

图 5－16　优化后参数设计铺砂剖面(软件出图)

(2)“三小”控缝压裂工艺参数设计思路能够满足目前开发井网整体部署的需要。

2010 年，根据坪北油田产建区域井网部署情况对压裂技术进行了重新改进和优化，提出了在井网优化组合的基础上，应使单井泄油面积与水力裂缝相匹配的理念，使水力裂缝能够有效扩展，从而达到进一步提高单井产能和采出程度的目的。

利用 GOHFER 压裂软件研究发现，在当前坪北油田排距为 110m、油井排井距为 225m、水井排井距为 450m 的井网部署下，当人工裂缝半长为 100～150m 时，油井能够获得最优的采出程度，但由于裂缝半长的加长容易导致注入水突破，油井含水率上升过快，因此，结合历年油井试油压裂后的生产情况，判断采用“小砂量、小排量、小前置液量”的压裂工艺思路，人工裂缝长度基本控制为 80～120m，证明该压裂工艺思路能够较好地满足目前开发井网整体部署的需要(图 5－17)。

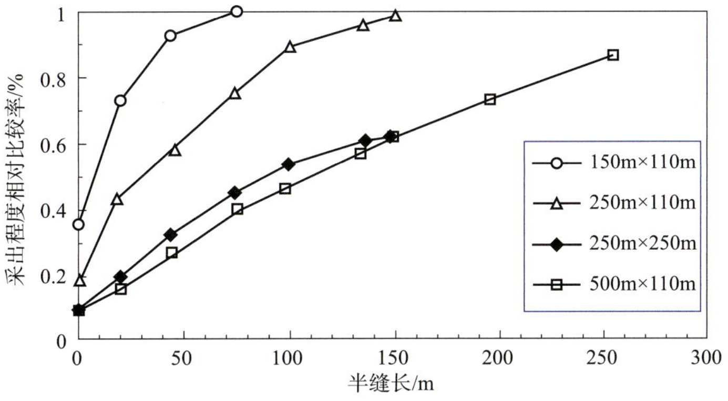

图 5－17　不同采出程度与人工裂缝长度关系图

二、暂堵转向压裂技术

坪北油田储层渗透率低，通过长缝改造提高产量效果不明显，且在现有技术条件下再大幅增大缝长会造成压裂改造成本的大幅上升，使经济效益变差。因此，提出了多缝改造的思路，通过多裂缝来提高储层的横向动用程度，进一步扩大渗流面积，从而达到提高产量的目的。

当射孔方位和最大主应力方向呈一定夹角时，裂缝会发生转向，参考这一现象，利用定向射孔控制裂缝起裂方位，可以实现裂缝硬转向。在层内上下选择两个射孔段，通过定向射孔技术，使射孔方位与最大水平主应力方向呈一定夹角；压裂时，强制裂缝转向，可以形成横向分离、纵向重合的相互独立的多条裂缝(图 5－18)。

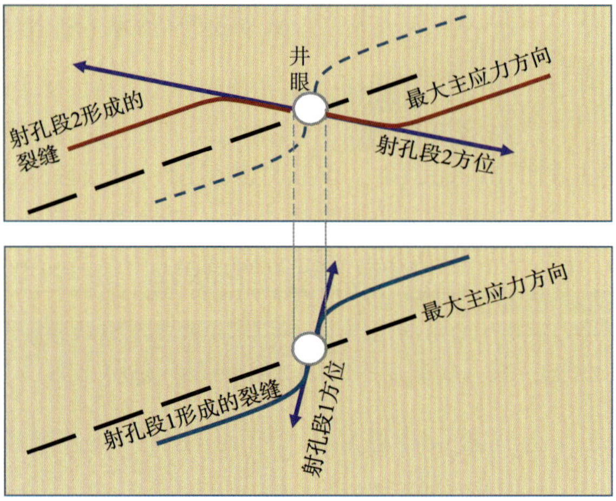

图 5－18　定向射孔实现多缝压裂示意图

将单缝压裂和多缝压裂裂缝示意图放在同一井网内进行对比，可以看出多缝压裂泄流区域面积明显大于单缝压裂。因此，确定的技术研究思路为：定向射孔诱导定向起裂，迫使裂缝转向，联合分段压裂实现裂缝分离，从而形成独立多缝。

针对坪北油田的地质特点，以降低成本、提高油田开发经济效益为指导思想，对老油井进行缝内转向压裂技术改造。

(一)裂缝转向机理

重复压裂造缝的根本在于岩石的破坏机制，对应于岩石中的新缝开启或者老缝重启，实现造缝的条件自然就对应于岩石内某处发生破坏(破裂)的临界条件。因此，暂堵压裂造缝机理应该从岩石基本破坏机制出发，综合考虑客观因素(油气藏地质特征及物性参数等)及主观因素(完井方式、开采因素、压裂工艺等)对岩石破坏的影响。

1. 裂缝开启与延伸条件

坪北油田储层存在天然裂缝，也正是由于天然微裂缝的存在，才使众多低渗、特低渗储层实现了高效经济开发。对具有微裂缝的储层进行压裂时，要实现天然微裂缝的开启，缝内净压力必须超过天然微裂缝中的主应力值。Nolte 和 Smith 提出了天然裂缝张开的缝内静压力(水力压裂裂缝净压力)计算公式：

$$p_{net} = (\sigma_{h1} - \sigma_{h2})/(1 - 2\nu) \tag{5-1}$$

式中，p_{net}为水力压裂裂缝净压力；σ_{h1}为储层最大水平主应力；σ_{h2}为储层最小水平主应力；υ为岩石泊松比。

经计算，坪北油田长6油层组储层微裂缝开启最小压力为1.9MPa(表5-13)。

表5-13 计算所得裂缝开启压力数据表

区块	最大水平主应力/MPa	最小水平主应力/MPa	微裂缝开启最小压力计算值/MPa
长6油层组	24	21.29	1.9

以细长椭圆缝描述初次压裂人工裂缝，利用弹性力学和断裂力学知识，分析在重复压裂过程中出现的新的岩石破坏条件，进而研究新裂缝形成的可能性。

如图5-19所示，假定地层中有一方位角为θ的垂直裂缝，壁面正应力为：

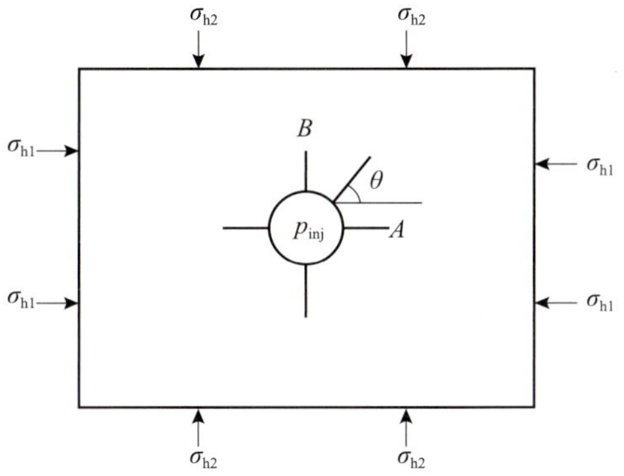

图5-19 油井射孔孔眼示意图

$$\sigma = \frac{1}{2}(\sigma_{h1} + \sigma_{h2}) - \frac{1}{2}(\sigma_{h1} - \sigma_{h2})\cos 2\theta \tag{5-2}$$

裂缝延伸最小压力(p_f)则是壁面正应力(σ)与抗张强度(T_0)的和：

$$p_f = \frac{1}{2}(\sigma_{h1} + \sigma_{h2}) - \frac{1}{2}(\sigma_{h1} - \sigma_{h2})\cos 2\theta + T_0 \tag{5-3}$$

地层的破裂是由井壁(射孔炮眼壁面)上的应力状态决定的，地层破裂压力不仅受远场地应力控制，而且也与完井方式密切相关。

控制射孔方位可以控制人工初裂缝形态。对于定向射孔情形，其破裂压力为：

$$p_{b\theta} = \frac{3\sigma - \sigma_V + T_0 - 2\eta p_p}{1 + \phi - 2\eta} \tag{5-4}$$

式中，σ_V为垂向应力。

定向射孔压裂结合炮眼暂堵压裂，可以形成多条裂缝并实现造新缝，国内已有油田开展了定向射孔压裂和炮眼暂堵压裂实践，效果良好。但大多数完井方式为螺旋式射孔，现场定向射孔困难，制约了定向射孔技术的实施。

2. 地应力场反转

Elbel、Wright等认为，重复压裂裂缝重定向的根源在于地应力场的反转，其影响因素一方面是存在人工裂缝；另一方面是油气采出后孔隙压力下降。

Elbel 等指出，如果原始最大水平主应力和最小水平主应力差值（$\Delta\sigma^0=\sigma_{h1}^0-\sigma_{h2}^0$）较小，则地应力场较容易转向。坪北油田长 6 油层组原始水平主应力差值大致为 1～3MPa。如此小的差值，将有利于地应力场的反转。

3. 缝内转向条件与方法

要使水力压裂产生不同于初次压裂裂缝方向的裂缝或沟通天然裂缝，就必须提高裂缝净压力，使其达到裂缝开启条件：

$$p_{net}=(\sigma_{h1}-\sigma_{h2})/(1-2\nu) \tag{5-5}$$

$$p_f=\frac{1}{2}(\sigma_{h1}+\sigma_{h2})-\frac{1}{2}(\sigma_{h1}-\sigma_{h2})\cos2\theta+T_0 \tag{5-6}$$

根据压裂裂缝机理分析可知，须依靠岩石的物理特点和水力压裂的控制技术来实现裂缝转向。主要方法包括缝内脱砂、定向射孔、缝内桥堵等。

1）缝内脱砂

以水力压裂裂缝脱砂为手段的缝内脱砂压裂工艺，可以达到提高水力压裂裂缝压力的目的。但受特低渗油藏地质特征等因素控制，仅依靠压裂液性能、施工排量、加砂浓度等施工参数在工程上控制脱砂条件形成，其脱砂可控性差，施工成功率低，极易造成井筒砂堵、卡钻等工程事故。因此，该技术难以大规模推广应用。

2）定向射孔

室内实验和现场测试均证实，定向射孔压裂不仅可以形成多条裂缝，还可以实现造新缝。重复压裂井层多为螺旋射孔，如采用定向射孔压裂，就必须将原射孔段封堵，然后重新定向射孔，原射孔段会出现储层污染；重新定向射孔需要定向设备，综合施工费用高，故目前未能大面积使用。所以定向射孔压裂对重复压裂并不适用。

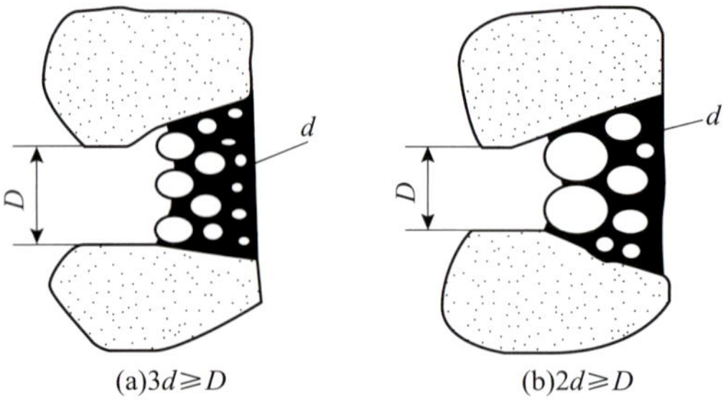

图 5－20　桥堵原理示意图

3）缝内桥堵

根据颗粒材料桥堵原理，当架桥粒子粒径 d 与孔隙平均孔径 D 的 1/3～2/3 匹配时，地层孔喉处的桥堵可达到最稳定状态（图 5－20）。

参照固相颗粒在地层孔喉架桥的屏蔽桥堵原理，当固相粒子的尺寸为裂缝宽度的 2/3时，可稳定架桥于堵塞裂缝，当固相粒子尺寸为裂缝宽度的 1/3 时，固相粒子可深入裂缝内部堆积形成桥塞。两者结合，便能有效而牢固地桥堵住孔隙。

水力压裂裂缝是动态变化的，且其实际宽度不易确定，因此，裂缝暂堵剂粒径应为不同粒径的组合，从而更有利于裂缝桥堵。

暂堵剂是以颗粒材料桥堵原理为依据开发的缝内转向材料。在重复压裂施工中加入暂堵剂后，由于水力压裂裂缝在井筒附近动态缝宽最大，距离井越远则裂缝宽度越小，因此，当暂堵剂和支撑剂同时以一定比例进入压裂裂缝后，在支撑剂刚性和暂堵剂塑性的共同作用下，暂堵剂固体颗粒粒径大于裂缝动态宽度的 1/3 ~ 2/3 时，暂堵剂固体颗粒就会在该处形成桥堵，并挡住后续暂堵剂颗粒前进的道路，从而形成堆积。随着后续暂堵剂的继续加入，产生桥堵和堆积的暂堵剂颗粒越来越多，在裂缝主通道会形成一定厚度和长度的堵塞带，阻碍和限制裂缝的继续延伸和发展。处于井筒和堵塞带之间的裂缝内，随着后续携砂液的继续加入，裂缝净压力不断升高，当裂缝内净压力达到微裂缝开启压力或新缝破裂压力时，微裂缝或新缝就会开启，随着后续携砂液的继续加入，微裂缝或新缝就会延伸和扩展成为新的支裂缝。

依据桥堵原理，结合水力压裂实际情况，可以利用暂堵剂塑性和支撑剂刚性，通过水力压裂施工参数控制，实现水力压裂缝内桥堵，从而实现提高水力压裂裂缝净压力的目的。

依据岩石破裂机理，通过桥堵低渗储层水力压裂裂缝，使水力压裂裂缝净压力提高，从而沟通天然微裂缝和形成新裂缝扩大水力压裂泄流面积的增产技术称为暂堵压裂(缝内转向压裂)技术。该技术在水力压裂过程中加入缝内暂堵剂后，使水力压裂主裂缝通道内暂时形成桥堵，产生升压效应，从而压开新的支裂缝或沟通更多微裂缝，在增大油层泄流面积的同时，促使压裂裂缝向注水水线靠近，提高注水见效程度，使油井在增产的同时能够保持稳产，从而提高采收率。

结合坪北油田地质特征，确定了坪北油田特低渗储层提高裂缝净压力应优选的缝内桥堵方法——暂堵压裂技术。

(二)缝内转向压裂选井选层技术

1. 选井选层研究

不同于初次压裂，同井同层裂缝转向压裂井不仅要进行单井地层评价，更强调对前次压裂裂缝的分析诊断。前者构成选井选层的主要依据，后者决定着二次压裂的增产潜力，二者有机结合成为重复压裂增产的控制因素。

1)剩余可采储量

目标井剩余可采储量是转向压裂增产的物质基础，决定着二次压裂的累计增产量。历年开发的 28 口重复有效井采出程度均在 50% 以下，其中，采出程度在 30% 以下的有效井共 18 口，说前转向压裂层段具有足够的剩余油可采储量，有利于取得较好的措施效果(图 5 - 21)。

坪北油田采用 PNN 测井技术挖掘剩余油富集区，为转向压裂技术的选井选层提供指导依据，提高了缝内转向压裂技术的有效性和经济性。

通过对坪北油田剩余油监测结果的分析，以及结合早期坪北油田北区动态数值分析结果，可以得到以下几点认识：

(1)坪北油田剩余油主要集中于水线侧向区域，主要原因是坪北油田侧向油井受效情况较差。

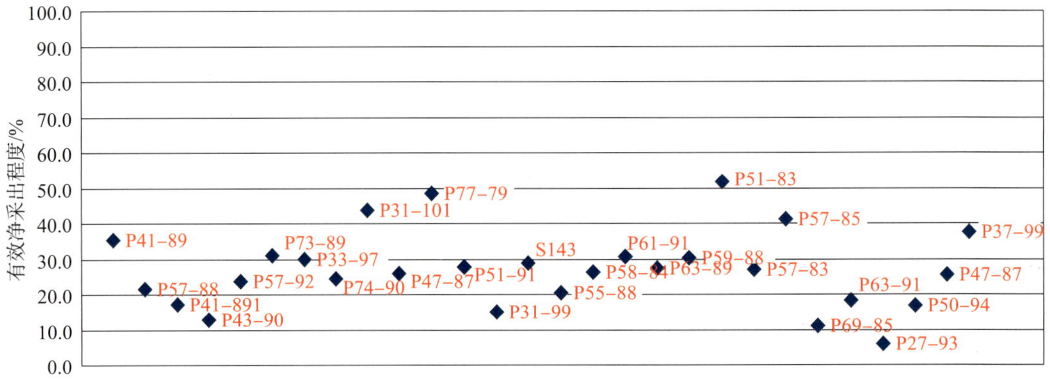

图 5－21　各井重复压裂有效净采出程度散点图

(2)受坪北油田不同区域油井排距、井距及特低渗裂缝性储层特点等因素影响，会使油田注水推进方向变得更加复杂，整体上，剩余油情况表现出一定的区域性，即未注水区域、井排距较大的区域及老区两侧注水不对称的区域剩余油富集程度较高。

(3)通过智能开关找堵水技术，发现合压井部分层在前次压裂过程中未被压开，或改造不充分，存在大量剩余油，可以通过缝内转向压裂技术对这部分层位进行压裂改造。

2)地层能量

目标井地层压力保持水平是转向压裂增产的能量基础，决定着二次措施能否直接有效，地层压力保持水平越高，措施后产量越高；地层压力保持在原始压力附近时，复压效果最好(图 5－22)。因此，要保持一定的地层压力，需要较好的水驱条件，即措施油井需双向或多向受到对应注水井的控制。有了好的水驱条件，才能保障重复压裂井的改造效果。

3)应力条件

在对重复压裂技术应力条件与压后增产效果之间关系的长期研究过程中发现，储层、隔层的应力条件对重复压裂技术应用效果的影响较大。主要原因是老井在长期生产过程中，受注入水及地层采出液后油藏地应力状况的影响，导致油层地应力发生了较大的变化，尤其是近年油田在老区强化水线建设，注采比增大，侧向井压力逐渐回升的情况下，地应力条件已经成为重复压裂选井选层过程中必须要考虑的因素之一。通过重复压裂有效井日增油量与储层应力之间的关系统计结果发现，日增油量与措施层储层、隔层的应力差是成正比关系的，说明良好的储层、隔层应力条件，对于优化重复压裂井的增产效果是非常有利的(图 5－23)。

4)储层物质基础

储层有良好的物质基础，也是重复压裂取得较好效果的重要影响因素之一。通过统计坪北油田的生产主力层长 6 油层组和长 $4+5_2$ 小层重复压裂增油量和新井投产后半年内产量的关系可以发现，措施效果较好的井，一般新井投产半年内的产量都较高，说明储层物质基础较好的井，重复压裂也易取得更好的效果(图 5－24)。因此，在重复压裂的选井选层过程中，需要注重选择具备较好储层物质基础的油井。

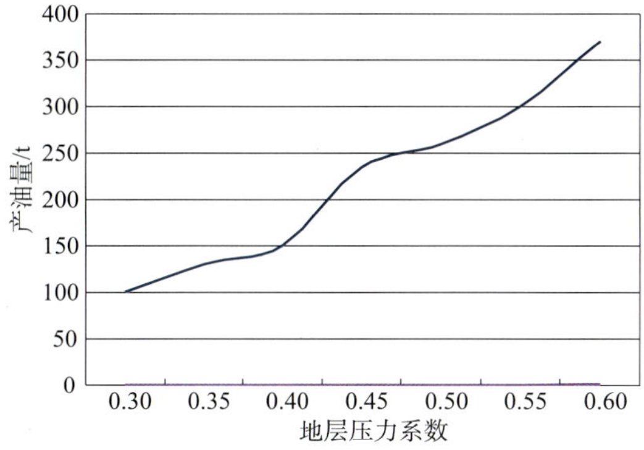

图5－22 重复压裂井地层压力系数和累计产油量关系曲线

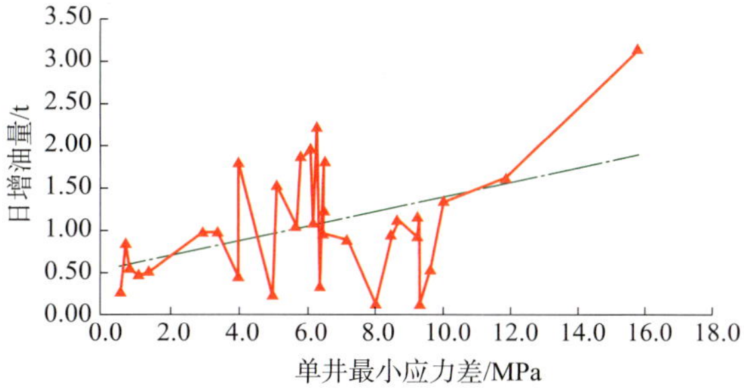

图5－23 单井最小应力差与日增油量的关系图

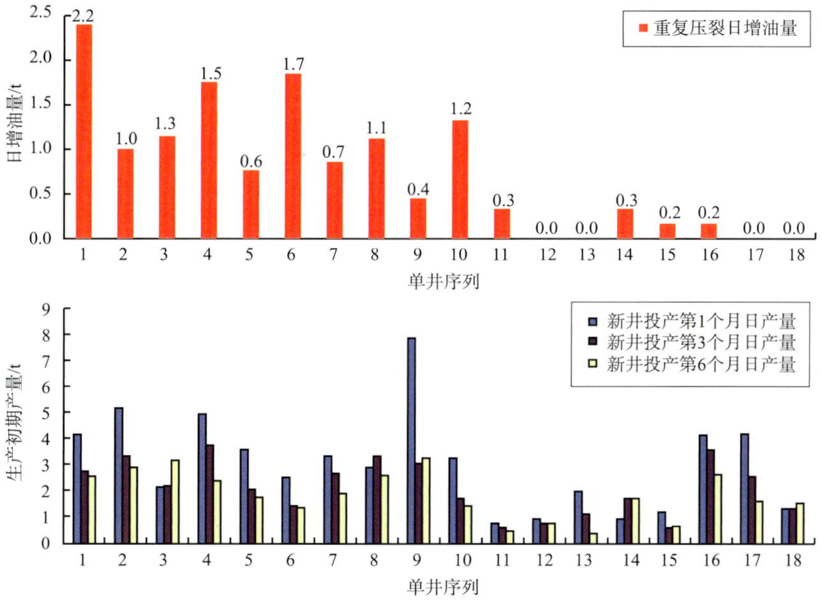

图5－24 生产初期产量与日增油量的关系图

2. 坪北油田重复压裂时机

压裂投产后油气井的生产一般分为3个阶段：

(1)线性流阶段。此阶段原油从支撑裂缝前缘流向井筒，为压后高产阶段，不过产量下降较快。

(2)拟径向流阶段。此阶段原油一方面从支撑裂缝前缘流向井筒，另一方面也从裂缝两侧基岩流入井筒。此时产量已低于第一阶段产量，但生产能力仍高于油藏压裂改造前的产量，此阶段产量较稳定。

(3)径向流阶段。此阶段支撑裂缝已失去了高导流能力，原油生产能力已恢复到压前水平，所以压裂增产是有一定期限的。压裂经过线性流、拟径向流、径向流，增产期即告结束。此时，原油处于经济生产下限，如果其他条件成熟，应考虑重复压裂。

通过GOFFER压裂模拟软件和动态分析，发现坪北油田重复压裂的最佳时机取决于油井含水和水驱条件两个方面。

1)油井含水

油井含水程度表征着注水开发油田的水驱特征，在一定程度上反映了注入水推进速度、水驱前缘位置与平面注采关系，是选择重复压裂时机的重要依据。数据模拟和矿场试验证明，重复压裂效果随含水率的增大而变差，而且对不同含水阶段的敏感程度不同，高含水井二次措施后含水率上升速度快，采收率低。适宜的二次压裂，一般应在油井含水较低时进行。从油井含水率和重复压裂增产效果曲线可以看出，油井含水率越低，重复压裂增产效果越好(图5-25)。

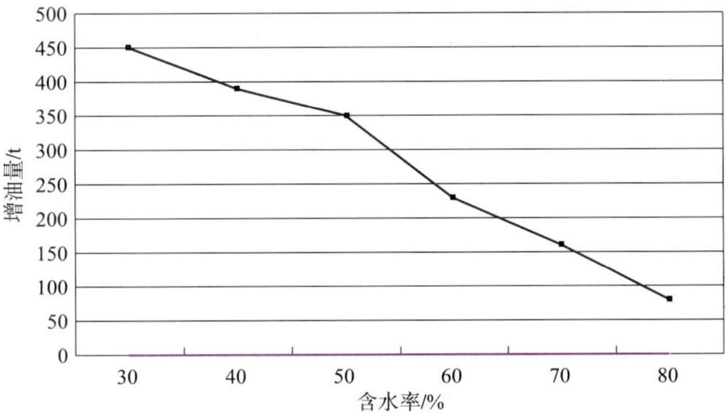

图5-25 重复压裂井油井含水率与累计增油量关系曲线

2)水驱条件

好的水驱条件能保证较高的侧向井地层压力，当地层压力越高时，重复压裂井的改造效果越好。

根据历年重复压裂有效井的累计注水等值线图可知，累计增油量超过450t的油井的注水量主要集中于20000～30000m^3，而通过措施效果较差井在注水区域的分布情况来看，一部分井集中在注水量<20000m^3的区域内，主要表现为压后液量低，增产效果差；另一部分井集中在注水量>30000m^3的区域内，这部分井主要表现为压后含水率高，Cl^-含量低，水淹趋势明显，重复改造效果不理想。

重复压裂效果会受到不同水驱条件的影响，因此，在油井重复压裂时机的选择方面，要注重在合理的水驱条件下进行重复压裂。一方面，油井要有对应的注水井进行能量补充；另一方面，也要充分考虑到注水量的情况，若注水量小，地层压力低，则达不到重复引效的目的，若注水量大，地层压力过高，则有可能导致注入水突进，水淹油井。因此，坪北油田应尽可能选择对应水井注水量为20000～30000m^3时进行重复压裂改造。

(三)合理暂堵剂用量

转向压裂过程中暂堵剂的用量决定了是否能在裂缝内形成高压环境，从而产生新的支裂缝或沟通更多微裂缝。通过近年在堵剂用量方面的研究，以及调研长庆油田堵剂加量的经验，形成了一套暂堵剂设计方法。

重复压裂设计过程中，暂堵剂的设计主要包括两个部分：

(1)暂堵剂加入总量，即重复压裂过程中暂堵剂进入地层的总量。

(2)暂堵剂加入速度，即暂堵剂单位时间内进入地层的总量。

1. 暂堵剂加入总量

重复压裂暂堵剂总量设计分为封堵老缝的蜡球用量和造新缝蜡球加入量两个部分。考虑到在封堵老缝过程中需要通过较大的暂堵剂加入强度进行封堵，以在较短时间内形成高压区，因此，在暂堵剂加入过程中出现新缝产生标志后，即在裂缝曲线上出现破裂压力特征，进入造新缝阶段时，应降低暂堵剂加入量，防止暂堵剂对新缝造成堵塞，保证新缝的延伸。

封堵老缝的蜡球用量计算如下：

$$Q = \kappa_1 \cdot \rho \cdot \omega \cdot h \cdot L_f \tag{5-7}$$

式中，Q 为蜡球用量，kg；κ_1 为参考系数；ρ 为蜡球密度，kg/m^3；ω 为老缝宽度，m；h 为缝高，m；L_f 为缝长，m。

式(5－7)中，老缝宽度、缝高和缝长通过 GOHFER 压裂设计软件进行计算模拟，通过软件计算出的铺砂剖面图和裂缝宽度展布图读出所需参数。以 P56－88 井为例，通过模拟出的该井铺砂剖面读出缝高为 36.1m，缝长为 100.2m，通过裂缝宽度平面展布图读出缝宽为 1.16cm(图 5－26、图 5－27)。

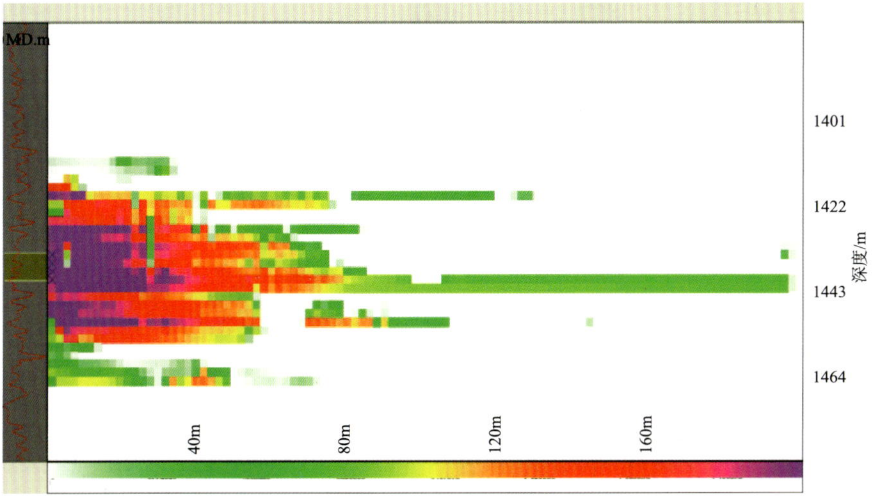

图 5－26　P56－88 井铺砂剖面图(软件出图)

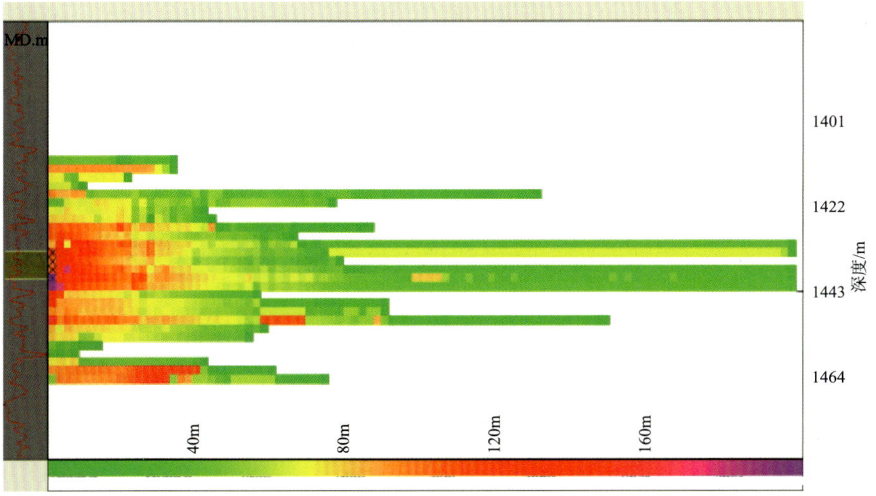

图 5－27　P56－88 井裂缝宽度平面展布图(软件出图)

对于参考系数 κ_1 的取值，长庆油田的取值范围一般为0.06～0.2，结合坪北油田参数分析结果，在堵老缝时参考系数 κ_1 一般取0.18，造新缝时参考系数 κ_1 一般取0.08，以P56－88井为例，计算得到在堵老缝过程中需加暂堵剂500kg，造新缝时需加暂堵剂250kg，整个施工过程暂堵剂总用量为750kg。

2. 暂堵剂加入速度

结合室内实验成果，发现2%的暂堵剂加入速度最有利于转向压裂施工的正常进行。按转向压裂施工平均施工排量1.6m^3/min计算，压裂过程中平均每分钟加入暂堵剂量为32kg。

3. 合理的施工规模

结合油田转向压裂技术增产因素、历年施工规模及GOHFER软件模拟计算结果，对转向压裂施工规模进行分析。

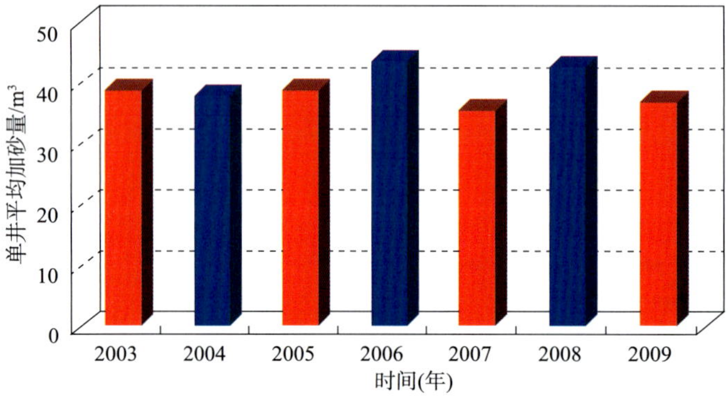

图5－28 历年重复压裂井平均加砂量统计图

坪北油田新井试油压裂加砂量平均为30m^3，从历年重复压裂井统计数据情况看，重复压裂平均加砂量在40m^3左右（图5－28），大于新井试油压裂规模。主要原因为期望较大的施工规模能够在原人工裂缝内重新铺砂，恢复裂缝导流能力或解除近井地带地层堵塞；并且，通过较大的施工规模能够保证裂缝延伸或偏转以达到沟通裂缝深入侧向剩余油空间的目的。

通过历年重复压裂井施工参数情况和见效井施工参数的对比，发现压裂规模并非越大越好（表5－14）。

表5－14 历年重复压裂井施工参数情况和见效井施工参数对比情况表

类型	排量/(m^3/min)	加砂量/m^3	总液量/m^3	前置液量/m^3	砂比/%	最高压力差值/MPa	工作压力差值/MPa
全部井	1.8～1.6	40	119.0	15	32.0	4.5	2.1
见效井	1.6～1.4	35	118.9	15	35.1	2.5	4.3

从参数分析情况看，见效井的重复压裂施工规模与措施有效性并无明确的对应关系。其原因主要有以下两点：

（1）通过较大施工规模延伸人工裂缝长度，并不一定能获得增产效果。

坪北油田一直沿用整体压裂工艺思路对新井进行储层改造，同时强调注水。合理的裂缝穿透比能够保证油井获得最佳采出程度。过小的裂缝穿透比不利于获得油层的最佳采出程度，而过大裂缝穿透比可能会造成裂缝见水期提前，也会影响油层的采出程度。

坪北油田在排距110m、油井排井距225m、水井排井距450m的井网部署下，最佳的人工裂缝半长为100～150m，在这个裂缝长度范围内，油井能够获得最优的采出程度，也就是说，坪北油田新井油层改造的合理裂缝穿透比是50%～55%。通过GOHFER软件进行模拟，按照坪北油田新井试油压裂参数平均值可计算出裂缝长度。通过模拟可以看到坪北油田新井人工裂缝半长通常为110～120m，对应的人工裂缝穿透比约为50%，在新井压裂过程中通常已形成最佳裂缝穿透比(图5－29)。

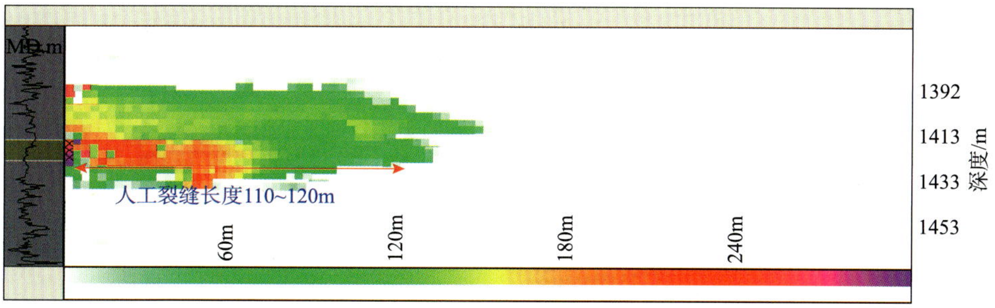

图5－29 新井试油压裂铺砂剖面图(软件出图)

因此，通过大规模重复压裂进一步延伸裂缝长度增加裂缝的穿透比，不能适应油田的整体井网部署情况，有可能造成压后油井高含水，影响油井的最终采出程度。

(2)裂缝偏转后采取较大的施工规模可能会沟通新老裂缝，影响压裂效果。

在重复压裂过程中，储层应力重定向只发生在裂缝附近区域，在此区域之外，最大、最小应力方向依然为初始最大、最小应力方向(远场地应力)。所以，重复压裂裂缝在不同于初次裂缝缝长的方向启裂，并在应力重定向区域内产生一条与初次人工裂缝呈一定角度的新缝，新缝延伸到重定向区域之外后将逐渐转向到平行于初次人工裂缝的方向上继续延伸，即裂缝面始终垂直于最小应力方向。

通过测试裂缝方位及展布情况可知，一方面，重复压裂过程中裂缝向地层深部延伸的同时也发生了偏转；另一方面，裂缝偏转程度较小，偏转角度不足20°(表5－15)。

表5－15 测试裂缝方位及展布情况表

类型	监测方位/(°)	监测裂缝全长/m	监测高度/m
测试压裂	43.1	98.5	46
正式压裂	62.2	124	55

从典型井P37－99井曲施工曲线中可以看到，在暂堵剂加入后施工压力上升。这是由于裂缝被暂堵剂封堵后形成局部高应力带导致的压力上升。暂堵剂停加后，施工压力与暂堵剂加入前有较大差值，认为裂缝发生了偏转，重复压裂达到了改造油层侧向剩余油富集空间的目的，这类井措施效果一般较明显(图5－30)。

由于重复压裂裂缝偏转角度较小且与老裂缝呈平行关系，如压裂施工规模过大很可能会导致新裂缝很快与老裂缝重合，从而大大降低对剩余油富集区域的改造力度，影响重复压裂的效果。通过GOHFER软件数值模拟可知，若在排量为1.3～1.5m^3/min、前置液量为10～15m^3、加砂量为30～35m^3的条件下进行缝内转向压裂改造，同时加强现场压裂过程的实时监测，则会获得较好的措施效果。

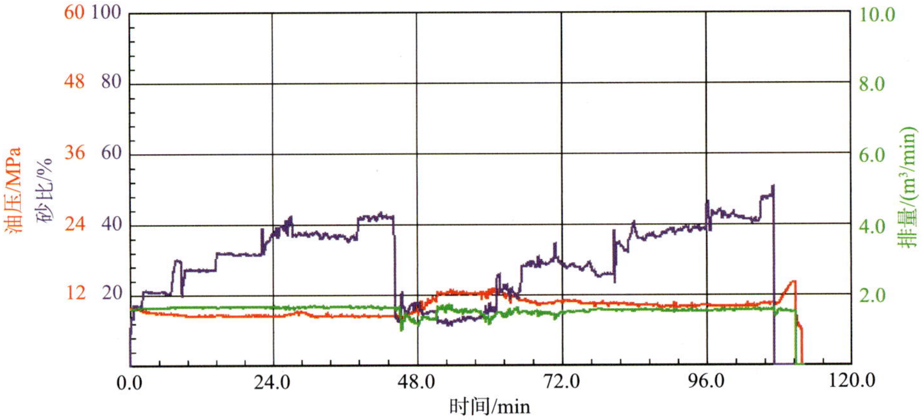

图 5-30 P37-99 井施工曲线图

(四) 施工参数优化

在历年参数设计经验的基础上，结合理论认识，重点对暂堵剂加量、起压幅度、加砂强度等参数进行了合理优化，确保重复压裂过程中裂缝能够在地层中发生偏转，沟通新的泄油空间。

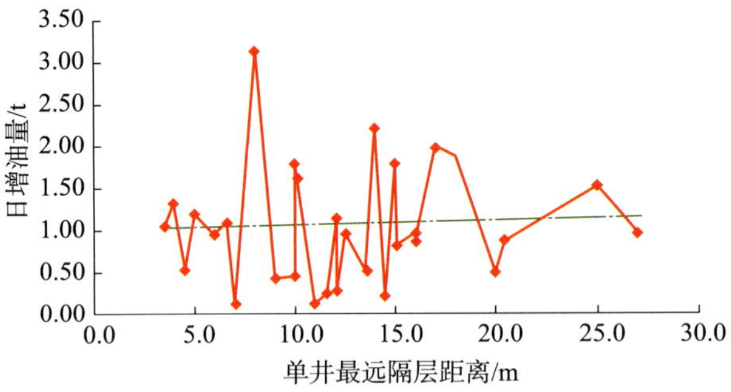

图 5-31 单井最远隔层距离与日增油量的关系图

2003～2014 年，坪北油田共进行了 41 井次的重复压裂现场试验，取得了以下几点认识：

(1) 单井最远隔层距离与日增油量关系不大(图 5-31)，因此，在设计优化过程中可以不必过度考虑两者之间的关系。

(2) 上、下隔层应力差与日增油量呈正相关关系(图 5-32、图 5-33)，说明良好的隔层条件对于增产是非常有利的，在设计优化工程时需要重视该因素的影响。

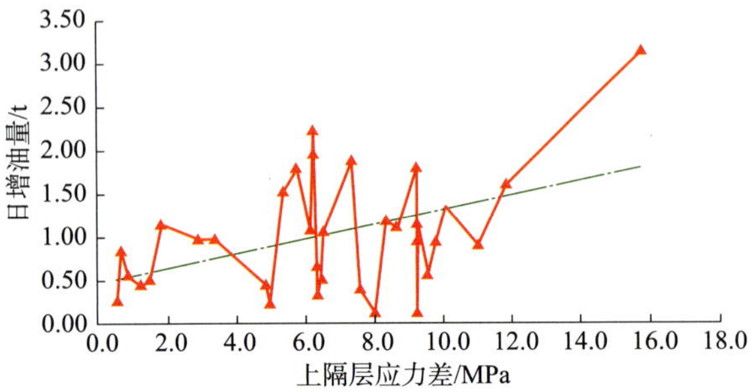

图 5-32 上隔层应力差与日增油量的关系图

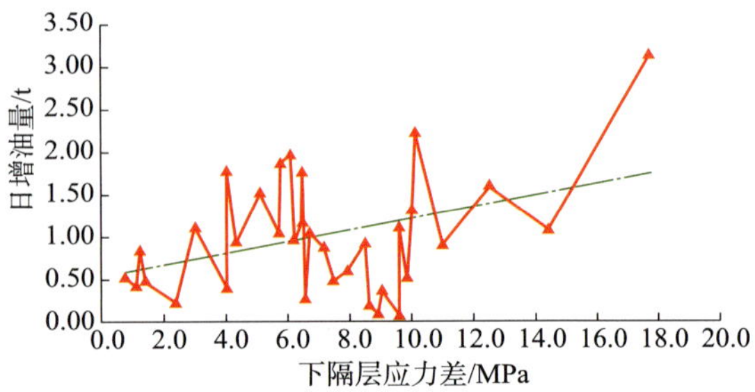

图 5-33 下隔层应力差与日增油量的关系

(3)单井最小应力差与日增油量呈正相关关系(图5－34)，说明隔层条件越好，暂堵剂越容易起到封堵的效果，有利于新缝的产生，从而沟通新的泄油区，达到增产的目的，在设计优化过程应重点考虑这方面的因素。

(4)暂堵剂的用量和日增油量关系不大(图5－35)。暂堵剂的用量主要与措施层厚度、初次加砂规模、施工参数有关，在设计优化过程中不必刻意追求暂堵剂的用量。

(5)重复过程地层起压与日增油量呈正相关关系(图5－36)。说明暂堵剂进入地层后，起压的幅度越大对于日增油越有利，大于6MPa时，一般可以取得较好的效果，在设计优化过程中，需设计合理暂堵剂用量以保证地层起压。

(6)前次加砂强度对暂堵后施工参数的确定有较大影响(图5－37)，若前次加砂强度较大，暂堵后的效果将明显被削弱，这与前次改造的充分程度有关，因此，在设计优化过程中需要考虑前次加砂强度这一影响因素。

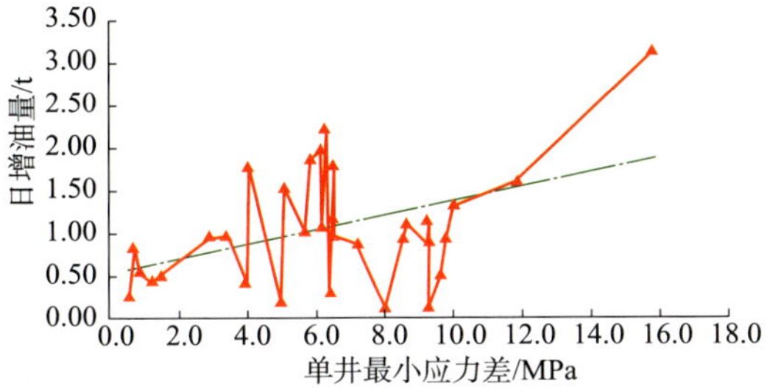

图5－34　单井最小应力差与日增油量的关系图

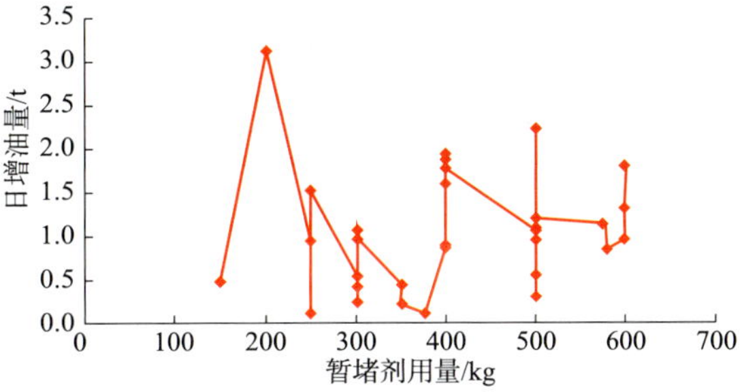

图5－35　暂堵剂用量与日增油量的关系图

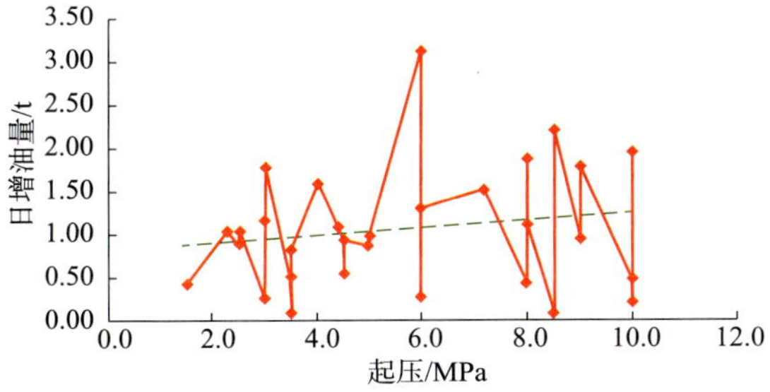

图5－36　重复过程地层起压与日增油量的关系图

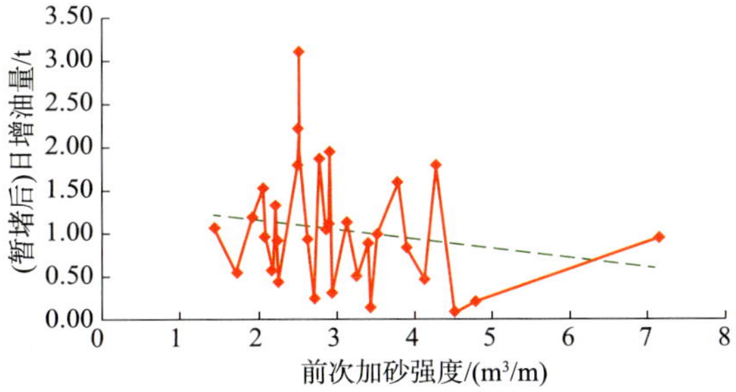

图5－37　前次加砂强度与日增油量的关系图

三、井网加密期控缝分段压裂技术

结合储层地质状况、岩心试验及相关资料，在分析坪北油田主力层主要伤害因素的基础上，通过开展岩石力学参数和裂缝延伸规律研究，形成了两套压裂工艺，并以此为基础评价和优选了适合井网加密期油层控缝压裂过程中使用的压裂液、支撑剂、暂堵剂，形成了一套厚油层控缝分段压裂技术。

(一)厚油层控缝分段压裂技术难点

应力差的变化会直接影响到压裂裂缝形态，油层与上、下隔层的应力差≥6.5MPa时，裂缝的延伸效果能够被最好地控制在储层内(图5－38)。但是长6_1小层、长6_2小

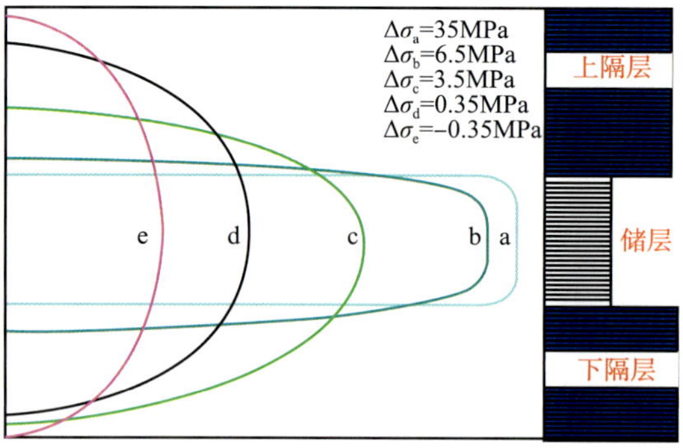

图 5－38　应力差的变化对裂缝形态的影响

层和长 4＋5_2 小层的上、下隔层与储层应力差值均较小，裂缝易向上扩展，控缝难度大。

坪北油田主力油层长 6_1 小层和长 4＋5_2 小层的水平两向主应力和垂向应力差异不大，主要原因是储层、隔层的岩石力学性质相近，长 6 油层组隔层、储层平均泊松比分别为 0.23 和 0.24，平均剪切模量分别为 2.3×10^4MPa 和 2.1×10^4MPa，计算结果反映了储层、隔层岩石力学性质差异较小，弹性模量属于中等水平，砂、泥岩弹性模量差异不大，不利于缝高控制。

对于厚层分段压裂技术而言，若缝高过大，则会造成缝间干扰，存在压裂施工中因窜层而造成压裂液大量滤失以致砂堵的风险，导致压裂施工失败；同时，由于射孔层未得到有针对性的改造，增产效果也将受限，所以将缝高尽量控制在设计范围内是该技术成功的一个关键影响因素。

(二)控制缝高的影响因素分析与技术对策

采用三维压裂设计软件，对 P39－873 井等 6 口井进行了不同因素对裂缝影响程度分析，发现影响裂缝高度延伸的因素大致分为两大类：一类是不变因素，如上、下隔层与油层之间的最小地应力差，地层岩石的弹性模量、泊松比和断裂韧性，等等；另一类是可变因素，如压裂液的流态指数、滤失系数、施工排量和施工规模(施工时间)等。

以 P39－873 井为例进行单因素分析，明确控制缝高的影响因素。各设计参数如下：裂缝单翼长度为 120m，施工排量为 $1.5m^3/min$，弹性模量为 12304.4MPa，断裂韧性为 $0.9MPa\cdot m^{0.5}$，泊松比为 0.23，上遮挡层处的最小地应力差为 1.23MPa，下遮挡层处的最小地应力差为 1.36MPa，压裂液的流态指数、稠度系数和造壁性滤失系数取常规压裂液(0.25%～0.55% HPG 体系)的平均值。

1. 地应力差的影响

井底裂缝高度(H)随上、下隔层与储层之间的最小水平地应力差(分别为 ΔS_1、ΔS_2)的增大而减小，且随着地应力差的增大，其减小程度有逐渐变缓的趋势(表 5－16、图 5－39)。说明油层与隔层间最小水平地应力差的大小是控制缝高压裂优化的前提条件，是缝高是否会失控的一项重要决定性因素，因此，应当以单井应力分析作为压裂优化的基础研究。

表 5－16　最小地应力差对井底裂缝高度的影响

ΔS_1/MPa	1.23	2.23	3.23	4.23	5.23
ΔS_2/MPa	1.36	2.36	3.36	4.36	5.36
平均 ΔS/MPa	1.30	2.30	3.30	4.30	5.30
H/m	19.17	17.38	15.89	15.17	14.46

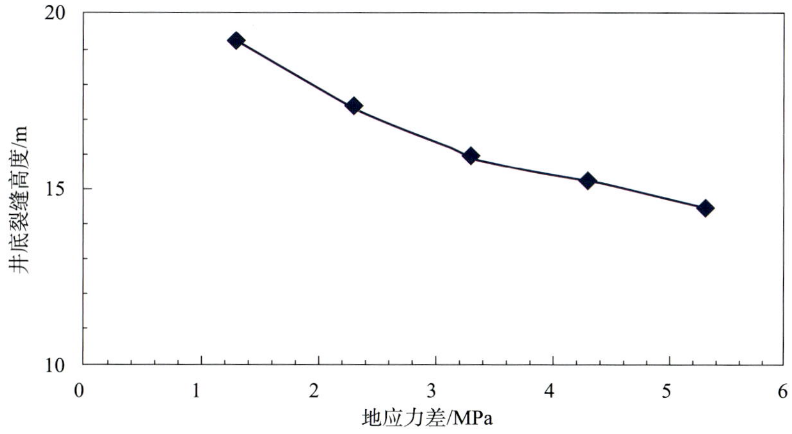

图 5－39　最小地应力差与裂缝高度关系曲线

2. 弹性模量的影响

井底裂缝高度随弹性模量的增大而增大。上、下隔层与储层之间的地应力差愈小，弹性模量的大小对缝高的影响愈明显(表 5－17、图 5－40)。

表 5－17　弹性模量对井底裂缝高度的影响

弹性模量/MPa	5000	8000	10000	12000	15000	20000
井底裂缝高度/m	12. 33	13. 10	13. 98	14. 46	14. 97	16. 09

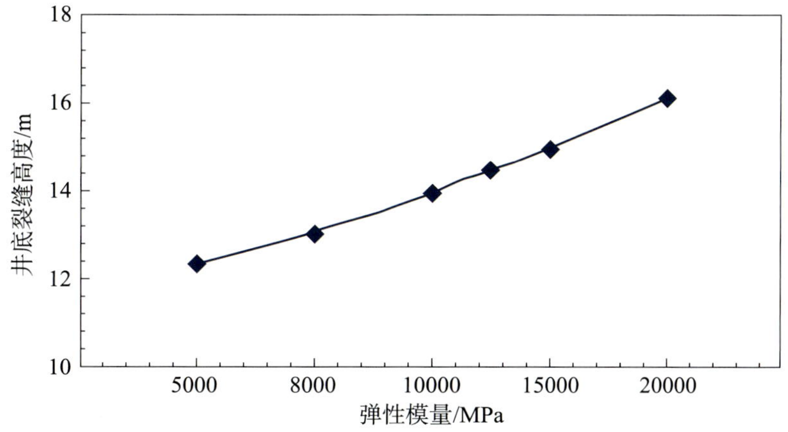

图 5－40　弹性模量对井底裂缝高度的影响

3. 泊松比的影响

井底裂缝高度随泊松比的增大而增大，但受其影响较小(表 5－18、图 5－41)。

表 5－18　泊松比对井底裂缝高度的影响

泊松比	0. 15	0. 20	0. 25	0. 30	0. 32	0. 35
井底裂缝高度/m	14. 28	14. 32	14. 37	14. 43	14. 46	14. 51

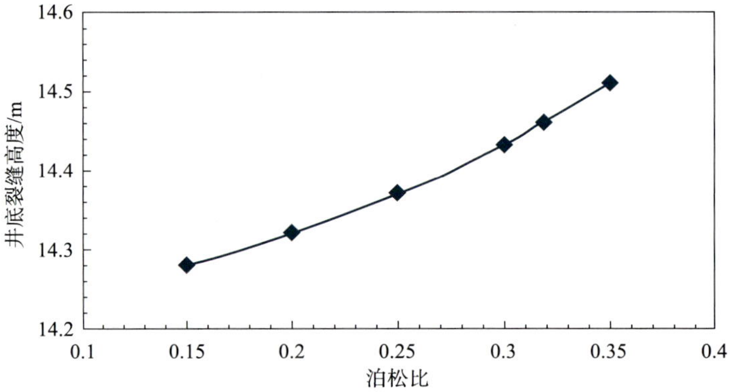

图 5－41　泊松比对井底裂缝高度的影响

4. 断裂韧性的影响

井底裂缝高度随断裂韧性的增大而减小，两者之间几乎呈线性关系，但断裂韧性对裂缝高度的影响不明显(表 5－19、图 5－42)。

表 5－19　断裂韧性对井底裂缝高度的影响

断裂韧性/($MPa \cdot m^{0.5}$)	0.7	0.8	0.9	1.1	1.32
井底裂缝高度/m	14.66	14.62	14.59	14.53	14.46

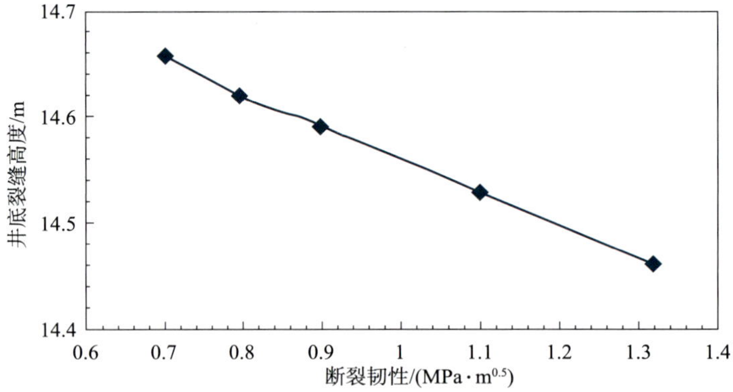

图 5－42　断裂韧性对井底裂缝高度的影响

5. 压裂液稠度系数的影响

井底裂缝高度随着稠度系数的增大而增大，两者之间几乎呈线性关系。压裂液稠度系数对裂缝高度的影响比较明显(表 5－20、图 5－43)。上、下隔层与储层之间的地应力差愈小，稠度系数对缝高的影响愈明显。因此，在对压裂液的研究过程中需降低液体初始黏度，控制液体稠度系数，从而在一定程度上控制裂缝的垂向延伸。

表 5－20　稠度系数对井底裂缝高度的影响

稠度系数/($MPa \cdot m^{0.5}$)	0.32	0.40	0.50	0.55	0.62
井底裂缝高度/m	12.90	13.34	13.86	14.12	14.46

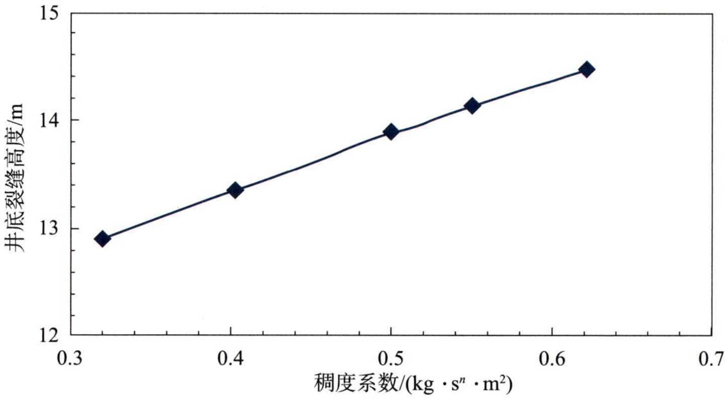

图 5－43 稠度系数对井底裂缝高度的影响

6. 压裂液流态指数的影响

井底裂缝高度随着流态指数的增大而增大，且流态指数愈大，裂缝高度随流态指数增大的幅度愈明显。上、下隔层与储层之间的地应力差愈小，流态指数对缝高的影响愈明显（表 5－21、图 5－44）。

表 5－21 流态指数对井底裂缝高度的影响

流态指数	0.50	0.55	0.60	0.65	0.70	0.75	0.80
井底裂缝高度/m	13.77	14.46	15.25	16.13	17.13	18.27	19.54

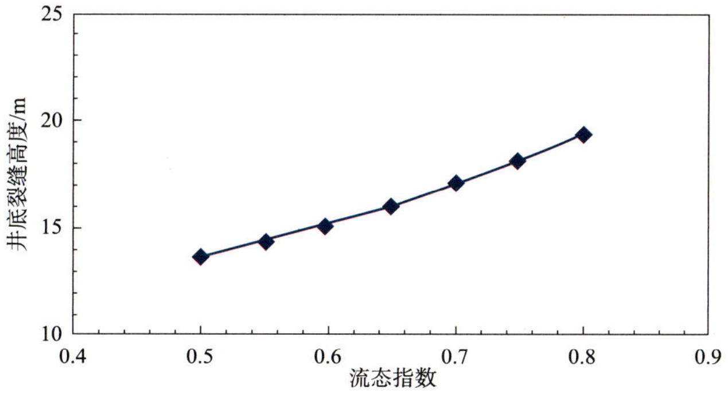

图 5－44 流态指数对井底裂缝高度的影响

7. 压裂液造壁性滤失系数的影响

井底裂缝高度随压裂液造壁性滤失系数的增大而逐渐减小，但受其影响较小（表 5－22、图 5－45）。

表 5－22 造壁性滤失系数对井底处裂缝高度的影响

压裂液造壁性滤失系数/（m/min$^{0.5}$）	0.00035	0.00040	0.00045	0.00050	0.00055	0.00075
井底裂缝高度/m	14.50	14.48	14.46	14.45	14.44	14.38

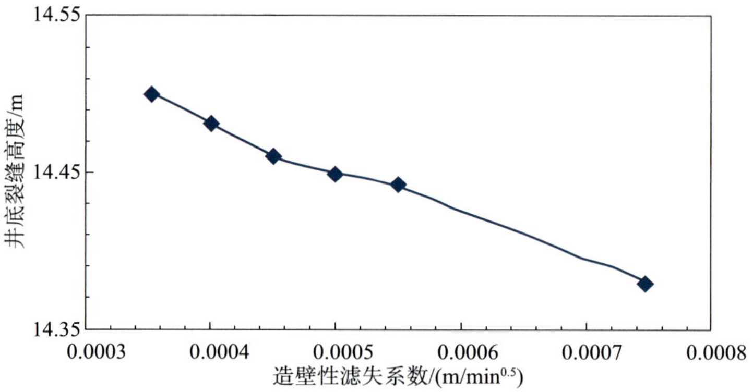

图5－45　造壁性滤失系数对井底裂缝高度的影响

8. 施工排量的影响

井底裂缝高度随施工排量的增大而增大，两者之间为指数关系，且施工排量对裂缝高度的影响较大。上、下隔层与储层之间的地应力差愈小，施工排量的大小对缝高的影响愈明显(表5－23、图5－46)。

表5－23　施工排量对井底处裂缝高度的影响表

施工排量/(m^3/min)	0.8	1.0	1.2	1.5	2.0
井底裂缝高度/m	13.99	14.46	14.88	15.25	15.58

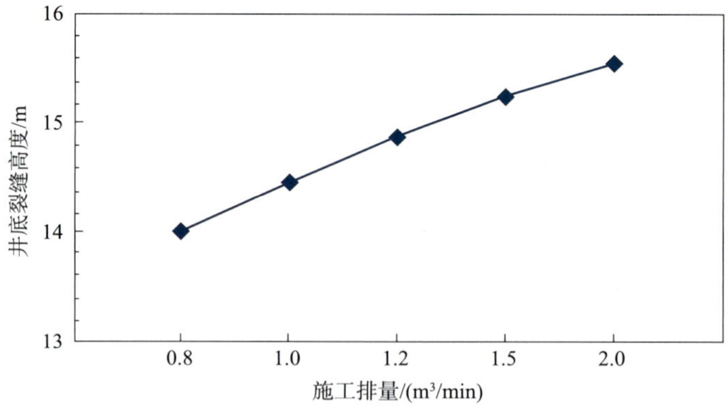

图5－46　施工排量对井底裂缝高度的影响

9. 施工规模(用单翼裂缝长度表征)的影响

井底裂缝高度随单翼裂缝长度的增大而增大，两者之间几乎呈线性关系，且单翼裂缝长度对裂缝高度的影响较大。上、下隔层与储层之间的地应力差愈小，单翼裂缝长度对缝高的影响愈明显(表5－24、图5－47)。

表5－24　单翼裂缝长度对井底裂缝高度的影响表

单翼裂缝长度/m	90	120	150	180	210
井底裂缝高度/m	13.22	13.86	14.46	15.05	15.62

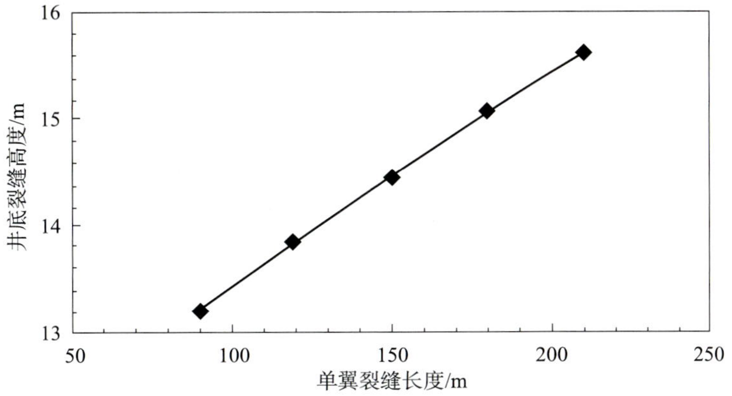

图 5－47 单翼裂缝长度对井底裂缝高度的影响

综合上述分析可知，不变因素中对裂缝高度延伸影响较大的主要有隔层与油层之间的最小地应力差和岩石的弹性模量，岩石的泊松比和断裂韧性对裂缝高度的影响很小。可变因素中压裂液的流态指数、稠度系数、施工排量和施工规模对裂缝高度的影响较大，压裂液的造壁性滤失系数对裂缝高度的影响很小。

（三）射孔参数优化研究

结合影响因素分析结果，在缝高控制的方案优化过程中以增加隔板效应，以及调节施工参数、施工规模、液体流变性、现场施工工艺等方式为主要手段，进行裂缝高度的射孔参数优化研究。

1. 射孔密度对射孔表皮系数的影响

射孔会对地层产生损害，射孔产生的损害用射孔表皮系数（S_{pf}）表示：

$$S_{pf}=S_p+S_c \tag{5-8}$$

式中，S_p 为射孔几何表皮系数，$S_p=S_h+S_v+S_{wb}$；S_h 为径向渗流表皮系数，$S_h=\ln(r_w/r_{we})$；r_{we}为有效井半径，$r_{we}=\alpha(r_w/l_p)$，m；l_p 为孔眼穿透深度（从井壁算起），m；α 为系数，取决于相位角（表 5－25）；S_v 为垂向渗流表皮系数，$S_v=10^a h_D^{b-1} r_{pd}^b$；$h_D$ 为无因次孔眼间距，$h_D=\dfrac{1}{D_{en}\cdot l_p}\sqrt{K_h/K_v}$；$D_{en}$ 为射孔密度，孔/m；r_{pd} 为无因次孔眼半径，$r_{pd}=\dfrac{r_p}{2h_p}(\sqrt{K_v/K_h}+1)$；$r_p$ 为孔眼半径，m；h_p 为孔眼间距，$h_p=1/D_{en}$，m；S_{wb}为井眼表皮系数，$S_{wb}=C_1\exp(C_2 r_{wd})$；$r_{wd}$为无因次井眼半径，$r_{wd}=\dfrac{r_w}{r_w+l_p}$；$S_c$ 为射孔压实损害表皮系数。

表 5－25 系数 α 计算表

相位角	α	相位角	α
0°	0.250	90°	0.726
180°	0.500	60°	0.813
120°	0.648	45°	0.860

假定射孔的相位角为90°，射孔弹的有效穿深为0.4m，则平均地层污染带的半径不超过0.25m。

不同射孔密度下射孔几何表皮系数、压实损害表皮系数和射孔表皮系数结果见表5-26和图5-48。从上述结果来看，在该地区合理的射孔密度应该在16孔/m以上。

表5-26　射孔密度对射孔几何表皮系数、压实损害表皮系数和射孔表皮系数的影响

射孔密度/(孔/m)	8	12	16	20	24	28
射孔几何表皮系数	0.824	0.376	0.149	0.014	-0.074	-0.136
压实损害表皮系数	0.79	0.527	0.395	0.316	0.263	0.226
射孔表皮系数	1.614	0.903	0.545	0.330	0.189	0.089

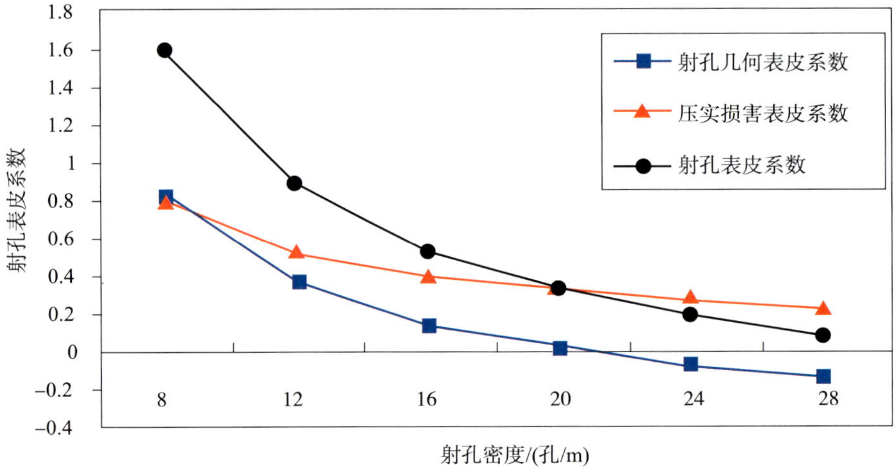

图5-48　射孔密度对射孔表皮系数的影响

2. 合理射孔孔眼直径优化研究

合理射孔孔眼直径的优化主要从地层损害的角度和压裂施工要求不发生砂卡的角度进行。

开展相关计算时，假定射孔密度为16孔/m，相位角为90°，射孔弹有效穿深为0.4m，钻井污染带平均深度不超过0.25m，结果如表5-27和图5-49所示。从上述结果来看，在该地区可以采用常规的射孔弹(直径为10~12mm)。

表5-27　射孔孔眼直径对射孔几何表皮系数、压实损害表皮系数和射孔表皮系数的影响

射孔孔眼直径/mm	10	12	16	20	24
射孔几何表皮系数	0.149	0.0996	0.0239	0.031	0.0737
压实损害表皮系数	0.395	0.355	0.297	0.256	0.226
射孔表皮系数	0.545	0.454	0.321	0.225	0.152

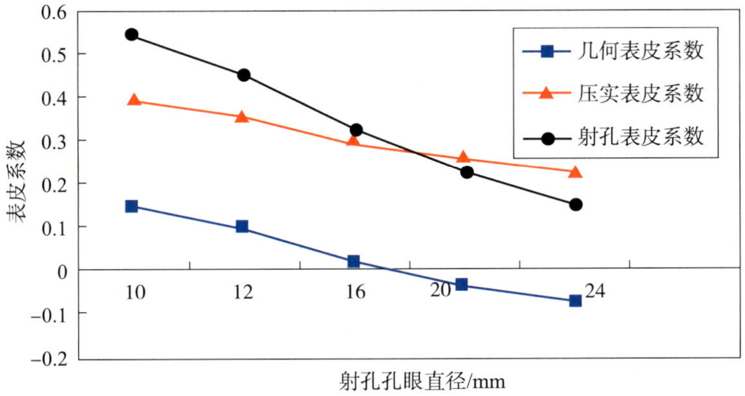

图5-49　射孔孔眼直径对射孔几何表皮系数、压实损害表皮系数和射孔表皮系数的影响

3. 压裂对孔眼直径的要求

水力压裂时，支撑剂通过射孔孔眼进入裂缝中，孔眼直径如果太小，则在高砂比时容易发生砂卡。所以，不同的支撑剂颗粒大小对射孔孔眼直径大小有一定的要求。表5-28和图5-50是针对20~40目石英砂经过模拟计算的结果，表示在不同砂浓度下保证不发生砂卡所要求的最小射孔孔眼直径。从上述结果来看，在目前的砂比条件下，只要孔眼直径大于6mm就可以保证不发生砂卡。因此，在该地区可以采用常规的射孔弹(直径10~12mm)。

表5-28　不同砂比所要求的最小射孔孔眼直径

最小射孔孔眼直径/mm	4.27	5.49	6.09	6.11
最大砂比/%	14.75	29.5	59	88.5
最大砂浓度/(kg/m^3)	300	600	1200	1800

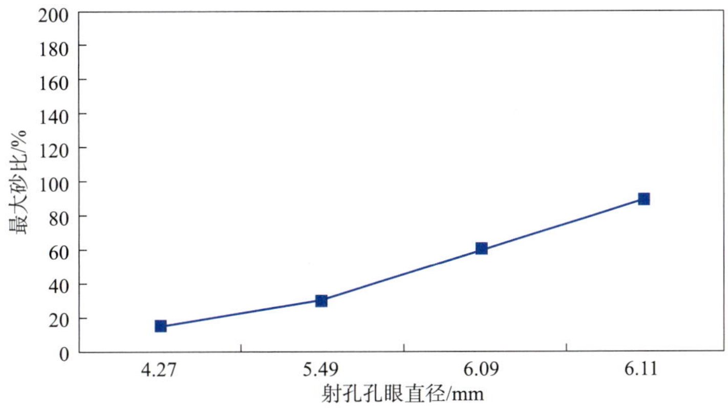

图5-50　射孔孔眼直径对砂比的影响

4. 不同射开程度的地层损害分析

部分打开油层造成的拟表皮系数(S_{pt})为：

$$S_{pt}=\left(\frac{h}{h_p}-1\right)\left[\ln\left(\frac{h}{r_w}\right)\left(\frac{K_H}{K_V}\right)^{1/2}-2\right] \tag{5-9}$$

式中，h_p 为射开厚度，m；h 为油层厚度，m；K_H 为水平向渗透率，μm^2；K_V 为垂向渗透率，μm^2；r_w 为油井半径，m。

采用 139.7mm 油层套管，假设 $K_V/K_H=0.5$。计算油层厚度分别为 5m、10m、15m、20m、30m 情况下不同射开程度的拟表皮系数如表 5-29 ~ 表 5-33 所示，对应的图形为图 5-51 ~ 图 5-55。

表 5-29　油层厚度为 5m 时不同射开程度对应的拟表皮系数

油层厚度/m	5	5	5	5	5	5
射开厚度/m	2.5	3.0	3.5	4.0	4.5	5.0
射开程度	0.5	0.6	0.7	0.8	0.9	1.0
拟表皮系数	2.60	1.73	1.11	0.65	0.29	0.0

表 5-30　油层厚度为 10m 时不同射开程度对应的拟表皮系数

油层厚度/m	10	10	10	10	10	10
射开厚度/m	5	6	7	8	9	10
射开程度	0.5	0.6	0.7	0.8	0.9	1.0
拟表皮系数	3.58	2.38	1.53	0.89	0.40	0.0

表 5-31　油层厚度为 15m 时不同射开程度对应的拟表皮系数

油层厚度/m	15	15	15	15	15	15
射开厚度/m	5	6	7	8	9	10
射开程度	0.5	0.6	0.7	0.8	0.9	1.0
拟表皮系数	4.15	2.77	1.78	1.04	0.46	0.0

表 5-32　油层厚度为 20m 时不同射开程度对应的拟表皮系数

油层厚度/m	20	20	20	20	20	20
射开厚度/m	5	6	7	8	9	10
射开程度	0.5	0.6	0.7	0.8	0.9	1.0
拟表皮系数	4.56	3.04	1.95	1.14	0.51	0.0

表 5-33　油层厚度为 30m 时不同射开程度对应的拟表皮系数

油层厚度/m	30	30	30	30	30	30
射开厚度/m	5	6	7	8	9	10
射开程度	0.5	0.6	0.7	0.8	0.9	1.0
拟表皮系数	5.13	3.42	2.20	1.28	0.57	0.0

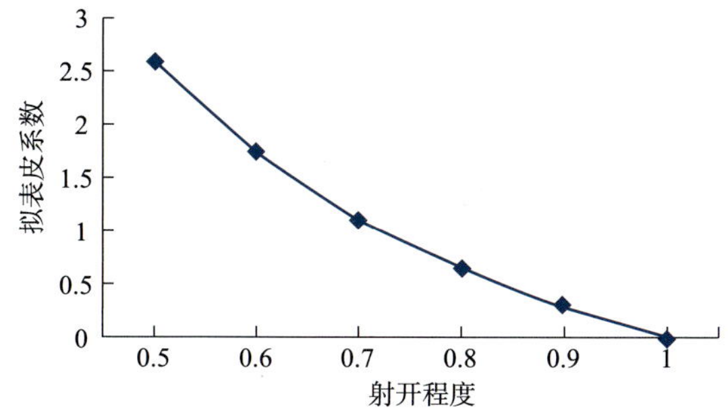

图 5－51　油层厚度为 5m 时不同射开程度对应的拟表皮系数

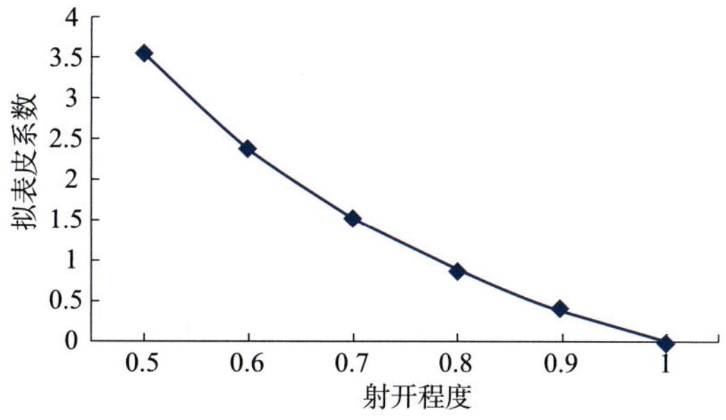

图 5－52　油层厚度为 10m 时不同射开程度对应的拟表皮系数

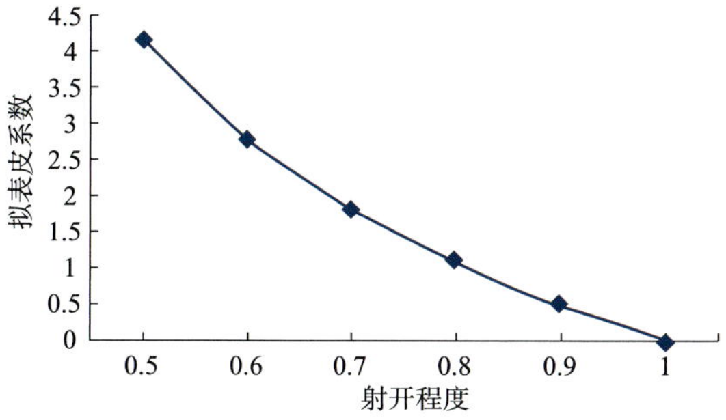

图 5－53　油层厚度为 15m 时不同射开程度对应的拟表皮系数

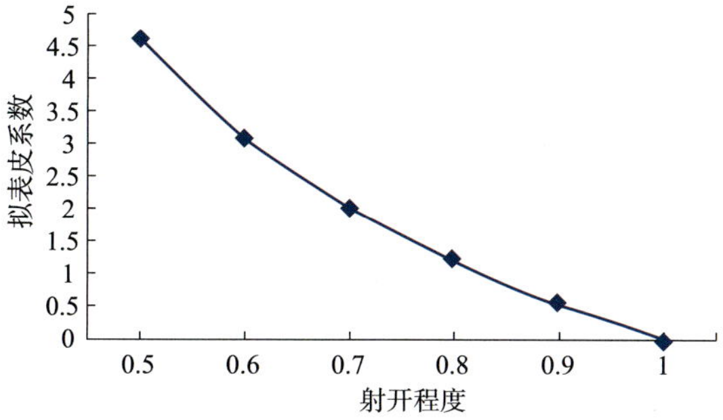

图 5－54　油层厚度为 20m 时不同射开程度对应的拟表皮系数

分析上述计算结果可知：

(1)射开程度越低，由于打开程度不完善所产生的拟表皮系数越大。

(2)油层厚度越大，在同样的射开程度条件下，由于打开程度不完善所产生的拟表皮系数就越大。

(3)在常规压裂情况下，可对整个油层实施全井段射孔，但从压裂控制缝高的角度考虑，则应结合油层厚度进行适当射孔。

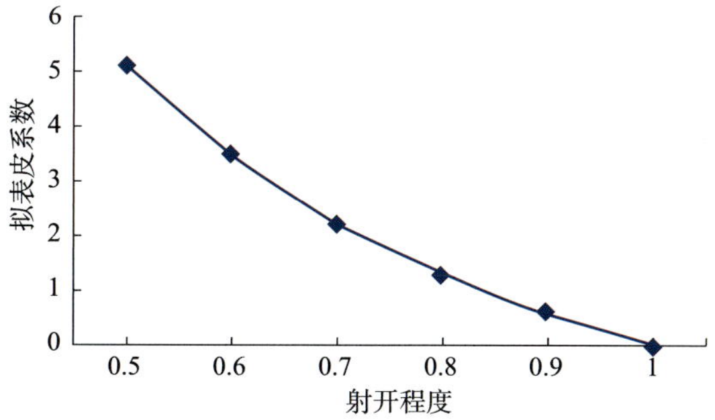

图 5－55　油层厚度为 30m 时不同射开程度对应的拟表皮系数

(四)压裂施工参数优化

1. 历史措施及压裂效果分析

2010～2014 年，坪北油田共压裂 301 口井，其中，新井试油 275 口，措施井工作量主要以补孔压裂为主，共 59 口(图 5－56)。

2010～2014 年，共压裂 58 口井(图 5－56)，累计增油量为 5373t，平均单井增油量为 103t(图 5－57)。其中，2010～2012 年为油田边区，2013 为内部加密区。压裂工艺以补孔压裂为主。

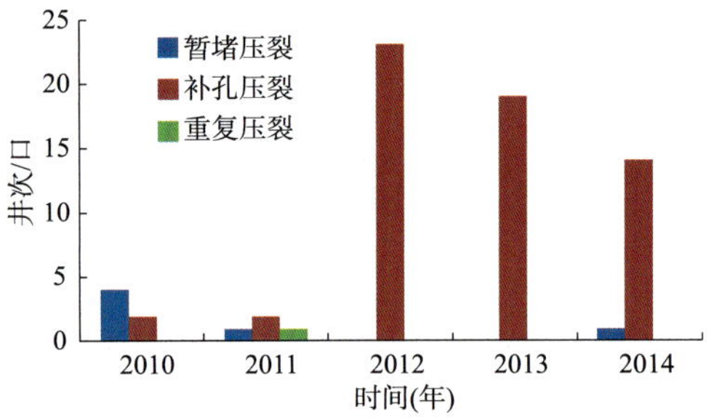

图 5－56　压裂井次图

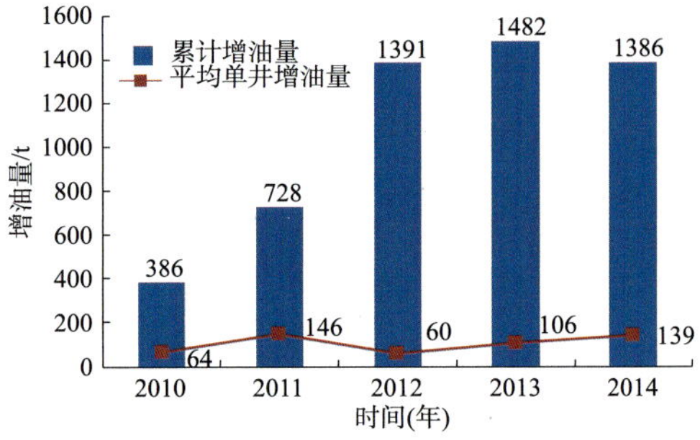

图 5－57　压裂井效果统计图

坪北油田通过动态监测、油藏工程及数值模拟等方法，明确了剩余油分布特征。开展不同地质条件、不同井网适应性评价，可确定合理井距和排距。2002 年以前的井网部署方案为 450m × 150m，经历 4 个阶段优化，目前的井排方向为 NE75°，油水井排距为 110m，井距为 225m。

坪北油田 2013 ~ 2015 年开展了内部加密，根据“之”字形井网及变异井网下的人工裂缝优化配置，减少与一次井网之间的干扰，避免沟通水线，增大油井驱动压力，提高单井产能，优化了最佳穿透比(0.5 ~ 0.55)和导流能力(20μm² · cm)。

另外，结合在该导流能力下对应的产量和采出程度(图 5－58)优化，最终优化最佳裂缝缝长为 100 ~ 110m。

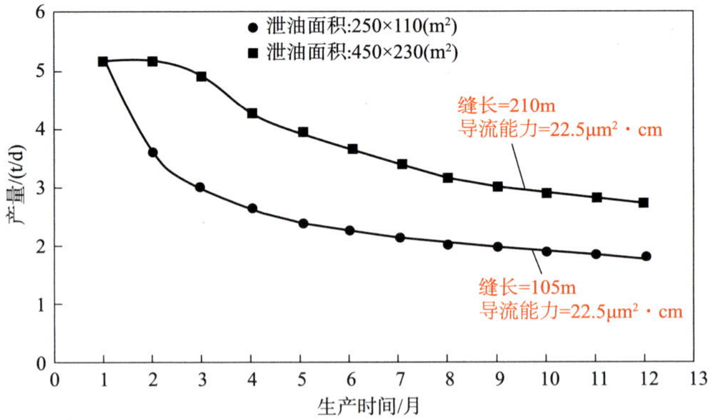

图 5－58　不同缝长、相同导流能力下的产量随生产时间变化图

2010 ~ 2014 年，老区挖潜采用“三小”控缝压裂技术，其间，压裂施工参数统计如表 5－34 所示。

表 5－34　2010 ~ 2014 年压裂施工参数统计表

时间(年)	砂量/m³	加砂强度/(m³/min)	排量/(m³/min)	前置液量/m³	入地液量/m³	产能建设区域
2010	22	22	1.2	11	86	油田边区
2011	20	20	1.2	10	80	
2012	17	15	1.1	8	67	
2013	23	23	1.4	13	85	内部加密
2014	21	21	1.4	12	83	未布井

采用 GOHFER 软件对 2013 年和 2014 年的压裂施工工艺参数进行模拟，模拟结果如表 5－35 所示。目前的“三小”控缝压裂工艺思路和设计施工参数形成的缝长与井网匹配。另外，对已施工井用 GOHFER 软件进行反演，模拟结果如图 5－59～图 5－61 所示，形成的缝长为 9～106m，与设计数据基本相符，设计合理。

表 5－35　压裂施工缝数据模拟结果

层位	井号	层段/m	层厚/m	缝长/m	缝高/m
长 4＋5_2 小层	P27－83	1452～1455	3	104.6	11
	P77－90	1274～1278	4	102	16
长 6_1 小层	P70－79	1260～1270	10	100.7	21
	P82－89	1326～1332	6	99.6	18
长 6_2 小层	P27－83	1527～1529	2	99.1	13
	P37－77	1607～1616	9	102.1	12

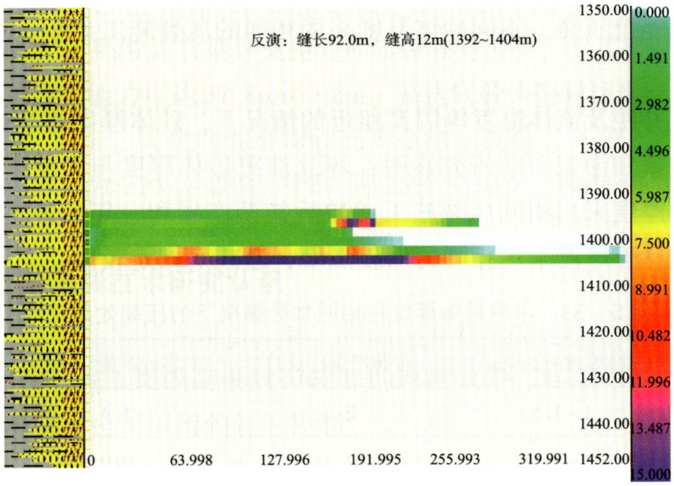

图 5－59　P77－92 井压裂反演图（软件出图）

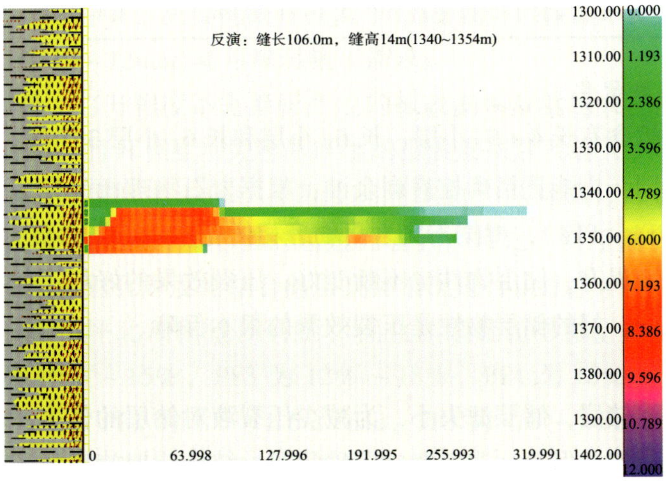

图 5－60　P76－117 井压裂反演图（软件出图）

层等风险。

通过优化施工参数后，模拟可得裂缝形态：

(1)上部射孔。长6_2^1小层，1340.0～1344.0m，前置液为$6m^3$、砂量为$10m^3$、排量为1300L/min时，人工裂缝缝高8m(1338～1346m)，缝长74m。

(2)下部射孔。长6_2^2小层，1353.0～1359.0m，前置液为$8m^3$、砂量为$15m^3$、排量为1500L/min时，人工裂缝缝高16m(1350～1366m)，缝长96m。

该井于2015年12月顺利完成施工，施工中无压窜迹象，两层总加砂量与周边同层两井规模相当，投产后含水稳定，产量高于相邻两口井(表5－40)。

表5－40　P39－863井周边产量对比表

井号	投产日期	厚度/m	长6_2井段/m	射孔井段/m	加砂量/m^3	平均日产油量/t		
						第一个月	第二个月	第三个月
P39－863	2015.12	21.4	1341.0～1362.4	1340.0～1344.0	10	2.8	2.6	1.7
				1353.0～1359.0	15			
P41－86	2014.3	25.8	1532.4～1558.2	1550.0～1556.0	30	1.7	1.7	1.4
P39－85	2008.3	20.0	1378.0～1402.0	1378.0～1386.0	25	2.4	1.9	1.5

(二)斜井典型井例分析

斜度井分段压裂技术原理为形成具备一定角度的平行裂缝，相对于直井分层压裂，可以增加空间体积(图5－62)。

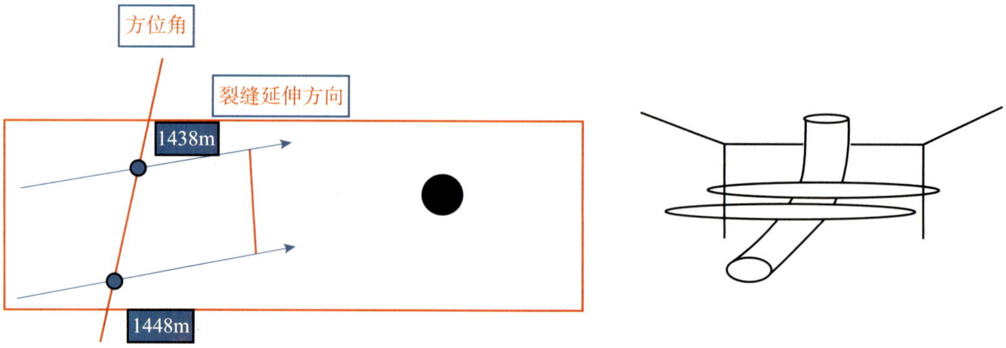

图5－62　斜井分段压裂人工裂缝示意图

斜井分段压裂技术难点为：①井斜较小，容易造成两条压裂缝沟通，并成一条缝而失去试验意义；②施工风险较大，易出现砂堵导致压裂失败。

P69－88井为典型斜井，目的层为长6_2小层，能够提供产能评价依据。由于井斜增加，该井拟措施厚度达26.2m(表5－41)，措施潜力巨大。

表 5－41　P69－88 井小层数据表

油层组	砂组编号	小层编号	井段/m	砂岩厚度/m		有效厚度/m		井斜角/(°)	孔隙度/%	渗透率/$10^{-3}\mu m^2$	含油饱和度/%	小层数据 铅直厚度/m		备注
				视厚度	垂厚度	视厚度	垂厚度					砂岩厚度	有效厚度	
长 6	1	1	1378.0～1393.6	15.6	13.5	13.8	11.9	30.4	10.6	0.8	42.1	13.5	11.9	
	1	2	1397.6～1411.0	13.4	11.7	9.6	8.4	29.3	10.6	0.8	37.2	11.7	8.4	差
	2	1	1418.0～1426.2	8.2	7.2	6.4	5.6	28.6	9.6	0.6	39.7	7.2	5.6	差
	2	2	1434.0～1452.0	18.0	15.9	14.8	13.1	27.9	11.6	1.2	51.1	15.9	13.1	
	2	3	1459.8～1462.0	2.2	2.0	2.2	2.0	27.3	9.6	0.6	42.5	2.0	2.0	
	2	3	1465.2～1468.4	3.2	2.8	2.0	1.8	27.1	9.6	0.6	41.6	2.8	1.8	差
	3	1	1472.6～1476.2	3.6	3.2	3.0	2.7	26.7	9.6	0.6	41.6	3.2	2.7	差
												56.3	45.4	

对该井的应力剖面进行模拟分析可知，储、隔层应力差较小，且两措施层中间无遮挡层，最大应力差仅为 2.2MPa。

将拟措施的两层控制射孔间隔≥8m，同时结合周边注采井动态分析可知，平面水窜风险较小，故考虑适当提高单层加砂规模，以提高产能。

通过优化施工参数后，模拟可得裂缝形态如下：

(1)上部射孔。长 6_2^2 小层，1434.0～1438.0m，前置液为 $10m^3$，砂量为 $20m^3$，排量为 1600L/min 时，人工裂缝缝高 11m(1433～1444m)，缝长 137m。

(2)下部射孔。长 6_2^2 小层，1448.0～1452.0m，前置液为 $12m^3$，砂量为 $25m^3$，排量为 1600L/min 时，人工裂缝缝高 12m(1346～1458m)，缝长 149m。

该井于 2016 年 4 月顺利完成施工，施工中无压窜迹象，且施工参数差异较大(图 5－63)，表明形成了两条独立的人工裂缝。

通过破裂压力、施工压力、停泵压力对比可知，两条裂缝均存在较大的差异性，若压裂工程中两条裂缝合并，则应出现砂堵，同时施工压力前段及停泵压力应相同，故由现场数据判断，形成的人工裂缝均具有独立性。

该工艺同时应用于 P39－84 井(表 5－42)中，后期进行偶级声波测井，以验证裂缝形态。结果发现，该井储层压裂改造效果较好，压裂缝发育且向上下延伸，第一段压裂高度为 1398～1414m，第二段压裂高度为 1428～1439m，两条裂缝互不干扰。计算泄油体积可知，P69－88 井增加泄油体积 21.7%，P39－84 井增加泄油体积 41.7%。截至 2016 年 10 月，两井已累计增油 832t，试验效果显著。

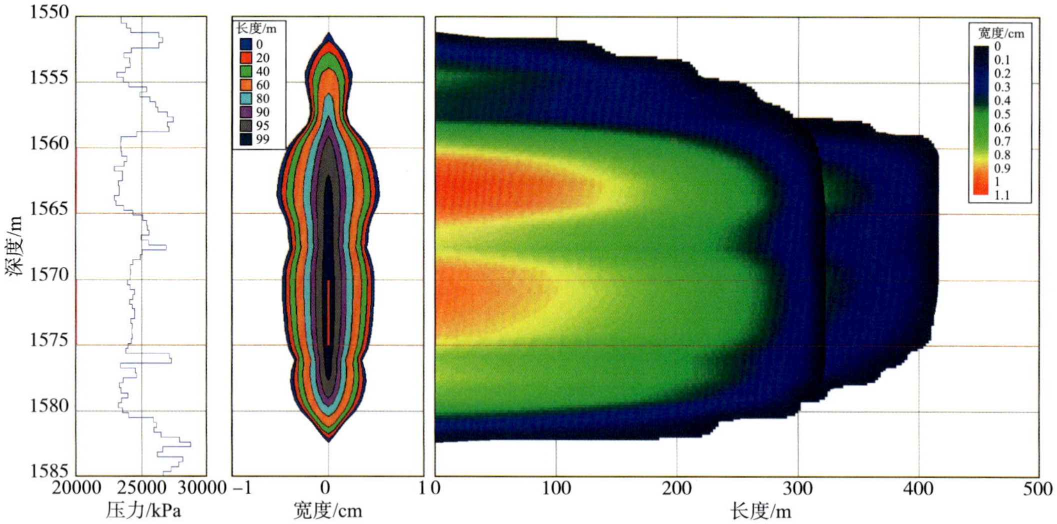

图 5－63　P69－88 井裂缝综合形态示意图

表 5－42　P39－84 井压裂施工参数表

井号	射孔井段/m	压裂施工数据								
		前置液量/m^3	总液量/m^3	放喷液量/m^3	抽汲液量/m^3	完井时待排液量/m^3	目前待排液量/m^3	破裂压力/MPa	排量/m^3	支撑剂用量/m^3
P39－84	1402～1406	15	217.6	70		306.9		20.9	2.4	42.1
	1430～1436	15.1	145.3					22.3	2.2	30

第六章 井网细分重组调整技术

第一节 原井网完善程度评价

一、层系井网方式评价

经过20余年的开发验证，行列注采井网在平面上已基本适应特低渗裂缝性油藏的开发，但随着开发的深入，部分区域纵向上一套开发层系已不再适应油藏的动态变化。

坪北油田长4+5油层组、长6油层组叠合情况(图6-1、表6-1)表明，两层及以上油层叠合区域含油面积为38.6km²，占总面积的86.94%以上，储量为3333×10⁴t，占总地质储量的94.85%。

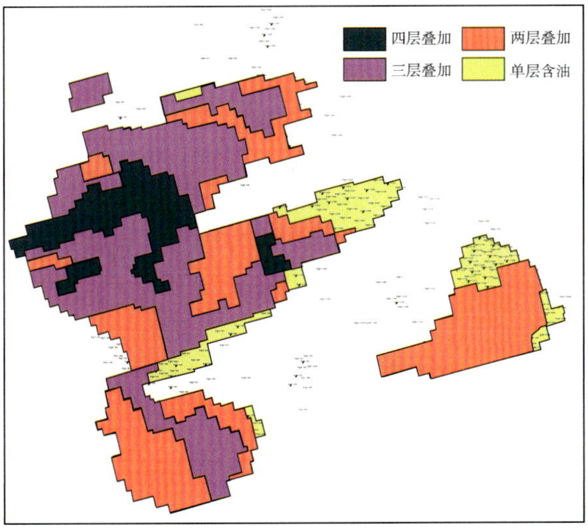

图6-1 坪北油田长4+5油层组和长6油层组叠合含油面积图

表6-1 坪北油田长4+5油层组、长6油层组叠合含油情况统计表

分类	含油面积/km²	有效厚度/m	地质储量/10⁴t
单层含油	5.8	7.6	181
两层叠合	16.5	18.1	1225
三层叠合	17.3	22.6	1603
四层叠合	4.8	25.6	505
合计	44.4	19.4	3514

坪北油田合采井的层间矛盾一直存在，且随着开发时间的延长，矛盾在逐渐加大。在生产井点数相同或相近的情况下，层间矛盾对开发效果影响较大。

(1)两个油层叠合的区域，注水井可以通过油套分注工艺规避层间矛盾，油井即使为两层合采，也因为其油层压力状况相近，因而层间矛盾并不明显。对于这类情况，采用纵向上一套开发层系仍能满足生产需要。

(2)3个油层叠合的区域，注水井要么采取3层常规分注管柱，要么为油套分注且其中两层合注的管柱。根据吸剖测试监测结果，无论是前者还是后者，都存在层间吸水矛盾，这也使得这些区域各油层压力产生较大差异，造成油井层间矛盾，影响开发效果。因此，纵向一套开发层系对于某些区域已不再适用。

综上所述，对于不同小层叠合情况，其层系适用性不同。对于较高产能、油层单一的区域，采用一套层系即可；对于较高产能、油层叠合的区域，应根据实际小层物性、吸水能力等各方面因素综合考虑，采用细分层系。北四区仅长6_1^1小层有较高产能，北三区仅长$4+5_2^2$小层有较高产能，SP199区仅长6_1^2小层有较高产能，中心区长$4+5_2^2$小层、长6_1^2小层和长6_2^2小层有较高产能，南区长6_1^2小层和长6_2^2小层有较高产能。

但是，总体上坪北油田层间矛盾凸显。在注水方面，一是储层微观孔隙结构存在差异，导致吸水能量不同；二是经过压裂改造的转注油层存在人工裂缝，其吸水能力远高于没有压裂过的油层。2007～2014年，测多层合注井吸水剖面164井次，其中，107井次存在层间吸水矛盾，吸水差异倍数平均为8.2，并且呈逐年上升趋势。

层间吸水矛盾导致层间压力存在动态差异，造成了合采井的层间矛盾，表现为合采产量小于某一层单采产量。2007年以来，利用井下智能开关测试合采井单层产量25口井，其中，18口井合采产量低于单采产量，占测试井数的72%。

根据主要分析特征，油井纵向剩余油主要分为层内剩余油和层间剩余油两种。层内剩余油主要分布于油井油层未射孔井段和水井渗透性较差的井段；层间剩余油主要分布于多层合采井的低压层和水井渗透性较差的油层。

2010～2014年，共对老井实施PNN剩余油测井33井次，解释成果显示，所有已射开油层剖面上都有水淹井段和未水淹井段，且水淹井段大多集中在射孔井段。生产高含水的井，在PNN剖面上可以看到明显的出水点，出水点以外的大部分井段存在剩余油。为认识油层压裂后裂缝情况，2018年，对P96平台6口新井开展偶极声波测井，通过压裂前后的对比，发现复杂缝大多分布在射孔井段附近，说明压裂对储层纵向改造程度有限，厚油层单层压裂后纵向剩余油富集。在射孔井段内单极声波变密度图中可见横、纵波首波到时后移或衰减，斯通利波衰减，压裂前后各向异性差异不大，形成复杂缝。射孔井段附近单极和偶极声波变密度图在压裂后明显衰减，压裂前后各向异性差异较明显，可能形成单一缝。

二、井距、排距评价

结合剩余油平面分布情况分析井距和排距。坪北油田的剩余油主要受井网、人工裂缝和储层影响，其剩余油的富集模式为注入水主要沿着水线推进，水线两侧则由于渗吸和驱替两种作用导致剩余油富集，含水率缓慢上升。剩余油富集模式如图 6－2 所示。从整体情况看，采用排状平面布井方式可以适应油藏的开发，但仍在局部区域存在剩余油的情况，说明井网还不完善。

(1)受井网影响，主要形成井间剩余油和排间条带剩余油，如图 6－2 中 A 区域中油井间存在井间剩余油，B 区域中存在排间条带剩余油，说明局部区域存在井排距过小而导致的局部井网不完善情况。

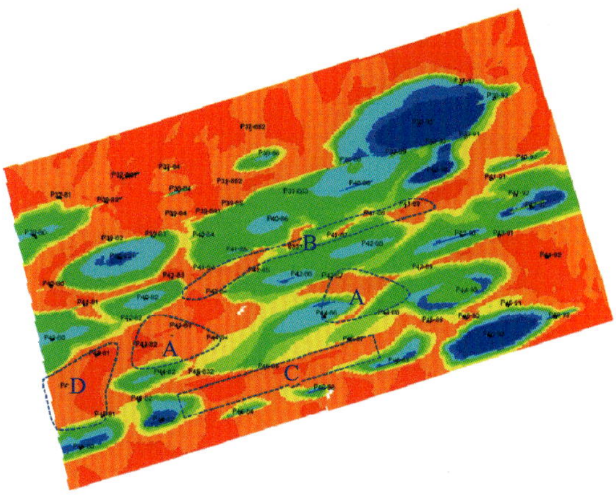

图 6－2 井网不完善情况分析图

(2)受人工裂缝影响，主要形成裂缝侧向剩余油，如图 6－2 中的 C 区域。

(3)受储层影响而形成的剩余油主要分布于岩石物理级别低的区域，如图 6－2 中 D 区域。

根据对坪北油田不同开发单元小层的研究认识，南区长 6_1^2 小层和 SP199 区长 6_1^2 小层平面剩余油分布情况显示，水排上水线较完整，局部区域水线未形成，局部注入水已在生产井水窜，但在水排主向两侧和油井排上井间剩余油饱和度较高。

2003～2014 年，共实施加密调整井 132 口，调整形式为井间加密、排间加密和这两种方式的结合。部署加密油井井距为 225m，加密后实际油井井距最小为 151m，最大为 273m。统计与加密井相邻且生产层相同油井的产量曲线发现，只有 5 口井在加密井投产后出现了产液量递减趋势加快的拐点。其中，4 口井与加密井的井距小于 200m，1 口井大于 250m，说明合理井距应大于 200m。

统计 22 口水淹二注井的井口压力变化情况发现，这些井在水淹后井口压力逐步上升，最高上升到与对应注水井井口压力相当，最低也能达到对应注水井的 89%，说明水井井距 450m 基本合适，并且可在此基础上适度增大。

因此，井距 450m 井距对于油井偏大，对于水井基本合适；对于渗透性较差的区块，150m 排距偏大。

将 2003～2008 年实施的 73 口井按加密油井与注水井排距的大小分为 5 类，将这 5 类井的生产参数进行对比后发现，距水井排较远的油井见效较差，但见水较慢；距水井排较近的油井见效好，但见水较快。排距 40～60m 的井初期见效好、产量高，但见水快，累产较低；排距 60～80m 的井初期见效好、产量高，统计期间累产最高，但后期见水快；排距 80～120m 的井见效较好、见水慢、累产较高；排距大于 120m 的井见效差，产量递减较快、含水率基本未上升。73 口井中有 10 口井水淹或生产高含水，其中，4 口井是在压裂后就生产高含水，6 口井是逐步被水淹；还有 8 口井与注水井排距小于 100m，其中，7 口井在投产初期便见到注入水。综上所述，为避免油井过快水淹，排距应大于 100m。

三、井网完善程度评价及存在问题分析

坪北油田井网注采对应率较大，达到90.8%，井网完善程度只有55.6%，影响因素主要有3个方面：①还有78口二注井尚未转注；②部分区域在排间加密后，形成了油井排仅对应单一注水井的情况；③部分油井虽有注水井对应，但因层间矛盾，注水相应层位不吸水，或该层位没有射开注水。从统计的数据(表6-2)来看，除SP199区外的其他5个开发单元均有提高井网完善程度的潜力。

表6-2 各开发单元注采对应情况

开发单元	油井数/口	油层有效厚度/m			注采对应率/%	井网完善程度/%
		生产层	有注水对应	两向注水对应		
北一区	61	876	841	453	96.0	51.7
北二区	260	4487	4131	2553	92.1	56.9
北三区	66	938	808	493	86.1	52.6
北四区	85	1184	898	569	75.8	48.1
南区	130	1863	1742	911	93.5	48.9
SP199区	130	1423	1359	1006	95.5	70.7
合计	732	10771	9779	5985	90.8	55.6

综上分析，原井网存在以下情况：

从剩余油分布情况来看，平面剩余油主要分布在油井排井间、油水井排间和水窜裂缝两侧。说明利用排状井网虽能适应目标油藏的开发，但还需要对井距、排距进行进一步评价，以确定目前井网井距、排距的合理性。

由于坪北油田属于特低渗油藏，其渗流能力差，需要采取压裂措施提高其渗流能力，但是压裂所形成的裂缝长度有限，当油井井距偏大时，压裂裂缝缝网无法完全沟通两口油井，导致油井间存在泄油“盲区”，生产时注入水在注采压差条件下向生产井中流动，但油井间“盲区”与油井间的压差过小，“盲区”中的原油无法有效启动，导致无法与油井人工裂缝间形成有效渗流，因此，在此区域容易存在剩余油，其主要还是受井距过大的影响。另外，虽然注水井排上能形成较好的水线，但受地层非均质性影响，局部渗透率较差，当水井排井距偏大时，注水井排上的水线仍然存在不完整现象，使得注入水无法向油井排均匀推进，导致局部区域的井存在水淹现象，而其他区域注入水推进缓慢，无法形成均匀推进。

另外，坪北油田特低渗油藏储层存在较大的启动压力梯度，由于油水井排距偏大，注采压力梯度小于启动压力梯度时，地层流体无法被有效启动，从而导致井排间形成剩余油，这也是产量递减过快的主要原因。

受储层渗透率非均质性影响，压裂施工时，渗透性好的区域不易产生裂缝，其渗流通道主要为孔隙，因此，注入水可均匀推进，洗油效果好，一般无剩余油富集；渗透性差的区域易产生裂缝，当基质孔隙和裂缝共存时，主要渗流通道为裂缝，因此，注入水易沿裂缝突进，且裂缝成为相对高压带，两侧基质孔隙中的原油无法进入裂缝形成渗流，且基质

孔隙中的原油受启动压力梯度的影响，基质孔隙中的流体难以流动，导致原油在裂缝两侧滞留形成剩余油富集区。

综合上述分析可知，平面上采用排状井网注水方式能够适应坪北特低渗油藏的开发，但原井网也存在一定的不适应性，如井距、排距偏大，渗透率非均质性严重区域水线推进不均匀等。因此，需要在现有井网的基础上对井距和排距进行调整。通过2003～2008年在老井区减小井距的加密调整井网试验和2006～2010年在SP199区采用小井排井网，已获得了较好的生产效果，有效地降低了产量递减率，说明通过加密调整井网可以有效改善原井网的问题。

随着开发的进一步深入，当整体区域含水率达到50%以上时，合注井及合采井出现了明显的层间矛盾。在注水方面，一是油层微观孔隙结构差异产生了吸水差异；二是经过压裂改造的转注油层存在人工裂缝，其吸水能力远高于没有压裂过的油层。2007～2014年，测多层合注井吸水剖面164井次，其中，107井次存在层间吸水矛盾，吸水差异倍数平均为8.2，并且呈逐年上升趋势。层间吸水矛盾导致层间压力存在动态差异，造成了合采井的层间矛盾，表现为合采产量小于某一层的单采产量（“1+1<1”）。2007年以来，利用井下智能开关测试合采井单层产量25口井，其中，18口井合采产量低于单采产量，占测试井数的72%（表6－3）。同时，从单采井和合采井的产能分析来看，层间矛盾已经较为明显。

表6－3 2007～2014年测试层间矛盾情况

时间（年）	吸水剖面测试				井下智能开关测试		
	测试井数/口	层间矛盾情况			测试井数/口	“1+1<2”情况	
		井数/口	占比/%	层间差异倍数		井数/口	占比/%
2007	14	6	42.9	8.3	3	2	66.7
2008	10	5	50.0	6.7	2	1	50
2009	8	3	37.5	5.4	4	3	75
2010	18	10	55.6	6.7	8	6	75
2011	16	11	68.8	7.9	5	3	60
2012	31	21	67.7	8.5	3	3	100
2013	34	25	73.5	10.5			
2014	33	26	78.8	11.3			
合计	164	107	65.2	8.2	25	18	72

2003年以后投产的井绝大多数为单层开采，统计1998～2001年在南、北区主体部位投产的191口油井的产量资料作对比分析，其中，合采井84口、单采井107口。合采井产液（油）量高于单采井，但采液（油）强度较低，说明合采井存在层间矛盾，单采井采油效率较高（表6－4、表6－5）。

合采井与单采井产液（油）递减规律相同，为两段式调和递减。投产初期产液、产油递减快，中后期递减慢，合采井初期递减率较高，中后期两者递减率相近（表6－6、图6－3、图6－4）。

表 6-4 单采井、合采井产液(油)对比表

分类	井数/口	初期(1~3个月)			投产10~12个月			投产第24个月		
		单井产液/(t/d)	单井产油/(t/d)	含水率/%	单井产液/(t/d)	单井产油/(t/d)	含水率/%	单井产液/(t/d)	单井产油/(t/d)	含水率/%
单层开采	107	3.8	2.5	34.2	2.4	1.6	33.3	2.2	1.4	36.4
两层合采	68	4.8	3	37.5	2.9	1.9	34.5	2.8	1.8	35.7
三层合采	16	4.7	3.2	31.9	3.2	2.3	32.4	2.5	1.8	28.0

表 6-5 单采井、合采井采液(油)强度对比表

分类	井数/口	初期(1~3个月)		投产10~12个月		投产第24个月	
		采液强度/[t/(d·m)]	采油强度/[t/(d·m)]	采液强度/[t/(d·m)]	采油强度/[t/(d·m)]	采液强度/[t/(d·m)]	采油强度/[t/(d·m)]
单层开采	107	0.38	0.26	0.24	0.17	0.22	0.15
两层合采	68	0.25	0.17	0.14	0.10	0.14	0.09
三层合采	16	0.16	0.11	0.12	0.09	0.09	0.06

表 6-6 单采、合采井产量递减率对比表

分类	统计井数/口	第一段			第二段	
		持续时间/月	初始递减率(D1)		初始递减率(D2)	
			产液量/t	产油量/t	产液量/t	产油量/t
单层开采	107	9	0.12	0.09	0.009	0.011
两层合采	68	9	0.14	0.13	0.010	0.010
三层合采	16	8	0.14	0.13	0.010	0.011

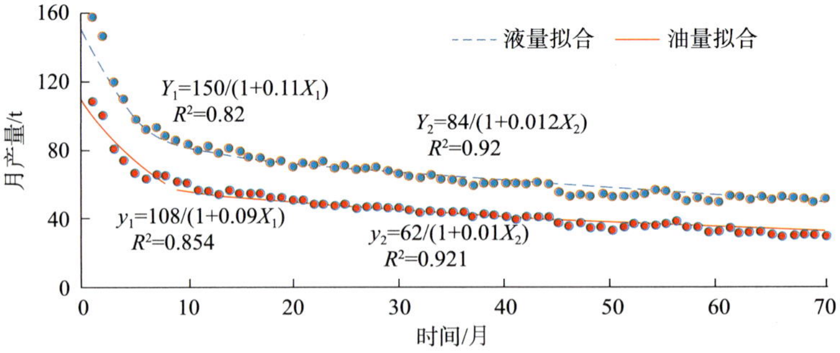

图 6-3 单采井产液、产油递减拟合

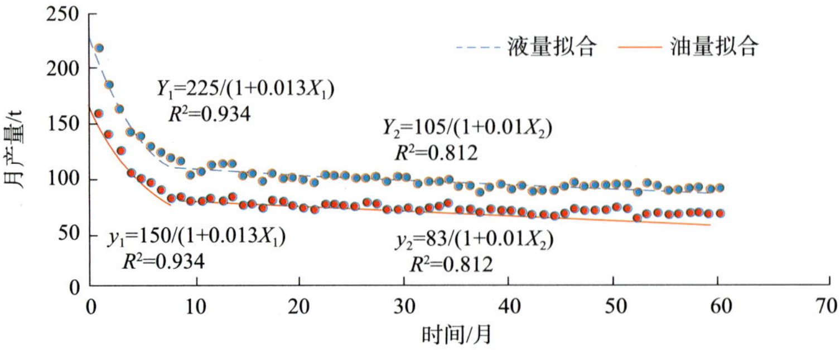

图 6-4 合采井产液、产油递减拟合

另一方面，多口井的 PNN 测井分析显示，多数老油井层内射孔井段附近剩余油饱和度低，未射孔井段剩余油饱和度较高，层内矛盾突出。这主要是由于坪北油田储层单砂体厚度较大且物性较差，垂直渗透率较低，导致纵向剩余油大面积富集，层内矛盾因此出现。

第二节　井网细分重组优化技术

通过开展坪北特低渗油藏井网重组优化技术，调整井网部署方式、井网井距及排距、层系划分等对原井网进行优化，对层系进行重组，从而缓解平面、纵向开发矛盾，提高水驱控制程度与动用程度，改善水驱效果。根据坪北特低渗油藏精细描述和生产特征及油层特点，应选择合适的方式进行井网重组优化，采取以对油层叠合区实施井网细分重组调整为主，对油层相对单一区实施平面井网完善为辅的策略。

一、试验区的选取

坪北特低渗油藏井网细分重组优化试验区的选取要满足以下几项原则：

(1)叠合油层多、层间差异大。

(2)效益产能油层多。

(3)生产含水率低。

通过对坪北油田油藏精细描述和井网存在问题分析发现，目标油藏存在平面驱替不均衡、层间干扰强、储量动用不均等开发矛盾。

因此，结合地质特征和剩余油分布情况，选取北二区中部作为试验区开展先导试验，以提高储量动用程度和采收率，并以此为基础指导老区调整。按选区原则，试验区选取图 6－5 所示的中心区蓝色框内区域和南区。

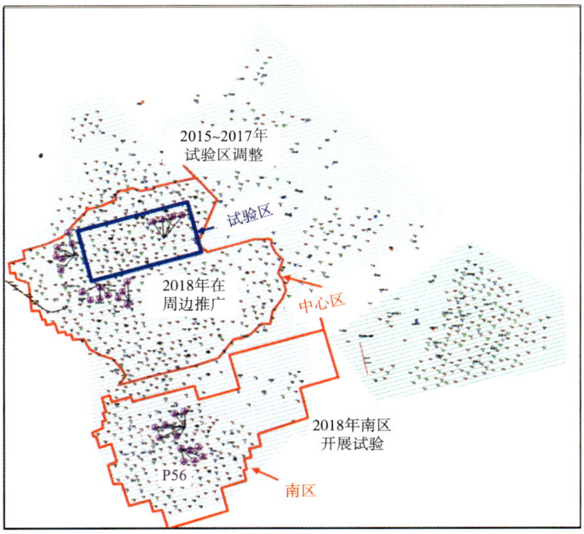

图 6－5　井网细分重组调整区域示意图

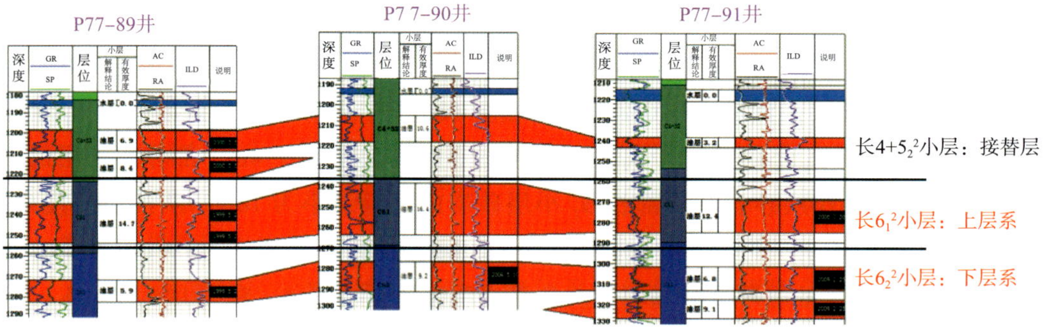

图6－10　南区纵向层系划分示意图
深度单位：m

三、平面井网重组优化

（一）原井网布井形式

试验区目前井网包括基础井网和排间、井间加密井网两种形式（图6－11和图6－12）。其中，基础井网采“菱形反九点”井网，井距为450m，排距为150m，井排方向为NE75°；排间、井间加密井网采用交替排状注水开发井网，水井排井距为450m，井间加密油井排井距为225m，加密排间为75～120m，井排方向为NE75°。

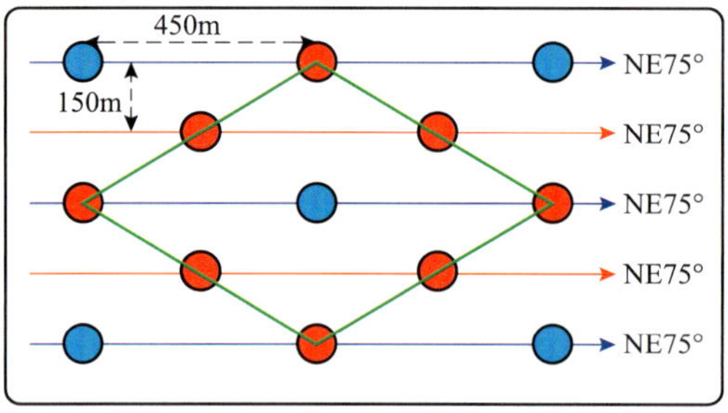

图6－11　基础井网示意图

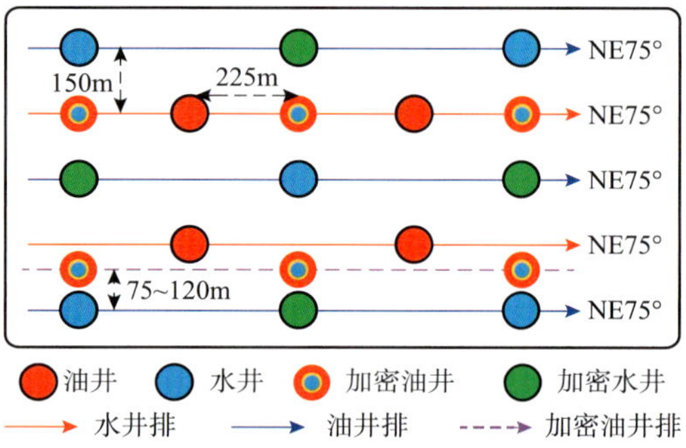

图6－12　排间、井间加密井网示意图

（二）平面井网重组

1. 平面井网重组方式

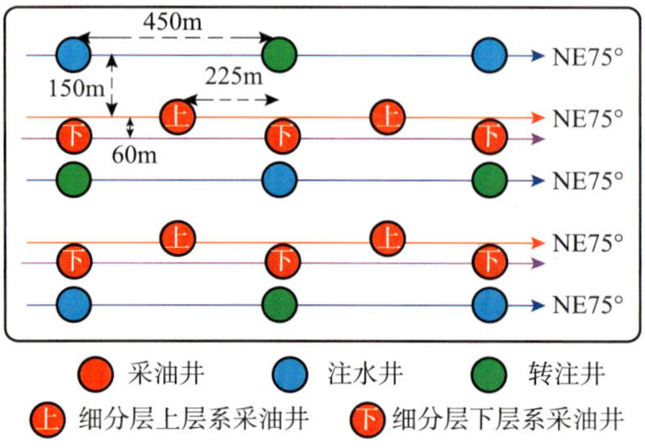

图6－13　试验区细分层叠合平面井网示意图

继续沿用行列式排状注采井网，并充分考虑现有井网已经过排间加密调整的实际，两套层系在平面上错开排距部署，以新钻井与老井层系调整结合的方式，实现平面重组，理论注采井网完善程度可达100％。对于水井，可利用老井分注两套层系，节约投资；对于油井，老井调为两套层系单采，新井补缺。在上、下层系油井间设计一定间隔，后期可将上、下层系井排的生产层系互换，改变注采流场，充分挖潜剩余油，提高采收率。细分层叠合平面井网如图 6－13 所示。

2. 井距、排距设计

因为要在基础井网上进行调整，所以设计的井距和排距不能和基础井网有较大冲突。在井距和排距设计时应结合原基础井网形式，综合考虑特低渗油田的启动压力问题。

坪北油田油相单相启动压力和油、水两相启动压力结果表明，渗透率越低，单相启动压力梯度越大；油、水两相启动压力梯度介于单相油和单相水之间，数值是单相油的 1/5～1/2，且随着含水率的上升而呈下降趋势（图 6－14、图 6－15）。说明随着含水率的上升，特低渗油藏波及半径远大于纯油井泄油半径，这使得后期开发抽稀井网变流线成为可能。对单相油启动压力梯度与渗透率（K）关系曲线进行拟合，得到坪北油田的启动压力梯度（λ）公式为：

$$\lambda = 0.035K^{-0.4506} \tag{6-1}$$

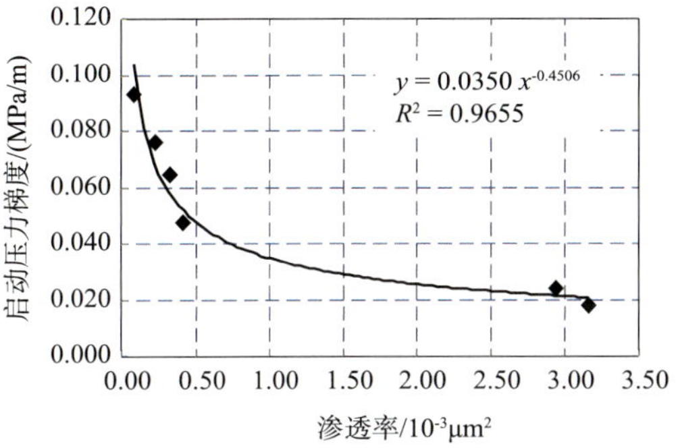

图 6－14　坪北油田油相单相启动压力变化曲线

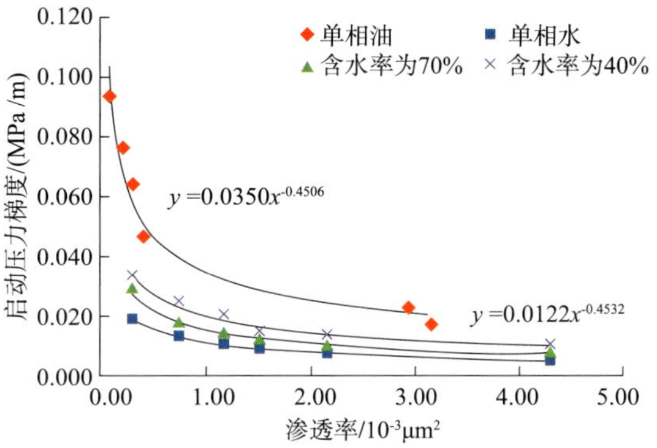

图 6－15　坪北油田油相两相启动压力变化曲线

考虑到启动压力与渗透率的关系，建立极限泄油半径公式如下：

$$\frac{2\Delta p}{R\ln\dfrac{R}{r_w}} = 0.035K^{-0.4506} \tag{6-2}$$

通过式（6－2）可以计算出不同注采压差下渗透率与极限技术井距的关系（图 6－16）。从图中可以看出，坪北特低渗油藏的渗透率范围为 1.0×10^{-3}～$2.9\times10^{-3}\mu m^2$，平均为 $1.3\times10^{-3}\mu m^2$，在相应的注采压差下对应的极限泄油半径为 20～40m。

通过分析坪北油田地质情况及压裂规模，对不同压裂规模下的有效半缝长及缝高进行模拟汇总，汇总结果如表 6－10 所示。从汇总结果可以看出，模拟得出的坪北特低渗油藏压裂有效半缝长约为 60～80m。

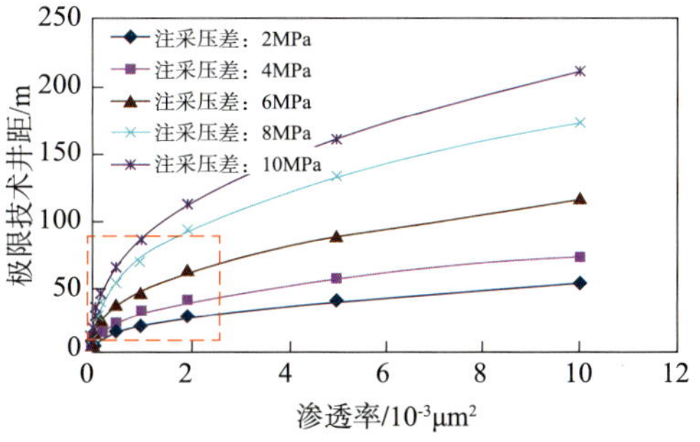

图 6－16　极限技术井距随渗透率和注采压差变化曲线

表 6－10　不同压裂规模下有效半缝长及缝高汇总表

加砂量/m^3	排量/(m^3/min)	前置液量/m^3	有效半缝长/m
15	1.3	8	57.3
20	1.3	10	61.2
25	1.3	12	70.9
30	1.3	15	76.4

(1)井距计算。根据井距 = 2 ×(裂缝半缝长 + 极限泄油半径)的关系原则，计算出的井距应为 160 ~ 240m。

(2)排距计算。根据排距 = 2 × 极限泄油半径的关系原则，计算出的排距为 80m。

根据矿场实践结果可知，排距小于 80m 时易形成水窜，风险大；排距大于 120m 时效果差。因此，设计合理排距应为 80 ~ 120m，与物理模拟结果(图 6－17、图 6－18)一致。

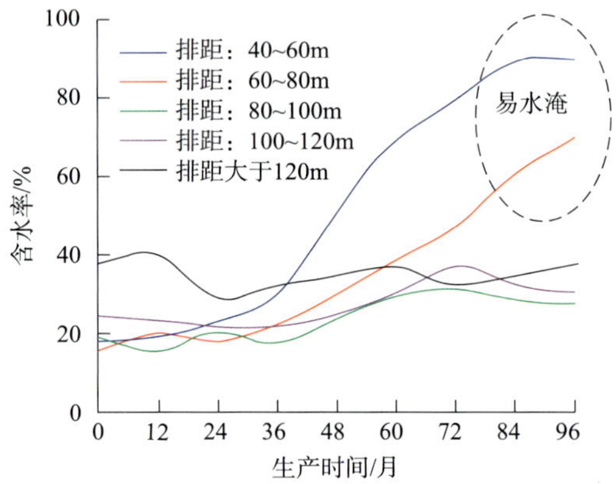

图 6－17　排距与含水率关系图

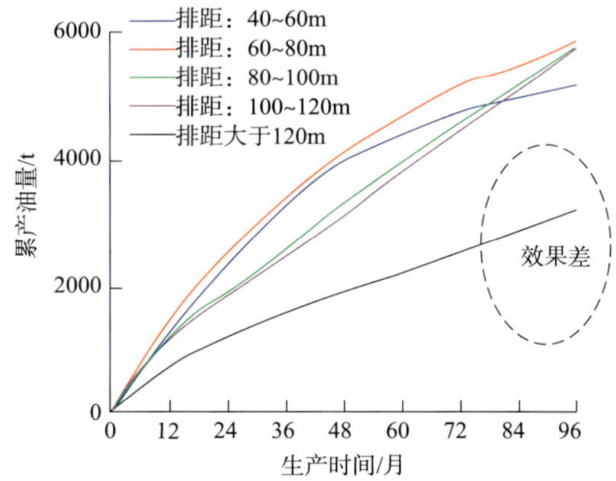

图 6－18　排距与累产油量关系图

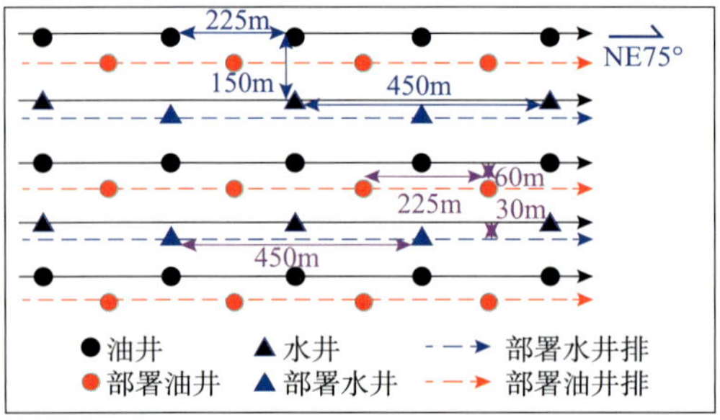

图 6－19　细分重组井网平面设计示意图

根据井距、排距评价结果，部署油井井距为 225m，为基础井网的一半；部署水井井距为 450m，与基础井网一样；部署油、水井排距为 90 ~ 150m。上、下层系油井排平面上错开 30 ~ 60m，水井排错开 30m(图 6－19)。

四、经济技术政策优化

通过对新井经济极限界限研究发现，以油价每桶 70 美元、内部收益率 8% 计算，新投井初期极限产量为 0.99t/d，累产油量为 3093t(图 6－20、图 6－21)。设计 8 套采油速率方案，优选合理采油速率为 0.829%；设计 6 套注采比方案，优选合理注采比为 1.2；设计 6 套地层压力保持程度方案，优选平均地层压力为 6MPa，平均地层压力保持水平下限为 70%。

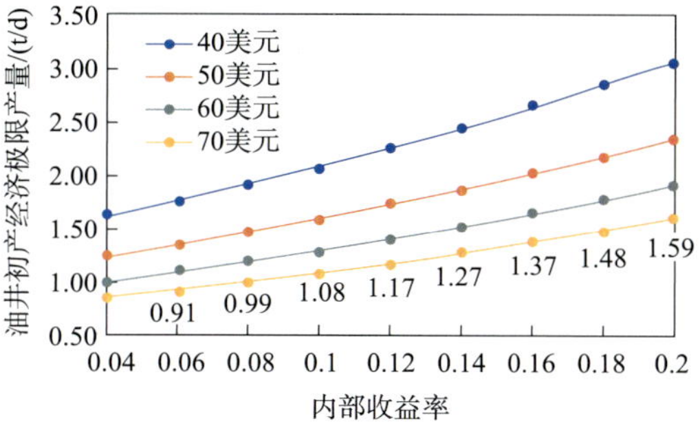

图 6－20　坪北油田单井初期经济极限产量图版

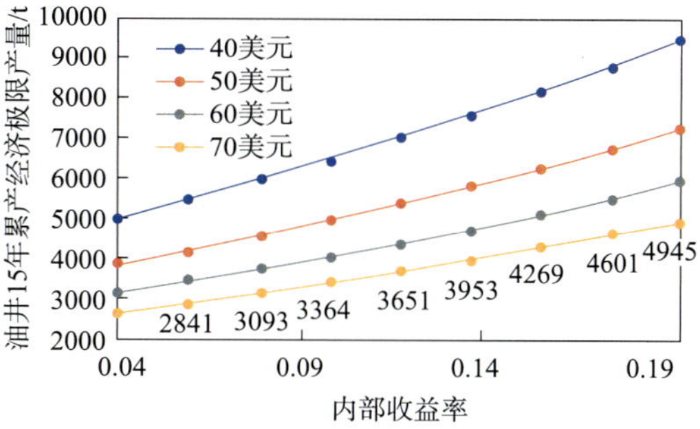

图 6－21　坪北油田单井经济极限产量图版

五、井网细分重组试验

2015 年，根据矿场生产特征及室内试验结论认识明确了坪北油田中长期将井网细分重组作为下一步调整的重点方向，并以“整体研究、整体部署、先导试验、逐步推广”为整体部署实施思路，落实井网重组潜力区域的储量及产能，根据不同地质情况进行整体部署并优选试验区域，在试验成功的基础上分年推广实施。

以提高新井效益、提高储量利用率、提高采收率、指导老区井网重组为目的，最终选定北二区中部的 P120 ~ P112 井区开展井网细分重组试验。

根据制定的开发技术政策，长 4 + 5_2 小层、长 6_1 小层、长 6_2 小层产能较高，渗透率相近，作为主要开发层；长 6_3 小层产能低，超前注水，后期作为接替层。将原来纵向上一套开发层系细分为两套开发层系。长 4 + 5_2 小层、长 6_1 小层采出程度接近，纵向隔层较薄（1 ~ 6m），地质状况能满足分压合采条件，作为一套开发层系；长 6_2 小层采出程度高，单独开采，与接替层长 6_3 小层组成一套层系，两套层系公用一套注水系统。

在平面井网重组方面，上、下层系均按“五点法”井网（图 6－22），结合当前井网实际，通过新钻井和老井调层进行井网重组。注水方面尽可能利用老井采取成熟工艺分注上、下层系，以减少调整投入。试验区间按井网设计，部署新、老井 52 口。其中，新井 22 口，进尺 3.26×10^4m，新建油井 19 口、水井 3 口，新增产能 0.51×10^4t，单井产能 0.9t/d，投资 5653 万元；老井调层 30 口，其中，油井转注 7 口，调层 10 口，水井调层 13 口。新增经济可采储量 7×10^4t，开发成本为每桶 17.9 美元。

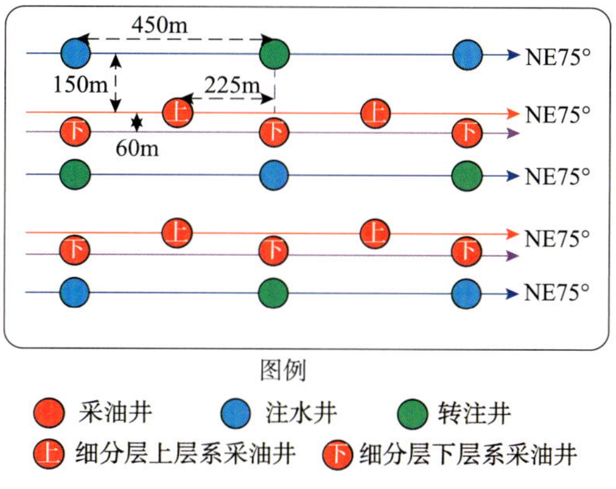

图 6－22　试验区平面井网重组示意图

2015 年 12 月开始试验，至 2017 年 10 月，完成新、老井 46 口，完成部署的 88.5%。22 口新井工作量全部完成，建油井 19 口、水井 3 口；老井调整 24 口，完成部署的 80%。

部署基本完成，实施效果好于预期。

试验区新增产能 0.8×10^4t，单井产能达到 1.4t/d，较设计提高 55.6%。调整后，注采井网完善程度、水驱储量控制程度、水驱储量动用程度、采油速率和采收率都有大幅提高(表6-11)，区块月递减指数由0.012下降为0.011。新增经济可采储量 10.8×10^4t，较方案增加54.3%；开发成本为每桶11.7美元，较方案降低34.6%。

表6-11　试验区调整前后开发指标对比表

项目	井数/口		井网完善程度/%	采收率/%	采油速率/%	水驱储量控制程度/%	水驱储量动用程度/%
	油井	水井					
调整前	72	28	56.6	16.2	0.6	83.3	75.2
调整后	86	36	75.4	20.4	0.8	94.5	90.6
对比	14	8	18.8	4.2	0.2	11.2	15.4

六、井网细分重组推广

在试验获得成功的基础上，2017年根据试验成果，进一步编制了坪北油田井网重组区整体方案，对北区开展了整体井网细分重组潜力分析，并进行了初步调整部署(图6-23)。潜力区块含油面积 $17.9km^2$，地质储量 1958×10^4t，预计可新钻井99口(油井89口、水井10口)，预计新增产能 4.3×10^4t，新增经济可采储量 46.4×10^4t，提高采收率2.3%。

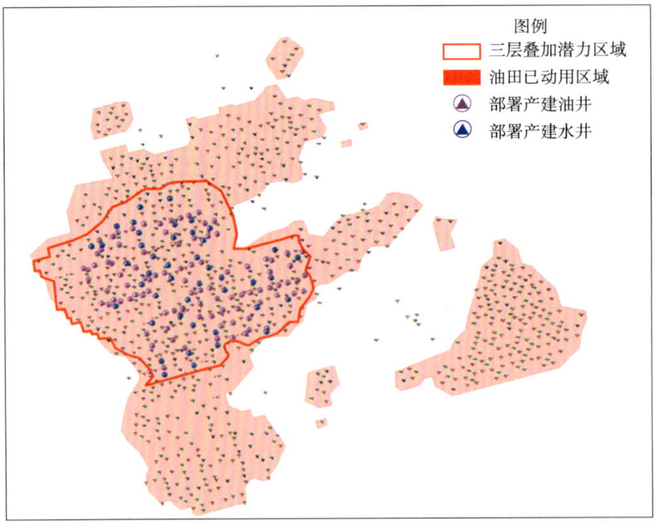

图6-23　井网细分重组方案井位部署图

2018年、2019年按照该整体方案开展了细分重组推广，均取得了较好的开发效果。其中，2018年，在试验区周缘进行了推广，共钻井25口。新投井产量均达到了设计水平，初期归一化产量2.54t/d(图6-24)；同时，老井自然递减率控制较好(图6-25)，未产生井间干扰。

2019年3月开始陆续新投井24口，新投井归一化初期产量2.82t/d，取得了较好的效果(图6-26、图6-27)；同时，新井投产后，临近老井未发生干扰，自然递减率未发生明显变化。实践证明，井网细分重组已经成为坪北油田提高采收率的有效手段。

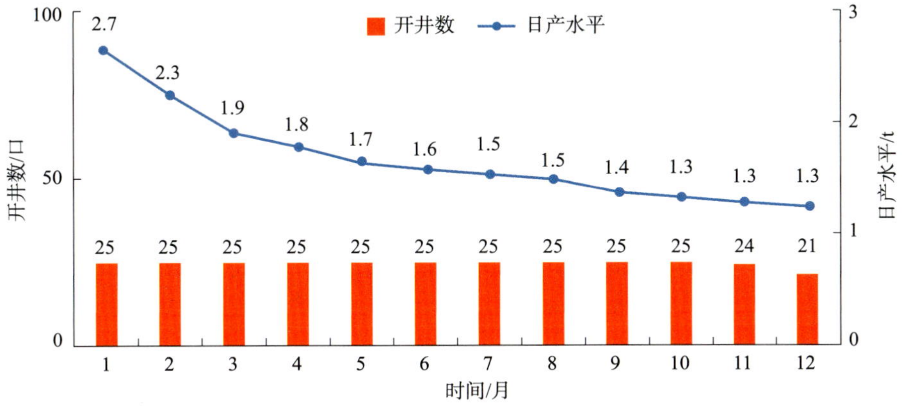

图6－24　2018年新井单井归一产量曲线

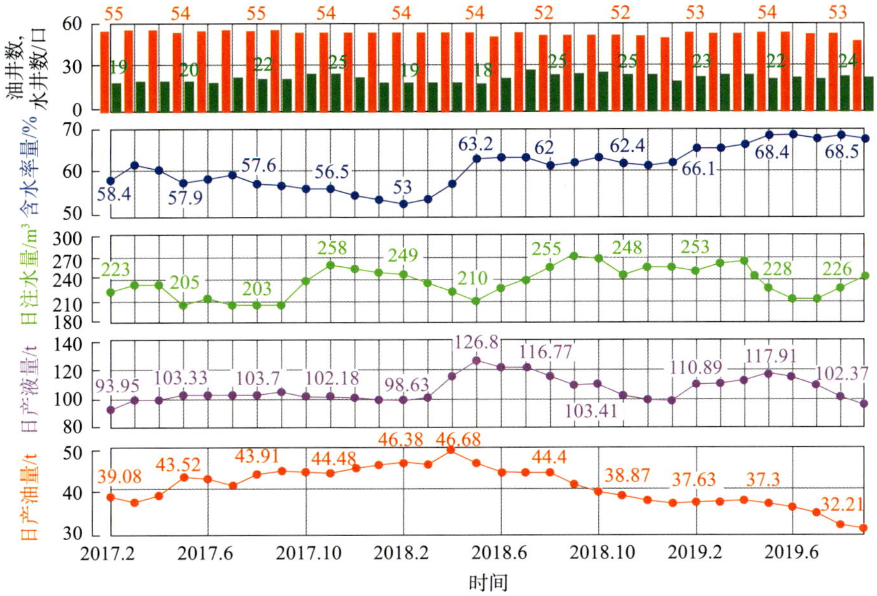

图6－25　2018年产建区老井生产曲线

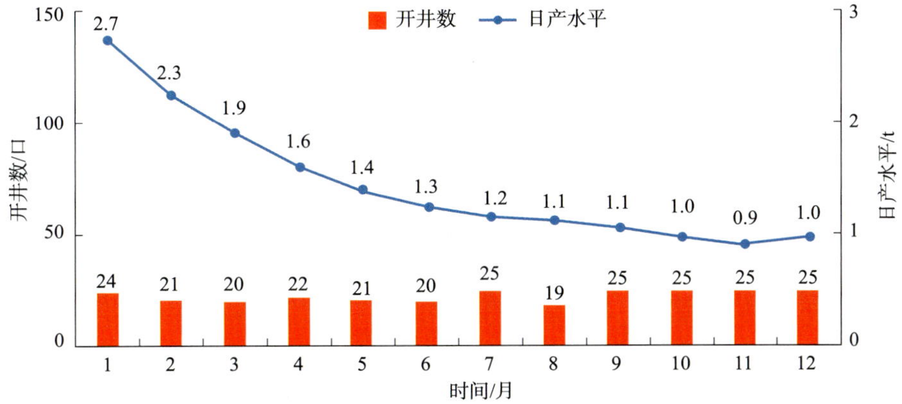

图6－26　2019年新井单井归一产量曲线

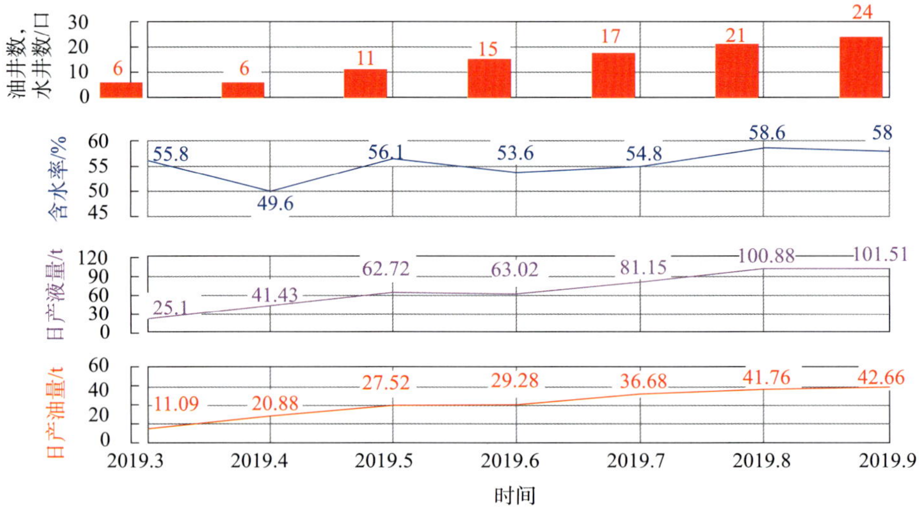

图 6－27　2019 年产建井生产曲线

第三节　细分重组期多缝压裂技术

在细分重组期，基于储层剩余油的再认识，以挖潜剩余油和提高采油速率为目的，开展了配套压裂工艺研究，形成了一套坪北致密油藏单层细切割分段压裂工艺技术体系。

一、前期成果再认识

（一）厚油层压裂再认识

坪北厚油层纵向上油层厚度为 20～55m，主要层系主要为长 4＋5 油层组、长 6_1 小层、长 6_2 小层，从测井曲线看，长 4＋5 油层组油层厚度约为 10～20m，主要厚油层分布在长 6_1 小层和长 6_2 小层，油层厚度为 20～55m。P77－80 井第一次压裂井段 1166～1173m，设计砂量 30m^3，通过数值模拟，裂缝高度 36.0m，有效改造了纵向上的油层。压后测试 PNN 值解释结果表明，油层顶部剩余油未动用，说明数值模拟与实际压裂效果不吻合，实际裂缝波及高度未充分改造厚油层（图 6－28）。

第二次补开顶部油层 1150～1152m，同层补孔压裂，压后日产油量由 0.6t 上升至 1.6t，效果明显，通过单压补孔井段措施井压裂参数可以看出，补孔重复压裂两次施工破裂压力均较明显，施工压力有明显的区别，原笼统压裂纵向改造并不充分（表 6－12）。

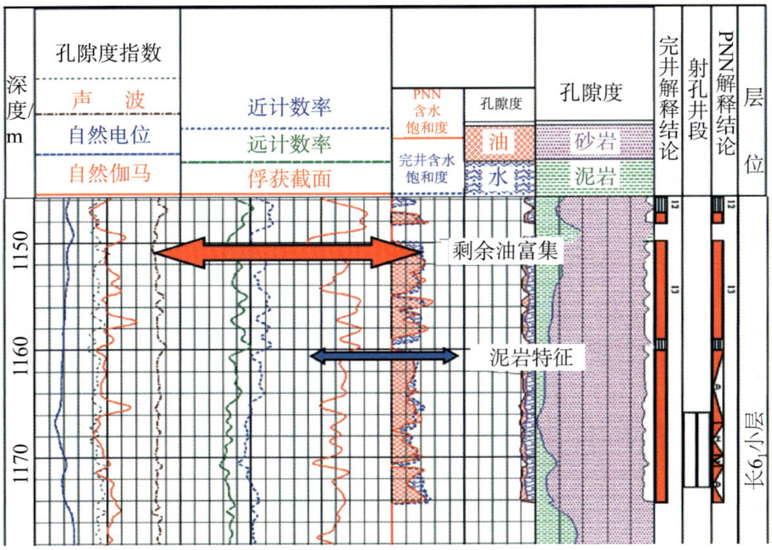

图 6-28　P77-80 井 PNN 解释结果图

表 6-12　P77-80 井单压补孔井段措施井压裂参数

井号	井段/m	破裂压力/MPa	施工压力/MPa	排量/(m^3/min)
P77-80	1166～1173	26.4	11.3～15.6	1.5
	1150～1152	26.7	15.4～16.5	1.5

(二)厚层分砂体测井资料再认识

厚层纵向上含油砂体较多，砂体长 6_1 小层可进一步分为长 6_1^{1} 小层和长 6_1^{2} 小层，长 6_2 小层可进一步分为长 6_2^{1} 小层、长 6_2^{2} 小层和长 6_2^{3} 小层，根据自然伽马曲线(GR)和自然电位曲线(SP)可以看出，长 6_1 小层和长 6_2 小层间 SP 异常，说明长 6_1 小层中两砂体为独立的砂体，具备隔层。油层岩性为：60API < GR < 75API，60mV < SP < 65mV；隔层岩性为：GR > 120API，80mV < SP < 90mV。长 6_1 小层独立砂体内，油层中部 GR 具备高值，同时 SP 异常，说明泥质含量高，油层岩性为：60API < GR < 75API，60mV < SP < 65mV；隔层岩性为：GR > 110API，80mV < SP < 90mV。

从 GR、SP 可以看出，层段间油层、隔层差异较大，层段内油层、隔层差异较大，SP 反映泥岩的含量，指示层内具备一定隔层。

通过岩石力学参数、测井曲线及岩心描述分析，矫正数模应力剖面，建立了分段模型(表 6-13)。

表 6-13　工程分段模型

砂体分类	工程分段	隔层 GR/API	隔层应力差/MPa		核心思路
			上隔层	下隔层	
长 $4+5_2$ 小层	层段 1	>120	>3.0		提高纵向改造程度
长 $6_1{}^1$ 小层	层段 2	>110	>2.9		
长 $6_1{}^2$ 小层	层段 3	>120	>3.0		
长 $6_2{}^1$ 小层	层段 4	>110	>2.8		
长 $6_2{}^2$ 小层	层段 5	>110	>3.0		
长 $6_2{}^3$ 小层	层段 6	>120	>2.9		

二、坪北致密油藏提效压裂工艺研究

以挖潜剩余油和提高采油速率为目的，增大压裂改造体积，增大单一厚油层泄油面积，创新开展了新井细切割“类体积”压裂及老井同层补孔多缝压裂工艺试验，充分挖掘剩余油，有效提高了压裂措施效果，形成了一套坪北致密油藏单层细切割分段压裂工艺技术体系。

(一)细切割“类体积”压裂工艺

结合钻井工艺，进一步增大目的层设计井斜(45°~60°)、增加钻遇视厚度，采用单层系多段(3~4 段)分压的方式，以箱体细切割改造为思路，提高单砂体的工程细切割程度(图 6-29)，通过施工规模及参数调整,对缝长、缝高及裂缝平面间距(6~8m)进行优化，使每条裂缝在层段内充分延伸，有效增大泄油面积，提高单井产能。

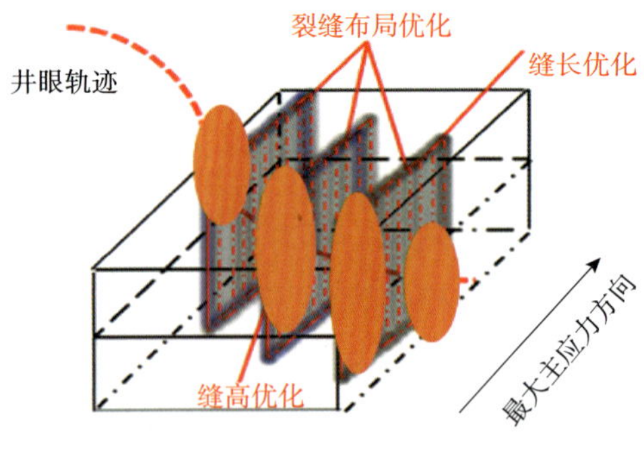

图 6-29　箱体细切割改造思路示意图

通过层内分段、段间加砂规模多方面优化，实现层内高裂缝密度、高强度加砂：

(1)裂缝数增加。增加同层系的射孔数量，提升全井段的改造体积。

(2)提高中部改造程度。提高中部含油性较好层位的加砂规模及排量，加强平面及纵向的改造程度。

(3)降低顶、底部改造程度。降低含油性差的顶、底部层位加砂规模及排量，避免无效铺砂。

裂缝长度在安全范围内“极限”扩张，形成上、下部缝高小，中部缝高大的裂缝形态，提高了储层的动用程度。通过优化射孔参数、施工参数，保证了多条独立裂缝的形成。

(二)老井同层补孔多缝压裂工艺

通过纵向上裂缝布局及优化射孔方案研究，确定多缝核心改造思路为：层段内分段压裂井，优势缝间距，提高层内改造程度；层段间分段井，优势井型，提高视厚度，增加分段数量。具体分段方式下精细工艺对策如表 6-14 所示。

表6-14 不同压裂分段方式下精细工艺对策

砂体类型	分段类型	隔层应力差/MPa	砂体有效厚度/m	工艺对策
长4+5_2小层	层段1	>3.1	<12	排量1.5m^3/min控缝高，降低无效铺砂
			>12	排量1.7~1.8m^3/min，提高铺砂剖面
长6_1^1小层	层段2	>3.0	<12	单层压裂，排量1.5~1.6m^3/min
			>24	层段内分段，缝间距>8m，排量1.5~1.6m^3/min
长6_1^2小层	层段3	>3.1	<12	单层压裂，排量1.5~1.6m^3/min
			>24	层段内分段，缝间距>8m，排量1.5~1.6m^3/min
长6_2^1小层	层段4	>2.8	<12	单层压裂，排量1.5~1.6m^3/min
			>24	层段内分段，缝间距>8m，排量1.5~1.6m^3/min
长6_2^2小层	层段5	>3.1	<12	单层压裂，排量1.5~1.6m^3/min
			>24	层段内分段，缝间距>8m，排量1.5~1.6m^3/min
长6_2^3小层	层段6	>3.2	<12	单层压裂，排量1.5~1.6m^3/min
			>24	层段内分段，缝间距>8m，排量1.5~1.6m^3/min

老井同层补孔多缝压裂工艺主要采用分段压裂方式进行施工，根据坪北油田厚层不同层系的分层方案，通过对原有层系优势井段进行补孔，在射孔方式上，主要在同层内补孔距原射孔段较远的储层，优化射孔参数，优选物性好的井段进行射孔，避开高应力区，增大裂缝间距，射孔段长控制为4m，分层压裂原射孔段和补孔层段(图6-30)。

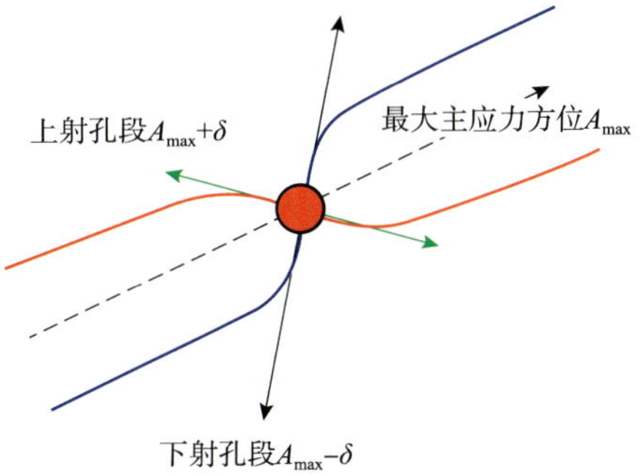

图6-30 分压两段射孔及双"S"形裂缝俯视图

以P45-823井为例，长6_2小层井层位深度为1642~1675.8m，油层厚度为33.8m，水平井投影位移差为19.7m，裂缝水平投影间距显示保证裂缝间相互干扰较低，裂缝在延伸过程不会相互串通，保证裂缝的控油半径。P45-823井裂缝示意图如图6-31所示。

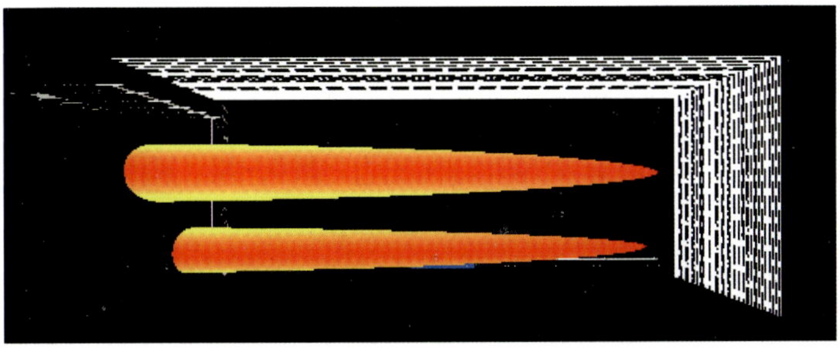

图6-31 P45-823井裂缝示意图

(三)主导压裂工艺

1. 裂缝形态判别

坪北油田储层埋藏浅，三向应力作用决定着储层中将形成水平裂缝还是垂直裂缝。通过 P39－873 井 Kaiser 效应实验发现，地应力测量结果为 $\sigma_h < \sigma_H < \sigma_v$，说明压裂会形成垂直缝(表 6－15)。

表 6－15　声发射地应力测量结果

井号	井深/m	不同方向取心测得 Kaiser 点正应力/MPa				σ_H/MPa	σ_h/MPa	σ_v/MPa
		0°	45°	90°	垂直			
P39－873	1293.87	11.974	12.266	9.197	21.086	22.781	19.652	31.545
	1284.17	11.408	12.569	8.317	20.548	22.173	18.967	30.929
	1298.46	13.075	11.668	8.992	21.795	23.906	19.816	32.291

2. 裂缝缝长优化

坪北油田利用特低渗油藏数值模拟一体化软件，建立了一系列低渗油藏的特征模型，结合导流能力对应的产量和采出程度优化，最终确定最佳裂缝缝长为 100～110m(图 6－32)。

3. 层段优化裂缝布局

在厚单砂体内，总结水平井分段压裂改造的方法，扩大井筒与地层的接触面积，是提高单井产量的关键。在此基础上，提出了在厚油层中造多缝，即“斜井多段裂缝”压裂思路。多缝压裂提高单井产量优势明显，但实现多缝压裂的工艺措施较复杂，与储层特征、完井条件、投资成本等因素有关。定向井压裂多裂缝模型如图 6－33 所示。

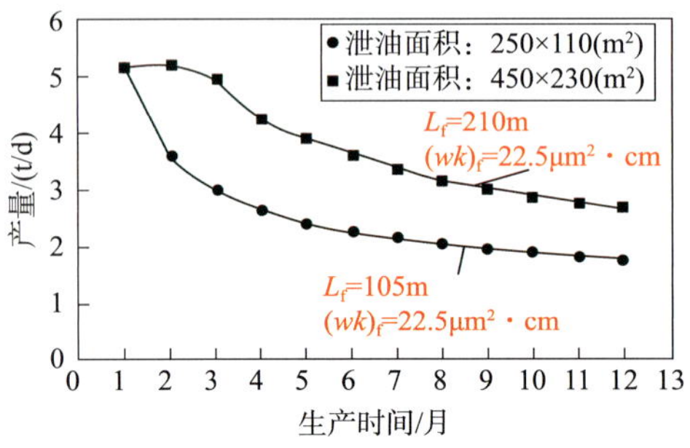

图 6－32　不同缝长、不同导流能力下的产量随生产时间的变化

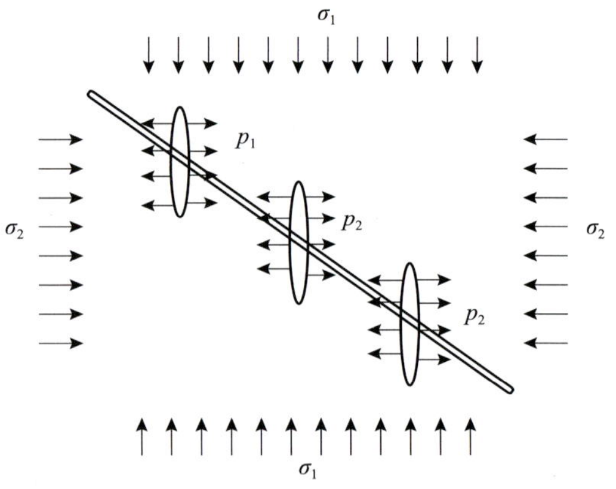

图 6－33　定向井压裂多裂缝模型

研究表明，多缝形成的主要影响因素为井斜角及井眼方位与最大主应力方位之间的方位夹角。要形成多裂缝，要求是有一定的井斜角或是方位角，延伸在平面上，主要是在有隔层的情况下，具备一定的水平投影位移，确定形成多条裂缝且裂缝间互不干扰。当井斜

角≥15°时，形成两条独立裂缝；当井斜角为5°～15°时，方位夹角也对裂缝有显著影响：①方位夹角＞40°时，形成两条独立裂缝；②方位夹角＜40°时，存在不确定性(图6－34)。

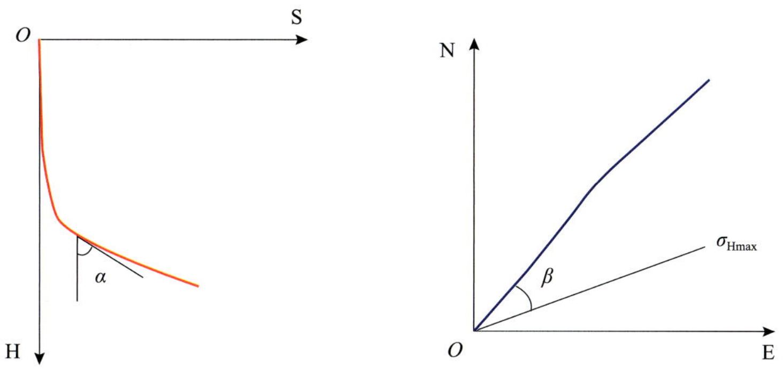

(a)井身轨迹及井斜角　　(b)平面投影及方位夹角

图6－34　井斜角、方位角与最大主应力方向夹角

坪北油田厚层在控制成本的基础上，通过优化钻井方案，为多缝形成创造了有利条件。在新井的设计上优化两点：①钻井井斜由常规的直井变化为井斜角为25°～35°的斜井；②钻井方位角与地层最小主应力方向(即裂缝延伸方向)具备较大的夹角，以垂直于最小主应力方向为最好。优化完成的钻井轨迹使厚油层在平面上具备了一定的位移，从而既控制了整体成本又为多缝压裂提供了先决条件。坪北油田厚油层新井井斜角及方位角统计结果发现，新井井斜角和方位角都满足形成多裂缝的条件(表6－16)。

表6－16　新井井斜角、方位角统计

井号	井斜角/(°)	方位夹角/(°)	井号	井斜角/(°)	方位/(°)
P120－39－913	45.57	440	P104－49－811	46.55	183.25
P87－51－833	35.32	203.90	P87－51－832	28.38	254.10
P96－41－782	53.71	251.80	P56－75－871	51.37	52.30
P96－43－78	47.86	216.20	P56－77－871	47.21	106.33
P96－41－783	45.52	251.20	P56－75－861	17.60	107.00
P96－39－78	48.21	285.00	P56－77－861	45.97	132.67
P96－39－80	45.13	346.40	P104－47－793	45.55	238.08
P56－77－851	30.52	164.10	P87－49－833	16.73	352.27
P104－49－82	48.67	140.91	P87－49－832	17.91	289.27

在厚单砂体油层内，通常希望能够最大化分段形成多条裂缝，有效挖掘剩余油。研究优势缝间距能避免层段内裂缝干扰，有利于各段缝长延伸，从而充分挖掘剩余油。

DDM(位移不连续方法)是1976年Crouch提出的，这是一种间接边界单元法，不同于直接积分方法，DDM可以解决在各向同性弹性介质中单元位移不连续性(如裂缝)的问题。用这种方法，裂缝的两个相对面可以用一个单元来代替，裂缝单元的不连续位移通过解系统方程直接得到，因而对裂缝系统问题的解决快于其他方法(如有限单元法)。不连续位移D_i代表在裂缝单元的两面位移u_i的微分：

$$\begin{cases} D_s = u_s^- - u_s^+ \\ D_n = u_n^- - u_n^+ \end{cases} \tag{6-3}$$

式中，s、n 分别为剪切方向和法线方向；“+”“-”分别为上、下面。

在此基础上，可以创建一个带有特定边界条件的系统方程，解这个系统方程就可以得出位移和应力：

$$\begin{cases}\sigma_{s}^{i}=\sum\limits_{j}(A_{ss}^{ij}D_{s}^{j}+A_{sn}^{ij}D_{n}^{j})\\ \sigma_{n}^{i}=\sum\limits_{j}(A_{ns}^{ij}D_{s}^{j}+A_{nn}^{ij}D_{n}^{j})\end{cases}\tag{6-4}$$

式中，A_{ss}^{ij} 等为由材料性质和单元类型所决定的边界影响因子。

裂缝单元的应力在不同条件下的表达式为：

$$\begin{cases}-\sigma_{s}^{i}=\sigma_{n}^{i}=0\text{（张开型裂缝）}\\ -\sigma_{s}^{i}=K_{s}D_{s}^{i}\\ -\sigma_{n}^{i}=K_{s}D_{s}^{i}\text{（闭合型裂缝）}\\ -\left|\sigma_{s}^{i}\right|=\sigma_{n}^{i}\tan\phi\\ -\sigma_{n}^{i}=K_{n}D_{n}^{i}\text{（滑开型裂缝）}\end{cases}\tag{6-5}$$

式中，K_s、K_n 分别为裂缝的剪切刚度和法向刚度；ϕ 为岩石的内摩擦角。根据能量释放率准则，只有满足条件时，裂缝才能扩展。

Π 为弹性能和势能之和，在单位厚度平面模型中可表示为：

$$-\frac{d\Pi}{da}\geqslant G_{C}\tag{6-6}$$

$$\Pi(a)=-\frac{1}{2}\sum_{i=1}^{m_1}a^{i}(\sigma_{s}^{i}D_{s}^{i}+\sigma_{n}^{i}D_{n}^{i})-\frac{1}{2}\sum_{i=m_1+1}^{m_1+m_2}a^{i}(\sigma_{s}^{i}D_{s}^{i}+\sigma_{n}^{i}D_{n}^{i})\tag{6-7}$$

式中，m_1、m_2 分别为裂缝单元总数和边界单元总数；a^i 为第 i 个单元的长度，因此能量释放率可表示为：

$$G=-\frac{\Pi(a+\Delta a)-\Pi(a)}{\Delta a}\tag{6-8}$$

式中，$\Pi(a+\Delta a)$ 为能量，可以用虚拟裂缝单元长度 Δa 加载到裂尖处来模拟扩展所需的能量。

对于宏观尺度上的裂缝，岩石裂纹的启裂和扩展通常是在剪应力和张应力的共同作用下形成的。因此，修改后的能量释放率准则 F 准则得到了进一步的发展。在这个准则中，能量释放不但和张性裂缝有关，还与剪切裂缝有关，其裂缝扩展的方向和临界破裂条件的定义为：

$$F(\theta)\big|_{\theta=\theta_0}=\frac{G_{\mathrm{I}}(\theta)}{G_{\mathrm{I}C}}+\frac{G_{\mathrm{II}}(\theta)}{G_{\mathrm{II}C}}=F_{\max}\geqslant 1\tag{6-9}$$

在裂缝可能的扩展方向 $\theta=\theta_0$ 时，F 达到最大值，这时达到 $F=1$ 或者 $F>1$ 的裂缝扩展。式(6-9)中，G_{I} 和 G_{II} 代表在纯张应力和纯剪应力条件下裂尖处的能量释放率；$G_{\mathrm{I}C}$ 和 $G_{\mathrm{II}C}$ 代表在纯张应力和纯剪应力条件下的临界能量释放率。通过 F 准则，能够对模式Ⅰ和模式Ⅱ的混合模式裂缝进行预测。

为了研究斜井压裂多裂缝扩展相互干扰规律，选用的裂缝分布关系如图6－35所示，为了区别两条裂缝，分别将其取名为主裂缝、从裂缝。

在水力压裂过程中，裂缝以模式Ⅰ下的裂缝为主。假设两裂缝沿着直线方向扩展，明确主裂缝在模式Ⅰ下扩展的应力强度因子KI和与主裂缝长度相等的单裂缝在相同的应力条件下(远场主应力和裂缝内壁面压力)扩展的应力强度因子，两应力强度因子之比为裂缝干扰因子。因此，应对主裂缝进行分析。为了研究不同裂缝距离条件下缝间干扰因子的变化，模拟计算了相同裂缝缝长($a=b$)、不同无因次裂缝间距离s/b、不同无因次交叠长度对主裂缝内外裂尖的干扰因子(图6－36)。

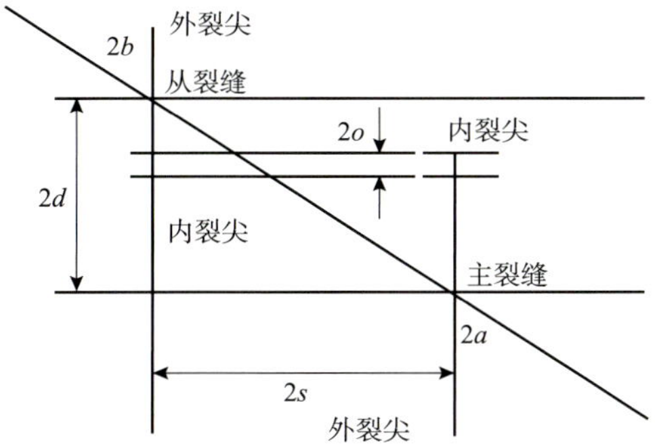

图6－35 裂缝分布模型

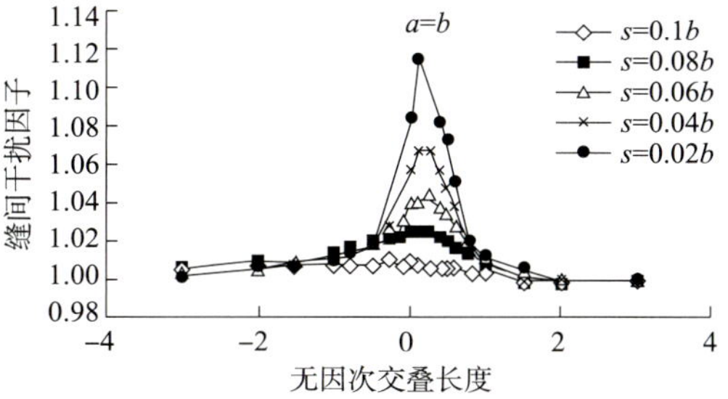

图6－36 不同裂缝垂直距离缝间干扰

垂直距离$s=0.08b$时缝间干扰接近1，按照缝长100m计算，裂缝射孔间垂直距离应大于8m。

在层段内设计裂缝间距时，希望在裂缝中心位置的主裂缝沿最大水平主应力方向尽量延伸，以保证设计裂缝长度及改造体积，不希望裂缝间因发生干扰而偏转，将干扰机理与数值模拟相结合，可知坪北油田特低渗层段内多裂缝间距不低于8m。

纵向上形成相互独立的裂缝是影响分压多段压裂效果的关键因素，进行层内分段模板划分后，裂缝在垂直间距大于8m时具备形成多裂缝的条件，在保证优势缝间距后，为确保裂缝过度延伸，应对缝高主控因素进行分析。影响裂缝高度延伸的因素大致分为两类：一类是不变因素，如上、下遮挡层与油层之间的最小地应力差，以及地层岩石的弹性模量、泊松比、断裂韧性，等等；另一类是可变因素，如压裂液流变性、滤失系数、施工排量、施工规模(施工时间)。

以P39－873井为例进行单因素分析，裂缝单翼长度$L=110$m，施工排量$Q=1.5\text{m}^3/\text{min}$，弹性模量$E=12304.4$MPa，断裂韧性$K_c=0.9\text{MPa}\cdot\text{m}^{0.5}$，泊松比$\nu=0.23$，上遮挡层处的最小地应力差$\Delta S_1=2.5$MPa，下遮挡层处的最小地应力差$\Delta S_2=2.8$MPa，压裂液的流态指数、稠度系数和造壁性滤失系数取常规压裂液(0.25%～0.55% HPG体系)的平均值。不同单因素对缝高影响的分析结果发现，影响缝高的主控因素中，内因包括最小主应力差和岩石弹性模量，外因包括施工排量和压裂液稠度系数。其中，施工排量的影响较大(图6－37)。

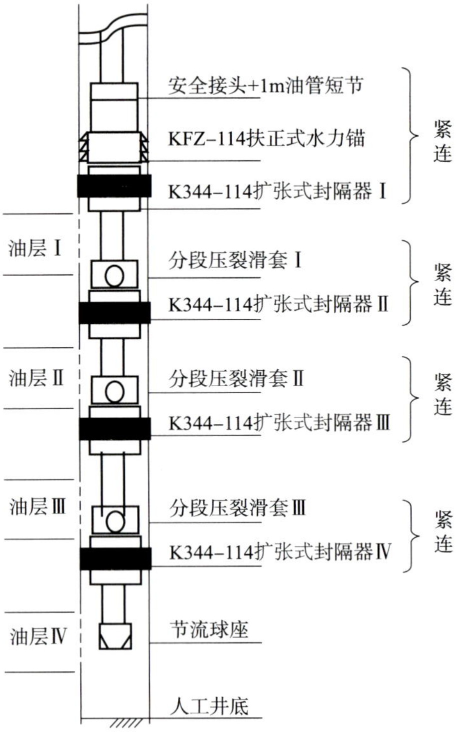

图6-43　分段压裂管柱示意图

三、配套工艺研究

（一）低措施成本管柱优选

多缝压裂工艺配套措施管柱可分多次压裂，也可以一趟管柱分多段压裂，坪北油田前期常用的分层压裂管柱仅能满足二级二层施工，无法满足多段压裂施工的需要。此外，针对纵向储层层间距小（10～20m）的问题，研制出了能够满足坪北油田井况条件的定向斜井多级分段压裂管柱，该管柱可在不动管柱的情况完成4段及以上的施工，依次通过分级投球、分级开启滑套、封隔器坐封实现改造层段之间的分隔。

管柱结构由上至下依次为油管、安全接头、油管短节、KFZ-114扶正式水力锚、K344-114扩张式封隔器、分段压裂滑套、节流球座等（图6-43）。

（二）平面压裂参数优选

采取整体压裂工艺思路部署加密井。通过前期岩石力学实验获得油层、隔层弹性模量及泊松比后，对应测井曲线修正数值模拟，论证油层内具备隔层的条件，当隔层为泥岩，砂岩垂直厚度>8m时，上、下隔层应力差>3MPa，纵向上裂缝可控制，且层间裂缝不压窜。合理的裂缝穿透比能够保证油井获得最佳的采出程度。过小的裂缝穿透比不利于获得油层的最佳采出程度，过大的裂缝穿透比可能会造成裂缝见水期提前，也会影响油层的采出程度。通过极限泄油半径及不同缝长、不同导流能力下产量随时间变化曲线可知，最佳裂缝长度为100～110m。

通过不同井网排距下的生产效果对比可知，压裂裂缝应控制在100m以内，从而既能保证较高的采出程度，又能使注水效果达到最好。通过不同改造程度下的初期产液量（图6-44），以及不同压裂规模下的生产情况对比分析可知，储层改造程度

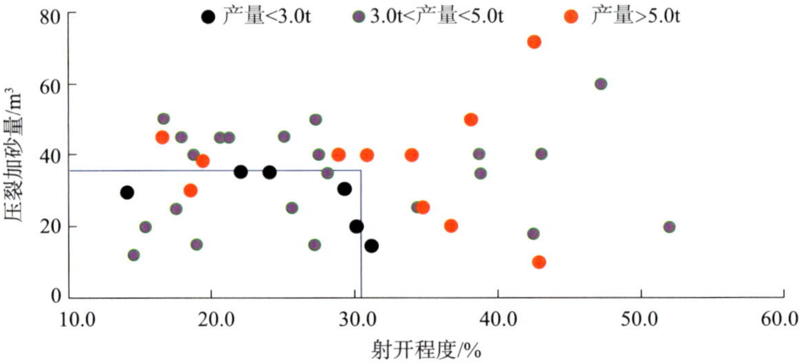

图6-44　不同压裂改造程度与初期产液量关系图

越高，生产效果越好，其中，采用厚层分段多缝压裂工艺的油井生产效果最好。

中心区在规模建产的基础上，经过井网重新部署，明确加密区井网有 4 种类型，分别为排间加密、井间加密、“之”字形井间加密、其他井网加密。各种井网部署如图 6－45、图 6－46 所示。针对不同井网部署，根据导流能力、控缝高需求及与邻井匹配性，开展参数优化研究。优化后结果如表 6－17、表 6－18 所示。

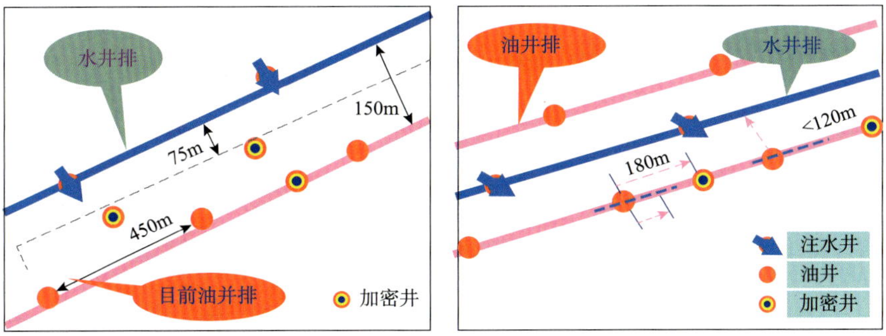

(a)排间加密　　(b)井间加密

图 6－45　排间加密和井间加密示意图

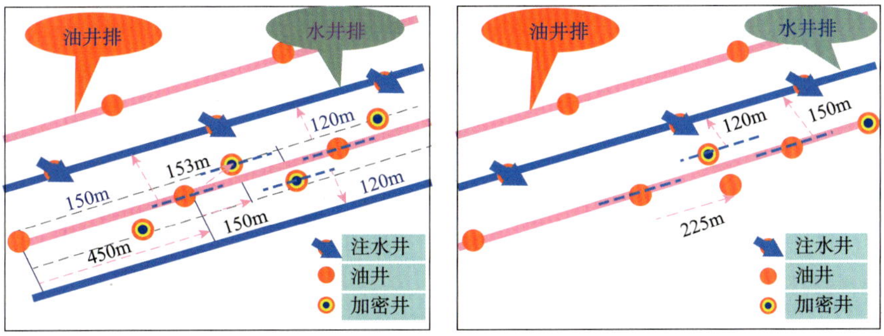

(a)“之”字形井间加密　　(b)其他井网加密

图 6－46　“之”字形井间加密及其他井网加密示意图

表 6－17　排间加密和井间加密参数优化表

区域	井网类	平均砂比(a)	施工排量(P)	施工规模(W)	压裂缝长(L)
北一、北二、	排间加密	$25\% < a < 30\%$	$1.5 < P < 1.7$	$15 < W < 25$	$100 < L < 120$
北三西、南区	井间加密	$25\% < a < 30\%$	$1.7 < P < 1.8$	$10 < W < 15$	$60 < L < 80$

表 6－18　“之”字形井间加密和其他井网加密参数优化表

区域	井网类型	平均砂比(a)	施工排量(P)	施工规模(W)	压裂缝长(L)
北一、北二、	“之”字形井间加密	$25\% < a < 30\%$	$1.7 < P < 1.8$	$10 < W < 15$	$60 < L < 80$
北四区	其他井网加密	$25\% < a < 30\%$	$1.5 < P < 1.7$	$15 < W < 25$	$100 < L < 120$

(三)压后评估技术

利用裸眼井偶极测井资料提取横、纵波时差，结合密度曲线计算出动态杨氏模量和泊松比，发现声波衰减各向异性差别较大。对比完井、压前、压后声波衰减情况，可以推断裂缝的形态。声波偶极子测井解释坪北试验井 5 口，具体施工井段及解释结果如表 6－19 所示。

表 6－19　声波偶极子测井解释结果

井号	层位	层段	射孔井段/m	垂直距离/m	各层段解释
P41－782	长 $4+5_2$ 小层	层段 1	1414.0～1418.0	1310.4～1312.8	单一裂缝
	长 6_1^1 小层	层段 2	1440.0～1444.0	1326.2～1328.6	单一裂缝
	长 6_1^1 小层		1460.0～1464.0	1340.6～1343.0	单一裂缝
	长 6_1^2 小层	层段 3	1480.0～1484.0	1350.1～1352.5	多条裂缝
P43－78	长 6_1^1 小层	层段 2	1485.0～1488.0	1333.8～1336.5	多条裂缝
	长 6_1^2 小层	层段 3	1513.0～1516.0	1352.7～1355.4	多条裂缝
	长 6_2^1 小层	层段 4	1540.0～1543.0	1371.5～1374.3	单一裂缝
	长 6_2^1 小层		1560.0～1563.0	1385.1～1387.8	单一裂缝
P39－78	长 6_2^1 小层	层段 4	1492.0～1496.0	1369.5～1372.3	单一裂缝
	长 6_2^1 小层		1516.0～1520.0	1386.2～1388.9	单一裂缝
	长 6_2^2 小层	层段 5	1536.0～1542.0	1399.9～1404.0	多条裂缝
P41－783	长 6_2^1 小层	层段 4	1444.0～1448.0	1364.2～1367.1	单一裂缝
	长 6_2^2 小层	层段 5	1465.0～1468.0	1379.3～1381.4	单一裂缝
	长 6_2^3 小层	层段 6	1488.0～1494.0	1396.0～1400.1	单一裂缝
P39－80	长 6_2^1 小层	层段 4	1449.0～1452.0	1366.4～1369.3	多条裂缝
	长 6_2^2 小层	层段 5	1470.0～1476.0	1382.3～1386.6	单一裂缝
	长 6_2^2 小层		1492.0～1495.0	1398.1～1401.0	单一裂缝

从声波偶极子测井解释看，裂缝分为两种形态：单一裂缝和多条裂缝。单一裂缝反应横、纵波衰减，各向异性不明显；多条裂缝反应横、纵波衰减，各向异性明显。

现场结合前期数值模拟及理论研究，认为层段间形成多条裂缝的原因为：规模排量大，裂缝过度延伸，层段内形成了多条裂缝，裂缝间平面距离 <8m。通过声波偶极子测井解释，为动态调整提供了依据，压裂参数调整工艺标准如表 6－20 所示。

表 6－20　压裂参数调整工艺标准

层位	分段类型	隔层应力差/MPa	砂体有效厚度/m	工艺对策	调整对策
长 $4+5_2$ 小层	层段 1	>3.1	<12	排量为 1.5m³/min，控缝高，降低无效铺砂	
			>12	排量为 1.7～1.8m³/min，提高铺砂剖面	

续表

层位	分段类型	隔层应力差/MPa	砂体有效厚度/m	工艺对策	调整对策
长6_1^1小层	层段2	>3.0	<12	单层压裂，排量为1.5～1.6m^3/min	施工规模最高25m^3
			>24	层段内分段，缝间距>8m，排量为1.5～1.6m^3/min	根据优势缝长，施工规模不超过30m^3
长6_1^2小层	层段3	>3.1	<12	单层压裂，排量为1.5～1.6m^3/min	施工规模最高25m^3
			>24	层段内分段，缝间距>8m，排量为1.5～1.6m^3/min	根据优势缝长，施工规模不超过30m^3
长6_2^1小层	层段4	>2.8	<12	单层压裂，排量为1.5～1.6m^3/min	施工规模最高25m^3
			>24	层段内分段，缝间距>8m，排量为1.5～1.6m^3/min	根据优势缝长，施工规模不超过30m^3
长6_2^2小层	层段5	>3.1	<12	单层压裂，排量为1.5～1.6m^3/min	施工规模最高25m^3
			>24	层段内分段，缝间距>8m，排量为1.5～1.6m^3/min	根据优势缝长，施工规模不超过30m^3
长6_2^3小层	层段6	>3.2	<12	单层压裂，排量为1.5～1.6m^3/min	施工规模最高25m^3
			>24	层段内分段，缝间距>8m，排量为1.5～1.6m^3/min	根据优势缝长，施工规模不超过30m^3

第四节　细分重组矿场实施效果评价

2017～2019年，共在坪北特低渗油藏厚油层应用“类体积”及多缝压裂工艺开展现场试验井88井次，层内分2条、3条、4条裂缝压裂，施工成功率100%，累计增油20676.79t。单井增产效果明显(表6－21)。

表6－21　2017～2019年压裂多缝井次统计

时间(年)	同层补孔压裂/井次	细切割“类体积”压裂/井次
2017	15	—
2018	19	18
2019	25	11

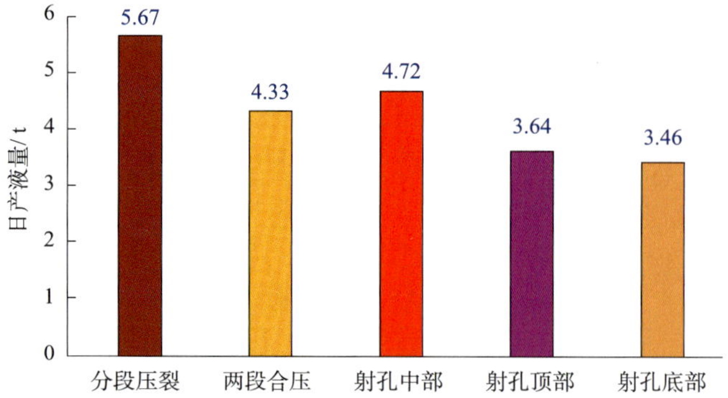

图 6－47　不同压裂方式下日产液量图

对比不同射孔部位下笼统压裂和分段多缝及“类体积”压裂方式可知，分段多缝“类体积”压裂日产液量高于其他方式下的笼统压裂(图 6－47)。

统计不同裂缝条数下的产量关系发现，层内裂缝条数多的平均日产油量高，且在相同递减时间内能维持较高的日增油水平。2017 年主要以 2 条缝压裂为主，从平均单井累计增产情况看，裂缝条数越多，平均单井累计增产效果越好(图 6－48、图 6－49)。

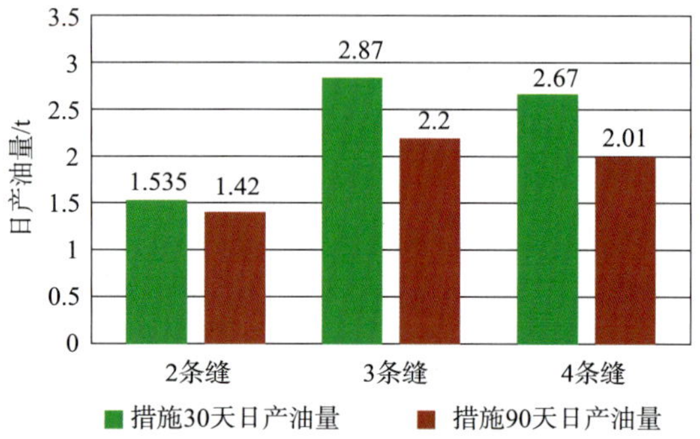

图 6－48　裂缝条数与平均产油量关系

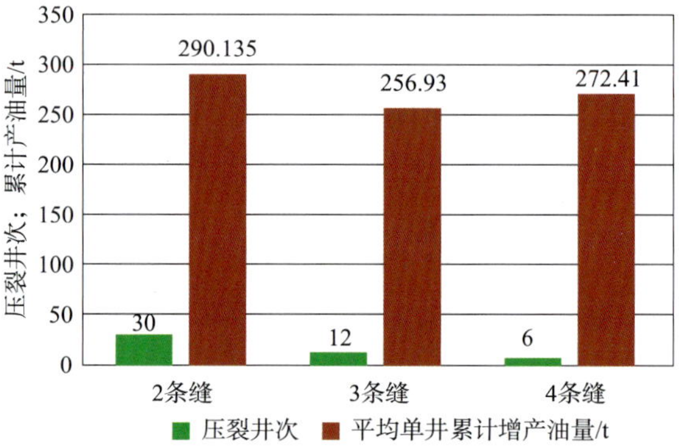

图 6－49　裂缝条数与平均单井累产关系

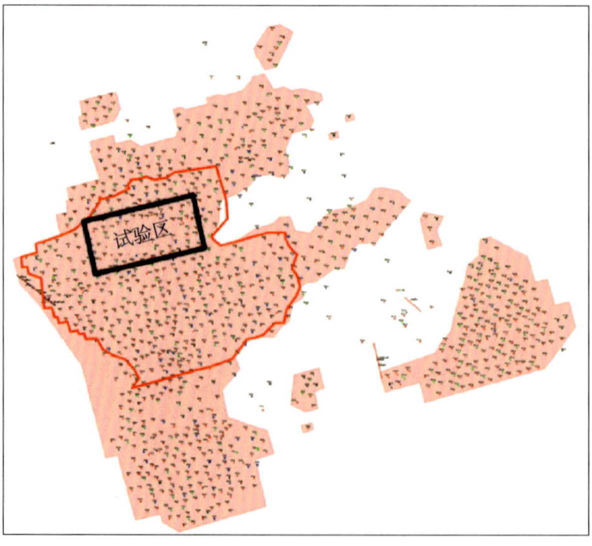

图 6－50　试验区分布图

第一阶段：先导试验阶段。

主要目的是评价井网重组适应性，试验区分布如图 6－50 所示，试验区共投产油井 19 口，老井措施 4 口，投产后含水率稳定，平均初期产量达到 2. 6t/d，日产油最高增加 37. 3t（图 6－51、图 6－52）。

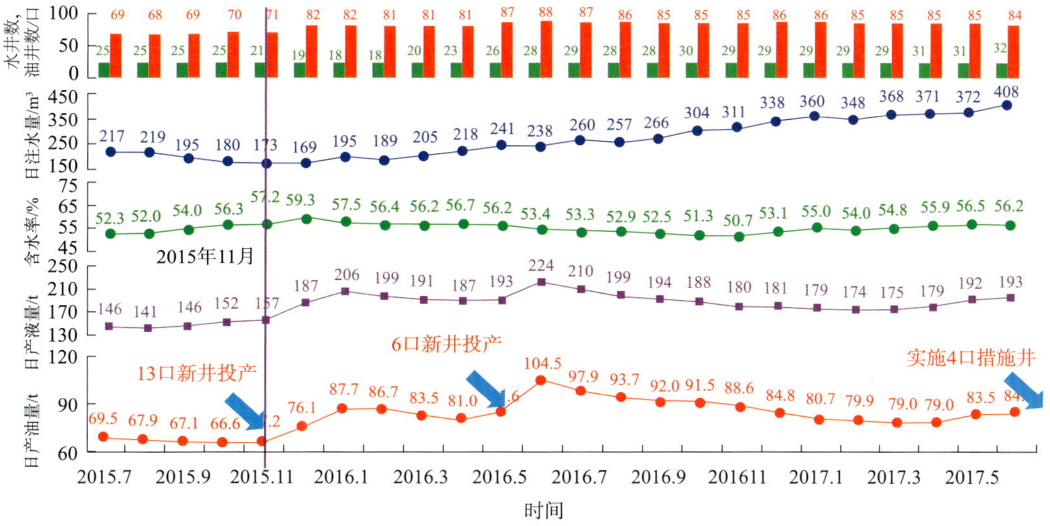

图 6－51　试验区油井生产曲线

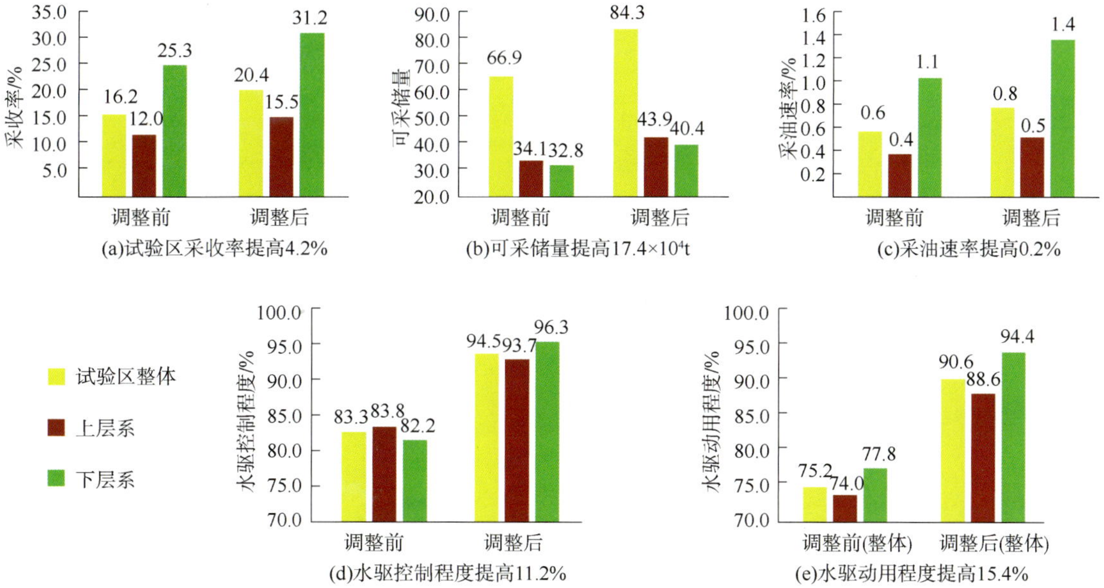

图 6－52　试验区油井生产效果

第二阶段：深入总结先导试验成果，全面推广井位细分重组技术。

2007 年年底编制井网细分重组推广方案，部署油、水井 283 口。“十三五”期间，实施 105 口（油井 97，水井 8 口，图 6－53），新建产能 3.6×10^4t，累计产油 9.04×10^4t，预计提高采收率4.23%（单井可采储量3980t，表6-22）。

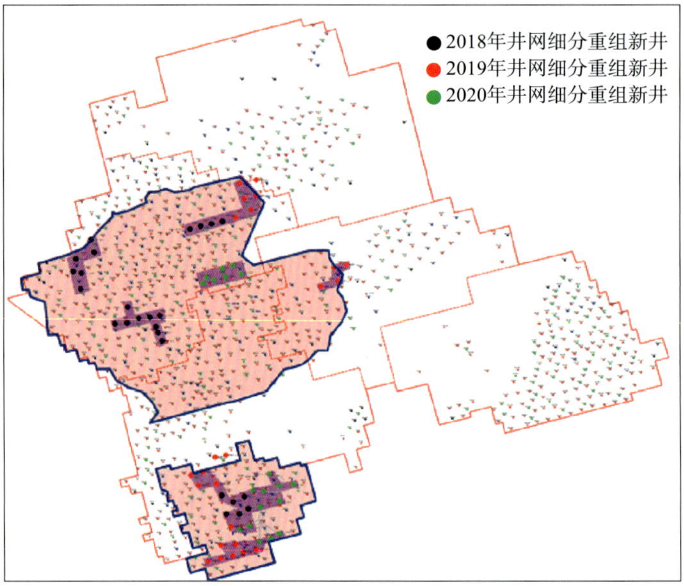

图6-53 “十三五”时期新井油、水井分布图

表6-22 2015~2020年井网细分重组效果统计表

时间（年）	井数/口			初期产量			12个月末产量/(t/d)	目前产量			新建产能/10^4t	累计产油/10^4t
	合计	油井	水井	油量/(t/d)	液量/(t/d)	含水率/%		油量/(t/d)	液量/(t/d)	含水率/%		
2015	21	19	3	2.6	4.52	42.4	1.4	0.88	2.12	58.4	0.79	3.89
2018	26	26	0	2.5	4.91	48.2	1.4	0.90	3.78	76.2	1.09	2.86
2019	29	27	2	2.6	4.38	40.8	1.2	1.21	2.53	52.2	0.74	1.87
2020	28	25	3	2.8	5.05	44.5	1.3	1.50	4.02	63.5	0.98	0.42
合计	105	97	8	7.9	13.34	45.1	1.3	1.10	2.82	59.4	3.6	9.04

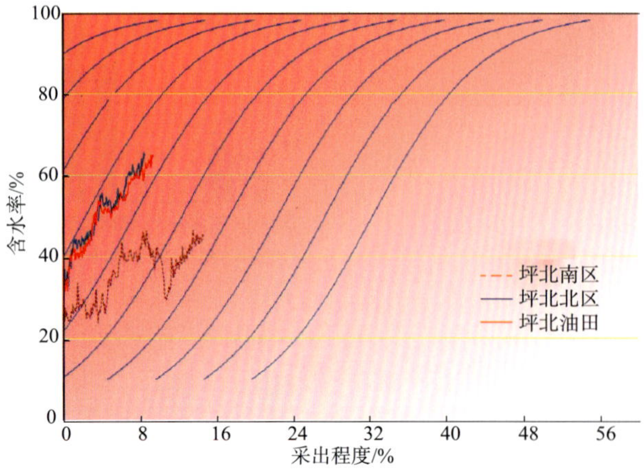

图6-54 含水率与采出程度关系曲线

从含水率与采出程度关系曲线看，方案实施以来，开发效果得到改善（图6-54）。通过精细注采综合调整，油田老井自然递减率下降1.3个百分点，自然递减率控制在7.0%以下（图6-55）。平均单井产能为1.38t/d，平均单井可采储量3980t，开发成本每桶低于20美元。经测算（参考2020年各区块投资），井网细分重组实施项目平均平衡油价为每桶38.4美元，经济效益较好。

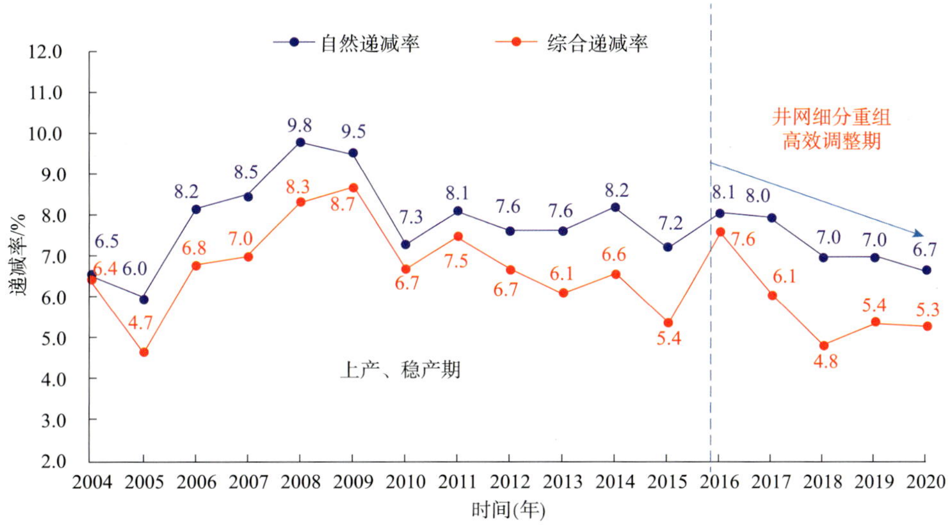

图 6－55　产量递减率变化曲线

综上所述，可在“十四五”期间分年继续推广实施潜力井 108 口，2021 年实施油水井 25 口，落实产能 0. 8 $\times10^4$t。

第七章 稳油控水调整技术

第一节 调剖调驱技术

坪北油田经多年注水开发后，综合含水率呈现稳中有升的发展趋势(图 7-1)，开发10余年后，平均综合含水率已超过50%，部分油井含水率已超过90%，出现了暴性水淹现象(如 P40-60-88 井、P68-62-86 井、P122-38-92 井等)，均出现在注水井排上，且暴性水淹井产液量远高于坪北油田单井平均产能 $2.1m^3/d$ 的水平。说明注入水方向性强、部分油井易水淹是坪北油田注水开发中存在的主要问题。

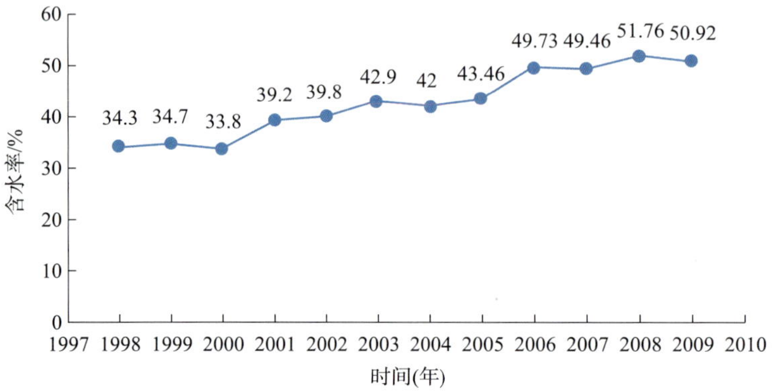

图 7-1 坪北油田历年综合含水变化趋势图

低渗透微裂缝水窜成为坪北油田及周边同类油田难以攻关解决的问题，常规的调剖技术不能抑制裂缝继续扩张引起的水窜，为此，坪北油田提出了一套水线治理方案与整体调剖方案相结合的技术。对于已形成水线的注水井调剖一般采用水线多井治理，而不采用单井治理方案，水线治理一般采用首先对最先引起水窜的注水井进行调剖，然后采取间隔注水井调剖的方式；对于外来水源或注水外溢引起的水窜，可对边部注水井进行调剖。在区块多排油井出现整体含水率上升快的状况时，必须进行多井整体调剖，且注水敏感性强的井先调剖；在注水井与油井动态反应明显，水窜方向清楚，油井水窜暂不受其他注水井影响时，可及时进行单井调剖。

基于上述技术，在注水井调剖单井选井时应遵循以下原则：

(1)注水井组注水井对应多口油井，部分井含水上升快或高含水，通过示踪剂检测分析、井间压力检测分析、动态监测分析等确定水窜与选定的调剖井注水有关。

(2)通过剩余油分析，确认井组具有一定的挖潜潜力。

(3)平面上或纵向上渗透率分布不均，动态上存在优势水窜方向，含水率上升明显。

(4)油、水井连通性好，对应油井综合含水率大于60%。

(5)具有可参照的渗透率、孔隙度、井温、矿化度资料。

(6)固井质量合格，调剖层套管以上无窜槽和漏点，无严重变形。

(7)注水井和对应油井调剖前后有可对比的注水压力、日注水量、启动压力、吸水剖面、动液面、含水率、产油量等生产数据。

坪北油田自2001年开始开展调剖技术研究，研究及应用主要分为颗粒凝胶研究及应用、地下合成凝胶研究及应用、地下合成凝胶调剖应用，以及复合调驱推广应用4个阶段。经过研究应用效果对比，最终确定地下合成凝胶调剖技术为适合坪北油田控制裂缝水窜的主要调剖技术。

坪北油田调剖技术是经过不断摸索、改进而发展起来的。最初研究的颗粒凝胶调剖技术，其调剖剂交联后呈类似水泥的块状凝胶，强度高，但刚性强、弹性变形性不足，由于裂缝在注水压力提高后易张开，因而会导致裂缝与调剖剂产生脱离，引起新的水窜。后来，考虑使用聚合物冻胶调剖，进行了一口井试验，效果不理想。由于调剖剂基液黏度太高，注入性差，在调剖堵水窜裂缝的同时对含油裂缝及孔隙伤害较大，所以没有推广应用。复合调驱技术主要采用预交联颗粒段塞、溶胶段塞、黏土胶段塞、水泥浆封口段塞。推广3年后再没有使用，主要原因是其有效期短、作业周期长(起原管柱、下光油管调剖、恢复原管柱作业)。最后，又自行研制了地下合成凝胶调剖剂，该调剖剂是向丙烯酰胺单体加入交联剂、引发剂混合后在地层温度下发生聚合，形成的高强度弹性凝胶，具有配注黏度低(如清水)，交联后强度高、弹性好(如呈橡胶状)，对易扩张的可变裂缝水窜封堵效果好等特性，适用于坪北油田调剖。

调剖工艺的原理为：使单体、引发剂等化学试剂在地层条件下发生聚合反应形成网状结构的弹性凝胶，通过粘附作用和压缩膨胀变形来实现对裂缝的封堵(图7－2)。凝胶在注水压力作用下被压缩膨胀，紧贴扩张的裂缝壁面，避免了调剖后因裂缝扩张而产生的堵剂与裂缝壁面脱离的现象，从而有效封堵易扩张裂缝水窜，达到提高水驱效率的目的。

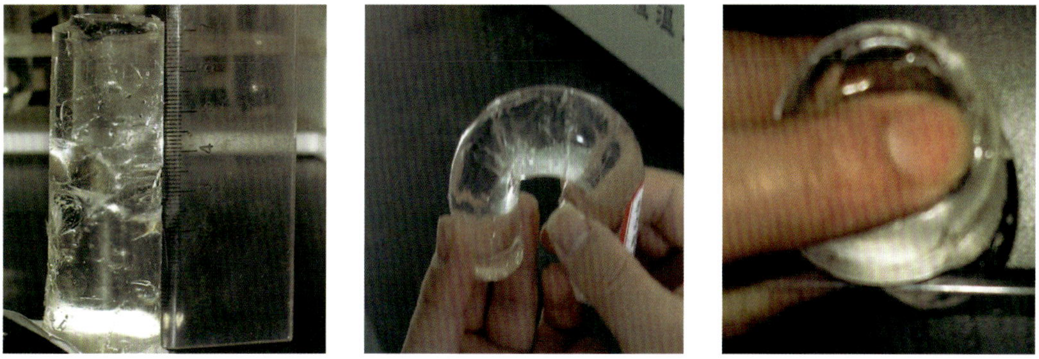

图7－2　调剖剂抗弯曲、抗压缩图片

选用的凝胶为D级高强度弹性凝胶，配方为：隔离液(溶胶0.6%～0.8% PAM)＋凝胶基液(20% AM＋0.04% DMAA)＋引发剂溶液(0.04%～0.06%引发剂)。其性质为耐温低于90℃，耐盐小于15×10^4mg/L，在清水中浸泡膨胀2～4倍；聚合反应时间为在20℃下大于72h，在50℃下为3～4h；能适应温度低于55℃的地层，有效期大于500d。

为了保证施工安全，单体和引发剂一般在现场分罐溶解，然后按 1：1 混合后计入地层。另外，为了保证主调剖剂不被地层水和顶替水稀释，一般在挤调剖剂前后均要挤入溶胶段塞作为隔离液。段塞设计依次为清水试挤、隔离液、凝胶封堵剂、隔离液、顶挤清水。具体设计方案如下：

(1)用量设计：

①清水试挤量。一般清水用量为 5～10m^3，一方面，可以测试地层在不同排量下的吸水能力，了解施工的可能性并修正施工参数；另一方面，可以冷却近井地层，提高封堵剂进入深度。

②隔离液用量。一般用量为 10～20m^3，在封堵剂前后挤入，作用是利用高黏液体不易混合的特点将封堵剂与前面的地层水与后面的顶替水隔离，避免封堵剂被水稀释，保证封堵剂的交联强度，一般前置隔离液用量为 8～12m^3，后置隔离液用量为 2～4m^3。

③顶挤清水。将封堵剂及隔离液顶进地层，一般用量为 4～4.5m^3。

(2)施工设计：

排量控制为 200～400L/min，施工压力应小于 15MPa。当试挤压力较高时，应提高排量并挤清水，直至在 300L/min 排量下压力小于 13MPa 时方可施工。

(3)配液方法：

①溶胶配制。施工前在溶胶罐中用 300 型水泥车(带喷射泵)将粉剂吸入大罐并不断循环，待粉剂充分溶胀后，在施工前加交联剂混合均匀。

②G－凝胶基液(单体溶液)配制。施工当天配，将单体粉剂倒入 1m^3 铁池中溶解，启动搅拌器，再用配液装置中的离心泵将溶解的单体溶液泵入单体基液罐中，然后用离心泵不断循环直至完全溶解、无晶体颗粒。注意：供液排量应控制恰当，否则可能出现粉剂未溶解完而水位已经到量的情况。

③引发剂溶液配制(交联)。施工当天配，配完溶胶后将 1m^3 的混合池用清水清洗干净，然后将引发剂倒入搅拌罐中用清水溶解，并不断加清水清洗搅拌罐，直至液位达到设计用量。

④现场 G－凝胶配制。施工时用排量相同的两台离心泵分别按 100L/min 的排量同时将两种液体泵入 1m^3 铁池中，不停搅拌直至均匀，然后由 700 型水泥车将混合后的封堵剂泵入地层。注意泵注排量必须与供液排量保持一致。

(4)施工参数设计：

①施工排量。控制为 200～450L/min，排量越低越有利于调剖剂更多地优先进入水窜通道而少进入低吸水通道。但排量太低也会使施工时间延长，导致前缘调剖剂进入地层后过早发生聚合反应，引起注水压力过早上升，带来施工风险。为了保证调剖施工尽量在 3h 内完成，最低排量不得低于 200L/min，但排量太高时容易给低吸水层段带来污染，所以排量最高不得高于 450L/min，一般在吸水能力强、注水压力低的地层调剖时采用高排量。

②施工压力。施工压力小于 15MPa，当试挤压力较高时可提高排量挤清水，直至在 300L/min 排量下压力低于 13MPa 后方可施工。

(5)调剖施工管柱设计：

目前，坪北油田注水管柱主要有油套分注管柱、偏心配水管柱和光油管注水管柱3种，其中，以油套分注管柱为主。对于调剖施工来说，必须保证施工管柱安全施工，因此，应尽量避免套管挤注施工，一般采用光油管注水管柱施工最为安全。偏心配水管柱不能直接用于调剖施工。对于上层需要调剖的井，一般下层采用填砂光油管注水管柱，对于下层需要调剖的油、套分注井，由于放水和换管柱周期长，而且会导致地层能量损失和增加作业成本，因此，在确认封隔器密封良好的情况下可以采用不动管柱施工。

(6)实施效果：

自2009年开展地下合成凝胶调剖工艺研究应用以来，在坪北油田累计在67口井共开展了73井次现场试验(有些井为油、套管分别施工)，见效率大于70%，累计增油10543t，其中，当年增油3885t，次年增油6645t，见到了较好的控水稳产效果。该工艺的应用较好地控制了裂缝水窜，使得严重水窜而停注的6口注水井恢复了连续注水，控制了8条水窜通道和两条注水外溢通道，主向水窜得到控制，侧向油井见效较好(表7－1)。

表7－1　坪北油田合成凝胶调剖效果统计表

时间(年)	井数	井次	见效率/%	当年增油量/t	次年增油量/t	累计增油量/t
2009	4	4	100	326	1446	1772
2010	10	10	70	453	833	1286
2011	15	17	87	762	1221	1983
2012	10	12	85	198	936	1134
2013	7	7	100	426	548	974
2014	17	18	70	1356	1117	2475
2015	4	5	75	365	544	919
合计	67	73		3886	6645	10543

通过地下合成凝胶调剖，调剖井注水压力平均上升1.5MPa，95%的井吸水指数下降率达到50%，调剖后注水指标改善明显；抑制了由裂缝引起的强水窜通道，水线治理见效较好。开发初期，在注水井排布置了部分油井和水井，注水井排的油井为准备后期转注的二注井，二注井在注水后水淹较快，只能关井。通过调剖，使水窜水线得到控制，部分油井重新恢复产能，侧向油井见效较好。

①P50－108井组。

调剖前，P50－108井注水引起P50－110井水淹(裂缝方向见图7－3)，只能间歇注水，每月注15d，日注水5m^3，注水压力为0MPa(甚至负压吸水)。P50－108井于2010年10月12日调剖施工，累计注调剖剂50m^3，其中地下合成凝胶30m^3。

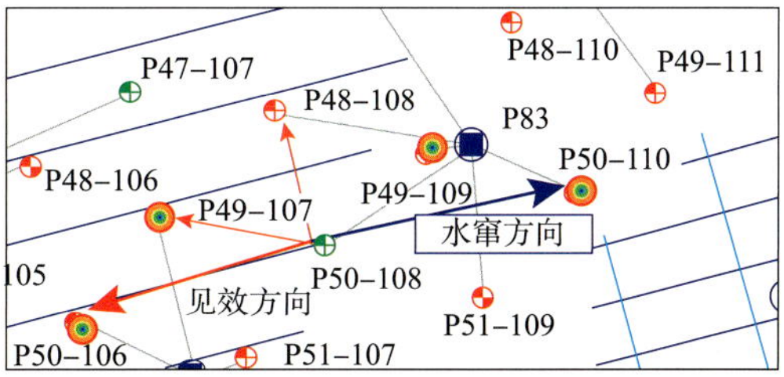

图7－3　P50－108井组对应关系平面图

调剖后，可连续注水，注水压力5MPa。不仅控制了P50－110井方向水窜，而且使与之反方向的P50－106井含水率从62%下降到20%，日产油从0.4t最高上升到1.9t，后来稳定在1.3t左右，累计增油430t(该井采油曲线如图7－4所示)。

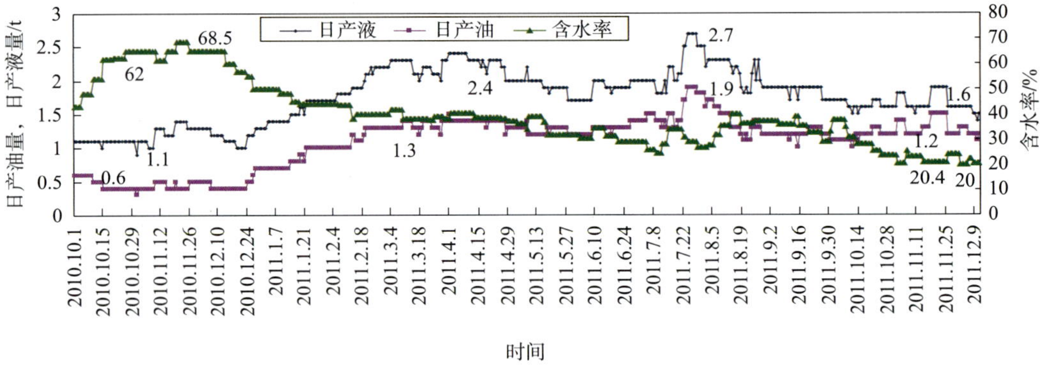

图7－4　P50－108井组采油曲线

②P41－77井组。

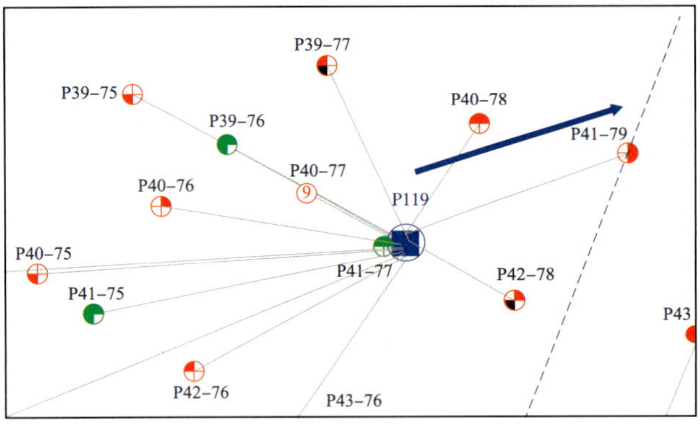

图7－5　P41－77井组对应关系平面图

P41－77井于2001年9月注水，日注水10m³，2003年引起P41－79井水淹(图7－5)，随后改间歇注水(月注水10d)，2006年4月停注。2012年5月7日调剖，调剖后水窜方向P41－79井产油量上升，含水率下降，日产油从0.3t上升到1.2t，综合含水率从78%下降到52%，累计增油560t。

P41－77井因水窜停注6年，调剖后恢复连续注水，主向水窜得到抑制，增油效果较好，能量得到有效补充，侧向油井产量稳定，达到了调剖目的。

③P40－92井组。

P40－92井于2006年转注，3个月后引起P41－91井水淹(图7－6)，停注5年，2011年3月调剖，累计注调剖剂60m³，其中地下合成凝胶40m³。

调剖后恢复连续注水，P41－91井产量稳定，侧向油井P39－91井、P39－92井、P41－90井见到增油效果，日增油0.7t，累计增油347t。

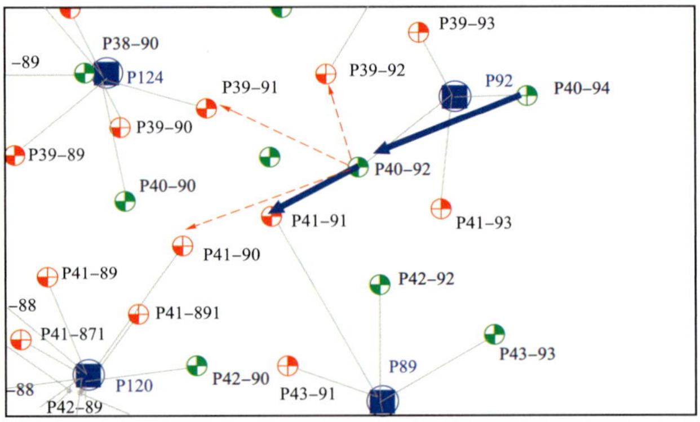

图7－6　P40－92井组对应关系平面图

④P58－82井组。

调剖注水可控制注水外溢，促使区内油井见效。通过P58－82井组实例（图7－7）分析可知，P58－82井处于油田西南边部，与延长油矿相邻，1998年开始注水，累计注水达$5.7\times10^4m^3$，注水量大，但油区内油井长期不见效，而相邻的延长油矿油井产量较好。分析认为，P58－82井注入水在沿裂缝方向（约NE75°）向延长油矿方向外溢，使得该油区油井见不到注水效果。2011年4月，对该井进行调剖，一个月后周围的3口油井（P3426井、P59－83井、P57－83井）都见到动态反应，日产液量、日产油量明显上升，井组日增油0.9t，累计增油345t。

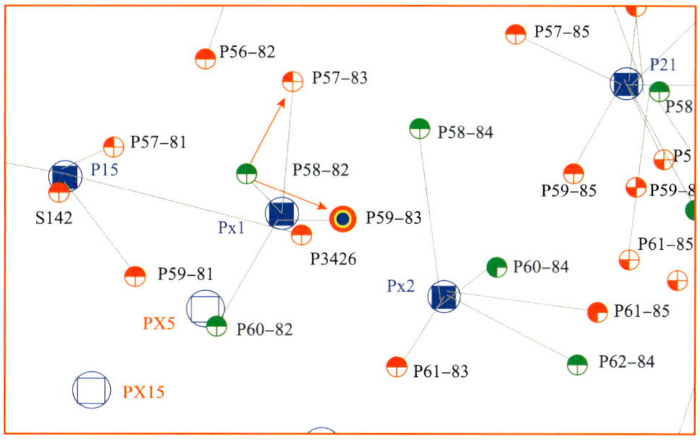

图7－7　P58－82井组对应关系平面图

综合上述分析，可以得出如下结论：

（1）坪北油田地层微裂缝不稳定特性加大了调剖控水难度，常规的调剖剂不能抑制裂缝继续扩张引起的水窜，只有利用高强度弹性凝胶的弹性变形才能抑制不稳定裂缝水窜。

（2）地下合成凝胶调剖剂地面配液后黏度低，可泵性好，有利于选择性地进入吸水能力强的水窜裂缝，但必须在低排量、低压力下施工，否则封堵剂会进入非窜层段造成污染，引起调剖后井组减产。

（3）地下合成凝胶调剖剂强度高、弹性变形好，对坪北油田不稳定裂缝水窜的封堵效果较好，增油控水效果明显。同时，对鄂尔多斯盆地同类油藏的长庆油田、延长油矿具有推广应用价值。

（4）调剖工艺适用于地层温度低于55℃的地层施工，既可以笼统施工，也可以在不动原分层注水管柱的情况下分层施工。聚合反应是一个连锁的快速反应，一旦反应开始便难以控制，因此，必须有可靠的配套调剖施工设备，并在专业人员指导下施工。

第二节　周期注水技术

周期注水是指周期性及方向性地提高和降低注水量和注入压力，在地层中形成不稳定压力场，使得地层中的油水不断重新分布和交换。周期注水适用于孔隙性非均质油藏、裂缝性油藏、原油黏度适应性较强的注水开发油藏、可注水开发的低渗油藏等。通过周期注水可提高原油采收率，减缓递减速度和含水上升速度，降低耗水量，降低投资成本，等等。

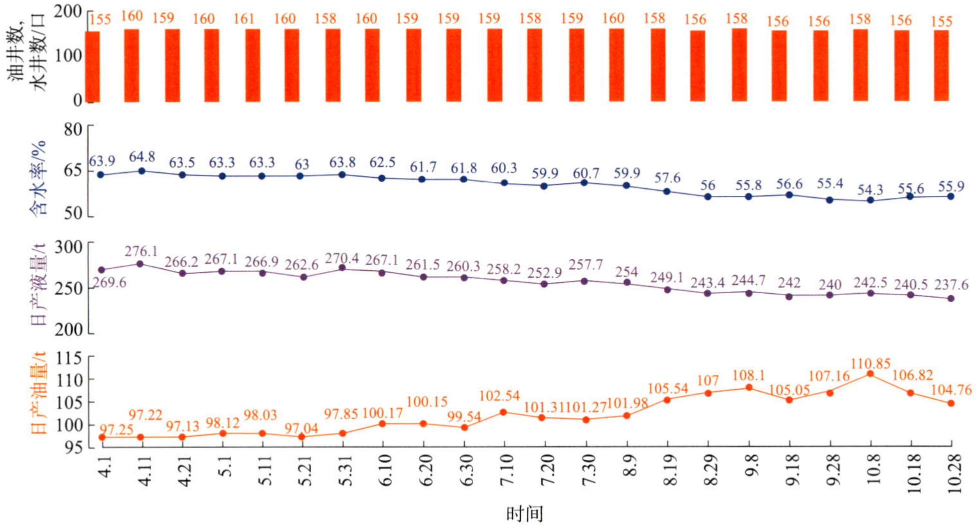

图 7-15　见效油井采油曲线

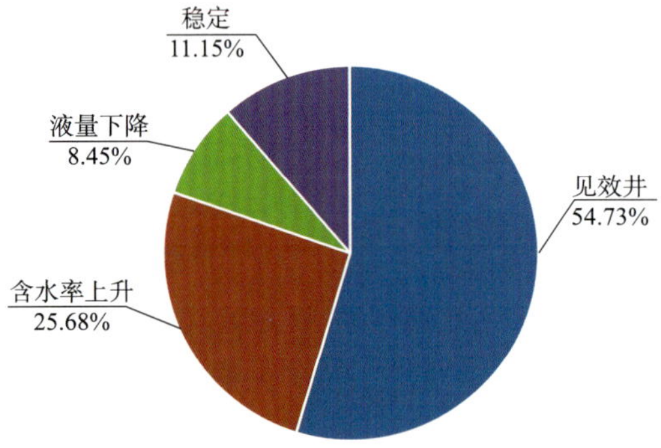

图 7-16　油井效果分布图

在无新井、措施投入下，SP199 井区生产相对较好，表现为含水率下降 3.9 个百分点，日增油 3.4t。油井见效率达到 61.1%，能量盈余和能量平衡区油井见效效果相对较好(图 7-16)。

(二)北四区

该区生产相对稳定，产油量、含水率均无明显变化。初步认为北四区能量亏空，应先强化注水补充能量再进行周期注水试验(图 7-17)。

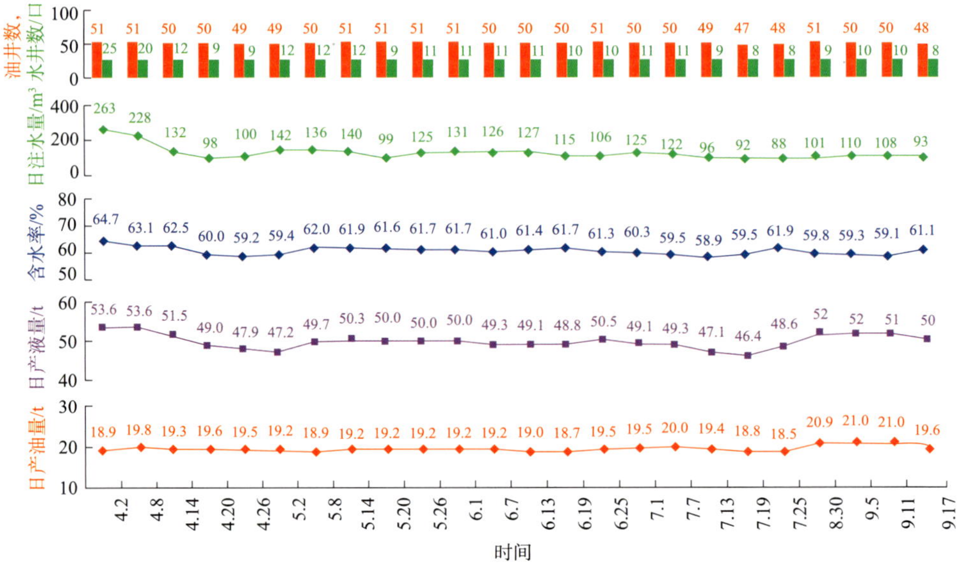

图 7-17　北四区生产曲线

（三）南区

采用周期注水开发后，南区能量平衡区且含水率小于50%的井组生产效果较好，见效率达到67.0%；能量盈余区和能量亏欠区域含水率下降，但产油量没有得到提升（表7－2）。

表7－2　南区井组周期注水效果对比表

能量类型	实施政策	区块	井组	实施前			实施后（10月1日）			对比		
				日产液量/t	日产油量/t	含水率/%	日产液量/t	日产油量/t	含水率/%	日产液量/t	日产油量/t	含水率/%
能量盈余	弱化注水	南区	76－80	32.0	16.7	48	25.7	14.6	43.2	－6.3	－2.1	－4.6
		北二区	40－42	39.7	9.0	77	34	7.5	77.9	－5.7	－1.5	0.6
小计				71.7	25.7	64	59.7	22.1	63	－12.0	－3.6	－1.2
能量平衡	对称注水	南区	70－74	41.9	21.0	50	41	22.5	45.1	－0.9	1.5	－4.8
		北一区	50－54	15.8	8.9	44	16	9.4	41.3	0.2	0.5	－2.4
		北一区	58－62	21.7	12.8	41	22.3	14.3	35.9	0.6	1.5	－5
		北二区	37－40	40.9	16.4	60	38.4	16.4	57.2	－2.5	0	－2.7
小计				120.3	59.1	51	117.7	62.6	47	－2.6	3.5	－4.1
能量亏欠	强化注水	北二区	51－54	9.0	2.4	73	5.9	1.5	74.6	－3.1	－0.9	1.2
		北三区	45－47	6.1	1.2	80	4.3	0.3	93	－1.8	－0.9	12.7
小计				15.1	3.6	76	10.2	1.8	82	－4.9	－1.8	6.2
合计				207.1	88.4	57	187.6	86.5	53.9	－19.5	－1.9	－4.9

P60－88井区为能量平衡区域（图7－18），实施周期注水时，采用的是对称注水，井组含水率下降5.0百分点、日增油1.5t（图7－19）。

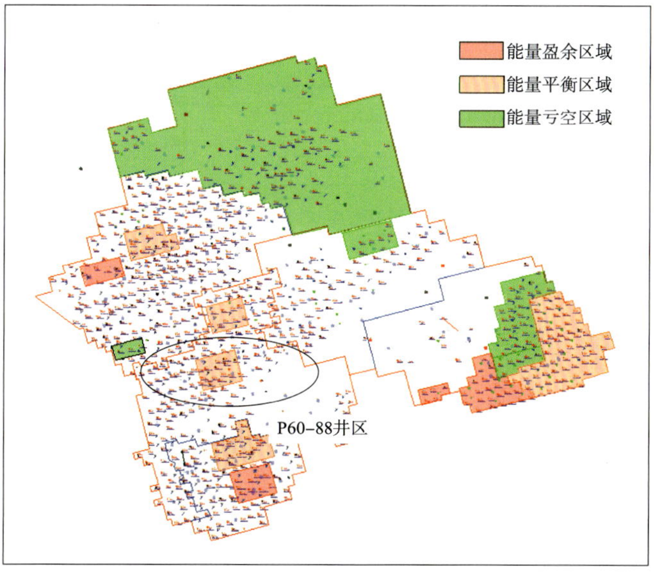

图7－18　P60－88井区井位图

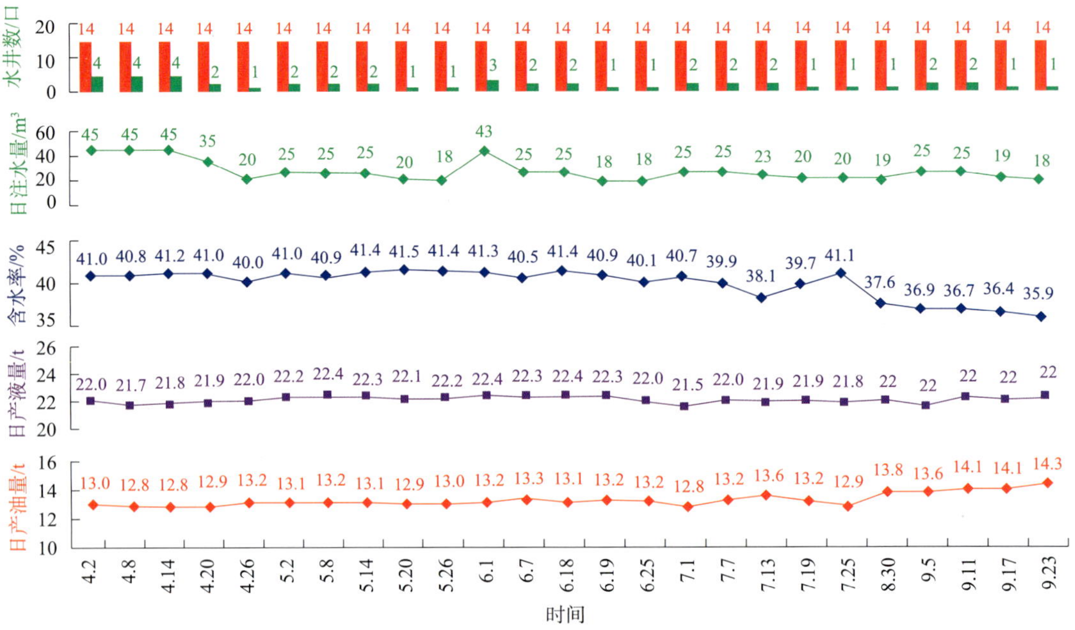

图 7-19　P60-88 井区生产曲线

P40-78 井区(图 7-20)为能量盈余区域，实施周期注水时，采用弱化注水，后期液量递减加快，生产效果变差；及时调整后，递减变缓(图 7-21)。

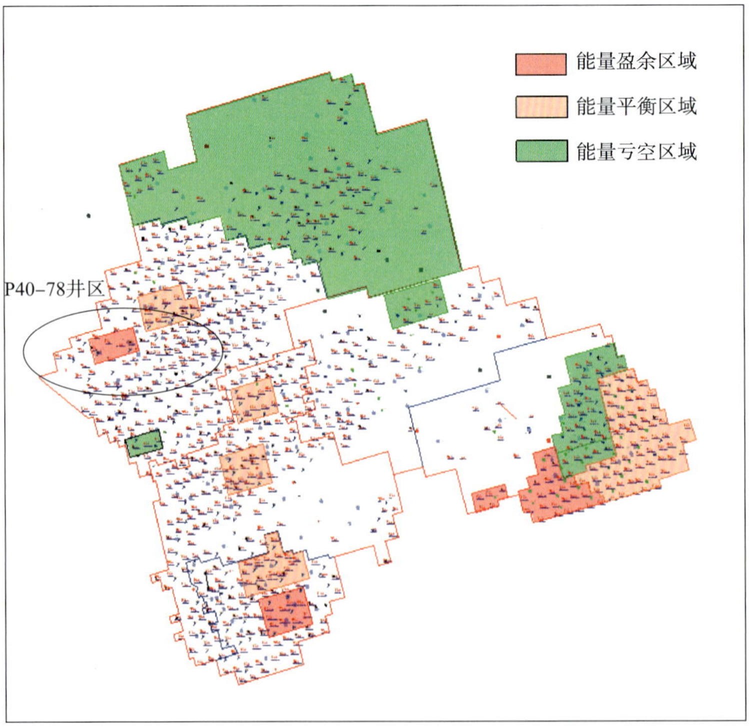

图 7-20　P40-78 井区井位图

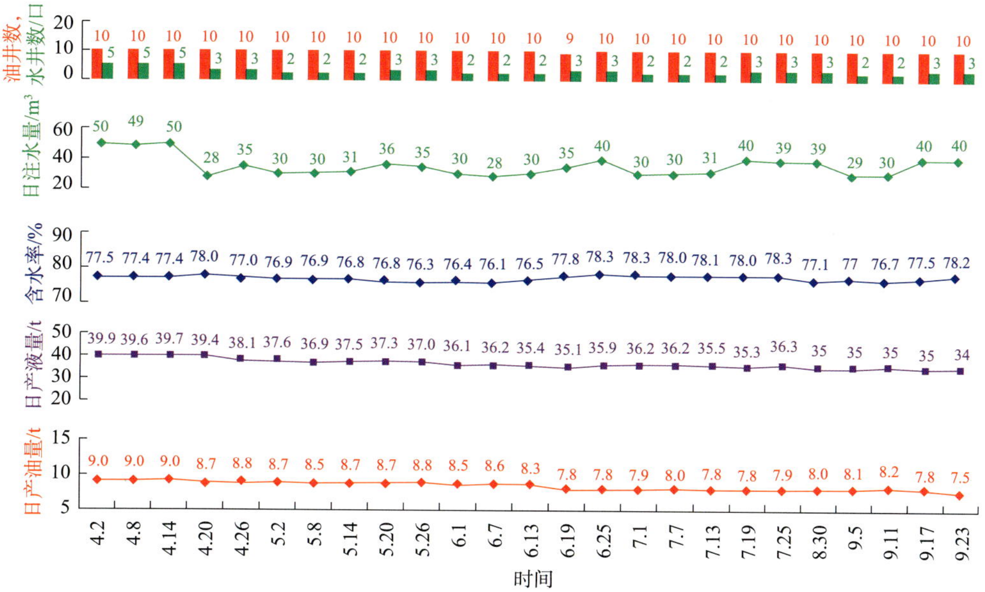

图7－21　P40－78井区日度生产曲线

第三节　精细调水技术

一、精细注采调控技术

坪北油田主要开发方式为注水开发，根据不同开发阶段矿场油水井动态表现出的特点，逐步建立了一套与开发阶段相匹配的分阶段精细注采调控技术，形成了早期超前及温和注水、中期差异化注水、当前阶段的多元化注水等3个层次的精细注水技术系列。

（一）早期超前及温和注水

坪北油田原始地层压力平均为8.3MPa，平均压力系数只有0.64，能量评价属于天然能量微弱油藏。统计早期66口井的试油资料来看，油井动液面普遍下降很快，油井供液能力差，投产3个月以上的采油井大部分测试显示供液不足，间歇出油现象时有发生。1998年12月测试发现沉没度小于50m的井有39口，占测试总井数的60%（图7－22）。

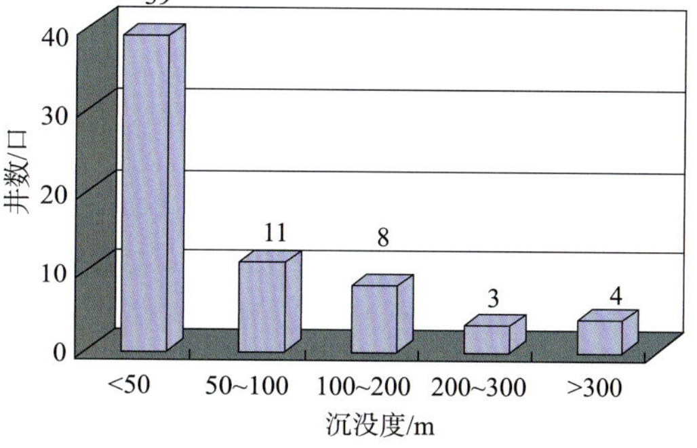

图7－22　1998年沉没度统计图

66口试采井的生产动态表明，所有采油井压裂后初期平均单井日产油为4.72t，初期产量较高，但由于流动系数低，地层能量严重不足，供液能力差，产量迅速下降，5个月内下降到1.6t，天然能量开采条件下产量递减快。

同时，对比坪北油田天然能量开采区 P9 井区、S143 井区，以及注水试验区开发效果（表7－3），发现油井天然能量开发产量递减很快，注水试验区目前的生产情况好于其他两个井区，整体平均单井日产油量较高，认为坪北油田不适合采用天然能量开发，需立考虑注水开发。

表7－3　注水试验区、P9 井区、S143 井区目前生产情况对比表

井区	平均单井日产量/t		含水率/%	动液面/m	泵深/m	沉没度/m
	油	水				
试验区	2.0	0.72	26.6	1323	1314.7	－8.3
P9 井区	1.50	0.60	28.5	1261	1289	28.0
S143 井区	1.20	0.50	29.4	1331	1367	36.0

对于低渗油藏而言，超前注水效果相对更好。超前注水开发方式是在采油井投产之前投注注水井，使注入水在均衡地层压力作用下，在地层中均匀推进，能有效提高注入水波及体积。油井投产时地层能量得到及时、持续的补充，从而可以避免地层原油溶解气的脱出，同时克服由于地层压力下降而引起的类似坪北油田的低渗油藏储层物性的不可逆变化，从而达到优化开发效果的目的。

根据国内吐哈、大庆、吉林、新疆等地区（特别是鄂尔多斯盆地）对于低渗致密油藏的注水开发经验，超前注水相比于同步注水及滞后注水，具有明显减缓递减的作用，因此，在坪北油田开发早期，采用了超前注水的开发方式。超前注水时机方面，参考邻区吴仓堡等较早开展超前注水开发的矿场实际可知，超前1～3个月增加的采油量最多，对应最高压力可以达到原始地层压力的103%～108%；而当注水超过5个月以后，注水量增加的优势不再明显，对应的最高压力可以达到原始地层压力的111%。因此，坪北油田超前注水的时机应该控制在1～3个月之间，保持地层压力为原始地层压力的105%～110%，最高超前注水时间不要超过5个月，否则注水增油边际效益较差。

从坪北油田后期实际开发效果来看，超前注水能有效减缓递减。以北二区主体部分油井为研究对象，该部分井的递减特征反映了北二区绝大多数井的递减规律。从各个单井的能量补充方式分析入手，分别统计各个单井的能量补充方式及预测期的递减百分比，可以看出，递减较慢的一批井主要以先期注水作为能量补充方式，而递减较快的一批井则主要以同期注水方式为主。

以单采长6_2小层的井为研究对象，分别选择递减最快的井 P51－76 井、递减处于中等水平的井 P29－84 井、递减最慢的井 P51－90 井等3口井展开对比分析（图7－23）。

从油井生产历史可以看出，P29－84 井、P51－90 井均为先期注水井，而 P51－76 井则为天然能量开发，可以看出，天然能量开发井的递减程度明显大于先期注水井的递减。同时，对于先期注水井，不同技术政策下的递减程度具有较大差异：P29－84 井井网相对完善，周围有两口注水井，但距离较远；P51－90 井周围只有一口注水井，但注水量大，井距相对较小，P51－90 井递减程度弱于 P29－84 井（图7－24）。

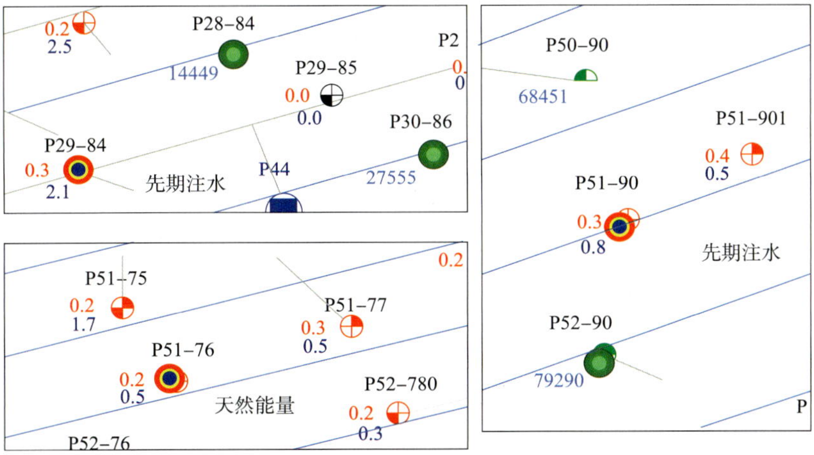

图 7-23　P29-84 井、P51-76 井、P51-90 井注采对应关系图

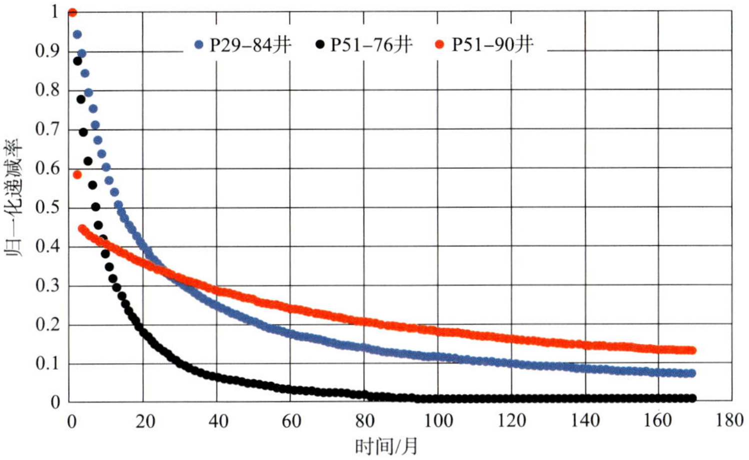

图 7-24　P29-84 井、P51-76 井、P51-90 井递减曲线对比图

在注水强度方面，从理论计算的角度分析，合理注水强度是注水过程中最难确定的一项技术政策。从理论上，往往只能确定最大注水强度，对于早期的“菱形反九点法”基础井网，在考虑启动压力梯度影响时，注水井注水强度计算公式为：

$$\frac{Q}{H}=\frac{0.5429K[(p_{\mathrm{H}}-p)+\sigma(0.610\sqrt{A}-r_{\mathrm{w}})]}{B_{\mathrm{w}}\cdot\mu_{\mathrm{w}}\cdot\left(\ln\frac{0.610\sqrt{A}}{r_{\mathrm{w}}}-\frac{3}{4}\right)} \tag{7-1}$$

式中，Q 为日注水量，m^3/d；H 为有效厚度，m；K 为有效渗透率，$10^{-3}\mu m^2$；p_{H} 为注水井井底压力，MPa；p 为平均地层压力，MPa；σ 为启动压力梯度，MPa/m；r_{w} 为井眼半径，m；B_{w} 为水的体积系数，m^3/m^3；μ_{w} 为注入水黏度，mPa · s；A 为泄油面积，m^2。

根据上式，代入参数，可以确定坪北油田在原始“菱形反九点法”井网条件下的最大注水强度为 $1.86m^3/(d\cdot m)$。

同类型油藏开发经验表明，特低渗裂缝性油藏采用较大的注水量容易引起油井水淹水窜，邻区安塞油田的部分井便是由于注水量过大而导致水淹。从微观角度来看，对于坪北油田亲水储层而言，注水速度低，更有利于充分发挥油水前缘的渗吸作用，从而提高驱油效率。因此，分析坪北油田注水强度时应立足于温和注水，结合储层厚度，将单层注水量控制在 5m^3/d 左右，最大不超过 10m^3/d。

（二）中期差异化注水

坪北油田在 20 余年的开发历程中始终坚持科学有效注水开发技术路线，随着开发的不断深入，以及对油藏地质及渗流两大规律的不断深化认识，逐渐在油田开发中期形成了以解决三大矛盾的“五合理四分”为核心的精细差异化注水技术。其中，“五合理”主要指时机掌握合理、压力控制合理、总量把握合理、方式选择合理、平面协调合理 5 个方面；“四分”主要指分时(不分不同时期投入开发储量)、分区(不同水动力受效单元)、分层(不同动态反映注水层)、分井(不同裂缝类型)。以此为基础，研发了以差异化注水为主的堵水调剖、转注、增注等平面、剖面综合调整提高水驱效率技术系列，为坪北油田 20 多年的长期稳产奠定了坚实基础，使坪北油田连续多年在中国石化同类型油藏中保持了较高的开发水平，水驱指标稳步提升，自然递减得到有效控制(图 7－25)。

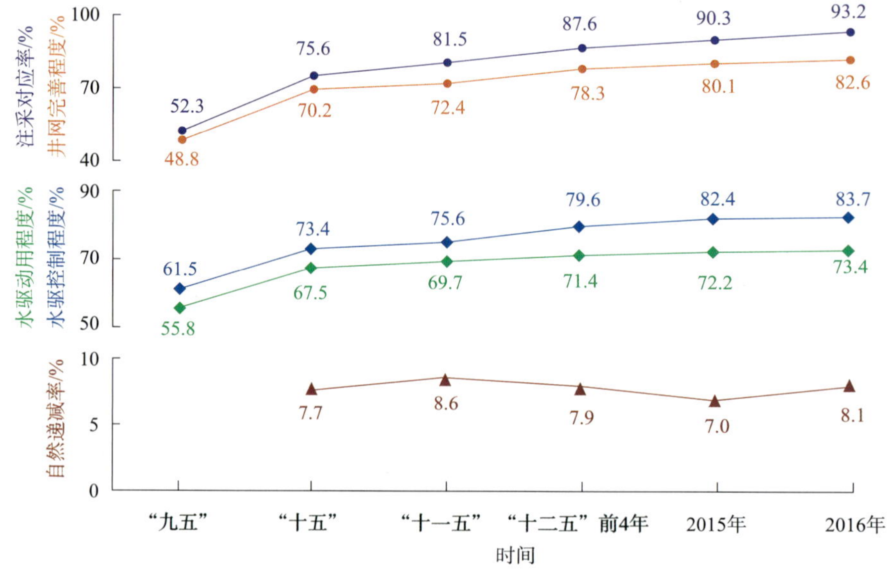

图 7－25　坪北油田分阶段水驱指标对比曲线

1. 初始井网水线完善

针对平面矛盾，在全区行列式井网认识的基础上，根据动态响应特征，2010～2015 年通过油井转注和水井补孔，逐步完善了坪北油田已经形成的 15 个注水井排(图 7－26)，不断提高注采对应率，基本实现了全区水排的规范和合理化，注采对应率提高到 93.8%。以 P52－106 井为例，该井转注后，水驱效果得到明显改善，井组范围内日产油量明显上升，由 0.6t/d 上升到 0.8t/d；油井递减速度减缓，月递减率由 0.6% 下降为 0.4%(图 7－27、图 7－28)。同时，针对水线上的水井，为降低油层层间干扰，2010 年以来，大力推行水井分注，水井分注比例从 2002 年的 64% 上升至 87% 以上(图 7－29)。

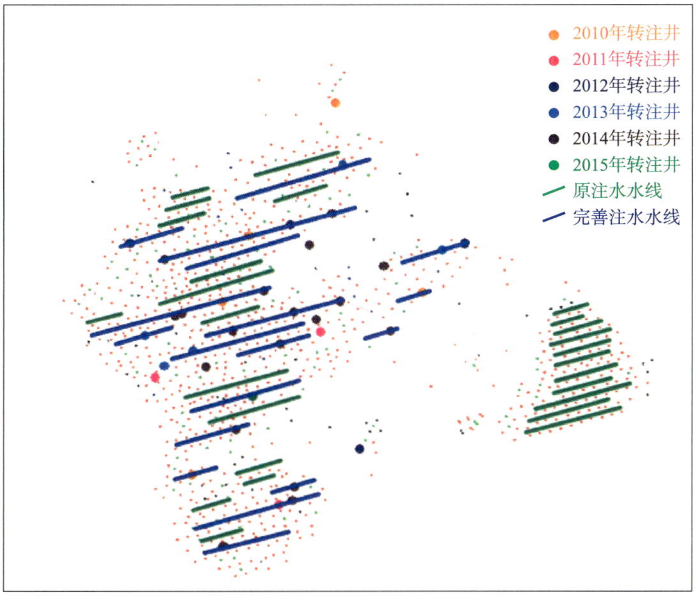

图 7－26　坪北油田历年水线完善示意图

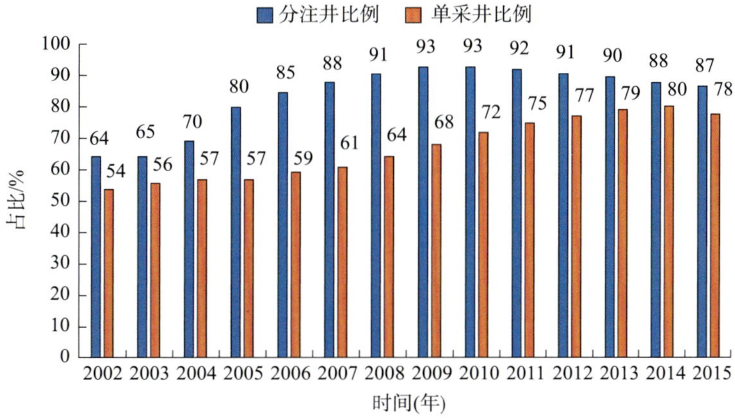

图 7－27　坪北油田单采分注现状图

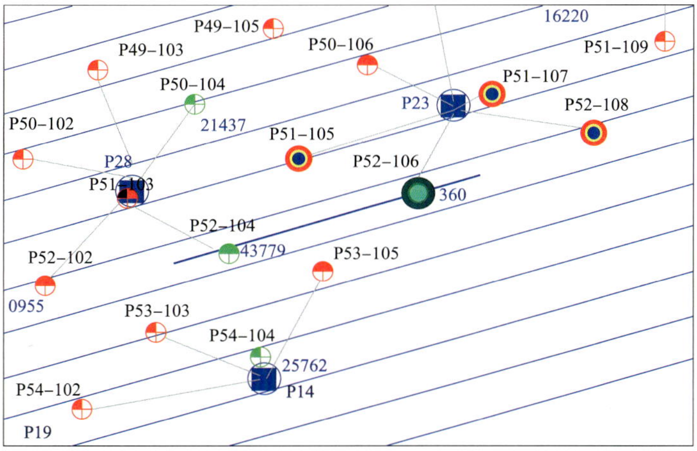

图 7－28　P52－106 井组位置示意图

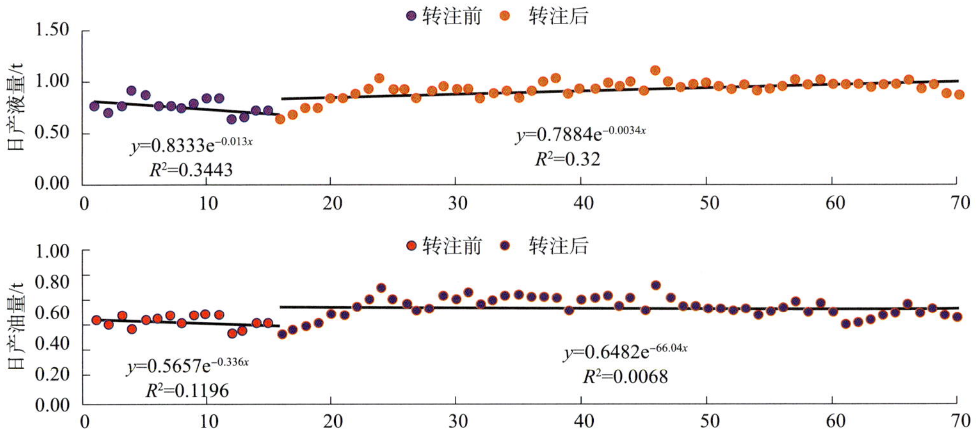

图7-29　P52-106井组转注前后产量变化曲线

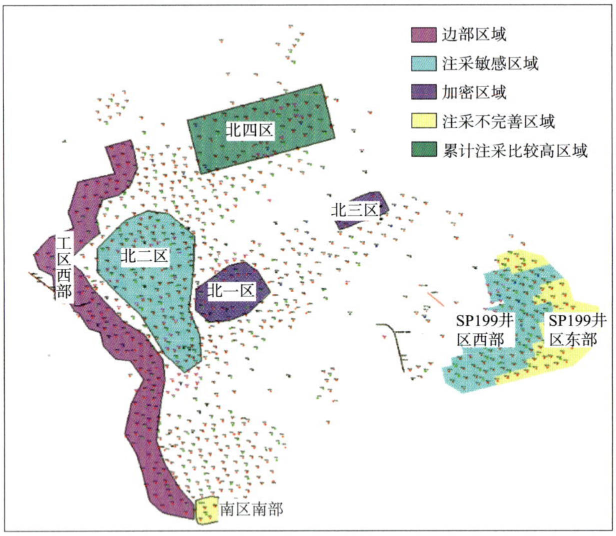

图7-30　差异化注水示意图

2. 细分注水单元

根据全区注水开发单元的差异性，依托“五合理四分”的主要思路，动静结合划分注水单元，实施平面分区、纵向分层的差异化注水，从而实现动态与静态统一，油藏描述与油田开发统一。在整体温和注水的基础上将坪北油田主体划分为5种注水类型：工区西部区域下限注水；注采敏感区域多点少注；加密区域强化注水；注采不完善区域加强注水；累计注采比较高区域，开展停注降水试验(图7-30)。

(三)细化注水政策

1. 工区西部区域下限注水

工区西部整体与长庆油田采油一厂接壤，对于采油一厂区域内注水情况有一定了解，但资料掌握相对不够全面，边界区域贸然采用较大强度的注水技术政策具有水淹风险。因此，整体采取了相对保守的注水方式，单井日注水量控制为5m^3/d。

2. 注采敏感区域多点少注

工区范围内北二区中部以及SP199井区西部，井网相对完善，油水井数比较低，井距、排距较小，多数井明显见到注水效果，如P41-90井，累计采油超6300t，含水率51.2%。其中，部分井当前含水率相对较高，如P43-87井，累计采油7929t，目前含水率90.2%，在当前的井网形式下，注采相对敏感。为有效控制含水率上升，减缓自然递减率，该区域整体在多个注水井点注水，同时有意下调单井注水量。

3. 加密区域加强注水

北一区北部及北三区东部井网相对较大，以基础井网为主，后期可考虑加密，实施先期注水技术政策，通过强化注水，有效提高地层能量，为后期加密井的产量保障打好基础。如北三区东部的 P47－107 井，在 P47 井排水线上，累计注水量 $4.3\times10^4m^3$，早期日注水量在 $20m^3$ 以上，月注水量在 $600m^3$ 以上，目前日注水量维持在 $15m^3$ 以上，后期油、水排间具有较大加密潜力(图 7－31)。

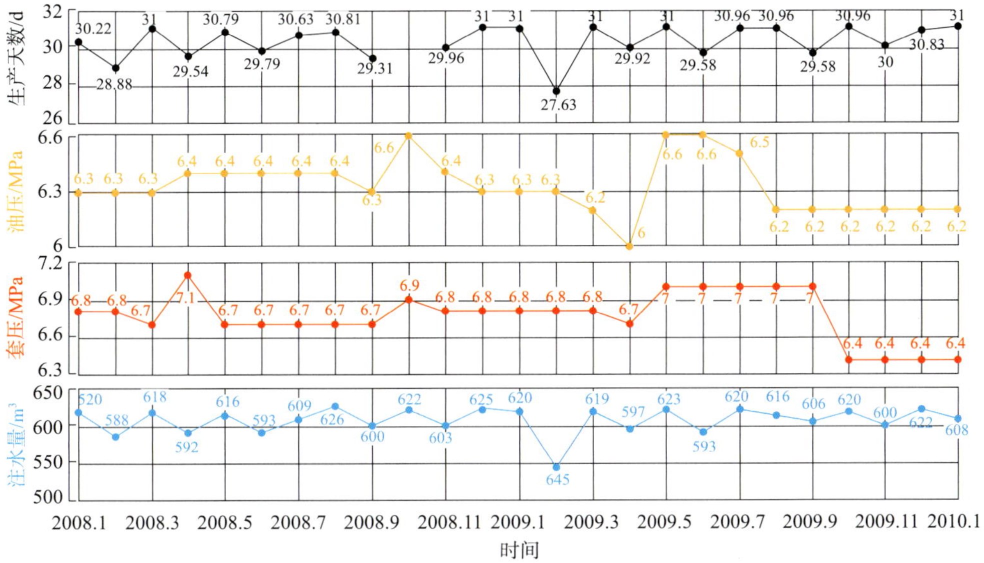

图 7－31　P47－107 井注水曲线

4. 注采不完善区域强化注水

SP199 井区东部及南区南部注采井网不完善，油井比较多，水井较少，为有效优化油井见效效果，采用单井强化注水的方式提高区域整体能量。如南区南部 P82－81 井和 P82－82 井为同一水排，P81 井排以及 P83 井排油井较多，同时 P82 井排水井较少，两口水井对应 6 口油井(图 7－32)，注采井网不完善。该两口井均采用较大的注水量注水，P82－81 井累计注水 $2.5\times10^4m^3$ 以上，月注水在 $600m^3$ 以上，目前日注水 $23m^3$ 左右；P82－82 井累计注水 $3.6\times10^4m^3$ 以上，月注水在 $600m^3$ 以上，目前日注水 $32m^3$ 左右。通过强化注水，在水井较少的情况下有效保持了区域能量，对应油井明显见效，P83－82 井、P83－83 井两口井累计产油达到 1×10^4t 以上，同时含水率较低，均低于 20%。

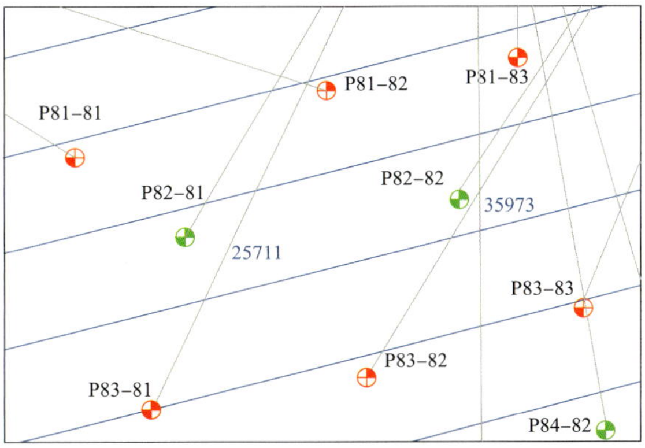

图 7－32　P82－81 井、P82－82 井相对位置图

5. 累计注采比较高区域，停注降水

北四区储层物性整体较差，累计注采比达 2.5 以上，注水效果相对不明显(图 7-33)。按照特低渗油藏渗流机理，认为可考虑停注观察，从而降低能耗，强化渗吸作用。2015 年，注水井开井数由 25 口逐步下调为 2~4 口，注水量由 243m³/d 逐步下调为 28m³/d，日产液量下降，含水率下降，日产油量与早期未投入新井阶段(2012~2013 年)相差较小。相比于油量的递减，能耗得到一定降低，整体经济效益变好。

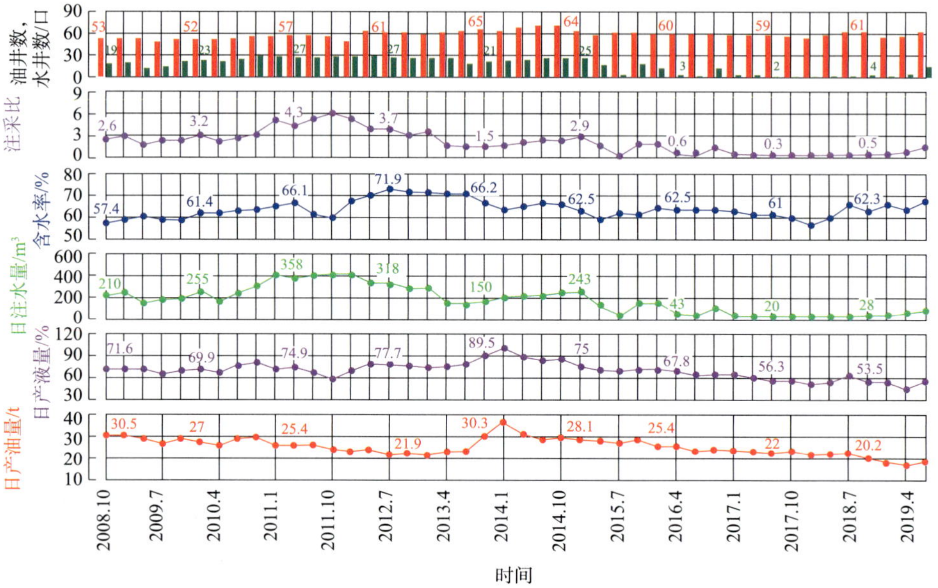

图 7-33 北四区生产曲线(2008~2019 年)

二、精细注水调控

通过能量状况及产量变化规律分析，在整体服从差异化注水的基础上，重点利用动态变化分析注水井组整体含水率上升情况，含水上升率是否合理，整体变化与注水政策关系是否匹配，等等。单井方面，通过对油藏性质、油水井连通状况进行分析，搞清见水层位、来水方向，以及周围邻井的动态变化，等等，并找出变化原因，实施“一井一策”的单井调控。

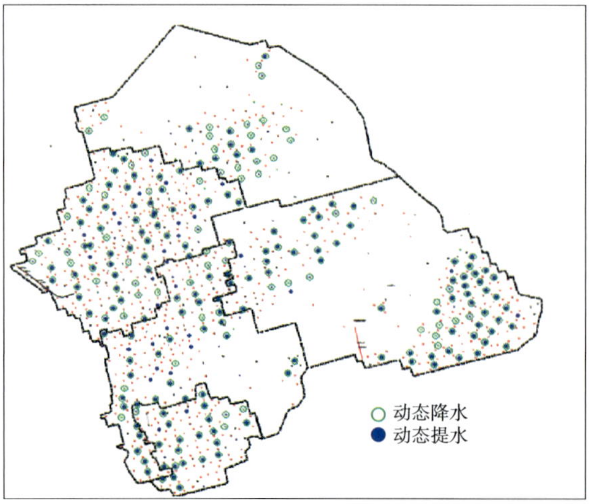

图 7-34 2015~2018 年注水调整示意图

2015~2018 年，分区分层开展了 1000 余次的注水调整(图 7-34)，取得了较好的调整效果(表 7-4)。其中，北一区自然递减率逐年下降，基本维持在

6% 以内（图 7－35）。

表 7－4　分区注水调整统计表

区块	调整井层数				调整频次/次				调整水量/m^3			
	2015 年	2016 年	2017 年	2018 年	2015 年	2016 年	2017 年	2018 年	2015 年	2016 年	2017 年	2018 年
北一区	50	27	47	38	0.74	0.40	0.69	0.54	－135	52	30	125
北二区	83	111	79	65	0.59	0.67	0.45	0.36	－310	130	－30	－87
北三区	19	39	31	16	0.38	0.80	0.66	0.34	－60	－64	－26	30
北四区	49	9	0	1	0.92	0.16	0.00	0.02	－295	－10	0	5
南区	26	59	58	23	0.32	0.74	0.67	0.26	－20	－125	85	－35
SP199 井区	74	56	22	18	0.91	0.69	0.27	0.22	－270	25	30	－5
合计	301	301	237	161	0.64	0.60	0.46	0.31	－1090	8	89	33

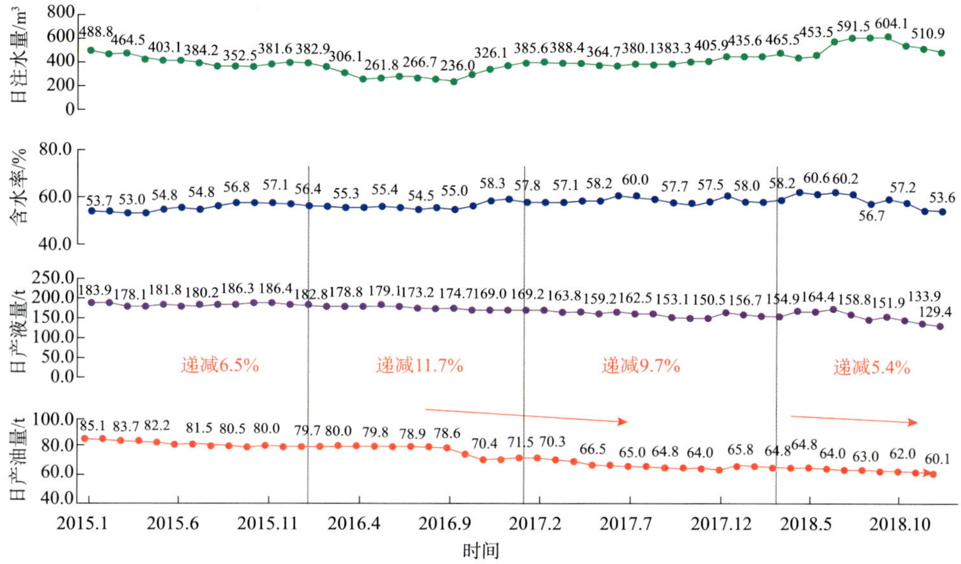

图 7－35　北一区生产曲线（2015 年至今）

三、当前多元化注水技术试验

近年来，针对特低渗油藏渗流机理开展了大量的室内研究，研究认为，渗吸作用为特低渗油藏中后期的主要驱动作用。2016 年，针对常停注水井 P43－93 井开展了水井转抽的试验，初期日产油 0.59t/d，累计采油 603t，进一步验证了渗吸作用在低渗油藏中的作用。通过试验，认为影响坪北油田渗吸效果的主要因素为：储层物性差异、开发压力及驱替速度变化。

基于该认识，为保障坪北油田后期持续控水稳油，优选了北四区东北部 P55 井区（图 7－36）建立了变压力提高渗吸作用增油降水试验区。该区域有油井

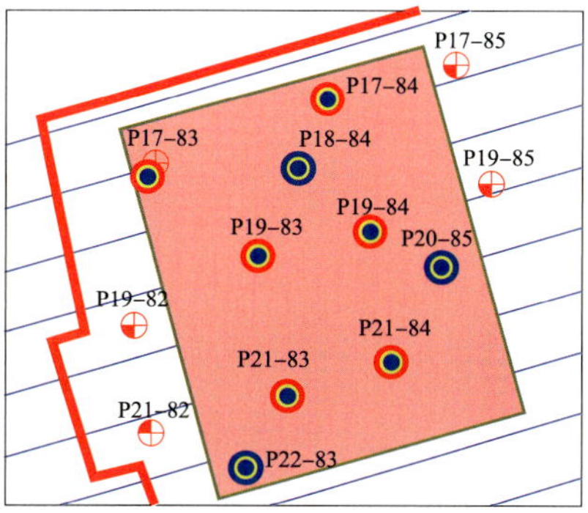

图 7－36　P55 井区平面图

6口，水井3口，单井产液量低(在$1m^3$以下)，产油量较低(为0.1～0.2t/d)，含水率均在90%左右，水井单井日注水$5m^3$；区域累计注采比为2.5，井组表现出单井产液量低、产油量低、含水率高的特征。

2019年3月开展该矿场试验，6口油井开一个月、关一个月间开生产，油井开时水井各注$5m^3/d$，关时水井各注$30m^3/d$。截至2019年10月，油井生产6个月，开井3个月。渗吸试验取得了初步效果，从井组整体来看(图7－37)，含水率下降，由89%下降为最低84.3%，同时产量增加，由日产油0.8t上升为最高日产油2.4t。

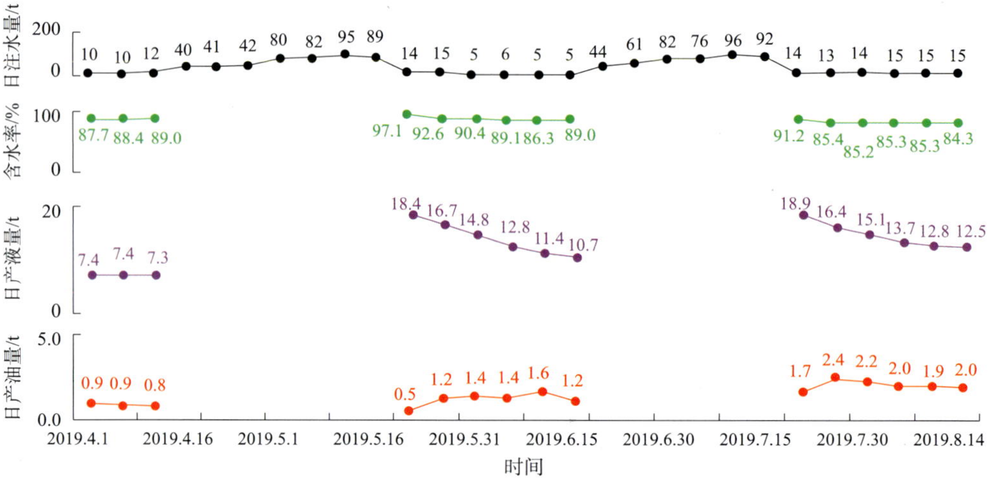

图7－37　P55井区生产曲线

从单井来看，P17－83井、P19－83井两口井离水井较远，没有明显的见效效果；P17－84井、P19－84井两口井产液量与试验初期相比，明显上升，而产油量并没有明显上涨，增液不增油；P21－83井、P21－84井两口井明显见到了效果，在产液量上升的基础上，产油量呈现数倍上涨。P21－83井日产油水平由0.07t上涨到最高0.18t(图7－38)；P21－84井日产油水平由0.07t/d上涨到最高0.31t/d(图7－39)。

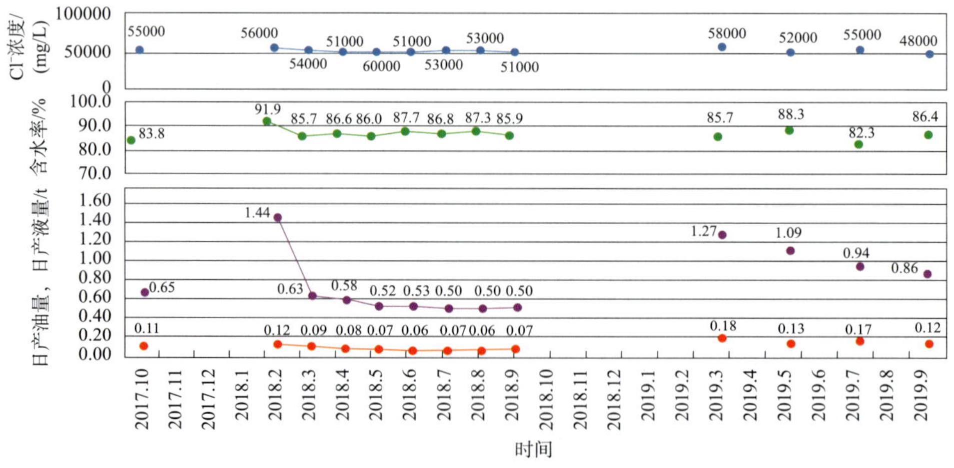

图7－38　P21－83井生产曲线

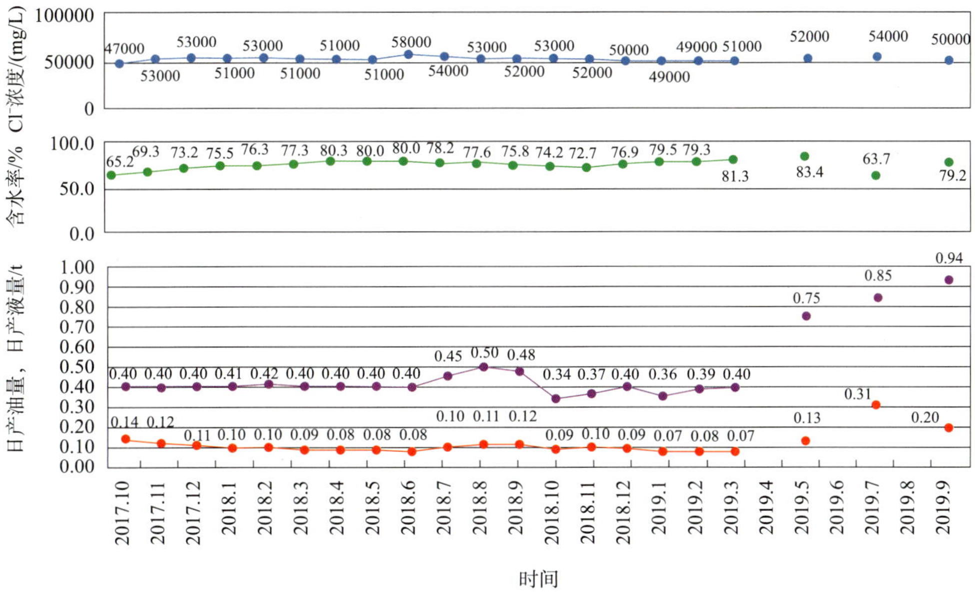

图7－39　P21－84井生产曲线

试验结果有效证明了强化渗吸驱油在坪北油田后期开发调整中可以起到较好的作用，但是不同储层类型、不同井排距下，单井渗吸效果还有较大的差异，后期将进一步持续观察并重点分析影响渗吸效果的主控因素，持续做好矿场试验和室内实验的结合工作。

第四节　稳油控水实施效果评价

(1)调剖后低效无效井增油效果明显，部分井持续增油效果较好。

从项目运行期间的调剖情况看，部分井调剖后增油效果较好，调剖后增油效果较好的井组有3个，主要特征为(表7－5)：①占调剖井数的60%，增油量占总增油量的73.6%；②有些井调剖后不久就开始见效，还有一部分井经过一段时间后开始见效，“后劲”较强；③效果较好的有P40－88井组等。

表7－5　调剖效果明显井组效果统计表

序号	井组号	施工日期	调剖前后注水参数变化					直接增油/t	考虑递减增油/t	含水率变化			有效期/d	效果判断
			调剖前		调剖后		压力变化/MPa			调前/%	调后/%	增量/%		
			日注水量/m^3	压力/MPa	日注水量/m^3	压力/MPa								
1	P50－94	2015.9.7	5	7.4	5	8	0.6	127	196	64.1	52.2	－11.9	257	有效
2	P41－82	2015.10.6	0	5	0	堵水线		158	243	65.6	59	－6.6	275	有效
3	P40－88	2015.10.25	10	7.6	5	8	0.4	414	532	67	35	－32	313	有效
4		2015.10.27	5	7.6	5	8	0.4							
	合计							699	971					

(2)抑制了由裂缝引起的强水窜通道，对应油井增油效果明显。

P40－88井组调剖：该井组(图7－40)P39－88井在2015年7月出现水窜水淹，日产液$10m^3$，含水率100%，迫使注水井P40－88井不得不停注，2015年10月25、27日先后两次分别对该井长$4+5_2$小层、长6_1小层进行了调剖，调剖后P39－88井油量迅速上升(图7－41)，P40－88井恢复连续注水后没有再出现水窜现象，达到了控制严重水窜的目的，增油效果较好。

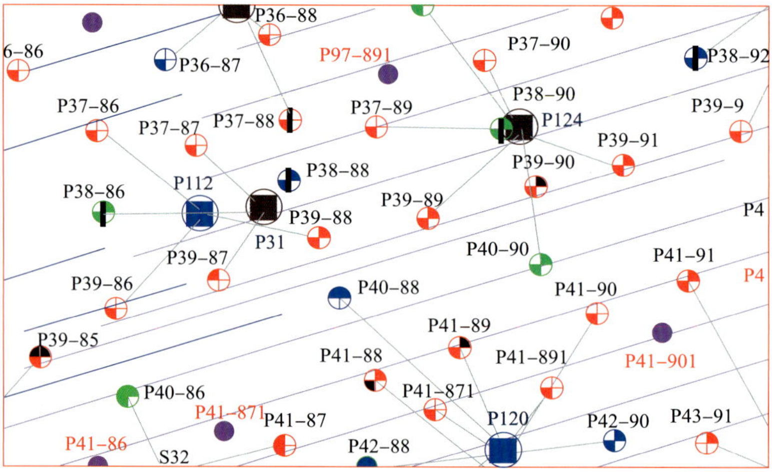

图7－40　P40－88井组对应关系平面图

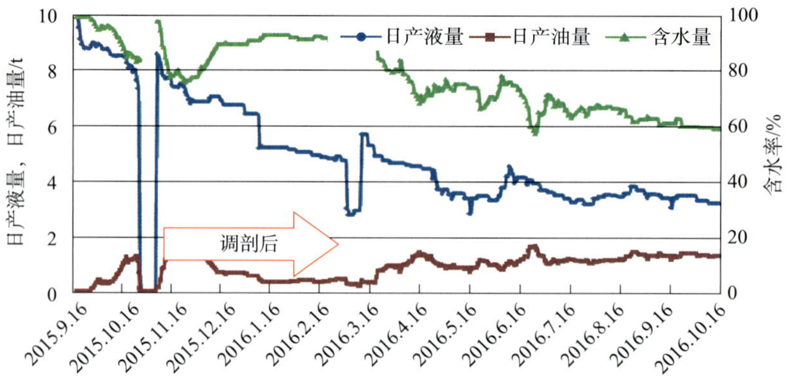

图7－41　P39－88井生产曲线

第八章　效益开发管理模式

第一节　效益开发一体化管理

坪北油田构造位于鄂尔多斯盆地陕北斜坡中部，油藏具有特低渗透、低压、低丰度的“三低”特征，效益开发难度大。自 1998 年投入开发以来，持续推行低成本战略，通过油藏开发精细化、工艺配套简约化、经营管理节约化、持续建设安全化，走出了一条有坪北油田特色的特低渗油田一体化开发经营之路。

一、油藏开发精细化

坪北油田工区范围、开发层系受限，储量品位低，资源接替不足，唯有“精细油藏管理，处处精打细算”才能有效益。通过坚持不懈抓油藏精细管理，不断提升开发效益和可持续发展后劲。“十二五”期间，以加强基础研究，提升开发认识为指导思想，重点加强资源管理，优化产建方案，做好油、水井分类管理工作，使开发指标始终保持一类水平，并且实现了产量持续稳定，为油田效益发展提供了有力保障。

(一)精细资源管理，夯实发展基础

1. 开展资源潜力评价

在储量复算时，根据储层发育状况和产能分布情况，对老区探明已动用储量、探明未动用储量和控制储量进行潜力评价。按井网细分重组、加密调整、滚动扩边等产建类型分区域确定含油面积和储量，进行井位部署、开发经济评价，明确了各区块的产建规模和平衡油价，落实了资源潜力。

2. 开展油藏评价

开展细分层研究，将 4 个主要含油砂组细分为 10 个单砂体，进行细分层后的沉积微相再认识，优选油藏评价目标。细分层后，对储层的预测更加准确。以在周边找潜力，在下部找潜力为指导，重点围绕边部区域和较深的长 6_3 小层开展工作。“十二五”期间实施评价井 20 口，加深评价井 13 口，在 9 个单砂体共落实储量 619×10^4t，其中，商业储量 353×10^4t，动用储量 219×10^4t。

(二)优化产建方案，提升投资效益

1. 优化开发井网

在室内渗流实验研究和总结往年加密调整得失的基础上，根据区块不同地质特点，开

展不同方式的井网调整试验。

北二区局部3套油层叠合连片，各层均有商业产能，但储量动用不均，故开展井网细分重组试验。根据油层采出程度的差异，分为上、下两套层系。上、下层系均采用行列式井网，油井排错开60m，在后期可实施层系互换改变流场；注水实施上、下层系分注，两套层系共用水井以节约投资。2015年，在井网细分重组试验区实施新井22口(20口油井、2口水井)，并逐步对老井按部署井网进行层系调整。目前，新井已全部投产，老井调整已完成35%的工作量，新井平均单井能力好于方案设计，区块井网完善程度由53%上升至69%，老井产量递减速度明显变缓。

针对北四区储层单一、渗透率较低、基础井网排距偏大、注水效果较差的状况，开展小排距、小井距加密调整。对开发初期的“菱形反九点法”基础井网进行调整，二注井全部转注后，综合利用小排距、小井距加密井网的优点，在两口老油井间加密两口新油井，新油井与老油井、水井排距分别为30m和120m，井距缩小为153m。2013年，在北四区实施8口加密井，与邻近的老井相比，加密井产液量较高、含水率较低，加密效果较好。

2. 优化压裂工艺

通过分析研究PNN动态监测资料，发现油层纵向上动用不均的现象普遍存在。为提高储层纵向改造程度，提高单井产能，开展了厚油层分段压裂试验。以油层中的岩性夹层为隔挡，分别对上、下层进行射孔，下一趟管柱分层压裂。共试验10个井次，与老井进行同区、同层对比，在压裂加砂总量相同时，分压的产量是单压的1.2~1.8倍，平均提高产能50%。一次施工压两层，单井降低投资15.5万元。

3. 优化方案投资

深化产建全过程分析，千方百计减少投资。在井场准备方面，尽可能利用老平台推广代替新平台，既可以利用已有道路和电信设施，又可以缩短准备周期。在进行钻井部署时，根据平台推广情况，及时调整井口部署，确保钻井靶点位移最少，减少进尺。在地面工程配套过程中，尽可能利用已有的设备设施，能不新建的坚决不新建。通过优化调整钻井井口的部署，在“十二五”期间降低了400万元的投资。

“十二五”时期共钻井246口，新建(增)产能6.3×10^4t，新增可采储量72.8×10^4t。

(三)实施分类管理，确保存量效益

2014年四季度以来，为应对低油价，积极开展油、水井分类管理，按效益进行弹性配产，并合理安排注水和作业运行，实现了开发效益最大化。

1. 调整产量结构

建立采油单元效益评价标准。以吨油完全成本、运行成本作为效益分类界限，开展分类评价，将管理区、平台、单井分为有效区、边际区、无效区3个区。根据效益评价结果，实施“有效生产保时率、边际间开保效益、无效关停降成本”的分类管理模式，并根据油价动态调整，多采效益油。

2. 调整注水结构

以杜绝无效注水、控减低效注水、保障高效注水为目的，对注水区块、注水单井进行分类研究。根据注水动态，将区块分为高注采比区、注水低效区、注采敏感区和注水高效区4个特征区；根据单井注水效果，将注水井点分为禁注井、低效井、高效井3类。按“禁无效、控低效、降成本，保方案、保效益、保长远”的思路，实施注水分类调配，保证注水效果和效率。

3. 调整作业结构

按“先算后干，算盈再干”的原则，形成作业事前分析、事后评价运行机制，提高作业效益，杜绝无效作业。建立作业评价实施标准，对不同类型作业效益进行评价，措施作业按效益标准先后实施。

二、工艺配套简约化

坪北油田经过多年开发形成了适应特低渗油藏的“一短、一增、二串、二单、三简、五小”特色地面建设模式(油水系统短流程，原油集输设增压点，油井串油井、平台串平台，单管密闭集输、率注水管网，简化设施、简化流程、简化操作，小机、小泵、小阀门、小仪表、小管线)，取得了较好的效果。

“十二五”期间，重点围绕采油工程管理、注水工艺配套、狠抓“三废”治理、打造绿色油田等方面开展工作，坚定不移抓工程工艺配套，千方百计降低运行成本。

(一)强化采油管理，提升工程指标

1. 采油工艺配套提效率

按照“短冲程、慢冲次、小泵径”的原则，精细优化调整生产参数，控制油井的合理流压，降低举升能耗。一是应用弯梁抽油机，所应用的五型弯梁节能抽油机短冲程为1.2m，单井效率提高了2%；二是推广永磁电机，将11kW异步电机更换为7.5kW低速高效永磁电机，实施慢冲次3次/min，使单井系统效率提高了3%；三是引进小直径泵，应用Φ28mm型、Φ25mm型泵，使平均最大负荷下降了2.5kN，机采系统效率提高了1.5%。

2. 油井间开降能耗

为了提高开发效益，不断摸索油井间开制度。确定选井原则：选择低液井实施间开，对日产液量<1.2t、沉没度<100m、泵效$<35\%$的油井，合理优化生产时间，间开不影响平台、站点集输运行。不断优化制度，制定合理间开周期。在保持产量稳定的前提下，根据油藏出液规律确定开井时间段，低含水井短周期间开，高含水井长周期间开，从而改善渗流状况。严格执行考核制度：考核生产制度执行情况，完善考核管理办法，将间开井的比例、优化率、执行率等指标纳入考核范围，确保间开制度落到实处。“十二五”期间，累计节电175×10^4kW·h，创效109万元。

3. 创新清蜡工艺

坪北油田原油含蜡较高，油井结蜡严重，经过多年探索，先后试验了常规热洗井清防蜡、温控封隔热洗清蜡、泵上掺水热洗清蜡、蒸汽焖环空井清蜡等多种清防蜡工艺，最终形成了以超导热洗为主，以配套刮蜡杆为辅的清防蜡技术。通过观察多口油井作业起出的管杆，发现油井结蜡井段在0~550m，550m以深为无蜡区。通过超导设备将油井采出液

快速升温后回灌进套管，加热油管外壁，可以较好地清除井筒 0～200m 中的蜡；此外，在油井 200～600m 井段下入刮蜡杆清蜡。综合上述两种工艺取得了良好的清蜡效果。“十二五”期间，虽然开井数增加，但通过超导热洗替代清防蜡剂，减少了蜡卡作业费用、清防蜡费，节约成本 607 万元，增加热洗费用 247 万元，综合效益 360 万元。

综合分析采油管理发现，“十二五”期间，油井检泵周期达 1653 天，免修期 1068 天，油井维护作业频次为 0.14 井次/(口·年)，维护作业费用同比减少 1187 万元。

(二)优化注水配套，实现节能降耗

1. 优化水处理提水质

坪北油田联合站水源为三相分离污水、基地生活污水、产建污水、雨水等，以前通过除油、沉降、杀菌、过滤等工艺流程后回注地层。由于水源成分复杂，配伍性差，污水处理工艺简单、流程短小，导致注入水质污染物超标严重。2011 年，在 P73 联合站引进电化学离子稳定技术，主要处理流程为：混合来水→除油罐→预反应器→旋流分离器→注水罐→注水泵。运用电化学技术、离子调整技术、旋流分离技术、自动控制技术，实现了采出污水、生活污水、产建污水和清水 4 种水源的混合精处理，注水水质达标率由 63.6% 提高至 90.9%，年创效 117.45 万元(采水费 108 万元，污水回灌费 9.45 万元)，实现了污水零排放。

2. 恒压控制降能耗

坪北油田注水系统规模较小，采用串管流程，单井配注量小，单井调水易引起注水系统压力波动，难以平稳注水，导致注水能耗较高。因此，引进恒压控制技术，由压力变送器、PID 调节器、变频器、电动机和注水泵形成闭环控制系统，实时检测泵压信号，调节频率实现恒压控制。结合生产实际，优化注水泵运行参数，“十二五”期间，累计注水 $428\times10^4m^3$，节约电费 320 万元。

3. 简化配水流程

充分利用平台丛式井开发的特点，采用树枝状单管流程，实现了一级布站，由配水间集中配注简化为恒流阀注水，减少了配水间建设工作量。平台地面配水管线由多管简化为单管，减少了单井注水支线建设工作量。“十二五”期间，投转注水井 56 口，免建配水间 21 座，节约投资费用 235 万元。

(三)狠抓“三废”治理，打造绿色油田

1. 伴生气回收综合利用

针对油气比高，伴生气丰富的特点，通过合作研发微型压缩机，安装储油罐抽气装置，采取油气分输等工艺措施，进行伴生气的回收。在满足生产生活用气的同时，实施伴生气发电，并利用尾气余热锅炉替代加热炉，实现了伴生气的综合利用。“十二五”期间，累计发电 $4765\times10^4kW\cdot h$。虽然井数与注水量逐年增多，但外购电量实现了“负增长”，年外购电量由 2010 年的 $955\times10^4kW\cdot h$ 下降为 2015 年的 $647\times10^4kW\cdot h$。

2. 油田污水治理利用

坪北经理部于 2009 年 8 月建成基地生活污水生化处理装置，采用江苏宜兴协昌水处

理设备有限公司生产的水处理设备，对基地生活污水进行集中达标处理，出口水质符合国家二级排放标准。应用电化学离子稳定技术，实现了三相污水、产建污水、雨水混合精处理，作为注水水源，实现了污水零排放。

3. 固体废弃物治理

工业固体废弃物无害化处理。2007 年，在安塞县环保局的指导和帮助下，积极与安塞县运达环保节能有限公司合作，一方面，对钻井泥浆和岩屑进行固化无害化处理，对 2008 年以后新钻 410 口油水井的岩屑、泥浆全部进行了固化处理，并经安塞县环保局检测验收全部合格；另一方面，油泥“定点存放、专业处理”，与有废弃物处置资质的公司签订合同，做到“定期回收、定期处理”。

4. 推进绿化工程建设

一是开展“青山”改造。经理部持续开展绿化平台、美化基地活动，发动员工做到“建一个平台，绿一片山坡”。累计种植各类苗木 16 万株，总绿化面积 $1.5\times10^4m^2$，绿化平台 13 个，做到平台建设与绿化建设同步，受到了地方政府肯定。二是发展“庭院经济”。为鼓励职工参与绿化工作，以“平台庭院化”建设为主线，开展最佳绿化平台评比活动，激励平台职工植树种菜，发展“庭院经济”，职工既得到了实惠，又达到了美化环境的目的。通过多年努力，已将油区打造成了“平台绿成片，路上树成行，基地花成景”的绿化格局，实现了基地“花园化”、平台“庭院化”。

三、经营管理节约化

(一)深化管理模式调整，不断完善体制机制

坪北油田是首个中国石化和中国石油的合作开发油田，项目一启动就积极探索“油公司”管理模式，从机构设置、合同谈判到生产开发、经营管理等各方面形成了一整套管理体系，形成了独具特色的“坪北‘油公司’模式”，持之以恒推进“油公司”建设，不断提高管理水平，为实现边际油田高效开发奠定了坚实的基础。

1. 核心主业更加突出

为了突出“注、采、输”核心主营业务，集中全部力量抓原油生产。对非主营业务坚持“两个一律”：可以承包给专业化公司承担的业务一律由专业化公司承担；可以通过社会化服务解决的问题一律通过社会化服务方式解决。经理部针对开发范围有限的实际情况，组织力量聚精会神搞挖潜、抓产量，确保每年原油生产任务的完成。

2. 市场体制更加完备

实行严格的市场甲乙方管理体制，甲方组成精干的管理层进行组织、协调和管理，乙方由钻井、测井、试油作业、油建、运输等领域的施工单位组成。甲、乙双方实行合同管理，甲方对工程项目通过招投标决定施工队伍，乙方凭工作量与甲方结算。在制定合同时，改变过去油田企业施工套搬套用定额的惯例，采用定额标准与陕北市场价格相结合的办法，确定合理的合同标的，严格落实合同结算。甲方设立钻井、测井、试油作业及地面工程建设监督岗，对乙方施工质量进行跟踪检查。同时，强化合同履约过程监督管理，定

期督促检查，促进合同落实。

3. 专业服务更加规范

根据投资、成本情况，依靠科学技术、管理创新实现降本减费，“挤”出一部分成本，再根据生产、生活需要，细化服务项目，测算出所需“买服务”的资金，依托社会力量，将可以对外承包的辅助生产业务、生活项目外包给具备资质的专业公司承担。通过“买服务”的方式，极大地减少了在这方面投入的人力、物力，腾出手来一心抓主业。

4. 组织机构更加精干

坪北油田一直采取联管会－经理部－采油队三级“油公司”管理模式，重大决策由联管会讨论决定。2015 年，按照分公司机制体制改革实施方案的要求，经理部在原“经理部（机关）－采油队”两级扁平化管理模式的基础上，精简机关、充实一线。调整后，机关科室由 12 个压减至 7 个，人员由 62 人压减为 25 人。扁平化的管理层级，简洁的管理流程，确保了决策部署的任何一项行政指令都能直通生产一线、直达采油平台。体制建设后，经理部按照“精干经理部机关，做实采油管理区”总体思路，将管理重心下移，权力下放，做好管放结合，赋予“精细管理”新的内涵，先后将 15 项权限下放至采油管理区。

（二）深入推进精细管理，夯实降本创效基础

按照“细化核算单元、量化考核指标、管理重心前移”的思路，创造性地实施了“平台小经理”管理法。一是实施“三三工作法”。“平台小经理”管理主要通过“三知（知家底、知井况、知职责）、三化（现场管理规格化、井筒管理精细化、平台建设庭院化）、三算（算产量、算成本、算效益）”的“三三工作法”，让“小经理”知道做什么、怎么做。二是配套建立平台绩效量化考核方式，合理量化工作量，制定工作绩效考核办法，对效益进行测算和量本利分析。对平台“小经理”设置了 15 个单项奖励标准，建立了“月度、季度、年度”动态检查评比机制。三是推行“五到平台”管理，即成本预算到平台、配套管理到平台、成本核算到平台、效益评价到平台、考核兑现到平台。逐步引导平台职工实现从值守平台转向管理平台，由管理平台上升到经营平台，再由经营平台向“以平台为家”转变。

（三）深入改善经营管理，引导员工挖潜创效

以“积聚职工力量、凝聚职工才智、保障夺油创效”为思路，重点从员工建议的质量及实效性上做文章，多措并举，努力提高广大干部职工的积极性，发动全员智慧为经理部发展建言献策。同时，大力开展“千金求一策”活动。围绕制约生产的瓶颈问题和生产管理中的重点、难点问题，采取“悬赏启事”的形式，群策群力，攻克生产难题。大力开展“创新创效小组”攻关活动。注重发挥群体优势，组织各基层单位先后成立了以技术骨干命名的“工作室”“创新创效空间”6 个，组成攻关小组，引导职工在“小改小革”中挑大梁。大力开展“千、百、十”工程。结合坪北油田实际，组织开展“千条合理化建议、百条金点子，解决十项制约发展的瓶颈问题”等活动，引导职工围绕生产难点开展攻关，充分挖掘职工聪明才智，营造出了浓厚的创新创效氛围。“十二五”期间，收集建议 229 条，厂处级采纳 139 条，油田级采纳 39 条，有 15 项成果获得国家实用新型专利证书，累计完成 35 项专利成果，累计创效 1900 万元。

四、持续建设安全化

坪北经理部始终把安全环保工作作为“天字号”工程来抓，按照“构建防护网络、消除安全隐患、打造绿色油田”的整体思路，强力推进安全环保工作上水平、上台阶，全力打造平安油区，持续开展平安油区建设，确保安全环保。

(一)筑牢“三道防线”，全方位构建安全网络

一是人人都当“安全员”，全面落实安全环保责任。推行“领导干部、机关科室长重点要害单位安全挂包责任制”，经理部领导及机关科室长分别挂点承包 10 个基层单位及 15 个关键要害站点，促使机关安全管理重心下移、关口前移，督促领导和科室长深入一线抓安全。二是处处建起“防护墙”，全面降低安全环保风险。对重要及大型施工项目，严格执行动火、高处作业、进入受限空间、破土等作业审批制度，严把施工防火、防爆、防人身事故“三个关口”。三是时时敲响“预警钟”，全面提升安全环保等级。在原油长输管线和接转站输油干线处全部安装了原油泄漏在线实时监控报警系统，在集油管线和注水站点处安装了高低压报警器；在 1000m^3 以上的原油储罐、重要污水污油罐和 250kW 以上加热炉处安装了高低液位自动监测和报警装置，原油罐溢罐、抽空和加热炉盘管穿孔均得到了有效防控；在全部采油平台和连续运行的输油泵处都安装了停电、来电自动报警器，停电、来电及输油泵故障停泵都会在第一时间报警，警示职工及时检查和妥善处理。

(二)着力“三个加强”，全方位杜绝交通事故

一是加强行车监控，杜绝违章现象。在 38 台机动车上安装车载 GPS 终端监控管理系统，对机动车辆进行实时监控，限速行驶；在此基础上，开展“压车速，纠违章”活动，安机科与车队干部不定期地上路“明察暗访”纠违章，起到了防微杜渐、防患于未然的作用。二是加强环境治理，消除道路隐患。加大危险道路的整改力度，扩宽急转弯死角处的道路，在连续下坡的地方修建缓冲带，在危险拐弯路段加装水泥墩子；在工区转弯处新增广角镜 56 个，累计维修(硬化)道路 13km、加固崾崄 27 个，使工区内行车环境得到了较大改善。三是加强制度建设，堵塞管理漏洞。严格执行《交通安全特别管理规定》，长途车辆实施部领导、安机科、调度室“三把关”的长途令审批制度；严格实施“十不出车”制度；严格实施车辆定期维修保养制度，落实好车辆回场检查制度，杜绝车辆带“病”运行；对查找出的安全隐患，及时上报，及时整改，确保人员和财产安全。

(三)推进“三项建设”，全方位打造绿色油田

一是推进清洁文明井场建设。按照《延安市石油开发环境治理方案》要求，统一标准，新建井场认真抓好“三池两沟一墙一堤”清洁文明井场基础建设，扩建井场及时完善和恢复“三池两沟”，保证原油、污水、雨水入池不外流，确保新老井场清洁文明验收达标；注重加强环境监督，在钻井、试油作业、新井投产、井站改造等大型施工中，安全环保部门坚持带队在现场进行监督，做到“环保措施不到位不许开工，清洁文明作业现场不达标不予

验收”。二是推进绿化和“庭院经济”建设。每年春季，通过安塞县林业局购进陕北地区易成活的旱柳、沙棘、油松等树苗和草籽，在新建井场和公路两边，发动全体职工义务植树种草。为鼓励职工参与绿化工作，以“平台庭院化”建设为主线，打造“最佳创新绿化平台”30个，经理部已初步形成了“点上(平台)绿成片，线上(道路)树成行，面上(基地)草木成景”的绿化格局，实现了基地“花园化”、平台“庭院化”，既绿化美化了环境，也赢得了地方政府的赞誉和支持。三是推进工区生产环境建设。不断强化“三废”治理及综合利用，实现工区清洁生产，打造绿色环保油田。开展污水处理系统改造，积极推广应用电化学离子稳定技术、生活污水生化处理技术，实现了生活污水零排放，产建污水全部回收利用。

第二节　油藏经营管理

自1998年投入开发以来，坪北(油田)经理部坚持“低成本”战略，立足黄土高坡艰苦创业，从最初的边际油田成为高效油田，连续11年原油产量保持在17×10^4t以上，实现了成本不超、安全生产无事故的目标。

一、“低成本”战略的基本背景

(一)客观形势所迫

一是开发难度大。坪北油区属于边际效益区块，典型的特点就是“低渗、低压、低产”。地层压力低，单井无自然能量，需要借助储层改造进行开采，而开采后地层能量下降快，导致单井产量快速递减；同时，坪北特低渗油藏的特点也决定了必须要低产多井开发，只有实施低成本战略才能效益开发。二是施工难度大。坪北油田位于陕北黄土高原腹地，沟壑纵横，峁梁交错，交通十分不便，遇到雨季，还有坍塌或山体滑坡的危险，冬天大雪封山，自然环境特点加大了区块开发的难度。三是管理难度大。坪北油田是合作开发单位，能不能得到合作方的认可，能不能持续合作，管理是关键，只有持续稳定开发、不断降本增效让合作者的利益最大化，才能得以长期有效开发。

(二)自身发展所需

坪北经理部是江汉油田发展的外部基石，不仅要完成产量任务，更要成为江汉油田各路大军进军西部的“桥头堡”，其发展关系到整个江汉油田的发展。不断实现持续稳产，不断降低成本让企业始终在低成本的情况下高速运行，对于坪北经理部来说是一项挑战。从最初的简易房到标准化平台建设，从最初的看守平台到现在的经营平台，从最初的粗放式管理到现在的精细管理，坪北经理部的建设越来越标准，管理越来越有序。坪北油田的低成本战略有效地控制了投资规模和采油成本，实现了投资效益的最大化，取得了显著的经济效益。

二、“低成本”战略实践

（一）开发管理精准化，夯实油田稳产基础

坪北油田属于典型特低渗岩性油藏，储层物性差，油井必须压裂投产，产量递减快，平均单井日产油仅1t。为此，坪北油田科研技术人员细化地质基础研究，深化注水规律认识，精雕细刻，实现了边际油田的高效开发。

1. 深挖资源潜力，落实产建阵地

通过油藏评价不断落实可动用储量。一是滚动扩边评价。2010年以来，在工区北部、中部、东南部成功实施扩边油藏评价井8口，全部获得工业油流，落实含油面积4.94km^2，石油地质储量304$\times10^4$t。二是挖掘深层潜力。自2009年在深层长9油层组突破出油关以来，加大了对长9油层组的评价力度，落实含油面积55.6km^2，储量716$\times10^4$t。三是开展水平井试验。为探索适合长9油层组特性的开发方式，2011年开展致密油藏水平井试验，在长9油层组实施了坪北油田首次长水平段多级分段压裂工艺，使长9油层组难动用储量得以解放，展示了坪北油田良好的水平井开发前景。

2. 加快扩边步伐，控制储量资源

面对边部资源受到挤压的困难，坪北经理部多措并举，实施扩边井126口，抢先动用石油地质储量378$\times10^4$t。一是优化产建运行。实时掌握周边钻井动向，及时优化调整钻井运行情况，在边部区域抢先上钻。二是利用老平台钻井。由于新井场审批周期较长，坪北油田利用老井场手续办理简单快捷的特点，将15个老井场的地面设施拔除并进行井场扩大后，替代新井场打井，保证了产建的正常运行。三是增大钻井位移。积极利用大位移钻井技术，提高资源抢占能力，最大钻井位移从开发初期的530m增大到2010年的1758m，使得单个平台可控制含油面积大幅提高。

3. 精细注水管理，实现控水稳油

近年来，坪北经理部按照“早注水、注够水、注好水、分层注水、精细注水”的指导思想，实施“四分”注水管理法。一是“分时”。对不同时期投入开发的储量采用不同的注水开发方式。二是“分类”。在注水方式上充分考虑沉积微相特征和区域动态反应，做好动静态结合。三是“分层”。对出力好、注采关系敏感的油层温和注水；对出力差、注水见效差的油层强化注水。四是“分井”，对投注井和转注井采取不同的注水方式。2010～2011年，油田自然递减率控制在8%左右，含水上升率控制在0.2%以内。

（二）工程管理简约化，最大限度降低运行费用

坪北油田在建设中积极稳妥地采用先进工艺技术和高效节能设备，并吸收国内外的经验，充分发挥江汉油田自身优势和特点，不盲目追求高水平、高技术、高指标，始终坚持从简、从省、从快抓地面工程建设，把追求实用性和经济效益放在第一位，创新、发展、完善了多项简单、实用、可靠、经济的工艺技术，降低了工程造价和运行费用，提高了油田开发经济效益和社会效益。

1. 简化地面工程建设，最大限度节约投资

一是最大限度利用平台。根据陕北地区黄土高原的地貌特点，最大限度地利用平台多打井，实施丛式井钻井技术，所有井均为定向斜井，目前，单个平台油、水井数最多的达到了25口。

二是规范地面配套建设。地面工程建设坚持“地面服从地下，地面、地下相结合”的方针，按照“统一规划、分步实施、注采配套、简化工艺、节省投资”的原则，对油田地面工程建设进行总体规划、远近结合、分期实施。以井组平台为单元进行地面配套建设；井站及其配套系统按需求分期实施、逐步到位；集输干线等骨架工程建设一次到位，避免重复建设。

三是推行实用的工艺技术。采用最经济、最科学的工艺手段实现开发管理目标，力求工艺技术简单、易行、成本低、见效快。创建了“一短、一增、二串、二单、三简、五小”地面工程建设工艺技术。

2. 积极探索具有坪北特色的核心技术，攻克特低渗开发难题

一是油层压裂改造工艺。针对坪北油田的特点，以降低成本、提高油田开发经济效益为指导思想，实施“深穿透、细分层、快排液”的油层压裂改造方法。采用一套井网开发长 $4+5_2$ 小层、长 6_1 小层和长 6_2 小层3套层系，单井平均至少钻遇两套油层，采用分层压裂。

二是老油层重复改造技术。从1999年起，坪北油田就开始着手摸索老油层的重复改造技术，经历了3个阶段：普通重复压裂阶段、先封堵油层后压裂阶段、暂堵重复压裂阶段，取得了良好的增油效果。

三是原油集输及注水工艺。第一，形成树枝状串接的油田注采管网。根据油区特殊的山地地形，选择一道山梁（道路边）布置一条线路，将沿线多个平台的注采管网串起来，汇集成一条干线进（出）站。第二，单井量油装置设在就地平台，均采用方罐计量，既缩短了计量周期，又增强了计量的准确性。第三，以加热输送方式来防止管道结蜡。按照接收站末端不低于25℃的标准管理整个集输系统运行。从10多年的运行实践看，所有集输管道没有出现过结蜡现象。

3. 大力开发油田实用技术，提高采油综合效益

根据坪北油田实际情况，通过调研、引进，积极摸索和开发油田实用技术。在油田开发方面，引进井下智能开关找堵水、老井缝内转向、酸化解堵等技术，加深油藏认识，提高了储量动用程度；在井筒管理方面，引进空心抽油杆、闭式采油等技术，改善了井筒状况，使全油田免修期达498天，采油时率达99.5%，躺井率仅为0.10%。在提高油田清防蜡效果方面，针对坪北油田油井低液低产及平台丛式井生产特点，创新超导热洗方式，将自循环热洗方式改为多井串联热洗清蜡方式，将热洗循环液量由单井平均 $1.5m^3$ 增加到 $4.6m^3$，提高了清蜡质量，降低了油井载荷。

（三）项目管理市场化，尽全力节省投资和降低成本

坪北油田是中国石油、中国石化合作开发的区块，为保证合作双方的共同利益，从

1998 年起，坪北油田就运用市场机制，强化项目管理，确保了合作区块的效益最大化。

1. 建立了甲乙方管理体制

1998 年，坪北油田会战全面展开，在管理体制上，就开始实行甲乙方管理体制，甲、乙双方实行合同管理办法。甲方对工程项目实施招投标，决定施工队伍；乙方凭工作量与甲方结算；医疗、生活、通信、车辆均实行有偿服务。根据这种体制，从建章立制入手，制定了生产运行、原油拉运、工程结算等一系列基本管理制度，初步建立起了坪北油田管理工作的基本框架。

2. 严格执行价格监控和资金管理

一是严格控制主要生产物资价格。凡是坪北油田生产、生活所用大宗材料都由甲方直接采购，减少中间环节，直接降低了材料费用。二是工程结算与市场接轨。改变过去油田企业施工套搬套用定额的惯例，采用定额标准与陕北市场价格相结合的办法，确定合理的合同标的。三是实行资金统一管理。资金由经理部集中管理，严格控制资金预、结算，把一切费用纳入预算管理，控制货币流量，提高资金利用率，减少非生产性支出，同时严格控制职工人数，在资金紧张的情况下，保证了产建重点工程项目的实施。

3. 推行内部项目管理

一是在投资决策方面严格执行决策责任制度，认真做好建设项目的前期咨询、论证工作，重点围绕油田开发、安全环保节能、技改等项目开展科学论证，逐一审批，确保了投资效益最大化。二是实行成本项目控制。从 1999 年开始，在经理部内部设立产能建设、材料、水电燃料、作业管理、地面工程等项目组，分别对相关项目和投资成本实行更加细化的控制，下达经济责任制，实行严考核、硬兑现。项目组内部将项目落实到个人，将指标落实到个人，逐层把关，确保任务和费用控制在计划范围之内。三是发挥科技优势，实行科技降本。通过优选井位，少打落空井、低效井。通过优化开发方案、简化工艺流程、合理分注分采等措施控制投资，节约成本。

（四）成本管理节约化，全力构建低碳环保型企业

近年来，坪北油田以创建“节约型企业”为目标，大力倡导靠科技、靠创新节本降费，取得了显著成绩。

1. 将责任成本控制的关口前移

采油平台是坪北油田生产管理的最基本单元，坪北油田将成本控制的“半成品”由基层队移至采油平台，全力实施“平台小经理”管理。一是实施“三三工作法”。二是采取“3 + 1”考核模式。主要考核采油平台管理指标、成本指标、产量指标，每月对采油平台进行效益评价，将平台职工收入与平台经营业绩直接挂钩。三是推行“平台小经理”绩效量化考核办法。主要内容是将平台所有工作及平台职工的工作业绩进行量化考核。通过不断推进和深化“平台小经理”管理，引导平台职工实现从值守平台转向管理平台，由管理平台上升到经营平台，再由经营平台向“以平台为家”转变。

2. 严格控制各类生产物耗水平

近几年，生产资料价格整体大幅上涨，为节约材料费，坪北油田采取招标采购、网上采购等多种方式节约采购资金。针对生产物耗难点，组织力量开展技术攻关，想方设法提高利用率，减少材料消耗。针对抽油机皮带使用寿命短的问题，通过与厂家共同开发500r/min低速高效电机，将组合皮带换成单根皮带，为皮带加装防护罩等举措，使皮带消耗量由以往的年消耗4000多组降为1000多组，年节约成本40多万元。针对坪北油田没有油管厂，更换下来的旧油管无法检测的实际，“土法上马”，运用漏磁探伤检测旧油管，确认合格后再利用。2011年，利用检测合格旧油管5500m，减少新油管投入40万元。

3. 全力整治“电老虎”，实现降本增效

一是充分利用伴生气发电。与厂家联合开发小型天然气压缩机，采用套管抽气装置、大罐抽气装置、油气分输等技术，收集富余伴生气，利用天然气发电机组烟道余热替代加热炉采暖，日节约伴生气1600m^3，日增发电量6400kW·h。到2011年年底累计发电1527×10^4kW·h。二是降低采油系统单耗。安装低速永磁电机，应用节能抽油机，增加调整间抽制度，对抽油机进行平衡调整，大幅降低了日耗电。三是降低注水系统单耗。实施分区分压注水，站内恒压控制，井上恒流注水。四是降低集输系统单耗。在接转站实施三相分离，油气分输，污水就地回注，达到节电目的。五是加大生活用电管理力度，安装电表量化个人用电，使基地用电量下降19%。六是积极引进太阳能发电技术，安装太阳能场地照明灯，满足采油平台生活用电。通过综合节电，使经理部外购电量连续6年实现负增长。

三、“低成本”战略效果

(一)树立了中国石化和中国石油合作开发典范

坪北油田合作开发项目从项目组织、合同谈判到生产开发、经营管理等各方面形成了一套管理体系，并总结出了一种合作模式，即“坪北模式”，对长庆油田乃至整个中国石油都有借鉴价值。2010年，长庆油田提出要“远学华北，近学坪北”；延长油矿提出要“学习大庆，先学坪北”。

(二)走出了一条有特色的低渗油田开发之路

低渗油田开发是目前油田开发的难点。坪北油田的开发，在机制创新、管理创新、技术创新、成果创新方面，都取得了丰硕成果；灵活采用简单适用的技术，因地制宜，打破常规，形成了一套低渗油田开发模式，丰富了低渗油田开发管理经验。

(三)有效控制了开发成本，实现了效益最大化

坪北油田投入开发以来，虽然因固定成本增长较快导致经理部油气完全成本总体呈上涨趋势，但可控成本逐年下降，有效遏制了成本的快速增长。充分利用企业特点和陕北市场规律开展经营活动，形成了“坪北模式”。建立甲乙方管理体制，实行合同管理办法，控制物资采购价格，实行资金统一管理制度，细化了内部经营管理。

内部经营管理要点：

(1)在投资决策方面严格执行决策责任制度，认真做好建设项目的前期咨询、论证工

作，兼顾当前和长远利益，做到科学决策，节省投资。

(2)发挥科技优势，实行科技降本。通过优选井位、简化工艺流程、合理开发等措施控制投资，节约成本。

(3)开展全员降本增效活动，通过层层分解指标，落实责任，控制消耗。

(4)实行内部项目管理，成立6个项目组，实行经营承包责任制度，将员工工作绩效同工资奖金复合挂钩考核，并进行奖惩。

(5)建立健全质量监督保证体系并设立总监，做到质量问题有人抓、有人管，通过加强现场管理，提高综合经营管理水平。

(6)加强基础工作，建立和完善了以岗位责任制为主要内容的各专业、各岗位的工作标准、管理标准、操作标准，为生产经营奠定了基础。

第三节　“油公司”管理

一、“油公司”管理体系

坪北油田合作开发的特点，对其经营管理提出了更高的要求。通过不断地探索，逐步形成了精干高效的“油公司”管理体系，厚植了可持续发展根基。

(一)扁平化组织管理

一是简化机构设置。“油公司”改革以来，经理部优化管理架构，明晰管理职责，合理权责分配，持续推进“瘦身健体”，以“小机关大服务”为落脚点，倡导多服务少管理，由终端管理前置为源头服务，降低管理成本；机关科室由12个压减至7个，人员由62人压减为21人；采油管理区由5个合并为3个，管理人员减少20人；强化上下联动、协同负责，打造职责清晰、运行高效的两级管理机关。二是优化人力资源配置。以“三定”工作为抓手，采取实地考察工作写实的方式，结合岗位的劳动强度、工作环境、工作责任、工作要求等因素，明确不同岗位的定岗定员标准，并根据生产工艺优化和信息化推进情况动态调整，精准制定岗位定员标准，按从简的原则配置岗位人员，将有限的人力资源向生产岗位倾斜，保持前线员工用工高比例；优化平台值守，采取托管、子母平台等多种形式减少平台用工，无人值守平台从2个增加到26个。推行“大采油工”模式，开展大采油岗位职业技能培训，使岗位员工一专多能、一岗多责。通过优化人力资源，用工总量由2015年的633人压减为409人，在信息化程度低的情况下，保证了员工90天的正常轮休，合理配置了用工，提升了劳动效率。

(二)市场化运行机制

一是非主营业务实行外包。石油工程、地面工程项目按市场化选择施工单位。同时根据生产、生活需要，进一步依托社会力量，对辅助生产、后勤服务等非主营核心业务实行外包，已外包12项后勤、辅助业务。二是建立市场化结算体系。石油工程、地面工程价格，参考陕北油区市场化结算方式，打破定额结算模式。工区内实行甲乙方清单议价结算，逐步形成了一套适用于坪北油田的与市场接轨的工程结算体系。低油价以来，为“抱团取暖、共度寒冬”，坪北油田结合陕北市场价格下调的实际，对各类投资、成本项目进行全面梳理，积极与专业化施工单位协商、议价，鼓励专业化队伍支持开发，进一步下调结算。三是建立市场化配套管理机制。加强施工队伍“引进、管理、考核、退出”全过程管控，规范市场管理，做“强势”甲方。加强承包商管理。按照“择优准入、动态管理”原则，建好承包商台账，突出抓好单位资质、人员持证审核，与施工单位签订安全协议、廉洁从业书，建立应急联动机制。严格质量管控。认真落实质量控制体系，强化过程监管，发挥好市场监理的作用，做好隐蔽工程验收，建立风险结算机制。注重业绩考核。建立施工单位业绩档案，进行季度、年度业绩考核排名，实行“黑名单”制度，突出优胜劣汰，确保队伍质量。

（三）健全激励约束措施

本着薪酬分配充分体现“向骨干倾斜、向效益岗位倾斜”的原则，按照“突出当期经营业绩＋注重长远可持续发展＋严格风险管控”的原则，建立管理协同、责任一体、利益共享的基层责任制激励约束体系。充分发挥了绩效考核的指挥棒作用，有效激发了基层单位和员工上产创效的主动性。一是突出效益优先。加大效益指标考核权重，差异化设置考核指标，实施效益差异化考核，原油生产单位突出产油增效，科研单位突出技术创效，后辅单位突出降本增效，职能科室突出管理保效。二是建立联管联责机制。实行科室、科研单位与基层单位在原油生产、技术管理、成本费用、安全环保、队伍稳定等方面联管联责，捆绑考核。三是突出风险防控。将风险防控责任分解到部门单位，逐项制定管控措施，强化过程监管，狠抓责任落实，形成科学全面的风险考核和防控体系，确保依法合规经营。四是建立全体员工绩效挂钩的价值积分考核体系，从成本管控、HSSE工作、质量管理、创新创效、工作作风等5个维度对员工工作业绩精准打分，使员工岗位贡献可量化、可记录、可考核、可追溯。充分体现以业绩拿绩效，“干多干少、干好干坏不一样”。

二、创新性经营管理模式

坪北油田油区面积仅64km^2，工区受限、产量低、体量小，严峻的生产条件迫使坪北人主动作为，向创新管理要活力，向精细管理要效益，在实践中逐步探索形成了一套具有坪北特色的精细化管理体系。

（一）“平台小经理”管理

采油平台是最基本的生产管理单元，资产数量多、价值高，是成本控制的一线，也是创效的源头。坪北油田把经营理念穿透直达采油管理终端，以提升员工岗位技能为抓手，以平台效益最大化为目标，探索形成了“平台小经理”管理法。推行“三三工作法”，让“小经理”明确“干的内容”。按照“奖勤罚懒、多劳多得”的原则，从平台工作量和工作绩效两个方面分别建立价值量化积分考核机制，定标准、立标杆，让“小经理”知道工作的方向和目标，突出价值引领，推动人力资源向艰苦岗位、效益岗位流动。明确“平台岗位金额”，根据工作量、平台井数、机泵设备、安全环保风险、生活条件、人心向往度，测算每个平台的基准分，按照在岗天数确定平台岗位金额，用“经济杠杆”使员工愿意到工作量大的平台和难管平台工作。实行差异化考核，综合考虑权重和幅度，对产量、成本、生产技术管理指标、安全环保等设置一定考核分，每月组织现场检查，奖优罚劣，确定最终平台工作得分，激励“小经理”创先争优，平台员工年绩效考核兑现最大达9800元，有效激发了平台“小经理”的工作热情和创新创效意识。推动员工从值守平台到管理平台，再到经营平台，直至“平台是我家”的深层次转变，培育了一支既懂技术、熟业务，又会管理、善经营的复合型技能人才队伍，为坪北油田高效开发提供了坚强保障。“平台‘小经理’管理法”获中国石化管理现代化创新成果一等奖。

（二）精益成本管控

细化成本管控要素，将重点成本要素横向分解到项目组，先后成立产建、井下作业、地面工程等8个成本费用项目组，实施整体、专业的管理和控制；将材料、动力和维护作业费等可控成本纵向分解到基层，形成横向到边、纵向到底的“网状”责任成本控制体系。强化预算管理。用财务绩效指标引领生产经营活动，提升预算的前瞻性和指导性，每月跟踪分析预算执行情况，确保费用控制在预算范围内。严控生产运行成本，实施全员、全过程、全要素严控生产成本。立足“自己的活自己干”，减少地面维修费用；加强油水井管理，降低井下作业费用；加强节能降耗工作。强化合规管理。完善审计、专项治理、内控、财务稽核、法律合同“五位一体”监督管理模式和运行机制，加强日常监督检查和重点领域管控。结合“内审外查”发现的问题，重点围绕投资、财务等关键领域，举一反三开展经营风险全面排查，制定“四个清单”，落实整改措施，实行销项管理，堵塞管理漏洞。

（三）从严安全环保管理

坪北油田地处延河上游支流，毗邻中山川水源保护区，特殊的地理位置、环境特点，使之成为媒体聚焦区、监管高压区、政治敏感区。坪北油田牢固树立“发展决不能以牺牲安全为代价”“安全就是最大效益”的理念，把HSSE工作放在压倒性位置，坚决守住安全环保的红线、底线。一是严格落实双重预防机制。动态建立生产岗位、基层单位、业务部门、经理部等4个层级的风险清单库，实时调整“十大风险”排查治理，全面清查二级水源保护区内的油、水井分布情况，补办区域内油气站点、单井环境评价手续和坪北油田开发建设项目整体环境评价手续，制定整治方案和风险防控措施，确保风险始终可控、在控。强化责任落实，建立“大安全”管理理念，充分发挥安全网络监管作用。形成“一层对一层监管，一级对一级负责”的管理模式。严防管线泄漏，定期开展“管线试压排雷”工作，每年排查管线130km，及时更换隐患管线。二是提升应急处理能力。为适应合作开发需要，与长庆油田采油一厂建立区域应急联动机制，双方共享消防、应急物资、舆情控制等资源，预防管线泄漏；定期开展应急演练，防范物资的不安全状态，应对环境的不安全因素。在工区内部，整合专业化施工单位力量，建立应急处置一体化联动机制，定期开展应急演练。在水渠、水道、水体等重要部位，修建拦油坝、拦油网等设施，防止原油泄漏造成水体污染。三是践行绿色发展理念。主动履行社会责任。践行低碳发展，开展绿化坪北、美化环境活动，加大植树造林力度，年植树 10 万株，建成江汉坪北林，实现了基地“花园化”、平台“庭院化”。狠抓固废依法处置工作。建立规范化流程，做到及时回收、合规处置，处置率达 100%。加大清洁井场建设。搞好平台“三池两沟一墙”建设，推动清洁文明生产。完善伴生气回收管网，在满足生产生活用气的同时，实施伴生气发电，年回收伴生气$270\times10^4m^3$，发电 845kW·h，节约费用 212 万元。推进“绿企创建”活动。认真落实“一方案两清单”，打造绿色发展企业。

第四节　效益开发的示范意义

相比于其他油田，坪北油田规模较小，因此，1998 年会战之初，江汉油田领导就提出，要在“小”字上做文章，扬长避短，坚持低成本高效益开发之路，蹚出一条“油公司”管理新模式。

“圈闭有限，但视野无限；资源有限，但方法无限”。勘探之初，坪北经理部就积极探索全新的“油公司”管理模式，实施扁平化管理，涵盖机构设置、项目组织、合同谈判、生产开发、经营管理等方方面面，尽管历经曲折，但不断稳步推进、完善，逐步形成了人员少、机构精、流程简、效率高，行政指令直通生产一线、直达采油平台的“坪北模式”，为坪北油田的高效开发奠定了坚实基础。

坪北油田一直实行甲乙方合同制管理，钻井、作业、油建、测井、运输、维修等领域的乙方施工单位“有活就来，干完就走”，同时根据生产、生活需要，依托社会力量“买服务”，将可以对外承包的辅助生产业务、生活项目交由具备资质的专业公司承担，每年可节约人工成本数百万元。

人力成本尚能通过人为手段解决，而保持稳产高产却是躲不过绕不开的焦点、难点。坪北油田属于典型的特低渗岩性油藏，资源接替不足、稳产难度大，被业内称为在“磨刀石里找油”。特殊的开发方式培育了坪北油田的精细管理运行机制。一方面，“吃着碗里，看着锅里”，精查细找，积极评价接替资源，在坪北油田周边寻潜力，重点围绕边部区域开展工作，落实了一批商业开发井，在内部开展“之”字形井网加密调整试验，提高了老区调整潜力，即便是在被认为无开采价值的薄差层也“啃出了肉末”。另一方面，把平台变舞台，植入“一个平台就是一个工厂，每个平台职工就是这个工厂的‘小经理’”的理念，引导平台职工实现从值守平台转向管理平台，由管理平台上升到经营平台，再由经营平台向“以平台为家”转变。“平台小经理”管理法自 2005 年实施以来，经过不断的创新实践、完善提高，有效提升了平台管理水平，成为中国石化系统精细管理品牌。

以精细管理为核心，始终坚持低成本开发战略的“全要素、全过程、全成本”管理模式，一代一代接力，把降本增效措施延伸到了生产管理全过程，渗透到各岗位，推进了坪北油田高质量、高效益发展。自2001年起，坪北油田原油产量连续15年稳产在17×10^4t以上，主要开发技术指标都处于国内行业领先水平。

然而，前进的路并非一帆风顺，2014年起，国际油价持续走低。坪北油田经过多年开发，工区主要开采层系的优质储量已基本动用，保持储采平衡困难重重，局部油井水淹现象逐年增多，地下油水关系越来越复杂，制约了油区的发展。

“在干毛巾里拧水”。为实现低油价下的效益开发，坪北经理部注重走内涵式发展之路，进一步提升精细管理水平，注重把资源管理、油藏管理、经济可采储量管理放在突出位置，以井网(单井)控制为原则，进行储量清理和复算，梳理资源现状，落实了一批商业储量，为油区长远发展奠定了坚实的物质基础。

“不做亏本生意”。按照“先算后干、边算边干、算盈再干”的思路，积极探索以效益为导向的考核激励机制，大力实施低成本非进攻性措施挖潜，通过合采、轮采、卡采等手段，调整采油剖面，实现增产降耗，提高了油藏开发效益。

主动做好“加减法”。按照“分步骤、分阶段、稳步实施”的原则，自2015年起，推进“油公司”体制机制建设，坚持“有增有减、有保有压”的原则，立足当前着眼长远，地上地下统筹考虑，技术管理紧密结合，油水协调发展，优选投资最省、效益最好的方案，以顶层设计的最优化保证稳产效益的最大化。推动采油区由生产型向生产经营型转变，将5个采油区整合为3个，进一步厘清了管理界面，推动项目运行精干高效，构筑起“经理部－采油区”的管理模式。试点开展数字化油田建设，加速信息化进程，推行平台无人值守模式，优化了人力资源配置，劳动用工大幅减少。

“走出去”闯市场。坪北油田成熟的特低渗油藏开发工艺技术远近闻名，科技人员发挥专业优势，积极与长庆油田、延长油矿等进行沟通交流，为他们提供技术、劳务、服务输出，实现增收创效。

开发指标最为先进、经营管理最为精细、企业文化最具特色，20年的爬坡过坎，20年的坚守传承，江汉石油人在黄土高原完美地诠释了“小油田、大贡献”的含义，创造出了特低渗油藏低成本高效开发的奇迹，打造出了中国石化和中国石油合作开发的典范。

参考文献

[1]陈全红．鄂尔多斯盆地南部三叠系延长组沉积体系与层序地层学研究[D]．西安：西北大学，2004.

[2]李传亮，朱苏阳．油井产能评价新方法[J]．岩性油气藏，2014，26(003)：7－10.

[3]郭庆安．坪北油田特低渗透油藏开发方案[J]．江汉石油学院学报，2004，26(001)：90－91.

[4]郭鹏．坪桥北长4+5、长6储层综合地质及开发对策研究[D]．西安：西安石油大学，2014.

[5]李少华，陈新民，姚凤英，等．坪北油田延长组长6油组储层层内非均质性研究[J]．沉积与特提斯地质，2006，26(2)：4.

[6]张尚锋，张昌民，陈新民，等．坪北油田上三叠统延长组长4+5—长6油组地层基准面旋回及储层物性[J]．沉积与特提斯地质，2003(03)：87－92.

[7]刘金林，张在田，邹皓．坪北特低渗透油田压裂工艺技术的研究与应用[J]．钻采工艺，2003，26(3)：4.

[8]张尚锋，张昌民，李少华，等．基准面旋回的层次划分与对比——以坪北油田长4+5—长6油层组为例[J]．江汉石油学院学报，2003.

[9]龙玉梅，毛树华，桑利，等．成岩作用对低渗透砂岩储层物性的影响——以坪北油田上三叠统延长组油藏为例[J]．东华理工大学学报(自然科学版)，2008，031(002)：131－135.

[10]李少华，王根朝，张昌民，等．储层地质模型建立方法——以坪北油田延长组长6段为例[J]．石油天然气学报，2004，26(002)：37－40.

[11]淡卫东，庞锦莲，张尚峰，等．坪北油田延长组长4+5—长6油层组基准面旋回格架内储层宏观非均质性[J]．大庆石油地质与开发，2008(01)：30－33.

[12]张少波．油井清防蜡工艺在坪北油田的应用[J]．长江大学学报(自然科学版)理工卷，2010，7(001)：186－188.

[13]淡卫东，张昌民，张尚峰，等．坪北油田延长统长6段第二砂层组高分辨率层序地层研究[J]．油气地质与采收率，2003，10(5)：3.

[14]张尚锋．高分辨率层序地层学及储层建模——以鄂尔多斯盆地坪北油田三叠系延长统为例[D]．成都：成都理工大学，2003.

[15]郭庆安．坪北油田特低渗透油藏开发方案[J]．江汉石油学院学报，2004，26(001)：90－91.

[16]何志祥．坪北低压特低渗裂缝性油藏有效开发方法研究[J]．石油天然气学报，2005(S3)：2.

[17]刘仁明，刘尧文．安塞油田坪北区特低渗透油藏油水渗流规律研究[J]．石油天然气学报(江汉石油学院学报)，2006.

[18]张少波，汪益宁，许建红，等．坪北低渗透油藏开发井网优化[J]．大庆石油地质与开发，2011，30(3)：63－66.

[19]龙玉梅，陈文峰．成岩作用对低渗透砂岩储层物性的影响——以坪北油田上三叠统延长组油藏为例[C]．油气藏地质及开发工程国家重点实验室国际学术会议．中国石油学会，2007.
[20]陈晓源，任茂．坪北特低渗透油田整体压裂工艺技术研究[J]．钻采工艺，2006(5)：43－45.
[21]张少波，汪益宁．坪北低渗透油田低温集输温度界限[J]．油气田地面工程，2011(08)：14－15.
[22]黄发木．改善特低渗透特高含水严重非均质油藏开发效果的途径[J]．低渗透油气田，2015，(2)：99－102.
[23]龙光华．坪北油田特低渗油藏开发方式调整研究[D]．荆州：长江大学，2012.
[24]魏宁，谢若愚．陕北地区特低渗油田周期注水技术应用探讨[J]．石化技术，2020，27(7)：76－76，120.
[25]龙玉梅．鄂尔多斯盆地坪北油田上三叠统延长组成岩作用及孔隙结构[D]．西安：西北大学，2002.
[26]石元会，胡晓明．DS39 型陀螺测斜仪及其在坪北油田开发中的应用[J]．国外测井技术，2006，21(4)：4.
[27]张金良，郭爱华．坪北探区延长组长 8、长 9 油层组资源潜力分析[J]．陕西科技大学学报(自然科学版)，2012.
[28]程涛，余慧娟，佟彦明．坪北地区高分辨率层序分析与等时对比[J]．大庆石油地质与开发，2005(02)：8－10.
[29]张少波，严利咏，何珍．坪北油田特低渗油藏裂缝对开发效果的影响分析[J]．石油天然气学报，2010，32(4)：3.
[30]何志祥．坪北低压特低渗裂缝性油藏有效开发方法研究[J]．石油天然气学报，2005.
[31]漆智先，何俊玲，陈树杰，等．坪北裂缝性油藏地质建模及井网加密调整技术[J]．石油天然气学报，2014，036(006)：151－154.
[32]李斌．鄂尔多斯盆地安塞油田化子坪北区长 6 油层组储层特征研究[D]．西安：西安石油大学，2014.
[33]雷茹，王涛，虢麟．安塞油田坪北区小排距加密技术研究[J]．断块油气田，2009(01)：64－66.
[34]李少华，陈新民，姚凤英，等．坪北油田长 6 储层裂缝特征[J]．内蒙古石油化工，2006，(2)：81－84.
[35]胡雪滨．坪北特低渗透油藏改善水驱开发效果数值模拟研究[J]．石油天然气学报，2005(06)：773－775.
[36]徐卫，何贞铭，李永锋，等．鄂尔多斯盆地坪北地区长 9 油层组沉积微相研究[J]．长江大学学报(自科版)，2011(10)：22－25.
[37]程涛，王振奇，张尚锋．坪北地区长 6 油层组高分辨率层序分析与等时对比[J]．河南石油，2004.
[38]彭军，高纯福，聂光华，等．坪北特低渗透油田加密调整效果数值模拟评价研究[J]．石油天然气学报(江汉石油学院学报)，2006，9(1)：102－104.
[39]李晓晨，周勤，唐勤，等．坪北油田"电化学离子稳定污水处理技术"调研及应用[J]．2021(2013－24)：139－139.

[40]陈秀兰. 坪北油田特低渗透油藏井网重组调整研究[D]. 北京：中国石油大学(北京)，2010.
[41]李梅. 坪北油田老区单井经济产量分析[J]. 中国统计学会石油化工统计分会第三次统计学术研讨会，2012.
[42]戴军华，钟水清，熊继有. 暂堵压裂技术在坪北油田的研究应用[J]. 钻采工艺，2006，29(6)：67.
[43]王春禹. 杏六区块特高含水后期驱油效率实验研究[D]. 大庆：东北石油大学，2019.
[44]赵云斌，张艳英，刘艳涛，等. 周期注水方法在油藏开发中的适用性[J]. 化工管理，2021，(23)：197－198.
[45]李晓娜. 周期注水与脉冲注水的理论研究[J]. 石油化工应用，2018，37(6)：66－67，77.
[46]习传学，朱绍军. 适应油藏裂缝系统 优化注水开发井网——以安塞油田坪北区特低渗透砂岩油藏为例[J]. 江汉石油职工大学学报，2003(04)：17－19.
[47]何志祥. 安塞油田坪北区低渗透裂缝油藏注水开发调整效果[J]. 江汉石油职工大学学报，2003(04)：54－56.
[48]杨寿山. 安塞油田坪北区低渗透油藏优化开发对策[J]. 江汉石油职工大学学报(4)：5.
[49]宋军备. 坪北油田应用吸水剖面测井改善开发效果研究[J]. 江汉石油职工大学学报，2014，27(4)：27－29.
[50]张连元. 安塞油田坪北区低渗透储层评价[J]. 江汉石油职工大学学报，2005，018(004)：8－11.
[51]张勇，廖如刚，刘建中，等. 安塞油田坪北区低渗透油藏复合解堵技术研究[J]. 江汉石油职工大学学报，2008(02)：70－74.
[52]王晓龙，李立，张勇. GKA 超导自动热洗清蜡在坪北油田的应用研究[J]. 江汉石油职工大学学报，2009，22(2)：90－92.
[53]郭庆安. 安塞油田坪北区低渗透油藏产能建设的成效[J]. 江汉石油职工大学学报，2004，17(2)：3.
[54]李梅，杨红斌. 坪北油田躺井原因分析及对策研究[J]. 江汉石油职工大学学报，2012，25(1)：25－27.
[55]叶文波，李长胜. 井网部署研究在坪北特低渗透油田中的应用[J]. 内江科技，2006，27(5)：158－158.
[56]许林忠. 周期注水技术在坪北油田的应用效果研究[J]. 江汉石油职工大学学报，2021，34(3)：43－45.
[57]陈超. 坪北油田推行"低成本"战略的探索与实践[J]. 江汉石油职工大学学报，2013，26(1)：104－107.
[58]徐进，张勇，王晓龙，等. 暂堵压裂工艺在安塞油田坪北区的应用和认识[J]. 江汉石油职工大学学报，2008，21(2)：3.
[59]李梅，杨红斌. 坪北油田躺井原因分析及对策研究[J]. 江汉石油职工大学学报，2012.
[60]徐志平. 浅析加强坪北青年党员干部作风建设[J]. 江汉石油职工大学学报，2019.
[61]何公平，杨庆勇. 坪北油田油井腐蚀原因与防护措施[J]. 江汉石油职工大学学报，2009，22(4)：56－57.

[62]程格．安塞油田坪北区低渗透油藏裂缝的利用与改造[J]．江汉石油职工大学学报，2004，17(2)：3.

[63]康光清．凝胶颗粒复合型堵水调剖技术在坪北油区的应用[J]．江汉石油职工大学学报，2004，17(2)：4.

[64]陈秀兰．坪北区低渗透油藏开发调整措施及效果[J]．江汉石油职工大学学报，2007，20(2)：4.

[65]李民勇．安塞油田坪北区低渗透油藏注采调整的实践[J]．江汉石油职工大学学报，2006(06)：29－32.

[66]潘麒光，岳泉，高婷，等．坪北油田调剖技术探讨[J]．江汉石油职工大学学报，2012，25(004)：6－8.

[67]李民勇．安塞油田坪北区储层裂缝在注水开发中的作用[J]．江汉石油职工大学学报，2006，19(004)：17－20.

[68]蒯建勋．安塞油田坪北区低渗透砂岩油藏裂缝特征分析[J]．江汉石油职工大学学报，2005，18(4)：6－7.

[69]张丽媛，朱党辉，祝俊山．坪北油田特低渗透油藏超前注水探索与实践[J]．江汉石油职工大学学报，2012，25(003)：26－29.

[70]杨溢．坪北油田低品位区块超前注水后的压裂优化[J]．江汉石油职工大学学报，2010，23(2)：3.

[71]毛家友．坪北油田转向压裂分析计算[J]．江汉石油职工大学学报，2009，(04)：68－71.

[72]付永明，吴玉昆．坪北油田油套分注工艺技术的推广应用[J]．江汉石油职工大学学报，2008，21(6)：3.

[73]李惠龙．坪北油田分段压裂水平井投资效益分析[J]．江汉石油职工大学学报，2012(06)：42－44＋48.

[74]陈超．坪北油田推行"低成本"战略的探索与实践[J]．江汉石油职工大学学报，2013，26(1)：104－107.

[75]龚鑑铭，付晓飞．沉积微相研究在坪北－199井区滚动开发中的应用[J]．江汉石油职工大学学报，2007，20(2)：3.

[76]雷茹，龚鉴明，李民勇，等．安塞油田坪北区补充井网高效开发潜力的认识[J]．江汉石油职工大学学报，2007，20(6)：11－16.

[77]岳晓术．关于加强坪北经理部职工思想政治工作的思考[J]．江汉石油职工大学学报，2014，27(2)：2.

[78]李立冬．对坪北和谐文化建设的探索与思考[J]．江汉石油职工大学学报，2011，24(3)：76－79.

[79]苟瑞．坪北油田井网细分重组可行性研究[J]．江汉石油职工大学学报，2016，133(01)：43－46.

[80]徐同欢．坪北油田"五配套"精细注水工艺技术[J]．江汉石油职工大学学报，2014，27(3)：27－29.

[81]陈秀兰，叶青竹，聂光华，等．安塞油田坪北区强化注水提高开发效果[J]．江汉石油职工大学学报，2008(04)：10－14.

[82]陈秀兰，刘星，叶青竹，等．坪北油田特低渗透油藏注水开发调整技术[C]．江汉油田难采储量开发技术研讨会．

[83]李民勇．安塞油田坪北区低渗透油藏注采调整的实践与认识[C]．江汉油田难采储量开发技术研讨会．
[84]岛影．石油信天游：一位记者眼中的坪北十年[M]．武汉：武汉出版社，2008.
[85]陈秀兰，叶青竹，聂光华，等．坪北油田特低渗透油藏强化注水提高开发效果[J]．江汉石油科技，2010(4)：7.
[86]白才明．坪北特低渗透油藏注水开发初步探讨[J]．江汉石油科技，2003，13(1)：25－29.
[87]李民勇，肖勇军，王涛．坪北低渗透油藏局部强化注水的实践[J]．江汉石油科技，2006(4)：23－26.